電気の基本としくみがよくわかる本

東京電気技術高等専修学校 講師 福田 務 [監修] ● Fukuda Tsutomu

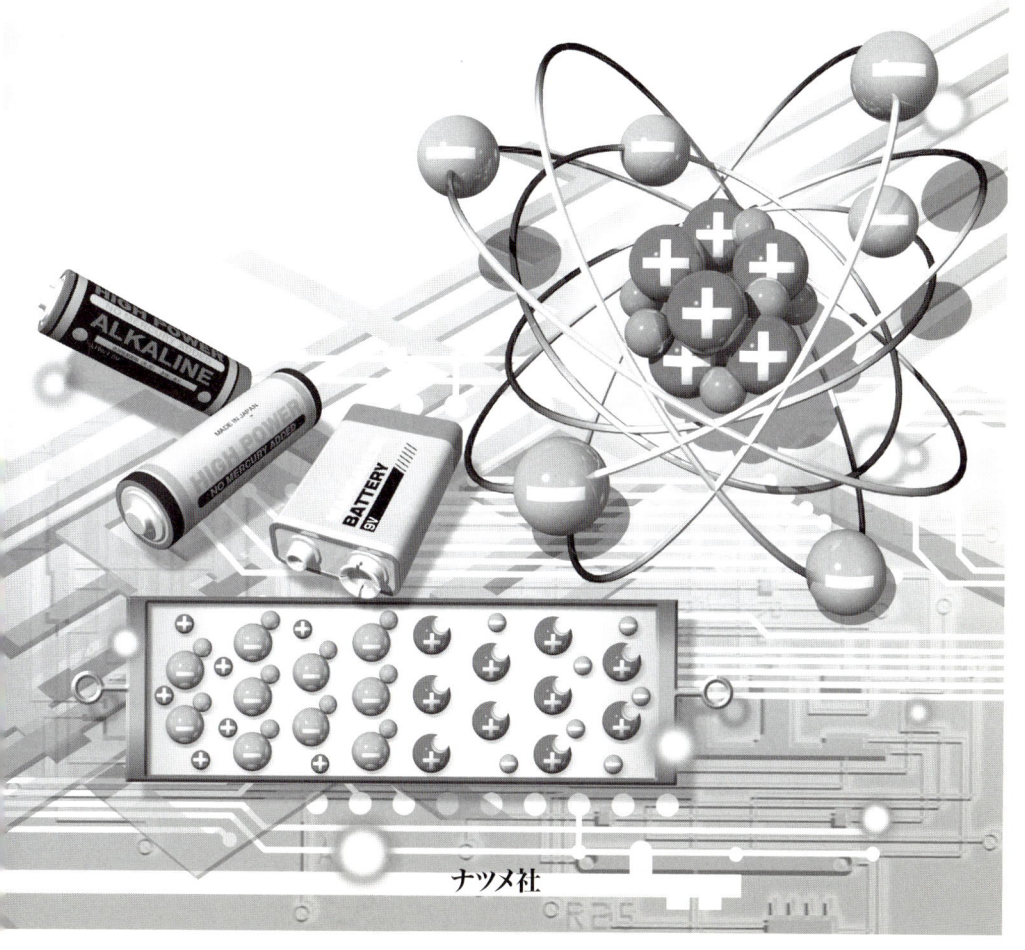

ナツメ社

目次

Part 1
電気の正体

- 電気の正体・・・・・・・・・・・・・・・ 8
- 自由電子と帯電・・・・・・・・・・・ 10
- 電流・・・・・・・・・・・・・・・・・・・・ 12
- 導体と絶縁体・・・・・・・・・・・・・ 14
- 電位と電圧・・・・・・・・・・・・・・・ 16
- 電気抵抗・・・・・・・・・・・・・・・・・ 18
- イオン・・・・・・・・・・・・・・・・・・・ 20
- 静電気・・・・・・・・・・・・・・・・・・・ 22
- 雷と気体放電・・・・・・・・・・・・・ 24
- プラズマ・・・・・・・・・・・・・・・・・ 26

Part 2
電気の基礎

- 電力と電力量・・・・・・・・・・・・・ 28
- 電流と電圧・・・・・・・・・・・・・・・ 30
- オームの法則・・・・・・・・・・・・・ 32
- ジュールの法則・・・・・・・・・・・ 34
- 電気抵抗と発熱量・・・・・・・・・ 36
- 電池の直列と並列・・・・・・・・・ 38
- 電気抵抗の直列と並列・・・・・ 40
- 直流と交流・・・・・・・・・・・・・・・ 44
- 交流・・・・・・・・・・・・・・・・・・・・ 46
- 抵抗器・・・・・・・・・・・・・・・・・・・ 50

Part 3
電気化学と電池

- 電気化学・・・・・・・・・・・・・・・・・ 52
- ボルタ電池・・・・・・・・・・・・・・・ 58
- 電池の種類・・・・・・・・・・・・・・・ 62
- 一次電池・・・・・・・・・・・・・・・・・ 64
- マンガン電池・・・・・・・・・・・・・ 66
- アルカリ電池・・・・・・・・・・・・・ 68
- その他の一次電池・・・・・・・・・ 70
- 二次電池・・・・・・・・・・・・・・・・・ 74
- 鉛蓄電池・・・・・・・・・・・・・・・・・ 76
- その他の二次電池・・・・・・・・・ 78
- 燃料電池・・・・・・・・・・・・・・・・・ 82
- 太陽電池・・・・・・・・・・・・・・・・・ 84
- 熱起電力電池・・・・・・・・・・・・・ 86
- コンデンサ・・・・・・・・・・・・・・・ 88

CONTENTS

Part4 磁気と電気

- 磁気 ・・・・・・・・・・・・・・ 94
- 電磁石 ・・・・・・・・・・・・・ 98
- フレミングの法則 ・・・・・・・・・ 100
- 電磁誘導作用・・・・・・・・・・・ 102
- 直流モーター・・・・・・・・・・・ 104
- 交流モーター・・・・・・・・・・・ 106
- リニアモーター・・・・・・・・・・ 110
- 発電機 ・・・・・・・・・・・・・ 112
- マイクとスピーカー ・・・・・・・・ 114
- 自己誘導作用・・・・・・・・・・・ 116
- 相互誘導作用・・・・・・・・・・・ 118
- コイル ・・・・・・・・・・・・・ 120

Part5 半導体と電気

- 半導体 ・・・・・・・・・・・・・ 122
- 電子とホール・・・・・・・・・・・ 124
- ダイオード・・・・・・・・・・・・ 126
- トランジスタ・・・・・・・・・・・ 128
- FET ・・・・・・・・・・・・・・ 130
- サイリスタ・・・・・・・・・・・・ 134
- IC ・・・・・・・・・・・・・・ 136
- 半導体メモリー・・・・・・・・・・ 138
- 整流回路と平滑回路 ・・・・・・・・ 142
- インバーター・・・・・・・・・・・ 146
- 真空管 ・・・・・・・・・・・・・ 148

Part6 通信と電波

- 電波 ・・・・・・・・・・・・・・ 152
- 電磁波 ・・・・・・・・・・・・・ 154
- 通信と放送・・・・・・・・・・・・ 158
- アナログ信号とデジタル信号・・・・・ 160
- パルス変調・・・・・・・・・・・・ 162
- 変調 ・・・・・・・・・・・・・・ 164
- アンテナ ・・・・・・・・・・・・ 168
- ラジオ放送・・・・・・・・・・・・ 172
- テレビ放送・・・・・・・・・・・・ 174
- 電話 ・・・・・・・・・・・・・・ 176
- 携帯電話・・・・・・・・・・・・・ 180
- インターネット・・・・・・・・・・ 182
- 光通信とADSL ・・・・・・・・・ 184

目次　　　　　　　　　　　　　　　　　　　　　　CONTENTS

Part7
発電

発電・・・・・・・・・・・・・・・188
水力発電・・・・・・・・・・・・190
火力発電・・・・・・・・・・・・192
原子力発電・・・・・・・・・・・194
地熱発電・・・・・・・・・・・・202
風力発電・・・・・・・・・・・・204
太陽光発電・・・・・・・・・・・206
海洋発電・・・・・・・・・・・・208
その他の発電・・・・・・・・・・210
核融合発電・・・・・・・・・・・212
コジェネレーションシステム・・・214

Part8
送配電と屋内配線

電力系統・・・・・・・・・・・・216
送電・・・・・・・・・・・・・・218
変電所・・・・・・・・・・・・・222
配電・・・・・・・・・・・・・・224
架空配電と地中配電・・・・・・・226
屋内配線・・・・・・・・・・・・230
分電盤・・・・・・・・・・・・・234
電力量計・・・・・・・・・・・・236

Part9
電気の熱と光

電気と熱・・・・・・・・・・・・238
電気と光・・・・・・・・・・・・240
電熱器具・・・・・・・・・・・・242
電磁調理器・・・・・・・・・・・246
電子レンジ・・・・・・・・・・・248
冷蔵庫とエアコン・・・・・・・・250
白熱電球・・・・・・・・・・・・254
蛍光灯・・・・・・・・・・・・・256
放電灯・・・・・・・・・・・・・260
LED照明・・・・・・・・・・・・262
レーザー・・・・・・・・・・・・264
光センサーとイメージセンサー・・266
ディスプレイ・・・・・・・・・・270

索引・・・・・・・・・・・・・・274

はじめに

　電気なしで暮らすことが難しいほどに、現代の生活は電気であふれている。では電気とはいったい何なのだろうか？
　電気とはエネルギーの形態の1つだ。人が電気を使うという行為は、その多くが電気エネルギーを他の形態のエネルギーに変換するということを意味している。たとえば、電気暖房器具は電気エネルギーを熱エネルギーにかえてくれるし、照明器具は電気エネルギーを光エネルギーにかえてくれる。電車に乗って移動できるのは、電気エネルギーが運動エネルギーに変換されるからだ。
　つまり、人が最終的に求めているのは電気そのものではなく、熱や光や力など、他の形態のエネルギーといえる。そのエネルギーを得るために、電気エネルギーを利用している。
　電気エネルギーが他の形態のエネルギーに比べて活用されているのは、扱いやすいからだ。電線さえあればどこにでも送ることができるし、電池であれば携帯することもできる。変換できるエネルギーの形態も幅広い。だからこそ、電気は現代の生活を根底から支えることができる。
　電気のもっているもう1つの大きな価値は、伝わるということであり、制御する働きがあるということだ。しかも、そこに電気信号という形で情報を盛りこむことができる。電線を使って遠隔地に送ることができるのはもちろん、電波を利用すれば無線で宇宙へも伝わっていく。この性質を利用して行われているのが通信だ。また、電気製品の働きをコントロールすることで、省エネを実現することがきる。
　電気信号は通信に使われるばかりではない。さまざまな電子機器は電気が信号として移動できるからこそ動作できる。コンピュータが機能するのも、電気が伝わるからだ。通信やコンピュータ、現代の情報社会は電気なくして成り立たない。もちろん、電気とは何かを知らなくても、生活に困ることはない。電気製品は扱えるし、インターネットも利用できる。しか

し、知識とは新しい世界を開いてくれるものである。その入口に立ち、門に入っていくことが重要だ。

　そのための入門書として本書は構成してある。電気を学術的に捉えた専門書ではない。読んだからといって、テレビが設計できるわけでも、冷蔵庫の修理ができるわけでもない。私たちの使っている電気の正体に始まり、どこで作られ、どのようにして送られ、何に、どうやって使われているのかを、幅広くわかりやすい説明を試みた。数式は可能な限り使わず、使う場合も中学校の復習というレベルにしている。化学式を掲載している部分もあるが、式を見なくても理解できるようにしてある。本書を読むことで、電気が面白くなり、さらなる興味をもっていただければ幸いである。

監修者　福田　務

Part 1
電気の正体

目に見えない電気の正体を探る

Part 1 電気の正体

電気の正体……………………

　電気とはエネルギーの形態の1つだ。その正体を理解するためには、**原子**の構造を知る必要がある。原子とは、その物質としての性質を保つことができる最小単位のことだ。

　原子の構造は太陽系にたとえられることが多い。太陽系では太陽を中心にして地球や火星などの惑星が軌道を周回するが、原子は中心に**原子核**があり、その周囲の軌道を**電子**が回っている。中心にある原子核は、**陽子**と**中性子**とで構成される。これら陽子、中性子、電子は物質を構成する最小単位で**素粒子**と呼ばれる。

　陽子、中性子、電子の数は原子の種類（**元素**）ごとに決まっていて、陽子の数が**原子番号**になる。電子の個数は陽子の個数と等しいが、中性子の数にはさまざまなものがある。たとえば、原子番号6番の炭素原子の原子核は陽子6個と中性子6個でできていて、そのまわりを6個の電子が回っている。原子番号14番のシリコン（ケイ素）は陽子と原子の個数がそれぞれ14個だが、中性子は14個のもののほか15個や16個のものもある。

■原子

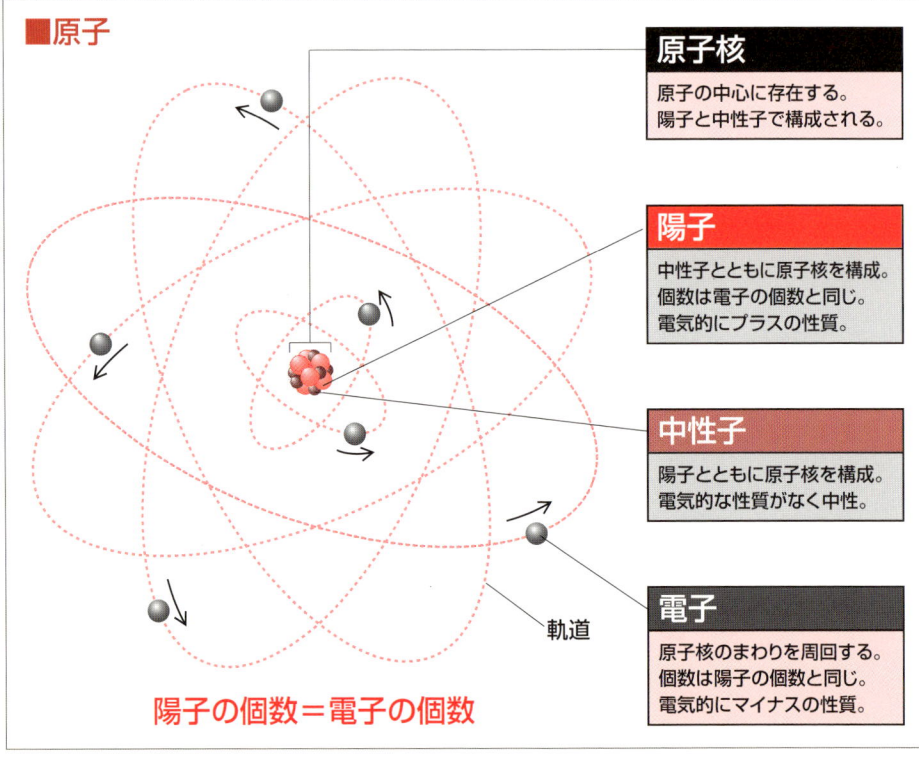

原子核
原子の中心に存在する。
陽子と中性子で構成される。

陽子
中性子とともに原子核を構成。
個数は電子の個数と同じ。
電気的にプラスの性質。

中性子
陽子とともに原子核を構成。
電気的な性質がなく中性。

電子
原子核のまわりを周回する。
個数は陽子の個数と同じ。
電気的にマイナスの性質。

軌道

陽子の個数＝電子の個数

☞ 陽子の数は同じだが、中性子の数が異なる原子核をもつ原子を、たがいに**同位体**（アイソトープ）という。

電荷

これらの**素粒子**がもつ電気的な性質を**電荷**という。電荷という用語は、電荷の量を表現することもあれば、電荷をもっているものを表現することもある。この電荷こそが、すべての電気現象のもとになるものであり、電気の正体といえる。

電荷にはプラス(正)またはマイナス(負)の**極性**があり、それぞれプラスの電荷(**正電荷**)とマイナスの電荷(**負電荷**)という。プラスとマイナスは打ち消し合い、プラスの電荷の量とマイナスの電荷の量が同じであれば、実質的に電荷はゼロになり、電気的に中性な状態になる。

電荷には異極同士は引き合い、同極同士は反発し合うという性質がある。つまり、プラスとマイナスは引き合い、プラスとプラスもしくはマイナスとマイナスは反発し合う。この吸引力や反発力を**クーロン力**といい、**静電気力**もしくは単に**電気力**ともいう。

原子を構成する素粒子のうち、**中性子**には電荷がなく電気的に中性だが、**陽子**はプラスの電荷で、**電子**はマイナスの電荷だ。陽子1個の電荷と電子1個の電荷は、プラスとマイナスの同じ量で対応しているため、ちょうど打ち消し合える。原子の陽子と電子の数は同じなので、原子全体では電気的に中性な状態にバランスが保たれている。このバランスがくずれると電気現象が起こる。

電気の正体

■ **クーロン力**

プラスの電荷

プラスの電荷

マイナスの電荷

引き合う　　反発し合う　　反発し合う

マイナスの電荷

プラスの電荷

マイナスの電荷

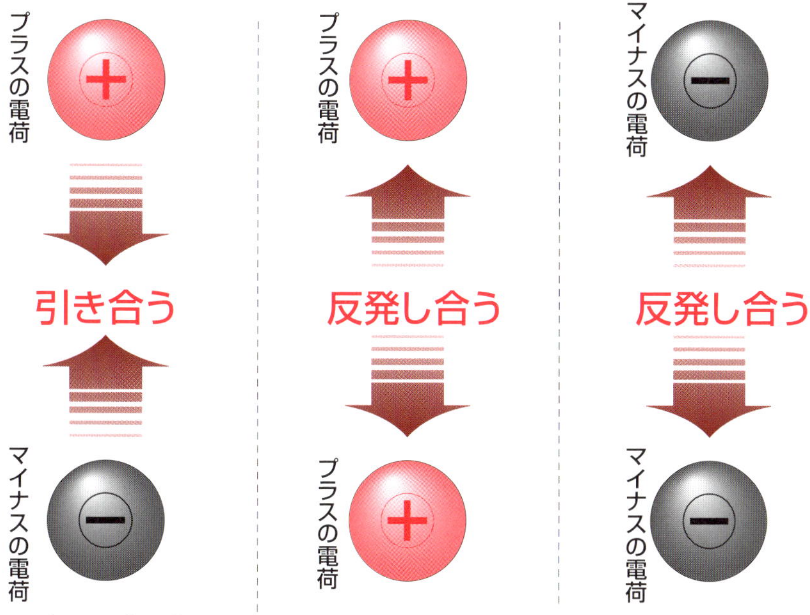

異なる極は引き合う。
(プラスの電荷とマイナスの電荷は引き合う。)

同じ極は反発し合う。
(プラスの電荷同士は反発し合う。)　(マイナスの電荷同士は反発し合う。)

| Point | すべての物質は電気をもっている |

Part1 電気の正体

自由電子と帯電 ・・・・・・・・・・・・・・・・・・

　電気の正体といえるのは、**原子**を構成する**陽子**や**電子**の**電荷**だが、電気的に中性な状態が保たれたままでは、電気現象が起こることはない。しかし、原子に外部から刺激が加わると、一部の電子が軌道を外れて飛び出すことがある。こうして飛び出した電子を**自由電子**という。

　電子が飛び出した原子は、電子の数より陽子の数のほうが多くなるため、電気的なバランスがくずれプラスの電荷になる（ここでいう電荷とは、電荷をもっているものを意味）。このように電気的な性質をもつことを**帯電**といい、電子が飛び出した原子は、プラスに帯電する。

　これこそが、他の形態のエネルギーが**電気エネルギー**に変換されたということだ。自由電子が飛び出す原因を刺激と説明したが、この刺激には物体をこするという**運動エネルギー**もあれば、温度上昇といった**熱エネルギー**のこともある。

　いっぽう、飛び出した自由電子は元からマイナスの電荷である。この自由電子が他の帯電していない原子の軌道に飛びこむこともある。飛びこまれた原子は、陽子の数より電子の数が多くなり、電気的なバランスがくずれてマイナスに帯電する。つまり、マイナスの電荷になる。

　電子が飛び出してプラスの電荷になった原子は、同じようにプラスの電荷になった原子とは**クーロン力**で反発し合う。自由電子が飛びこんでマイナスの電荷になった原子と、電子が飛び出してプラスの電荷になった原子であれば引き合う。

　なお、電子が飛び出して原子がプラスに帯電したとしても、飛び出した自由電子が原子の近くに均一に存在する場合、

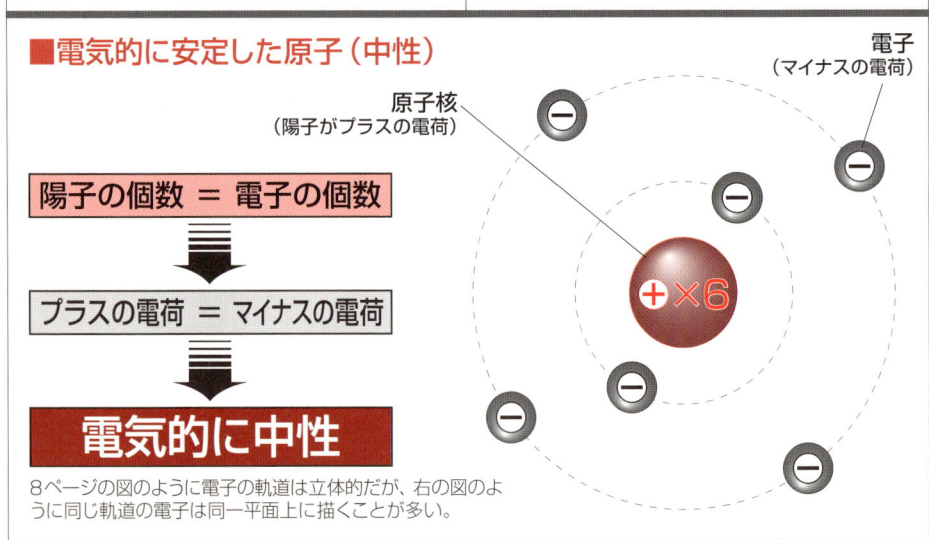

■電気的に安定した原子（中性）

原子核
（陽子がプラスの電荷）

電子
（マイナスの電荷）

陽子の個数 ＝ 電子の個数
↓
プラスの電荷 ＝ マイナスの電荷
↓
電気的に中性

8ページの図のように電子の軌道は立体的だが、右の図のように同じ軌道の電子は同一平面上に描くことが多い。

☞ プラズマは熱エネルギーによって原子から電子を飛び出させている（P26参照）。

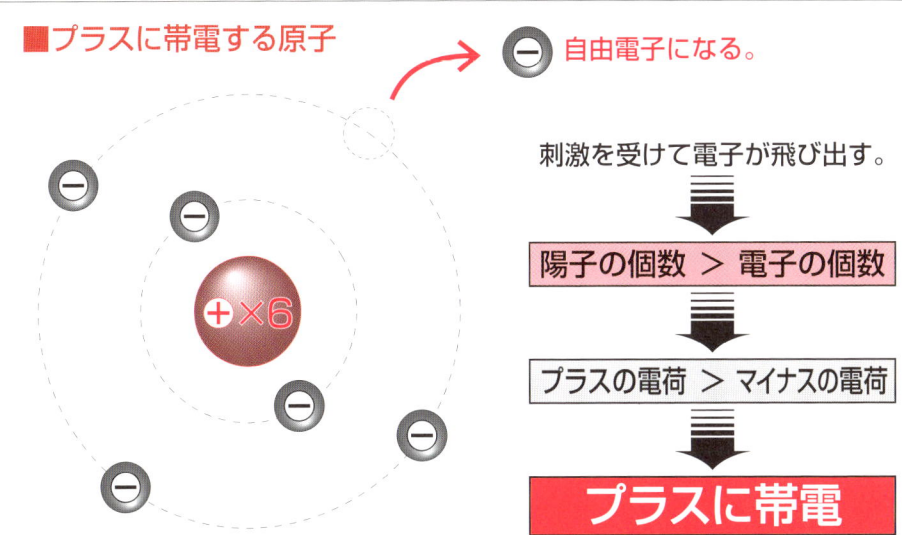

その物体全体で見れば電気的なバランスが取れているため、帯電しているわけではない。物体自体が帯電するためには、自由電子が他の物体などに移動する必要がある。自由電子が他の物体に移動すれば移動元の物体はプラスに帯電する。

いっぽう、自由電子が移動していった移動先の物体はマイナスに帯電することになる。移動してきた自由電子が、その物体の原子に飛びこんで原子がマイナスの電荷になった場合も、その物体はマイナスに帯電していることになる。

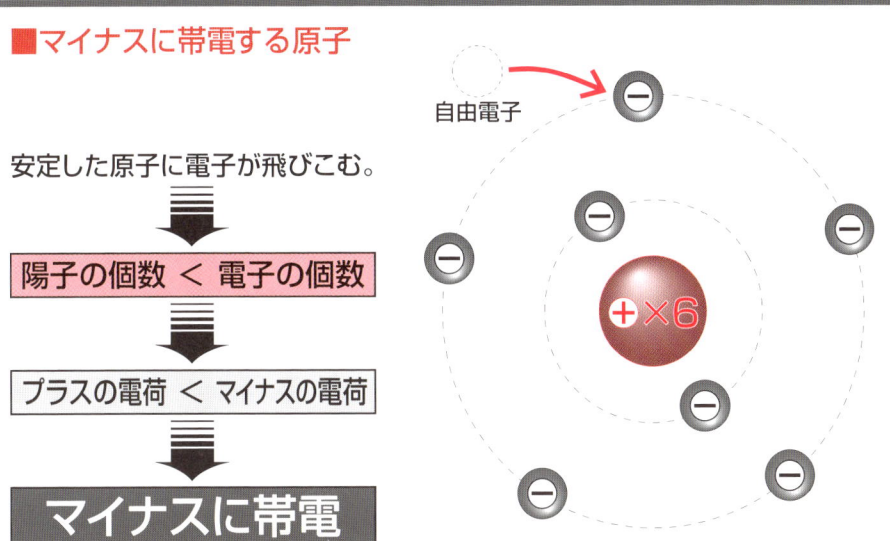

Point 原子から電子が飛び出すと原子がプラスに帯電する

Part1 電気の正体

電流 ●●●●●●●●●●●●●●●●●●●●●●●●●●●●●●●

帯電した物体には電気エネルギーがあるが、そのままでは日常的に使っている電気のように流れることはない。だが、電子を失ってプラスに帯電した物体や、自由電子が飛びこんでマイナスに帯電した物体は、電気的に不安定な状態といえる。電気的に安定した状態、つまりプラスとマイナスの電荷のバランスがとれた中性の状態に戻ろうとしている。

プラスに帯電した物体とマイナスに帯

■自由電子の移動

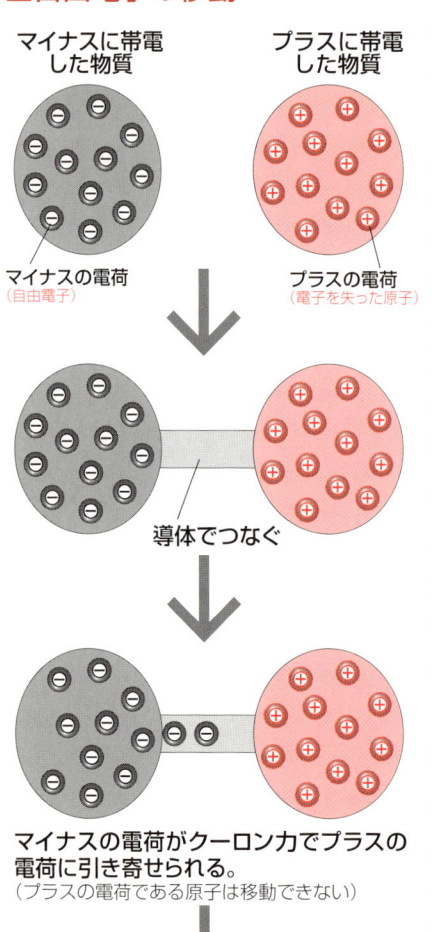

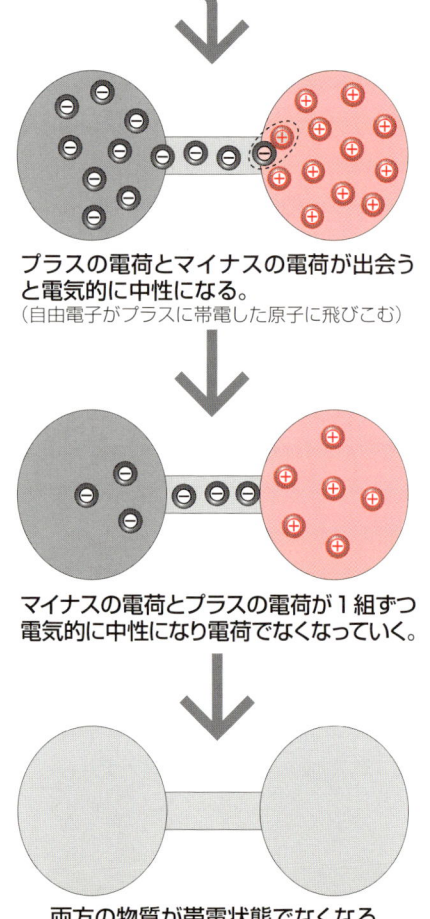

☞ 電池の電気を使っているような場合も電池が放電しているという。

電した物体を、**導体**(電気を流すことができる物質)でつなぐと、マイナスの**電荷**である自由電子が、プラスに帯電した物体のプラスの電荷に**クーロン力**で引き寄せられる。移動したマイナスの電荷とプラスの電荷が打ち消し合って帯電状態ではなくなり、電気的にバランスのとれた状態になる。このように帯電した物体が電荷を失っていくことを**放電**という。

放電の際に自由電子が連続的に流れていく現象こそが**電流**だ。自由電子が電荷の運び手(**キャリア**)になる。

電流が流れる際には、マイナスに帯電した物体にあった自由電子そのものが、プラスに帯電した物体に移動するわけではない。下の図では、わかりやすくするために自由電子そのものが移動するように描いてあるが、実際とは違う。次項で詳しく説明するが、導体のなかには多数の自由電子が存在していて、マイナスに帯電した物体から1個の自由電子が導体に入ろうとすると、導体内の自由電子がいっせいに移動し、プラスに帯電した物体に一番近い位置にあった自由電子が押し出されるようになる。

なお、金属など固体の導体を流れる電流は自由電子の移動だが、液体や半導体の場合は、これとは異なった方法で電流

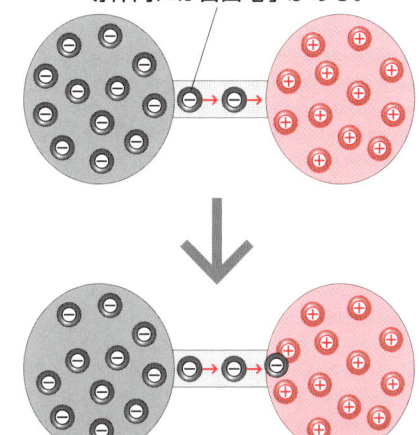

■導体内の自由電子

導体内には自由電子がある。

マイナスに帯電した物質から導体内に自由電子が入ると、導体内にあった自由電子がプラスに帯電した物質に入る。

が流れる(P20、P124参照)。

● 電流の方向

電流はプラスからマイナスに流れると定義されている。しかし、実際に連続的に移動する自由電子はマイナスからプラスに向かう。これは、電気の正体が自由電子の流れであることが発見される以前に、電流の流れる方向を決めてしまっていたため。実用上は問題が発生しないため、そのまま使われている。

■電流の方向と自由電子の移動する方向

マイナス側 ← 電流の流れる方向 → プラス側

自由電子の移動する方向 →

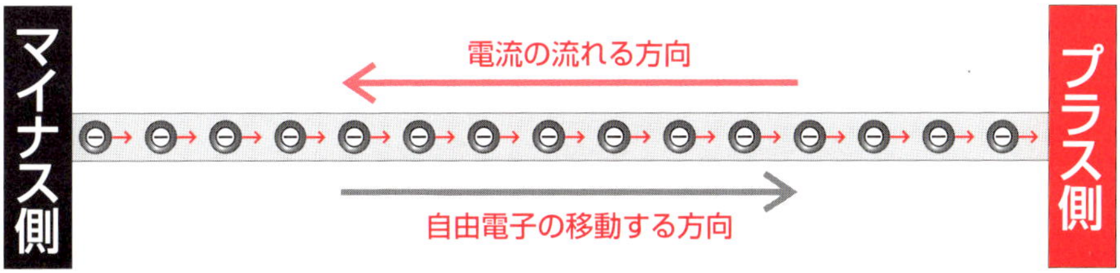

Point 電流とは自由電子が連続的に移動していく現象

Part1 電気の正体

導体と絶縁体

　物質のなかには、電気を通しやすいものと通さないものがある。電気を通しやすい物質を**導体**、電気を通さない物質を**絶縁体**または**不導体**という。このほかに導体と絶縁体の両方の性質をあわせもつ**半導体**という物質もある（P122参照）。

　鉄や銅などの金属は代表的な導体だ。導体のなかには、**自由電子**になりやすい電子がたくさんあり、まるで**原子核の隙間**を自由電子が泳ぎ回っているような状態になっている。そのため、自由電子が次々に移動することができ、**電流**が流れることができる。

　いっぽう、ガラスやゴム、陶磁器は代表的な絶縁体だ。絶縁体ではほとんどの電子が原子核と強固に結びついていて、自由電子になりにくい。こうした電子を**束縛電子**という。絶縁体の場合、電気を流そうとしても自由電子がないため、電気が流れない。

価電子

　電子は**原子核**の周囲の軌道を回っているが、軌道は1つとは限らない。電子には原則として原子核に近い内側の軌道に収まろうとする性質があるが、1つの軌道に収容できる電子の最大数は決まっていて、電子の数が多い原子ほど外側の軌道を使うようになる。

　それぞれの軌道は**電子殻**といい、内側から順にK殻、L殻、M殻、N殻……と呼ばれる。そして、内側からn番目の電子殻には最大$2n^2$個の電子が入ることができる。つまり、それぞれの電子殻に入

■導体のイメージ
原子核の間を自由電子が自由に動き回っている。(図には描いていないが束縛電子もある)

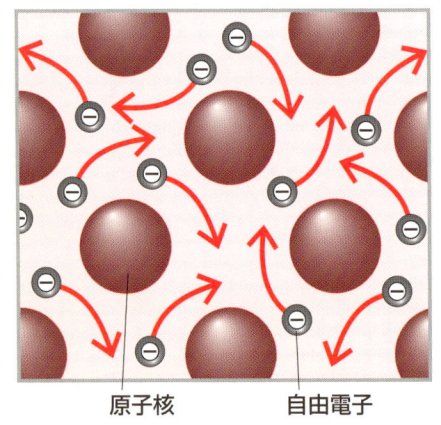

原子核　　　自由電子

■絶縁体のイメージ
ほとんどの電子が原子核と強固に結びついた束縛電子になっている。

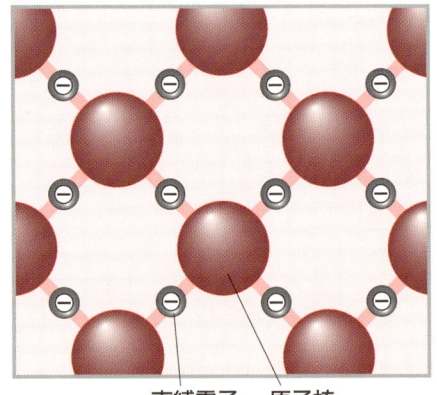

束縛電子　原子核

絶縁体でも温度によっては少数の自由電子が存在し、ごく微量の電流が流れることがある。

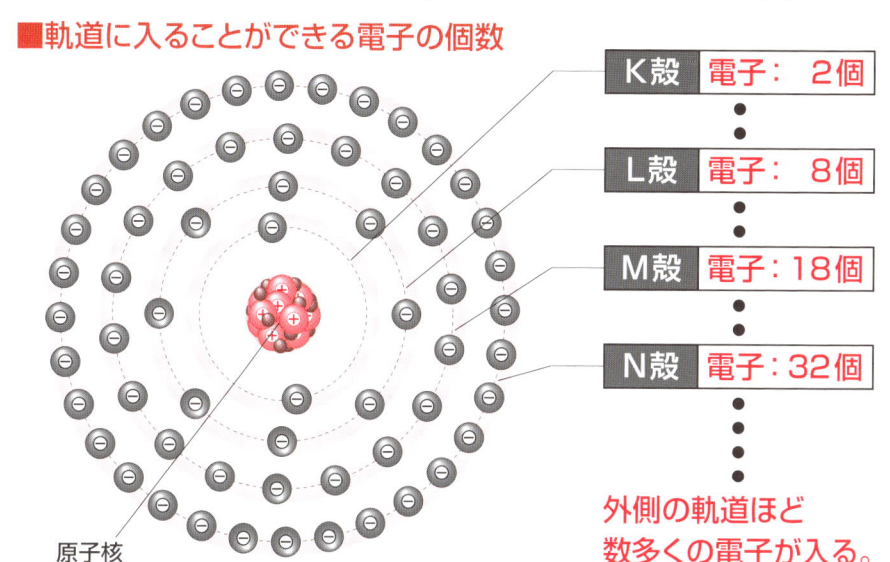

■軌道に入ることができる電子の個数

K殻　電子：2個
L殻　電子：8個
M殻　電子：18個
N殻　電子：32個

外側の軌道ほど数多くの電子が入る。

原子核

ることができる電子の最大数は、内側から順に2個（K殻）、8個（L殻）、18個（M殻）、32個（N殻）……となる。

　もっとも外側の電子殻（**最外殻**）にある電子を**価電子**という。価電子は、原子核からもっとも遠いため、原子核の束縛が弱く、**自由電子**になりやすい。ただ、最外殻でも最大数の電子が入ると状態が安定しやすい。L殻より外側の軌道では1つの電子殻に8個の電子が入ると、いちおうは安定するという性質もある。

　代表的な導体で、電線などにもよく使われる銅は、原子番号29番で電子の数は29個。価電子が1個しかない。もともと価電子は原子核の束縛が弱いが、それが1個であるため、外部からの刺激が集中することになり自由電子になりやすい。そのため銅は良好な導体になる。

　ただし、電子の数だけで、その原子が導体になるか絶縁体になるかは判断できない。原子や分子同士の結合方法でも違ってくる。たとえば、黒鉛とダイヤモンドは同じ炭素元素でできている。しかし、原子の結合の構造（結晶構造）が異なるため、黒鉛は導体になるがダイヤモンドは絶縁体になるといったこともある。

■銅原子

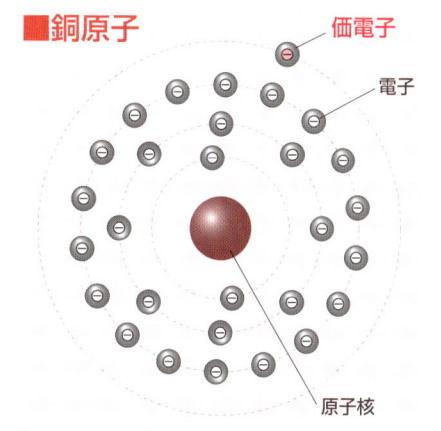

価電子
電子
原子核

銅は価電子（最外殻の電子）が1個しかなく自由電子になりやすい。

Point　導体のなかには自由電子がたくさんある

Part1 電気の正体

電位と電圧 ……………………

電流は水の流れにたとえられることが多い。水位の高いタンクと水位の低いタンクをホースやパイプでつなぐと、水位の高い側から低い側に水が流れ、両方のタンクの水位が同じになると水流が止まる。電気の場合は、マイナスに帯電した物体とプラスに帯電した物体を導体でつなぐと電流が流れ、帯電状態でなくなると電流が止まる。

水流の場合の水位とは、タンク内の水の深さのことではない。同じ基準となる位置、たとえば地面から水面までの高さのことだ。この両方のタンクの水位の差が水を押し流す圧力となるため、水が流れたわけだ。

電気の場合は、この水位に相当するものを電位という。電位の場合の基準となる位置は、電気的に中性な状態だ。電気的に中性な状態から考えると、プラスに帯電した物体は電位が高く、マイナスに帯電した物体は電位が低い(電位がマイナス)といえる。この電位の差が電気を押し流す圧力となり、電流が流れる。こうした電位差を電圧という。

起電力

帯電した物体を導体でつないだ場合、電流が流れると電位差が小さくなってい

■水流と電流1

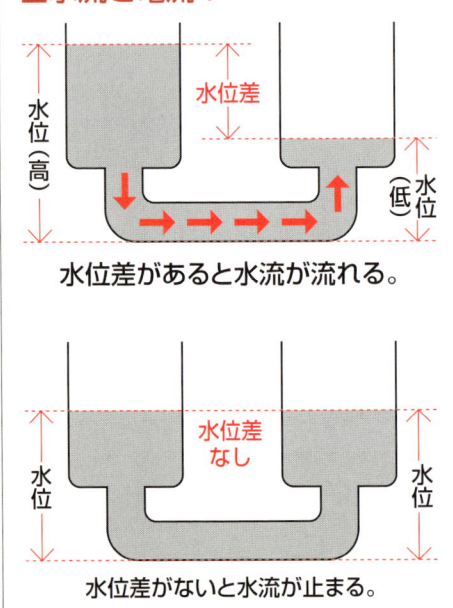

水位差があると水流が流れる。

水位差がないと水流が止まる。

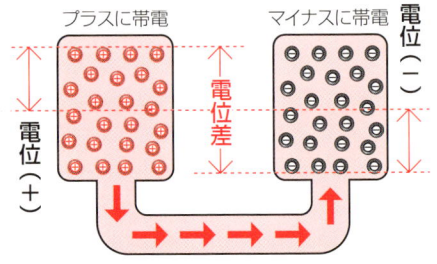

電位差があると電流が流れる。
イラスト内の電位はイメージ

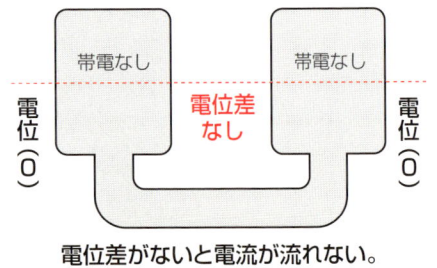

電位差がないと電流が流れない。

☞ 電池の場合、プラス極の電位が電圧ではない。プラス極のプラスの電位とマイナス極のマイナスの電位の差が電圧となる。

き、最終的には電位差ゼロになって電流が止まるが、一般的に電気を使う場合は電流を流し続ける必要がある。

電池でモーターを回転させる電気回路を水流にたとえてみると、高い位置にあるタンクから流れ出た水流が、水車を回し、低い位置にあるタンクに流れこむ。このままでは高い位置のタンクの水がなくなると水車が止まる。しかし、低い位置のタンクからポンプで水を吸い上げて高い位置のタンクに水を送れば、連続して水車を回すことができる。

水流の場合のポンプの役割を、電気回路では**電池**が果たしている。電池とは連続的に電位差を作り出す装置といえる。このように電池や発電機が作り続ける電位差（電圧）を**起電力**という。

また、水位の差が大きいほど、水車は力強く回ったり速く回ったりするようになる。電気の場合も、電圧が高くなるほどモーターの回転する力が強くなったり速く回転したりするようになる。力強くなるか速くなるかは、モーターの構造や行っている作業によって変化する。

電気の正体

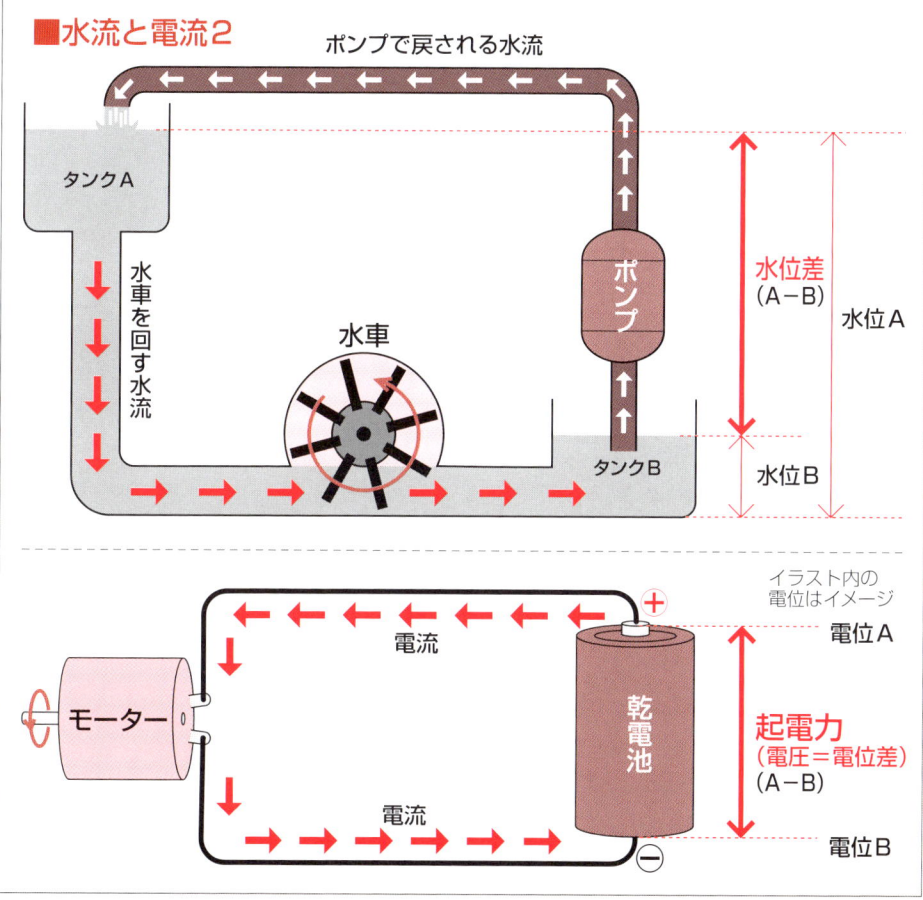

■水流と電流2

Point 電気を流そうとする圧力を電圧という

Part1 電気の正体

電気抵抗

　電気を通しやすい**導体**でも、多少は電流の流れを妨げる性質をもつ。これを**電気抵抗**といい、単に**抵抗**ということが多い。導体内に**自由電子**が多いほど電気が流れやすく、少ないほど抵抗が大きくなるが、こうした自由電子の数以外にも抵抗の大きさを左右する要素がある。

　導体のなかの自由電子は、電流が流れる際に一定の方向に移動する。その進行方向に**原子**があれば、自由電子がぶつかって移動速度が遅くなる。これが電気抵抗だ。物質ごとに原子の並び方や密度が異なるため、電気の流れにくさ、つまり電気抵抗の大きさがかわる。

ジュール熱

　原子は常に細かく**振動**している。この振動を**熱振動**や**格子運動**といい、温度が高ければ高いほど振動が大きくなる。導体に電気が流れて、**自由電子**が原子にぶつかると、原子の振動が激しくなる。つまり、温度が上昇する。こうして発生する熱を**ジュール熱**という。

　ジュール熱が発生するということは、**電気エネルギー**が**熱エネルギー**に変換されたということになる。この作用によって熱や光を作り出す電気器具が多い。

　また、導体の温度は**電気抵抗**に影響する。一般に金属などの導体の場合は、温度が高いほど電気抵抗が大きくなる。温度が高いほど、原子の振動が激しくなるため、自由電子がぶつかる確率が高くなる。そのため電気抵抗が大きくなる。

超伝導

　超伝導（**超電導**とも表現される）とは、ある種の物質を超低温状態にすると、**電気抵抗がゼロになる現象**のことだ。こうした現象が起こる物質を、**超伝導物質**といい、超伝導になる温度を**臨界温度**という。根本的な原理は未解明だが、超低温になると**原子の熱振動**がほとんどなくなることなどが理由とされる。

　電気抵抗がゼロになると、電流を永遠

■電気抵抗

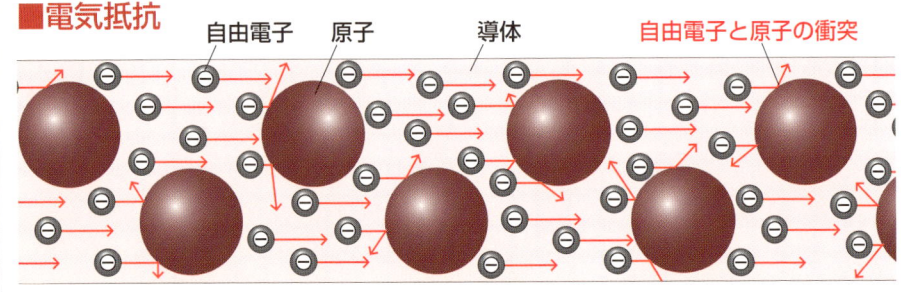

自由電子が原子にぶつかって移動速度が落ちる。　→　電気が流れにくくなる。

☞ 電気を流すことができる液体の場合は、固体とは逆に温度が高くなるほど電気抵抗が小さくなる（P20参照）。

■ジュール熱

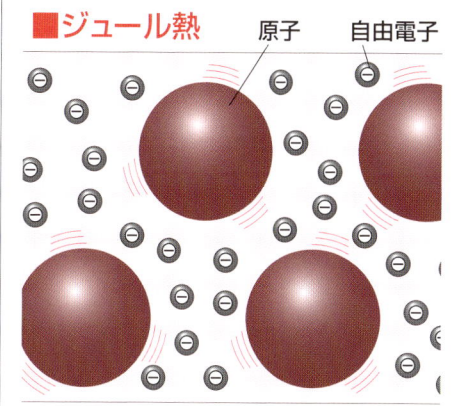

原子は常に振動している。

熱の正体

電流が流れると…

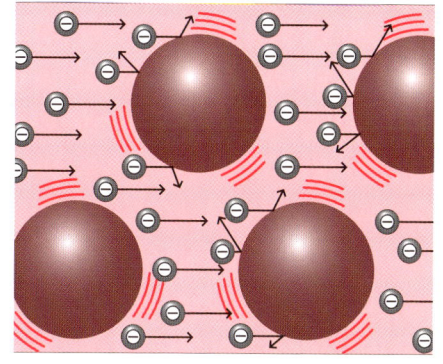

自由電子が衝突することで原子の振動が激しくなる。

温度が上昇する

に流し続けることが可能となる。たとえば**超伝導物質**で作った**電磁石**なら、電源を外しても電流が流れ続けるため、強力な磁力を発生できる。こうした**超伝導電磁石**は、医療用のMRIやリニアモーターカーですでに活用されている。

超伝導物質は臨界温度によって、**高温超伝導物質**と**低温超伝導物質**に分けられる。高温超伝導といっても、区切りとなる温度は−196℃だ。この温度は液体窒素の沸点である。発見された当初の超伝導物質は低温超伝導物質であったため、超伝導状態にするには高価な液体ヘリウム（沸点−272℃）が必要だった。しかし、高温超伝導物質であれば、工業用に大量に利用されている液体窒素による冷却で超伝導状態にできるので、超伝導の活用の場が広がっていった。

■超伝導

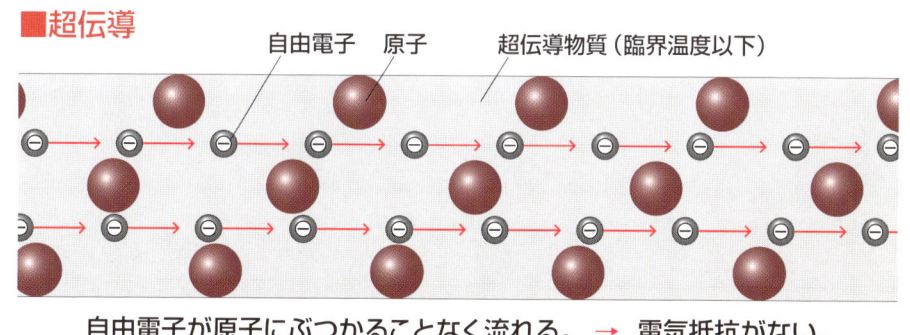

自由電子が原子にぶつかることなく流れる。　→　電気抵抗がない。

Point　導体にも電気の流れを妨げる抵抗がある

Part 1 電気の正体

イオン

濡れた手で電気製品に触れると**感電**しやすく危険だといわれる。しかし、実際には不純物を含まない純粋な水は電気を通さない。乱雑に分布した水の分子に邪魔されて、電子が移動できないため電気が流れることはない。では、どうして水は電気が流れるといわれるのだろうか。

価電子を失った原子はプラスに**帯電**するし、**自由電子**が飛びこんだ原子はマイナスに帯電する。このように帯電した原子を**イオン**といい、プラスの**電荷**をもつものを**プラスイオン**（**陽イオン**）、マイナスの電荷をもつものを**マイナスイオン**（**陰イオン**）という。

また、このようにイオン化することを**電離**という。原子ばかりでなく分子もイオンになることがある。これらイオンは化学反応で重要な役割を果たす。

固体のなかで原子が移動することは難しいが、液体内では移動できる。たとえば水に食塩（塩化ナトリウム・NaCl）を溶かすと、プラスの電荷であるナトリウムイオン（Na^+）とマイナスの電荷である塩素イオン（Cl^-）に電離する。これらのイオンは水のなかを自由に移動できるため、電気が流れることができる。このようにイオンが溶けこんだ物質を**電解質**、溶液の場合は**電解液**という。

電解液にプラス極とマイナス極の導体を入れて電気を流すと、プラスイオンはマイナス極に引き寄せられて自由電子を受け取り、マイナスイオンはプラス極に引き寄せられて自由電子を放出する。こうしたイオンの移動が、電流となる。イオンが電荷の運び手（**キャリア**）だ。

日常的に身近にある水の場合、さまざまな物質が含まれていて、イオン化が可能な物質もある。そのため、一般的な水は電気が流れるのだ。

なお、金属などの導体の場合、温度が高くなるほど**電気抵抗**が大きくなって電気が流れにくくなるが（P18参照）、電解

■ **電離**

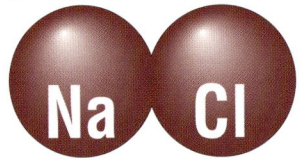

空気中では
ナトリウム原子（Na）と塩素原子（Cl）が結合して塩化ナトリウム（NaCl）の状態。

水の中に入れると…

電子を1個失って
ナトリウムイオン（Na^+）

電子が1個加わり
塩素イオン（Cl^-）

電離する

☞ 飛び出した電子の数が1個、2個、3個……のイオンを、それぞれ1価、2価、3価……のイオンという。

■電解液の通電

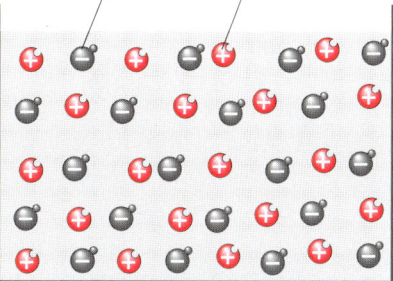

プラスイオンとマイナスイオンが電解液内に均一に分散。

→ 電気的に中性

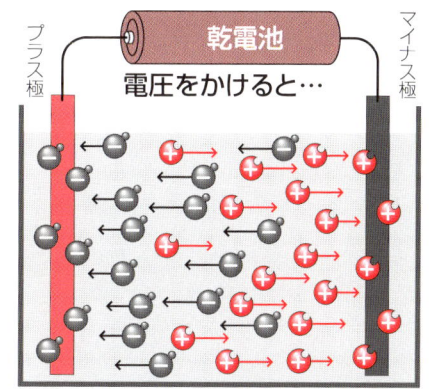

プラスイオンがマイナス極に引き寄せられマイナスイオンがプラス極に引き寄せられる。

→ 電気が流れる

液は温度が高くなるほどイオンが活発に運動する。そのため、一般的に温度が高いほど電気抵抗が小さくなる。

イオン化傾向

物質には**イオン**になりやすいものと、イオンになりにくいものがある。たとえばナトリウムは水に入れただけでも激しく反応してイオンになるが、金は濃硫酸と濃塩酸の混合液（王水）に入れた場合にしかイオン化しない。こうしたイオンになりやすさの違いを**イオン化傾向**という。金属のイオン化傾向は下の表のような順番になる（水素は金属ではないが比較の基準になるため入れてある）。

希硫酸の溶液にこれらの金属を入れた場合、水素よりもイオン化傾向の大きな金属はイオンとなって溶け出すが、銅など水素よりもイオン化傾向の小さな金属では変化が起こらない。こうしたイオン化傾向の違いは、**化学電池**（P62参照）で活用されている。

■イオン化傾向

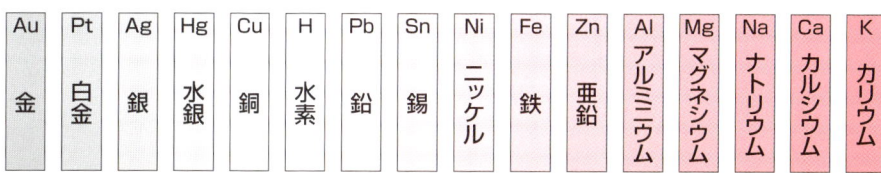

Point　イオンを含んだ液体は電気を通す

Part 1 電気の正体

静電気 ・・・・・・・・・・・・・・・・・・・・・・・・

　自由電子が連続的に移動することが電流だが、移動しない自由電子も電気現象を起こす。

　プラスチック（塩化ビニール）製の下敷で髪の毛をこすると、髪の毛が下敷に吸いつくようになる。これは、こするという刺激によって、髪の毛の電子が自由電子になって飛び出して下敷に移動したためだ。

　自由電子が飛び出した髪の毛はプラスに**帯電**し、自由電子が移動してきた下敷はマイナスに帯電する。すると双方の**電荷**に**クーロン力**が働いて、互いに引き合う。下敷は位置が固定されているため、軽い髪の毛が吸いつけられる。

　こうした帯電した状態のままで移動しない電荷を、**静電気**もしくは**摩擦電気**という。静電気は基本的に**絶縁体**に起こる電気現象だ。**導体**でも摩擦すれば自由電子が飛び出すが、その電子がすぐに移動してしまうため、とどまることがない。なお、静電気に対して、自由電子が移動するような電気を、**動電気**という。

　乾燥した季節にドアノブにさわってビリッと感じるのは、衣類の摩擦によって発生した静電気が原因だ。ただし、正確にいうと、感電した瞬間には自由電子が移動しているので動電気になっている。

帯電序列

　2種類の物質をこすり合わせた際に、プラスとマイナスのどちらに**帯電**するかは物質の組み合わせで異なる。これをわかりやすくまとめたものを**帯電序列**や**摩擦電気序列**という。たとえば、同じ木綿でも、ガラスとこすり合わせると、木綿

■静電気

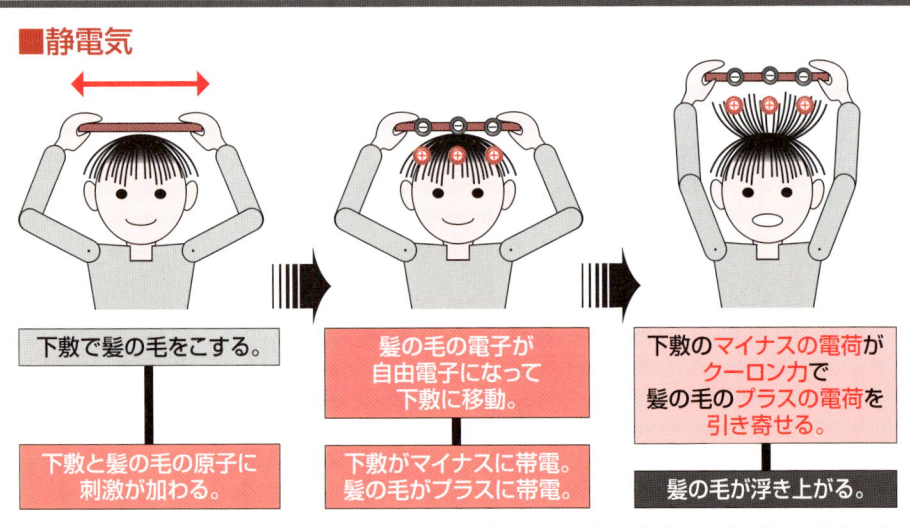

下敷で髪の毛をこする。 → 髪の毛の電子が自由電子になって下敷に移動。 → 下敷の**マイナスの電荷**が**クーロン力**で髪の毛の**プラスの電荷**を引き寄せる。

下敷と髪の毛の原子に刺激が加わる。 → 下敷がマイナスに帯電。髪の毛がプラスに帯電。 → 髪の毛が浮き上がる。

☞ セーターを脱ぐ際にバチバチと音をさせる静電気は数千ボルトに達していることもある。

■帯電序列

※不純物の混入や酸化などにより順番通りにならないこともある。

 ← プラスに帯電しやすい　　　マイナスに帯電しやすい →

| 皮革 | ガラス | 雲母 | ナイロン | ウール | 絹 | 紙 | 木綿 | 琥珀(こはく) | 合成ゴム | ポリエステル | アクリル繊維 | 塩化ビニール | シリコン | エボナイト |

電気の正体

はマイナスに帯電するが（ガラスはプラスに帯電）、塩化ビニールとこすり合わせると、木綿はプラスに帯電する（塩化ビニールはマイナスに帯電）。

静電誘導

先の例でマイナスに**帯電**した下敷を、別の人の頭に近づけると、やはり髪の毛が吸いついてくる。その人の髪の毛は帯電していないはずなのに吸いつく。これは帯電していない物体に**静電誘導**という現象が起こるためだ。

静電誘導とは、帯電した物体の近くに別の物体を置くと、その物体の帯電した物体に近い側に、帯電した物体とは逆の**電荷**が現れ、帯電した物体から遠い側に帯電した物体と同じ電荷が現れるという現象だ。自分の髪の毛でマイナスに帯電させた下敷を別の人の頭に近づけると、その人の髪の毛の電子が**クーロン力**によって反発して下敷から遠い側に集まる。すると下敷に近い側の髪の毛は電子が不足するためプラスに帯電する。このプラスに帯電した髪の毛とマイナスに帯電した下敷がクーロン力によって引き合うため、髪の毛が下敷に吸いつけられる。

■静電誘導

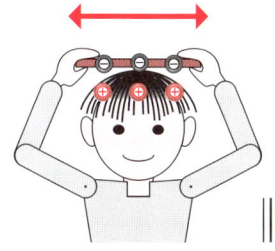

下敷で髪の毛をこすって下敷と髪の毛の原子に刺激が加わる。

下敷がマイナスに帯電。髪の毛がプラスに帯電。

別の人の髪の毛に帯電した下敷を近づける。

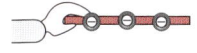

静電誘導が起こる。

髪の毛上部がプラスに帯電。髪の毛下部がマイナスに帯電。

下敷の**マイナスの電荷**が**クーロン力**で髪の毛の**プラスの電荷**を**引き寄せる。**

髪の毛が浮き上がる。

Point　静電気とは帯電したまま動かない電気

Part1 電気の正体

雷と気体放電

　落雷の原理には未解明な部分もあるが、激しく空気が流れる雷雲のなかで水滴の分裂や、水滴と氷の粒の衝突、氷の粒同士の衝突などが繰り返されることで静電気が発生する。これにより雷雲全体では上層部がプラスに帯電し、下層部がマイナスに帯電するようになる。

　この下層部のマイナスの電荷が非常に大きくなると、地表の物体に静電誘導を引き起こし、地表がプラスに帯電する。雷雲の下層部と地表の電位差が巨大になると、本来は絶縁体である空気の絶縁を破って、雲のマイナスの電荷が空気中を伝わって地表へ流れる。これが落雷だ。

　このように、空気中を電気が流れる現象を気体放電という。空気中を電気が流れるといっても、本来は絶縁体である空気の電気抵抗は大きいため、発熱が起こり、それが発光して稲妻となる。また、発熱によって周囲の空気が一気に膨張することで雷鳴を引き起こす。

気体放電

　本来は絶縁体である空気が、なぜ気体放電を起こすのだろうか。

　地表の大きなプラスの電荷の強いクーロン力によって、地表近くの空気の分子はマイナスの電子を吸い取られることがある。すると空気の分子はプラスのイオンになる。プラスイオンになった空気の分子は、今度は近くの空気の分子から電子を吸い取ろうとする。こうしたことが、地表から雷雲まで続いていく。

　雷雲の側でも、強いクーロン力によって電子が地表に向けて飛び出すことがある。この電子が空気の分子にぶつかると、分子から電子が飛び出し、プラスイオンになる。このプラスイオンは雷雲に向けて突進し、他の空気の分子にぶつかるといったことを繰り返す。

　空気の分子から飛び出した電子も、地表へ向けて飛び出し、また別の空気の分子にぶつかるといったことを繰り返し、雪崩のようにプラスイオンを増やしていく。

　これらの現象が、プラスの電荷をもった地表から、マイナスの電荷をもった雷雲の下層部まで連続して起こると、その筋道を通って電荷が移動できるよう

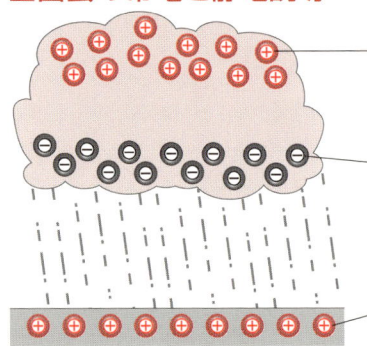

■雷雲の帯電と静電誘導

雷雲の上層部がプラスに帯電。

雷雲の下層部がマイナスに帯電。

雷雲下層部の静電誘導で地表がプラスに帯電。

☞ 気体放電は雷雲と地表の間だけでなく雷雲内や雷雲と他の雷雲の間でも起こっていて、これを雲内放電や雲間放電という。

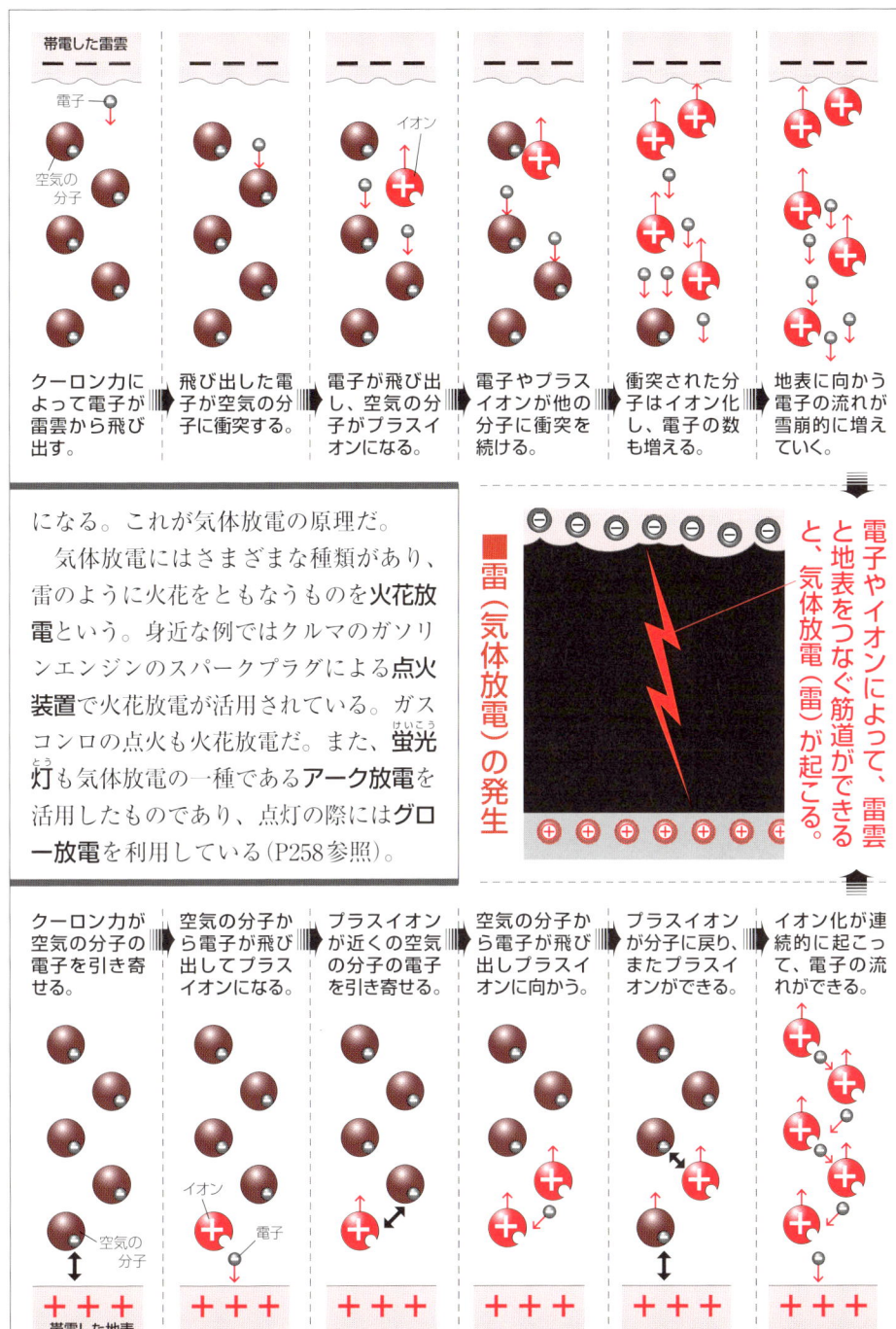

電気の正体

■雷（気体放電）の発生

| クーロン力によって電子が雷雲から飛び出す。 | 飛び出した電子が空気の分子に衝突する。 | 電子が飛び出し、空気の分子がプラスイオンになる。 | 電子やプラスイオンが他の分子に衝突を続ける。 | 衝突された分子はイオン化し、電子の数も増える。 | 地表に向かう電子の流れが雪崩的に増えていく。 |

電子やイオンによって、雷雲と地表をつなぐ筋道ができると、気体放電（雷）が起こる。

| クーロン力が空気の分子の電子を引き寄せる。 | 空気の分子から電子が飛び出してプラスイオンになる。 | プラスイオンが近くの空気の分子の電子を引き寄せる。 | 空気の分子から電子が飛び出しプラスイオンに向かう。 | プラスイオンが分子に戻り、またプラスイオンができる。 | イオン化が連続的に起こって、電子の流れができる。 |

になる。これが気体放電の原理だ。

気体放電にはさまざまな種類があり、雷のように火花をともなうものを**火花放電**という。身近な例ではクルマのガソリンエンジンのスパークプラグによる**点火装置**で火花放電が活用されている。ガスコンロの点火も火花放電だ。また、**蛍光灯**も気体放電の一種である**アーク放電**を活用したものであり、点灯の際には**グロー放電**を利用している（P258参照）。

Point 電圧が高いと気体放電で空気中を電気が流れる

Part1 電気の正体

プラズマ

　気体を数万℃以上の超高温にすると、激しく運動する原子や分子同士が衝突を繰り返す。すると原子から**電子**が弾き飛ばされて、プラスの**イオン**が発生する。このように電離した多数のプラスイオンと電子が自由に飛び回っている気体を**プラズマ**という。

　気体放電が起こった場合も、放電によって気体中を移動する高速の電子が、気体の原子や分子に衝突する。すると衝突された原子の電子が弾き飛ばされて、電離が起こり、プラズマ状態になる。

　プラズマ中のプラスイオンと電子は引き寄せ合って結合し、電気的に中性な状態に戻ろうとするため、プラズマ状態を維持するためには、超高温状態を保ったり気体放電を連続させて、エネルギーを与え続けなければならない。

　プラズマ内のプラスイオンのプラスの**電荷**と電子のマイナスの電荷の合計は等しいため、プラズマは電気的に中性だ。しかし、電圧をかけると、電子はプラス極に引き寄せられ、プラスイオンはマイナス極に引き寄せられるため、電気が流れる。**プラズマディスプレイ**（P272参照）はプラズマを利用した電気器具だ。

　なお、プラズマは電気が流れる気体として説明したが、気体として扱われないこともある。プラズマは通常の気体とは異なった性質があるため、物質の3態である固体、液体、気体に含まれない、物質の第4態として扱われることがある。

■超高温によるプラズマ発生

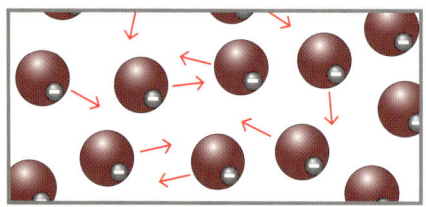
▼ 超高温により原子や分子が激しくぶつかる。

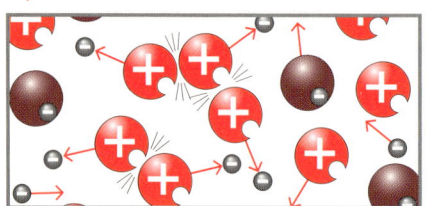
衝突した原子や分子から電子が飛び出しプラスイオンになる。飛び出した電子やイオンがまた原子や分子に衝突を繰り返し、プラスイオンと電子を増やす。

■放電によるプラズマ発生

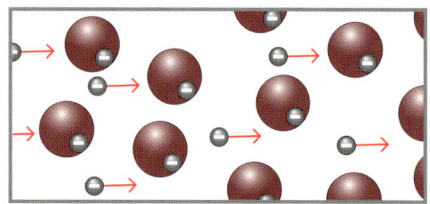
▼ 放電により電子が原子や分子にぶつかる。

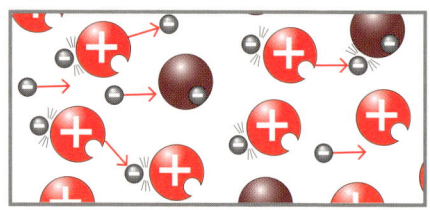
電子がぶつかった原子や分子から電子が飛び出しプラスイオンになる。飛び出した電子やイオンが原子や分子に衝突を繰り返し、プラスイオンと電子を増やす。

Point プラズマは電気が流れるイオン化した気体

Part2
電気の基礎

電気を理解するための基本法則

Part2 電気の基礎

電力と電力量 ....

電気とはエネルギーの形態の1つで、さまざまな仕事をしてくれる。その量を示してくれるのが**電力**や**電力量**だ。

電力

電気の仕事やエネルギーに関連した単位で身近なものは、家電製品にも表示されている**W（ワット）**だろう。これが**電力**の単位だ。電力とは一定時間の間にできる**仕事量**のことで、**仕事率**ともいう。

仕事というとわかりにくいかもしれないが、**電力**が大きいほど、一定時間の間に多くの**電気エネルギー**を他の形態のエネルギーに変換できることを意味する。

同じ器具で比較すればわかりやすい。たとえば60Wの白熱電球と100Wの電球を比較すれば、100W電球のほうが明るい。それだけ多くの電気エネルギーを**光エネルギー**に変換できることになる。

W（ワット）は電気だけでなく、さまざまな形態のエネルギーや仕事に共通した単位で、**kW（キロワット）**や**mW（ミリワット）**なども使われる。1000Wが1kW、0.001Wが1mWだ。

自動車のエンジンの出力は、以前は**馬力（PS、ピーエス）**という単位で表示されていたが、現在はkW表示に移行しつつある。1馬力は735.5Wに換算される。

■電力の違い

100W電球　　　　　　　**60W電球**

電力(W数)：大	＞	電力(W数)：小
一定時間の間にできる仕事の量：大	＞	一定時間の間にできる仕事の量：小
他のエネルギーに変換できる量：大	＞	他のエネルギーに変換できる量：小
明るい	＞	暗い

☞ WとkWのように単位では「k」で1000倍を示し、WとmWのように「m」で1000分の1を示すのが一般的だ。

たとえば、ある軽自動車が50馬力だとすれば37kWと表示される。

電力量

電力に時間をかければ、実際に行った仕事量となる。電気の世界では、これを電力量という。電力量の単位はJ（ジュール）で、これもさまざまな形態のエネルギーや仕事に共通した単位だ。電力量と電力の関係は以下のようになる。

電力量（J）＝電力（W）×時間（秒）

1Jは「1N（ニュートン）の力で、その力の方向に物体を1m移動させる仕事」と定義されている。力の単位であるニュートンまで説明すると難しくなるので実例にしてみると、1Jとは地球上で約102gの重さのものを1m持ち上げる仕事量に相当する。

熱エネルギーの場合は仕事量を熱量といい、以前はcal（カロリー）が単位だったが、これもW表示に移行しつつある。たとえば1calとは1gの水の温度を1℃上昇させる熱量のことだ。1calをジュールに換算すると、約4.19Jになる。

電力量の単位は本来はジュールだが、電気の世界ではWs（ワット秒）も使われる。1Jと1Wsは同じ量だ。また、Wh（ワット時）が使われることもある。1Whとは、1Wの電力が1時間で行う電力量のことで、3600Wsとなる。

電力会社の請求書などでは、使用電力量の単位にkWh（キロワット時）が使われている。1kWhとは1000Whのことだ。たとえば、100W電球を10時間使えば1kWhとなり、1200Wのドライヤーを30分使えば0.6kWhとなる。

電気の基礎

■馬力とワット

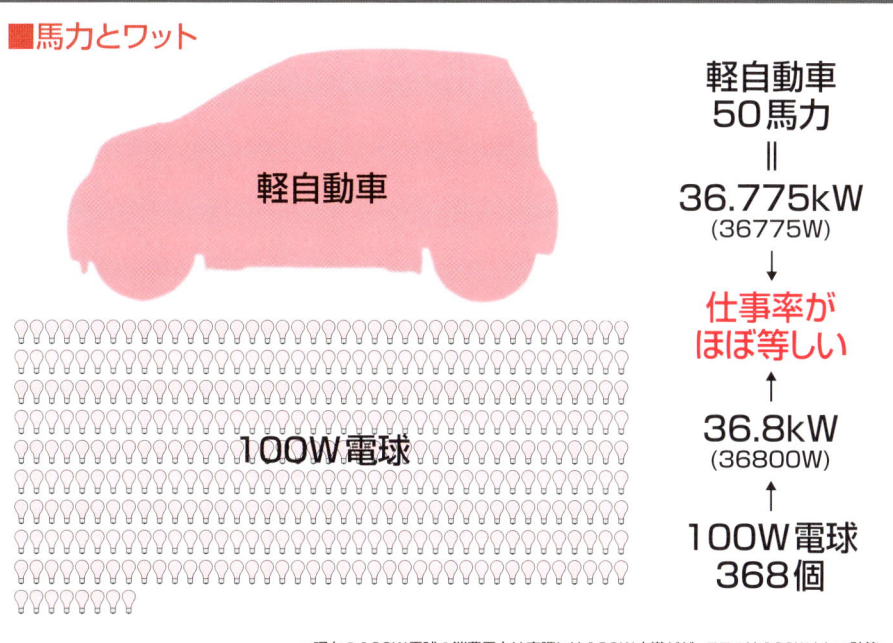

※現在の100W電球の消費電力は実際には100W未満だが、ここでは100Wとして計算。

Point 電力とは一定時間の間に電気が行う仕事の量のこと

Part2 電気の基礎

電流と電圧

電力を決定する要素が、電気の流れる量や強さを示す**電流**と**電圧**だ。

電流

電流という言葉は、「電流が流れる」といったように**自由電子**が移動している状態のことを表現するが、同時に電流の大きさを表現する用語としても使われる。電流の大きさとは、一定時間の間に均一な太さの導体の断面を通過する自由電子の数のことだ。

電流の単位は**A（アンペア）**で、1Aは1秒間に約6.24×10^{18}個の自由電子が通過することを意味する。**電荷**の量の単位は**C（クーロン）**で、1Aの電流が流れた時に通過した電荷の量が1Cだ。ちなみに、陽子1個の電荷の量を**電気素量**といい、約1.60×10^{-19}Cとなる。いっぽう、電子1個の電荷の量は$-$約1.60×10^{-19}Cになる。

電圧

すでに説明したように**電圧**とは電荷を押す圧力のことで（P16参照）、単位は**V（ボルト）**だ。電圧はエネルギーや仕事と関連づけて定められていて、1Vは、1Cの**電荷**が1J（ジュール）の仕事をする電圧だ。これをいいかえれば、1Vは、1Aの

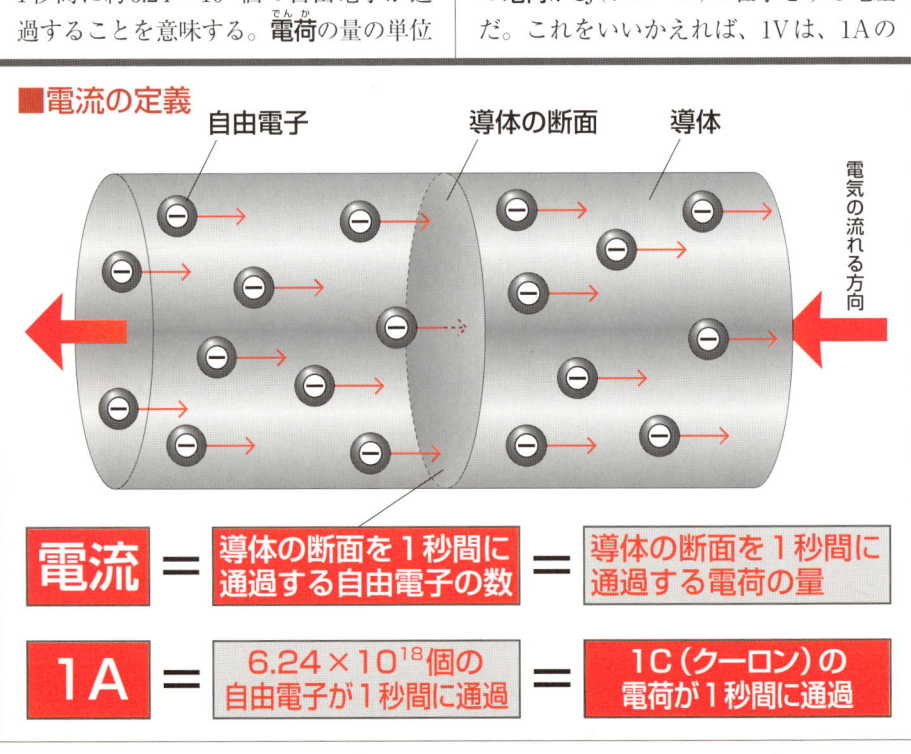

■電流の定義

自由電子　　導体の断面　　導体

電気の流れる方向

電流	=	導体の断面を1秒間に通過する自由電子の数	=	導体の断面を1秒間に通過する電荷の量
1A	=	6.24×10^{18}個の自由電子が1秒間に通過	=	1C（クーロン）の電荷が1秒間に通過

☞ V（ボルト）は電圧だけでなく電位や起電力の単位としても使われる。

電流が1秒間に1Jの仕事をする電圧となる。つまり1Vで1Aの電流は1W（ワット）となる。

電流・電圧と電力

一定時間の間に移動する**自由電子**の数が多くなれば多くの仕事ができる。つまり、**電流**が大きくなれば**電力**が増大する。一定時間の間に移動する自由電子の数が同じでも、電子を押す圧力が強くなれば多くの仕事ができる。つまり、**電圧**が高くなれば電力が増大する。

そもそも、電圧は電流と電力から定められたものだ。その関係を式にすると以下のようになる。

電圧〔V〕×電流〔A〕＝電力〔W〕

電力は電流と電圧に比例する。電力を2倍にしたいのなら、電圧を2倍にしてもいいし、電流を2倍にしてもいい。

また、電力が一定ならば、電圧と電流が反比例する。電圧が半分になっても、電流が2倍になれば、同じ電力が得られるし、電流が半分になっても電圧が2倍になれば同じ電力が得られる。

電気の基礎

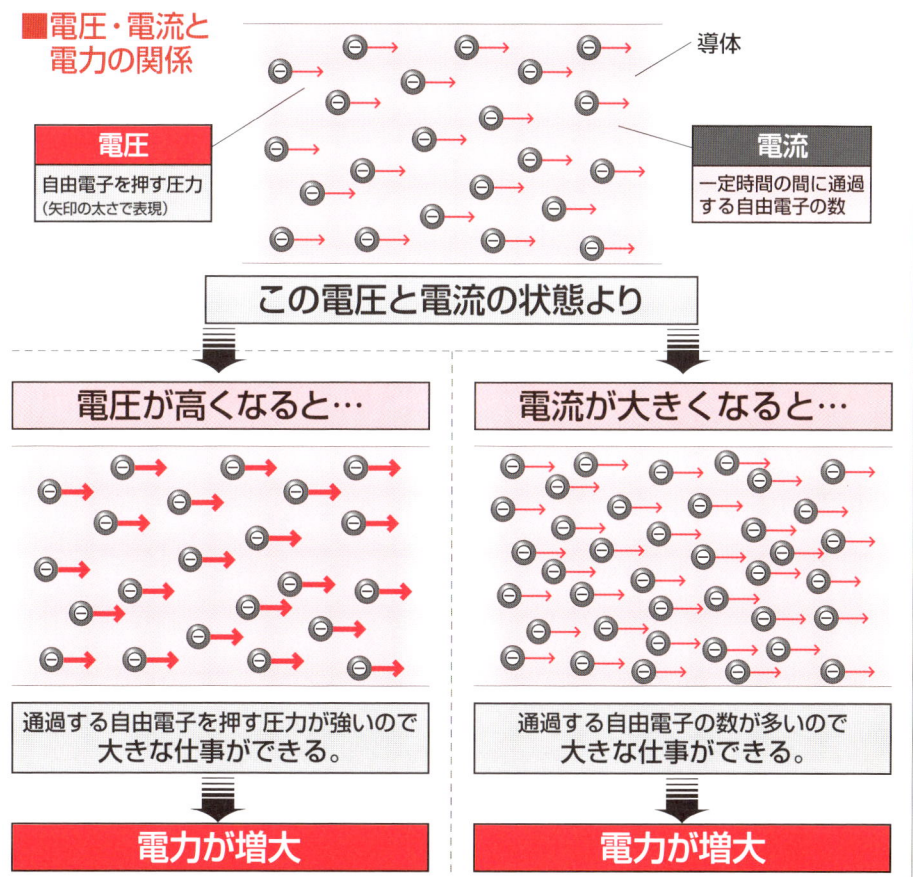

■電圧・電流と電力の関係

Point 電流と電圧を掛け合わせると電力になる

Part2 電気の基礎
オームの法則 ....

　電圧は電位差によって決まるが、電流の大きさ、つまり流れる自由電子の数はどのようにして決まるのだろうか。それを決めているのが電気抵抗だ。

　この電流と電気抵抗の関係は、水にたとえてみるとわかりやすい。水道の蛇口にホースをつないで水を送る時のホースの太さが抵抗だといえる。細いホースと太いホースを比較すると、水圧が同じなら、太いホースのほうが大量の水を送ることができる。細いホースとは水が流れにくいホース、つまり抵抗の大きなホースといいかえることができ、小さな電流しか流れることができない。逆に太いホ

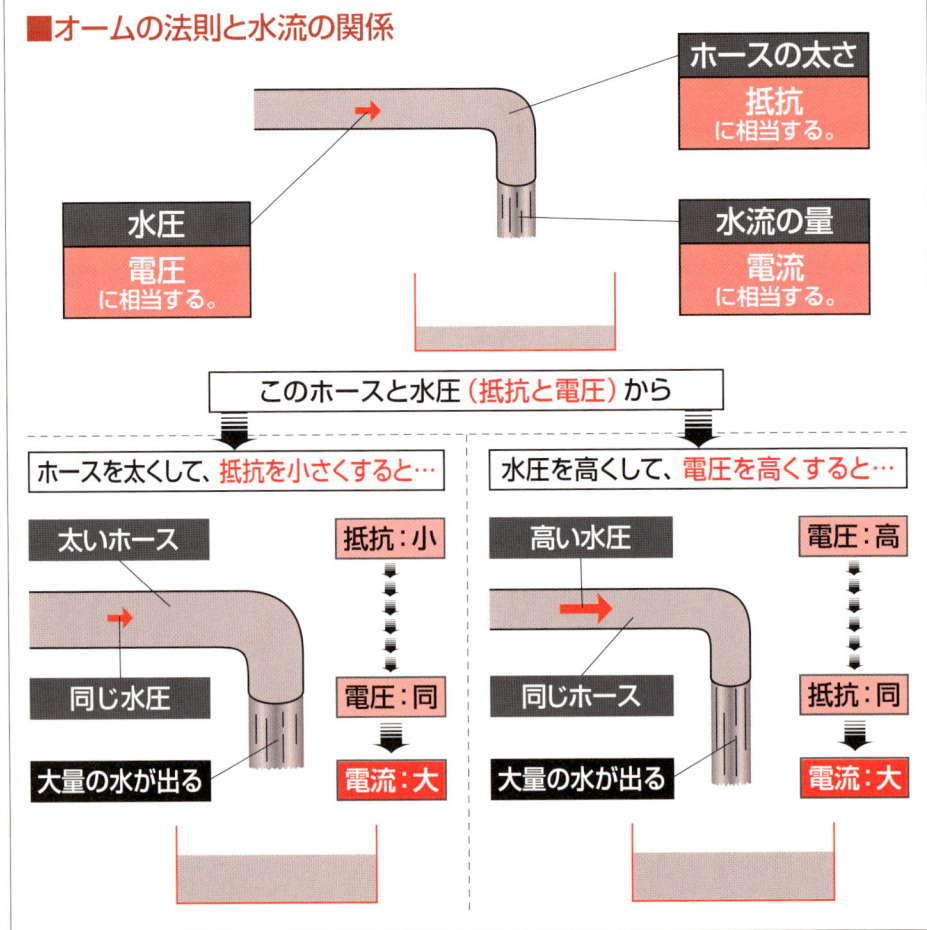

■オームの法則と水流の関係

☞ 略号はそれぞれ以下の英語の略。電圧（Electromotive force または Voltage）、電流（Intensity of electric current）、抵抗（Resistance）。

ースとは抵抗の小さなホースであり、大きな電流が流れることができる。そのため、電圧が一定なら、抵抗が大きくなるほど電流が小さくなる。

実際に導線の場合もまったく同じだ。導線の断面積が2倍になれば、**電気抵抗**が半分になるし、断面積を半分にすれば抵抗が2倍になる。つまり、電流と抵抗は反比例する。

ホースの太さが同じで水圧をかえた場合はどうだろうか。水圧を2倍にすれば2倍の量の水を送り出すことができる。これを電気で考えると、電気抵抗が一定なら電流と電圧は比例することになる。

電気抵抗の単位はΩ（オーム）で、1Vの電圧をかけた時に1Aの電流が流れる抵抗が1Ωだ。2Ωの抵抗に1Vをかければ0.5Aが流れ、1Ωの抵抗に2Vをかければ2Aが流れる。こうした抵抗の大きさを表現する場合は、**電気抵抗値**や単に**抵抗値**という。

この電圧、電流と電気抵抗の関係を**オームの法則**という。まとめて「電流の大きさは電圧に比例し、抵抗に反比例する」と表現される。これらの関係を式にすると以下のようになる。

電圧〔V〕＝電流〔A〕×抵抗〔Ω〕
電流〔A〕＝電圧〔V〕÷抵抗〔Ω〕
抵抗〔Ω〕＝電圧〔V〕÷電流〔A〕

また、それぞれの一般的なアルファベットの略号であるEまたはV（電圧）、I（電流）、R（抵抗）を使って、

E＝IR または V＝IR

と表現されることもある。

電気の基礎

■オームの法則の覚え方

E＝電圧
I＝電流
R＝抵抗

知りたい文字の記号を隠す

電圧を知りたい時は………Eを隠す。

E＝I×R
電圧＝電流×抵抗

電流を知りたい時は………Iを隠す。

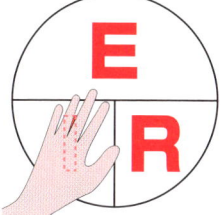

$I=\dfrac{E}{R}$

電流＝電圧÷抵抗

抵抗を知りたい時は………Rを隠す。

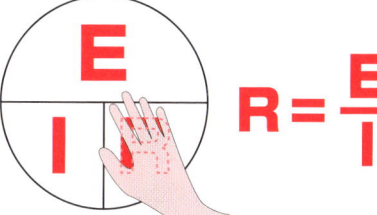

$R=\dfrac{E}{I}$

抵抗＝電圧÷電流

Point 電流の大きさは電圧に比例し、抵抗に反比例する

Part2 電気の基礎

ジュールの法則

　導体に**電気抵抗**があると、電気を流した際に**ジュール熱**で発熱する(P18参照)。その際の**発熱量**は「発熱量＝電圧×電流×時間」という**ジュールの法則**で求められる。これは発熱量が電圧、電流、時間に比例することを意味する。

　ジュール熱とは、**自由電子**が衝突して原子の振動が激しくなることだ。時間が長くなれば、発熱量が増えるのは当然といえば、当然といえる。

　電圧が高くなれば、それまでより自由電子を押す圧力が高くなり、勢いよく原子にぶつかるので、それだけ原子の振動が激しくなり発熱量が増える。電流が大きくなった場合は、原子にぶつかる自由電子の数が増えるので、原子の振動がそれだけ激しくなって発熱量が増える。

　そもそも発熱量とは**熱エネルギー**や、熱の**仕事量**のことで、単位には**J(ジュール)**が使われる。ジュールの法則を式にすると以下のようになる。

発熱量〔J〕
　＝電圧〔V〕×電流〔A〕×時間〔秒〕

　実は、この発熱量のジュールの法則の式は、**電力量**の式とまったく同じことを意味している。先に説明したように電力量もエネルギーや仕事量のことで単位にJを使う。電力量は**電力**と時間から求めることができる。その電力は、電圧と電流から求めることができるので、

電力量〔J〕＝電力〔W〕×時間〔秒〕
　　＝電圧〔V〕×電流〔A〕×時間〔秒〕

となり、ジュールの法則の式とまったく同じだ。**エネルギー保存の法則**から考えれば当然のことだ。発熱量といった場合には変換後の熱エネルギーを説明しているのであり、電力量といった場合には変換前の**電気エネルギー**を説明しているのだ。同じように電力は、一定時間の間の発熱量を示していることになる。

　しかし、実際の電気器具では発熱量と電力量は必ずしも一致しない。電気ストーブなどの**電熱器具**は電気エネルギーを熱エネルギーに変換する器具だが、すべての電気エネルギーが熱エネルギーになるわけではない。一部は**光エネルギー**などになる。そのため、たとえば600Wの**電熱器**を1秒使っても600Jの熱量を得られない。こうしたことを明確にするため、電気器具が使用する電力は、**消費電力**と表示されることが多い。

　熱を得ることを目的としない電気器具の場合も、使えば本体が温かくなることが多い。つまり、電気エネルギーの一部が本来の目的ではない熱エネルギーに変換されている。これは、エネルギーの損失があるということだ。

　そのため、目的とする能力の**仕事率**が表示される電気器具もある。たとえば掃除機であれば吸引力の目安となる吸引仕事率が表示され、オーディオ機器であれば最大音量の目安となる最高出力が表示される。これらの吸引仕事率や最高出力の単位はいずれもWが使われる。

☞ エアコンのヒートポンプのように消費電力より出力のほうが大きくなる電気器具もある(P252参照)。

ジュール熱と電圧、電流の関係

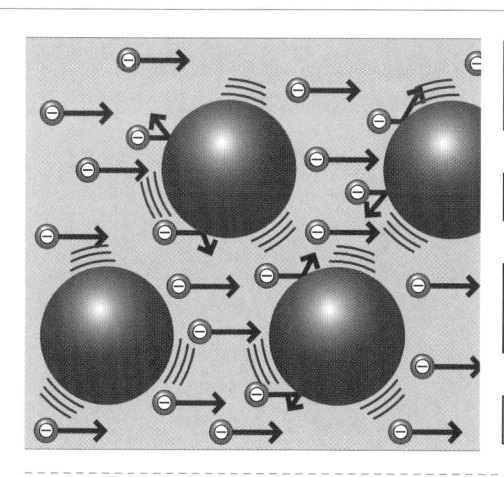

一定時間の間の発熱量が大きくなる。

↑

原子の振動が激しくなる。

↑

原子に自由電子が強くぶつかるようになる。

↑

電圧が高くなると、

自由電子の衝突で原子が振動することで発熱する。

一定時間の間の発熱量は自由電子の勢いと数で決まる。

発熱量＝電圧×電流×時間

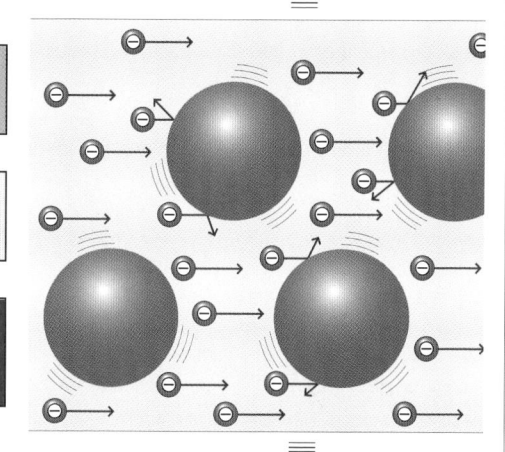

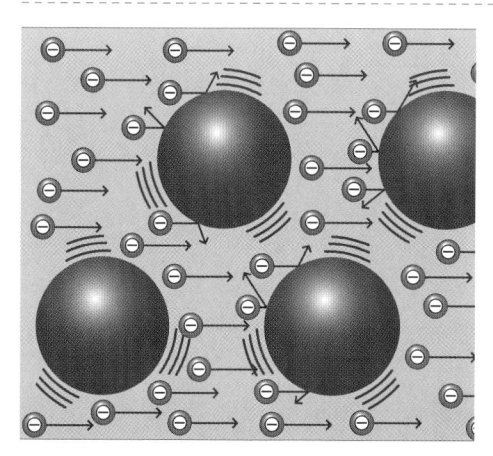

電流が大きくなると、

↓

原子にぶつかる自由電子の数が増える。

↓

原子の振動が激しくなる。

↓

一定時間の間の発熱量が大きくなる。

電気の基礎

Point　発熱量は電圧、電流、時間に比例する

Part2 電気の基礎

電気抵抗と発熱量……………

　ジュール熱を発生させる際の主役といえるのが**電気抵抗**だ。抵抗を大きくすれば、それだけ**発熱量**が増えるように想像できるが、実際にはどうだろか。

　たとえば電気抵抗が1Ωの**ニクロム線**（電熱器などに使われる発熱しやすい導体）に電池で3Vの電圧をかけた場合、ニクロム線と電池をつなぐ導線の抵抗を無視すれば、電流は3Aになり、1秒間の発熱量は9Jになる。

　このニクロム線の長さを2倍にして電気抵抗を2Ωにすると、電流が1.5Aになるので1秒間の発熱量は4.5Jになる。逆にニクロム線の長さを半分にして抵抗を0.5Ωにすると、電流は6Aになるので1秒間の発熱量は18Jになる。つまり、想像とは逆に、抵抗を2倍にすると発熱量が1/2になり、抵抗を1/2にすると発熱量が2倍になる。

　電圧が同じなら、**電流**の大きさは電気抵抗によって決まってしまうため、このような結果になる。**オームの法則**では、「電圧＝電流×抵抗」だ。ジュールの法則の式の「電圧」の部分を「電流×抵抗」にかえると以下の式になる。

発熱量＝（電流）^{2}×抵抗×時間

　つまり、発熱量は電流の2乗と電気抵抗に比例する。この式で抵抗が2倍になるとしても、同時に電流が2分の1になる。しかも、発熱量に対しては、電流の2乗の影響があるため、電流の増減による影響のほうが大きくなるわけだ。

　ジュールの法則の式の「電流」の部分を「電圧÷抵抗」にかえて

発熱量＝（電圧）^{2}÷抵抗×時間

として考えてもいい。電気抵抗の大きさをかえても電圧は影響を受けないので、電圧が一定ならば抵抗と時間だけが発熱量へ影響することになる。そのため、抵抗が2倍になれば発熱量は1/2になるし、抵抗が1/2になれば発熱量が2倍になる。つまり、電圧が一定なら、発熱量は抵抗に反比例する。

　ちなみに、電気抵抗が一定だと、発熱量は電圧の2乗に比例することになる。1Ωの抵抗に6Vをかけた場合の1秒間の発熱量は36Jになる。つまり、電圧を2倍にすると発熱量は4倍になる。

　発電所からの**送電**に非常に高い電圧を使用するのは、発熱量が電流に大きな影響を受けるためだ。**送電線**にもわずかながら電気抵抗があるが、送電の場合、最終的に電気を受け取る側の抵抗が大きいので、送電線の抵抗で送電の電流が決まるわけではない。しかし、非常に大きな電力量を送るので、送電線のわずかな抵抗による発熱も無視はできない。

　電力量は電圧×電流×時間で求められるので、高電圧・小電流でも、低電圧・大電流でも同じ電力量を送ることができる。この時、送電線が同じならば、送電線部分の抵抗は同じだ。発熱量は電流の2乗に比例するので、電圧を高くして電流を小さくしたほうが、発熱量、つまり

☞ 送電に高電圧を使うと送電ロスを減らせるが、高電圧による問題も発生する（P216参照）。

■発熱量と抵抗、電圧の関係

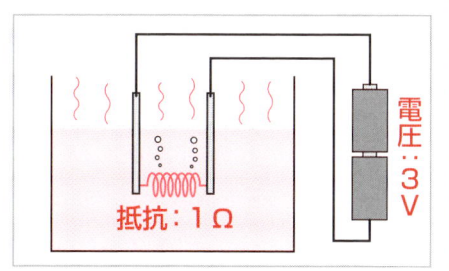

抵抗：1Ω　電圧：3V

電流 ＝電圧÷抵抗
　　　＝3V÷1Ω＝ 3A
1秒間の発熱量
　＝電圧×電流×時間
　＝3V × 3A ×1秒＝**9J**

3Vで1Ωの発熱量は9J

抵抗を2倍にすると

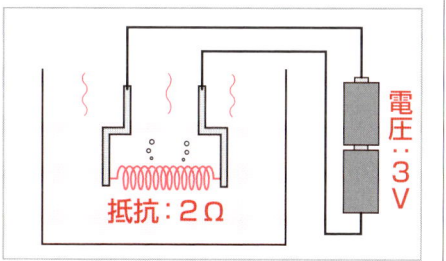

抵抗：2Ω　電圧：3V

電流 ＝電圧÷抵抗
　　　＝3V÷2Ω＝1.5A
1秒間の発熱量
　＝電圧×電流×時間
　＝3V ×1.5A×1秒＝**4.5J**

発熱量が半分になる。

抵抗を半分にすると

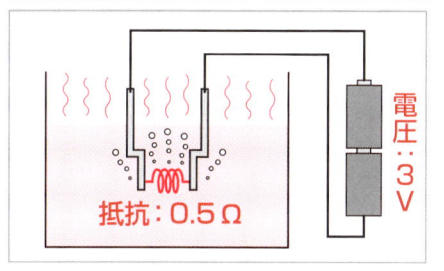

抵抗：0.5Ω　電圧：3V

電流 ＝電圧÷抵抗
　　　＝3V÷0.5Ω＝ 6A
1秒間の発熱量
　＝電圧×電流×時間
　＝3V × 6A ×1秒＝**18J**

発熱量が2倍になる。

電圧を2倍にすると

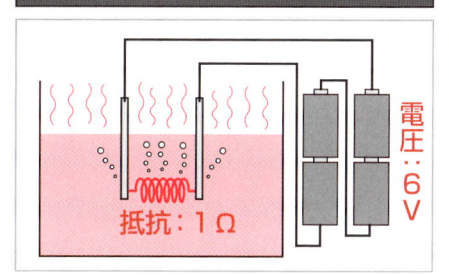

抵抗：1Ω　電圧：6V

電流 ＝電圧÷抵抗
　　　＝6V÷1Ω＝ 6A
1秒間の発熱量
　＝電圧×電流×時間
　＝6V × 6A ×1秒＝**36J**

発熱量が4倍になる。

電気の基礎

送電ロスを抑えることができる。
　たとえば、発電所からの送電では50万Vという高電圧が使われているが、これを100Vにすると、電流は5000倍になり、発熱量は2500万倍になってしまうわけだ。

Point　電圧が一定なら電流の大きさは抵抗の大きさで決まる

Part2 電気の基礎

電池の直列と並列 ‥‥‥‥‥

　複数の乾電池を使用する場合のつなぎ方には、**直列**と**並列**の2種類がある。

　直列の場合は電池の異なる極同士を接続する。電池を2個使う場合なら、電池Aのマイナス極と電池Bのプラス極がつながるように接続した状態が直列だ。電池を縦につなぐといわれることも多い。電気の流れは1本しかなく、それぞれの電池を順番に流れる。

　並列の場合は電池の同じ極同士が接続される。電池を2個使う場合なら、電池Aと電池Bのプラス極同士、マイナス極同士をつないだ状態が並列だ。複数の電気の流れが合流したり枝分かれしたりすることになる。電池を横につなぐといわれることも多い。

　それぞれの**電圧**は、水のタンクにたとえてみるとわかりやすい。電池2個に直列にした時は、2個のタンクを縦につないだ状態といえる。水位差が2倍になるので、2倍の圧力で水が押し出される。電池を直列にした場合も、**電位差**が積み重なることになる。電池が2個なら、電池1個の2倍の電圧になる。1.5Vの乾電池2個の直列なら3Vだ。

　電池2個を並列にした時は、2個のタンクを横につないだ状態といえる。タンク1個の時と水位差はかわらない。電気の場合は、電池1個の時と電圧がかわらないことになる。

　では、**電流**や**電力**はどうなるのだろうか。実際に1.5Vの乾電池と**電気抵抗**が5Ωの電球で考えてみると、電池1個で電球が1個の場合は、オームの法則によって電流は1.5÷5＝0.3Aになる。この時の電球の消費電力は1.5×0.3＝0.45Wで、1秒あたりに電球で消費される**電力量**は0.45Jだ。

　電池2個を並列にしても、電圧はかわらないので3Vだ。電流も同じく0.3Aに

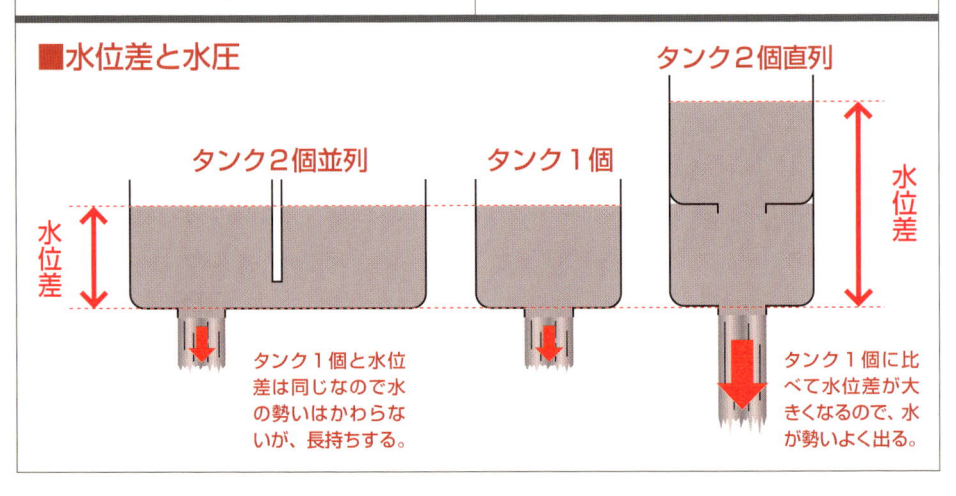

■**水位差と水圧**

タンク2個並列 / タンク1個 / タンク2個直列

タンク1個と水位差は同じなので水の勢いはかわらないが、長持ちする。

タンク1個に比べて水位差が大きくなるので、水が勢いよく出る。

英語では直列のことをシリーズ（series）、並列のことをパラレル（parallel）という。

乾電池の直列と並列

乾電池1個
- 電圧 1.5V
- 電流 0.3A
- 抵抗 5Ω
- 電力 0.45W

乾電池2個並列
- 電圧 1.5V
- 電流 0.3A
- 抵抗 5Ω
- 電力 0.45W

乾電池2個直列
- 電圧 3V
- 電流 0.6A
- 抵抗 5Ω
- 電力 1.8W

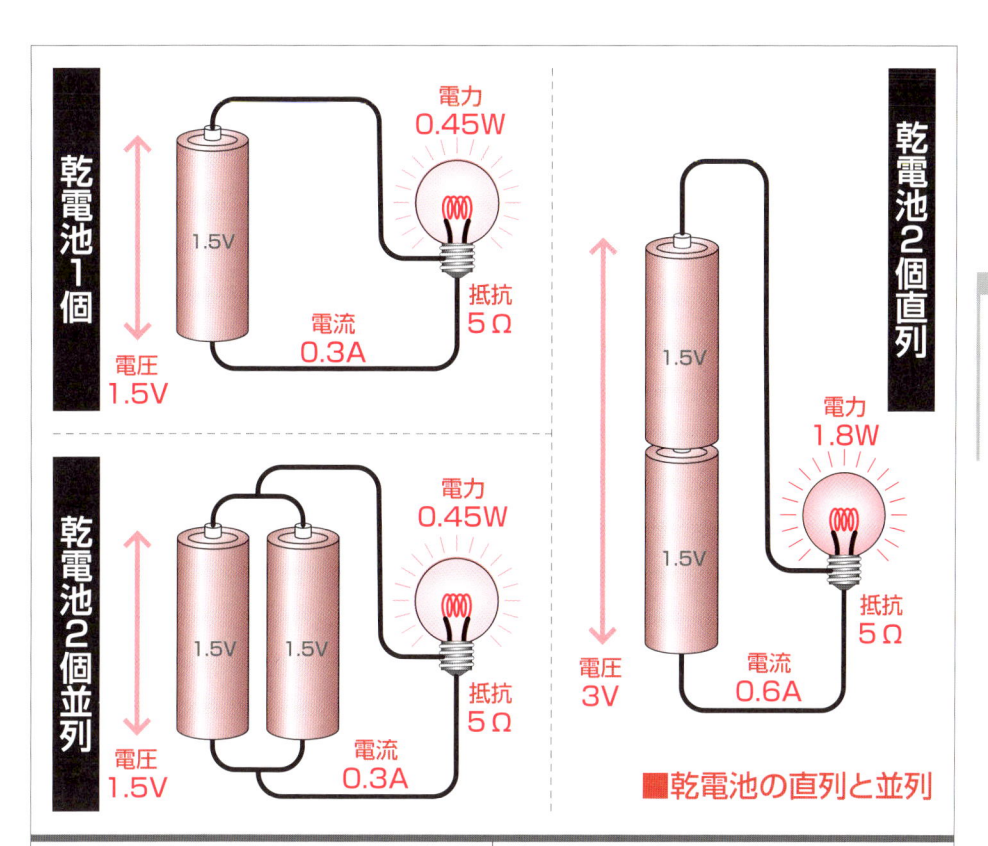

なり、電球の消費電力も0.45Wで、1秒あたりに電球で消費される電力量も0.45Jになる。

電池というのは、寿命のあるものだ。つまり電力量に限りがある。電球の消費する電力が同じなら、2個の電池が並列の場合は、1個の電池は半分の電力を担当すればいいことになる。つまり、寿命が2倍になるわけだ。

いっぽう、電池2個を直列にすると電圧は3Vだ。だから、電球が2倍明るくなると思う人もいるが、それは間違い。電圧が3Vなら、電流は3÷5＝0.6Aと、電池1個の時の2倍になる。電圧と電力の両方が2倍になるため、電球の消費電力は3×0.6＝1.8Wで、1秒あたりの発熱量は1.8Jだ。つまり電池1個の時の4倍になる。

電池2個が直列の場合、電力量は電池1個の時の2倍になる。しかし、消費電力が4倍なので、寿命は電池1個の時の半分になるはずだ。

ただし、実際には少し異なる。温度がかわると電球の電気抵抗（P18参照）や電池の能力、光に変換できる割合が変化する。また、直列の場合は1本の電池に対してもう1本の電池が抵抗として作用したりする。そのため、実際には明るさは4倍にならないし、寿命も半分にはならない。

Point 電池の直列は電圧を高め、並列は寿命を伸ばす

Part2 電気の基礎

電気抵抗の直列と並列………

電気抵抗にも直列と並列がある。抵抗が複数の場合の計算は面倒だが、分圧と分流という考え方を覚えれば大丈夫だ。なお、複数の抵抗をつないだ場合の全体としての抵抗を合成抵抗という。

抵抗の直列

電気抵抗が直列の場合、電流はあくまでも1本の流れだ。電流とは自由電子の移動なので、どの抵抗も同じ数の自由電子が通過することになる。抵抗では原子にぶつかって自由電子の勢いが落ちる。複数の抵抗を順番に通過すれば、それだけ自由電子の勢いがなくなっていく。つまり、直列の場合の合成抵抗は、それぞれの抵抗値を加えていけばいい。

■電球1個と2個の直列

合成抵抗＝5Ω
電流＝3V÷5Ω＝0.6A

直列なら電流はどこでも同じ。

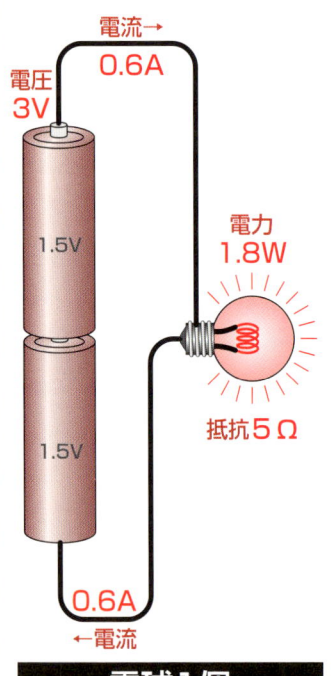

合成抵抗＝5Ω＋5Ω＝10Ω
電流＝3V÷10Ω＝0.3A

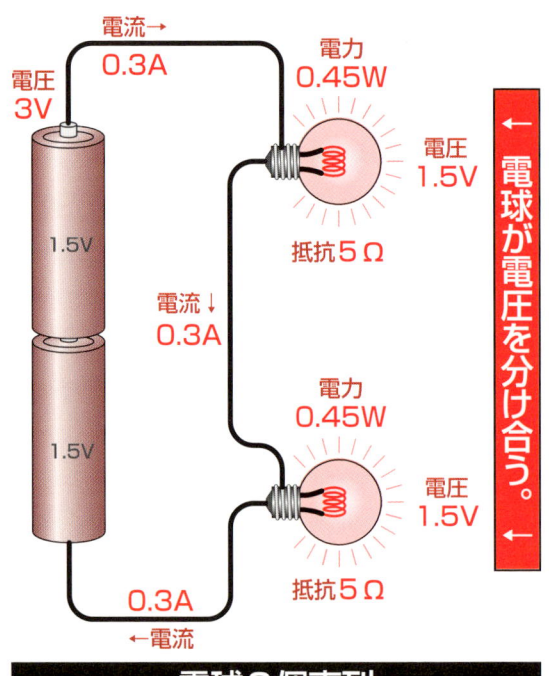

電流→ 0.6A
電圧 3V
1.5V
1.5V
電力 1.8W
抵抗5Ω
0.6A
←電流

電球1個

電流→ 0.3A
電圧 3V
1.5V
1.5V
電力 0.45W
電圧 1.5V
抵抗5Ω
電流↓ 0.3A
電力 0.45W
電圧 1.5V
抵抗5Ω
0.3A
←電流

←電球が電圧を分け合う。←

電球2個直列

40　☞　直列の抵抗が分け合う電圧を、それぞれの抵抗における電圧降下といい、電圧降下の合計が合成抵抗にかけられた電圧になる。

抵抗値が5Ωの電球で考えてみると、電池2個を直列にして3Vにした場合、電球が1個なら、オームの法則によって電流は3÷5＝0.6Aになる。この時の電球の**電力**は3×0.6＝1.8Wで、1秒あたりに電球で消費される**電力量**は1.8Jだ。

電球2個を直列にすると、合成抵抗は5＋5＝10Ωとなる。この回路の電流は3÷10＝0.3Aだ。この時、一方の電球だけを考えてみると、電気抵抗が5Ωで電流が0.3Aなので、かかっている**電圧**は0.3×5＝1.5Vとなる。つまり、全体として3Vの電圧を、2個の抵抗で分け合っていることになる。

このように抵抗の直列では電流が一定になり、電圧が分けられる。これを**分圧**という。

それぞれの電球の消費電力は、1.5×0.3＝0.45Wで、1秒あたりに電球で消費される電力量は0.45Jだ。電球1個の時に比べると1/4になるので、当然のごとく暗くなる。また、電球は2個あるので、電池の寿命は電球1個の時の半分になる。

ただし、電池の直列の場合（P38参照）と同じようにさまざまな条件が変化するため、実際には明るさが1/4にならないし、寿命も半分にはならない。

異なった抵抗値を直列にした場合もまったく同じように考えればいい。2Ω、3Ω、5Ωの電気抵抗を直列にしたのなら、合成抵抗は10Ωだ。ここに3Vをかけると、電流は3÷10＝0.3Aになる。それぞれの抵抗が分ける電圧は、2Ωの抵抗が0.3×2＝0.6V、3Ωの抵抗が0.3×3＝0.9V、5Ωの抵抗が0.3×5＝1.5Vになる。この電圧の比率0.6：0.9：1.5は、抵抗値の比率2：3：5と同じだ。

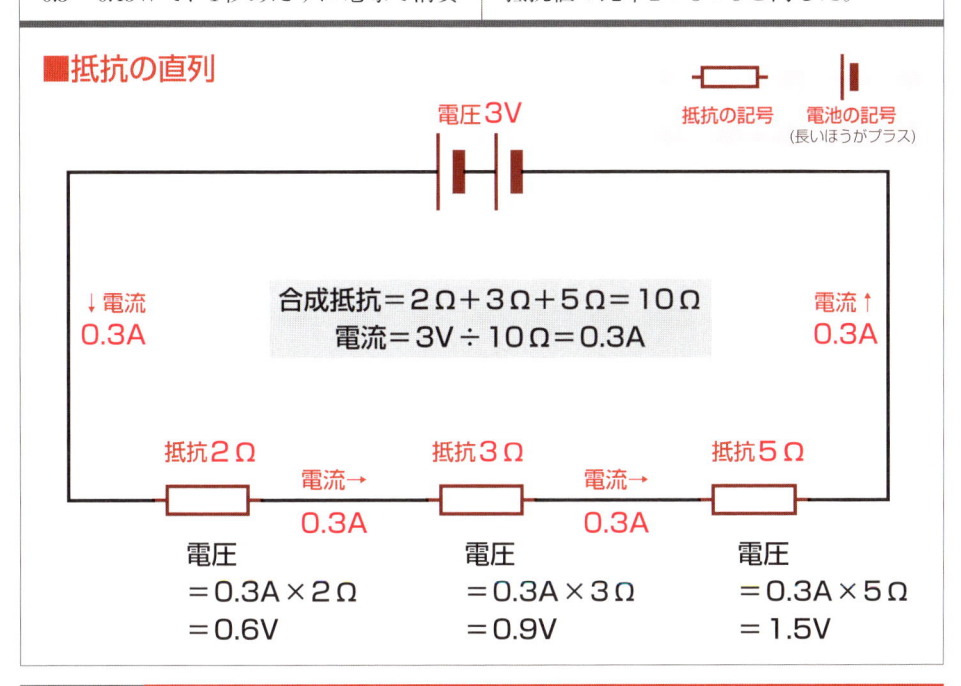

■抵抗の直列

電圧3V

抵抗の記号　電池の記号（長いほうがプラス）

合成抵抗＝2Ω＋3Ω＋5Ω＝10Ω
電流＝3V÷10Ω＝0.3A

↓電流 0.3A　　　電流↑ 0.3A

抵抗2Ω　電流→ 0.3A　抵抗3Ω　電流→ 0.3A　抵抗5Ω

電圧＝0.3A×2Ω＝0.6V
電圧＝0.3A×3Ω＝0.9V
電圧＝0.3A×5Ω＝1.5V

Point　抵抗を直列にすると、電流は一定で、電圧を分け合う

抵抗の並列

　電気抵抗が並列の場合は、電流が枝分かれするため、通過する自由電子も分散して進むことになる。いっぽう、個々の自由電子を押す圧力である電圧は、進む経路が枝分かれしても変化しない。

　前ページと同じように、抵抗値が5Ωの電球と3Vの乾電池で考えてみると、電球2個を並列にしても、それぞれの電球にかかる電圧は同じ3Vだ。つまり、電球1個の時と同じで、電流は0.6Aになる。枝分かれの一方を0.6Aが流れているので、枝分かれ前や合流後は両方の合計で1.2Aになる。

　電圧が3Vで電流が1.2Aならば、電気抵抗は3÷1.2＝2.5Ωだ。つまり、5Ωの抵抗を並列にした合成抵抗は2.5Ωだ。抵抗とは自由電子が通りにくくなる通路といえるが、通りにくい通路でも2本あれば、通過できる自由電子が2倍になる。オームの法則（P32参照）で説明したように、導線の断面積が2倍になれば、電気抵抗が半分になるのとまったく同じことだ。

　このように電気抵抗の並列では電圧が一定になり、電流が分けられる。これを分流という。

　それぞれの電気抵抗にかかる電圧も電流も電球が1個の時と同じなので、それ

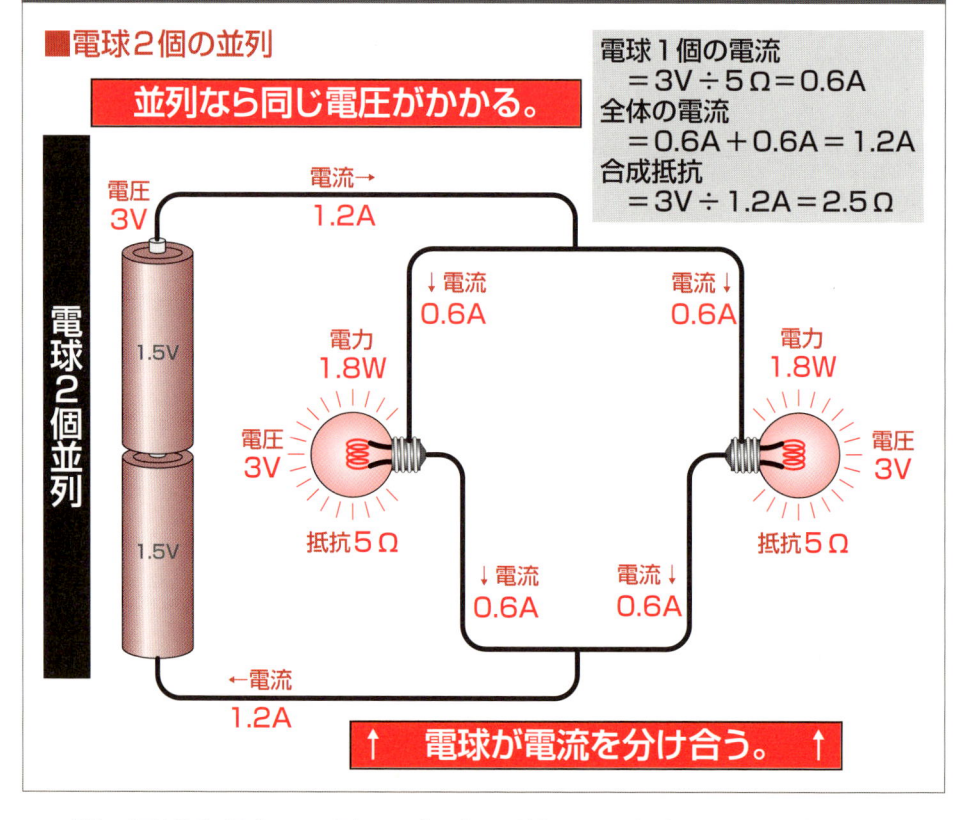

■電球2個の並列

並列なら同じ電圧がかかる。

電球1個の電流
　＝3V÷5Ω＝0.6A
全体の電流
　＝0.6A＋0.6A＝1.2A
合成抵抗
　＝3V÷1.2A＝2.5Ω

電球2個並列

電圧 3V
電流→ 1.2A
1.5V
1.5V
↓電流 0.6A
電流↓ 0.6A
電力 1.8W
電力 1.8W
電圧 3V
電圧 3V
抵抗5Ω
抵抗5Ω
↓電流 0.6A
電流↓ 0.6A
←電流 1.2A

↑ 電球が電流を分け合う。 ↑

☞ 抵抗の直列と並列が混ざっている場合は、まず並列部分を計算してから、直列部分を計算すればいい。

ぞれの電球で消費される**電力**は1.8Wで、1秒あたりに電球で消費される**電力量**は1.8Jだ。明るさに変化はない。しかし、電球は2個あるので、電池の寿命は電球1個の時の半分になる。

異なった抵抗値の電気抵抗を並列にした場合もまったく同じように考えればいい。一般的には、「並列にしたそれぞれの抵抗の逆数の和が合成抵抗の逆数になる」という並列接続の合成抵抗の式で説明される。逆数とは、その数で1を割った数値のことだ。

逆数というと難しそうだが、先の電球の例の場合と同じように、電気抵抗1個ずつについて電流を計算していき、それを合計して全体の電流がわかれば、合成抵抗が算出できる。

$2Ω$、$3Ω$、$6Ω$の電気抵抗を並列にして3Vをかけたのなら、まずはそれぞれの抵抗の電流を求めればいい。電圧を抵抗で割れば電流が求められるので、順に1.5A、1A、0.5Aとなる。合成抵抗の電流は、それぞれの抵抗の電流の合計なので、$1.5 + 1 + 0.5 = 3$Aとなる。3Vで3Aの電流が流れるということは、合成抵抗は$3 ÷ 3 = 1Ω$になる。

ちなみに、合成抵抗の計算で逆数が出てくるのは「通りやすさ」を考えるためだといえる。抵抗値とは自由電子の「通りにくさ」を表したもので、先の例の場合の比率は$2Ω:3Ω:6Ω$だ。この数値でそれぞれ1を割る（逆数にする）と、「通りにくさ」の逆、つまり「通りやすさ」の比率$1/2:1/3:1/6 = 3/6:2/6:1/6 = 3:2:1$になる。これはそれぞれの抵抗の電流の比率と同じで、自由電子が通りやすい抵抗ほど大きな電流が流れることを意味している。

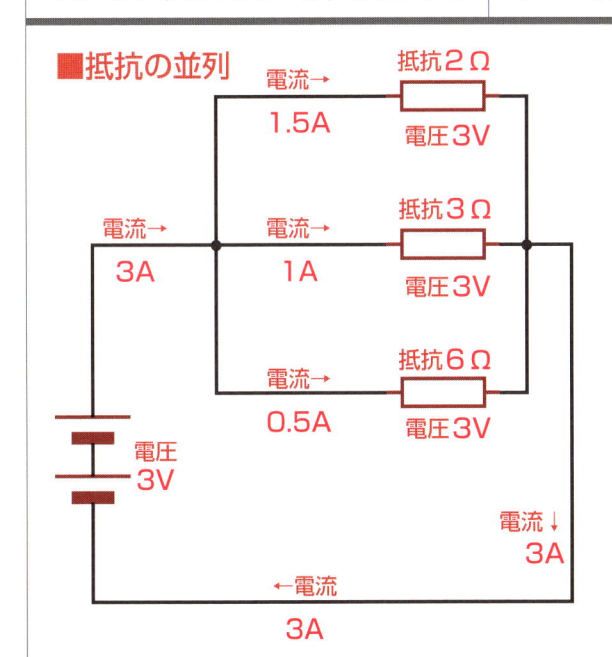

電気の基礎

■抵抗の並列

- 2Ωの抵抗の電流 $= 3V ÷ 2Ω = 1.5A$
- 3Ωの抵抗の電流 $= 3V ÷ 3Ω = 1A$
- 6Ωの抵抗の電流 $= 3V ÷ 6Ω = 0.5A$
- 全体の電流 $= 1.5A + 1A + 0.5A = 3A$
- 合成抵抗 $= 3V ÷ 3A = 1Ω$

Point 抵抗を並列にすると、電圧は一定で、電流を分け合う

Part2 電気の基礎

直流と交流

電流は**自由電子**の移動だが、電子の移動の方法、つまり電流の流れ方には**直流**と**交流**の2種類がある。

直流

直流とは、流れる方向と**電圧**が一定の**電流**のことで、プラス極からマイナス極に流れる（**自由電子**はマイナス極からプラス極に向けて移動する）。略号には**DC**が使われる。縦軸を電圧、横軸を時間にすると、グラフが一直線を描く。一般的な電池から得られる電流は、ほとんどの場合が直流だ。

広義でとらえた場合には、電圧が変化する電流でも、方向が変化しなければ、直流として扱われる。たとえば、交流から**整流回路**（P142参照）で変換した**脈流**という電流は、電圧が周期的に変化するが、直流として使えることもある。

交流

交流とは、流れる方向と**電圧**が周期的に変化する**電流**のことだ。**極性**と電圧が周期的に変化する電流と表現されることもある。略号には**AC**が使われる。**電力会社**から供給され、家庭のコンセントから得られる電流は交流だ。

直流が電池から得られるのに対して、交流は**発電機**で作り出す。直流発電機もあるが、作り出せるのは**脈流**で、狭義の直流は作り出せない（P112参照）。

交流は、縦軸を電圧、横軸を時間にすると、グラフが**サインカーブ**（**サイン波**、**正弦波**）という波形を描く。これは発電機の原理によって生み出される極性と電圧の変化だ。

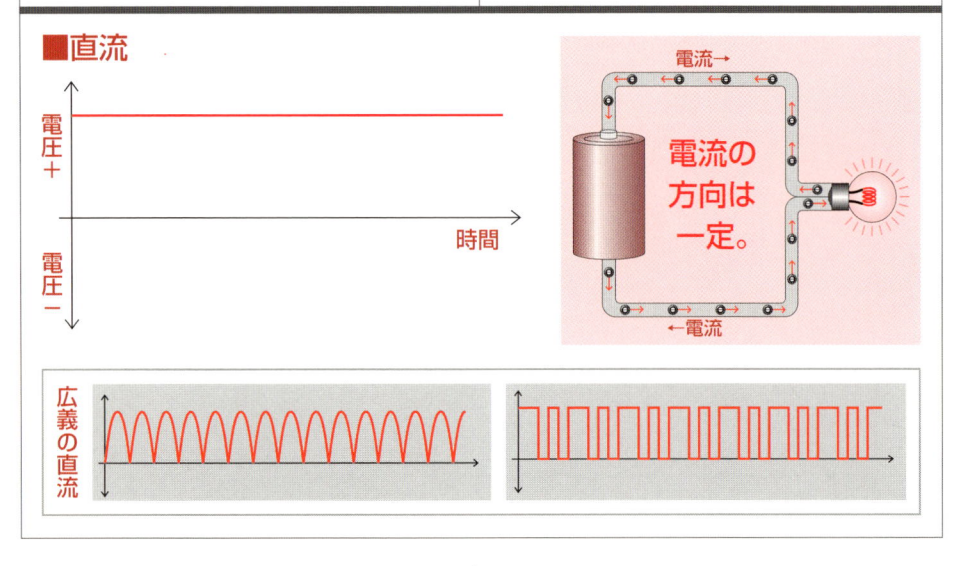

■直流

電流の方向は一定。

広義の直流

☞ DCはDirect Current、ACはAlternating Currentの略。

広義でとらえた場合には、グラフがサインカーブを描かなくても、周期的に極性と電圧が変化する電流は交流として扱われる。最近では家電製品でも採用されることがある**インバーター**(P146参照)が作り出す交流は、広義の交流だ。

サインカーブの交流の場合、グラフの山1つと谷1つのセットを繰り返していく。この山1つと谷1つを1**サイクル**という。1サイクルに要する時間を**周期**といい、単位には秒が使われる。このサイクルが1秒間に繰り返される回数を**周波数**といい、単位には**Hz**(**ヘルツ**)が使われる(図は次ページ)。

電力会社から供給される電気は、東日本では50Hz、西日本では60Hzが使われている。電力事業が始まった明治時代に、東京ではドイツ製の50Hzの発電機を、大阪ではアメリカ製の60Hzの発電機を導入したため、この違いが生まれ、そのまま現在に至っている。50Hzなら1秒間に50サイクルで周期は1/50秒、60Hzなら1秒間に60サイクルで周期は1/60秒になる。

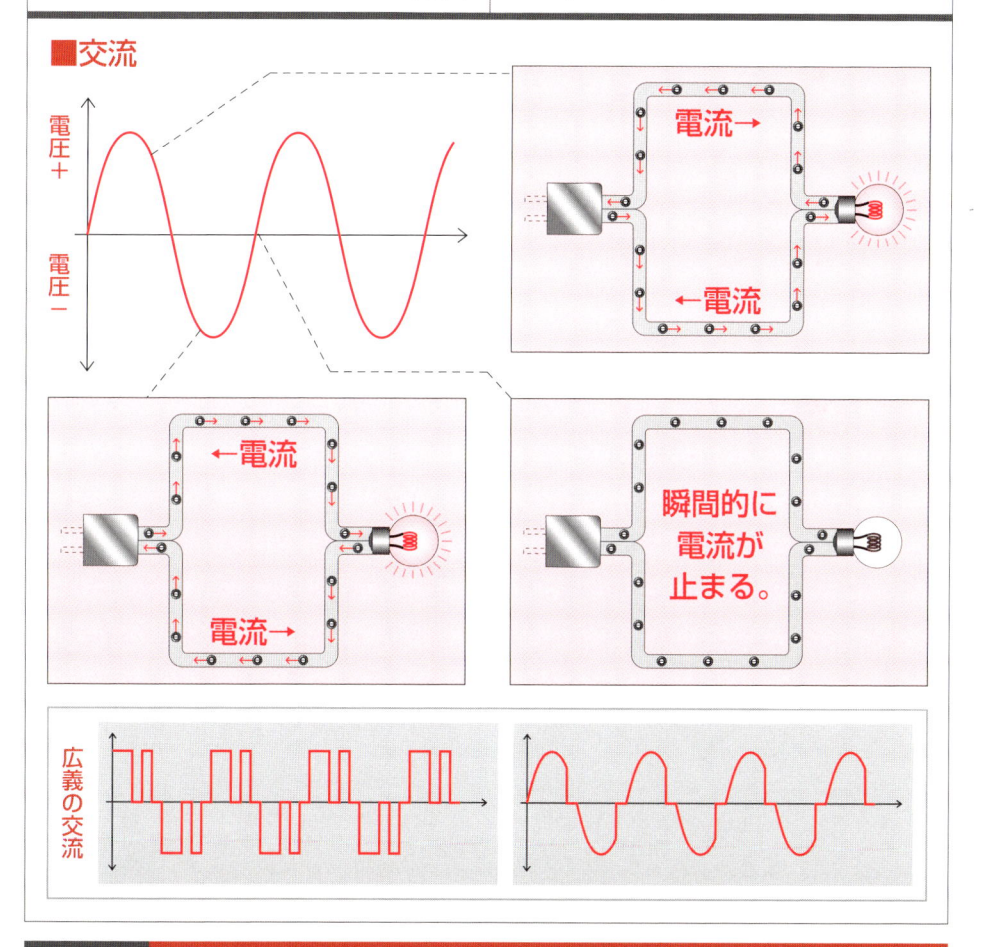

■交流

Point 交流は流れる方向と電圧が周期的に変化する電流

Part2 電気の基礎

交流 ●●●●●●●●●●●●●●●●●●●●●●●●●●●●●●●●●●●●

　直流は理解しやすい電流だ。水の流れにイメージを重ねることもできる。しかし、**交流**は働きがイメージしにくい。**自由電子**が行ったり戻ったりしたのでは、進んでいないように思えてしまうが、それでもちゃんと仕事ができる。

　ジュール熱で考えてみるとわかりやすい。最初は原子の左側から自由電子がぶつかっていたとする。この衝突で原子の振動が激しくなり発熱する。交流の**極性**がかわり、原子の右側から自由電子がぶつかっても、原子の振動が小さくなるわけではない。原子の振動はさらに大きくなる。極性がかわっても、自由電子が動いていれば、発熱が続くことになる。

　もちろん、厳密に考えれば**電圧**変化の影響はある。しかも、極性がかわる（電流の方向がかわる）際に、一瞬だが電圧が0になる。もし、**周期**が非常に長い交流があり、これを**白熱電球**（P254参照）

に流すと、電球は少しずつ明るくなった後に少しずつ暗くなり、一瞬消えた後に再び明るくなった後に暗くなる。つまり、1**サイクル**の間に2回点滅する。

　実際に使われている交流の**周波数**は、50Hzか60Hzなので、1秒間に100回か120回点滅することになるが、電圧がゼロになっても、すでに十分に高温になっている白熱電球のフィラメントは発光し続けるので、点灯状態が続く。

　同じ電球でも**蛍光灯**（P256参照）の場合は、ちょっと異なる。放電を利用して発光させている蛍光灯は、極性が切り替わる際の明るさの変化がわかる。じっくり観察すると光がチラついているように感じることがあるはずだ。実用上で大きな問題にはならないが、現在では**インバーター**（P146参照）でこのチラつきを抑えた蛍光灯もある。

　極性と電圧が変化するため、交流の電

■サイクルと周波数

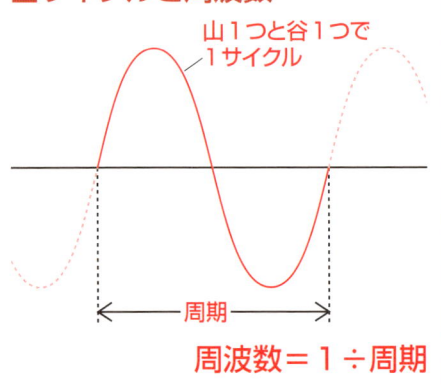

山1つと谷1つで1サイクル

周期

周波数＝1÷周期

■交流の実効電圧

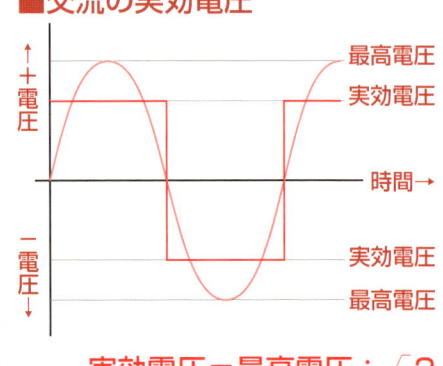

＋電圧／−電圧、最高電圧、実効電圧、時間→

実効電圧＝最高電圧÷√2

☞ 家庭に供給されている交流は100V（実効値）とされているが、実際には電力需要の変化などで±10％程度の範囲で変動している。

■交流のジュール熱発生

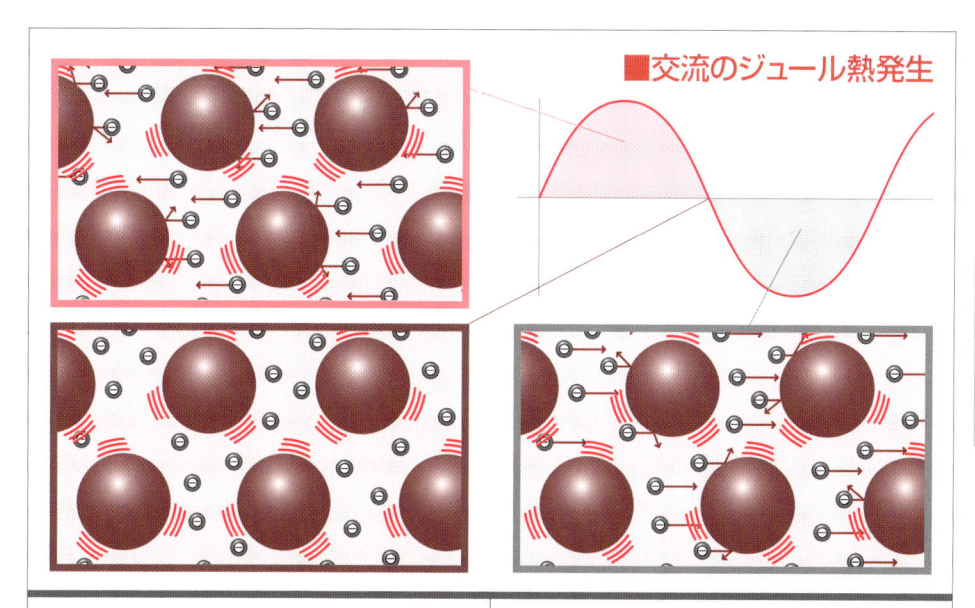

圧を表現するには工夫が必要だ。直流と同じように各種計算が行えるようにするために、**電力**や**電力量**をベースにして交流の電圧を表現している。変化していく電圧をプラス側とマイナス側でそれぞれ平均すればよさそうだが、電圧が変化すれば電流も変化するため、平均値では問題が発生する。

計算は難しいので省略するが、サインカーブの交流の場合、プラス側の最大値の電圧を$\sqrt{2}$で割ったものを**実効値**とい

う。この実効値で交流の電圧を表現すれば、その数値と同じ電圧の直流と同じ電力を得ることができる。つまり、同じ電気抵抗に100Vの直流をかけた場合と実効値100Vの交流をかけた場合の発熱量は同じだ。

家庭に供給されている交流は100Vと表現されている。これは実効値だ。最大値は$100×\sqrt{2}＝$約141Vになるので、＋141Vから－141Vの間で変化していることになる。

■非常に周期の長い交流で電球を点灯させると

Point 交流の電圧は実効値（最大値÷√2）で表現される

■三相交流

単相交流A

同じ周波数の3つの単相交流が
周期を1/3ずつずらして
組み合わされている。

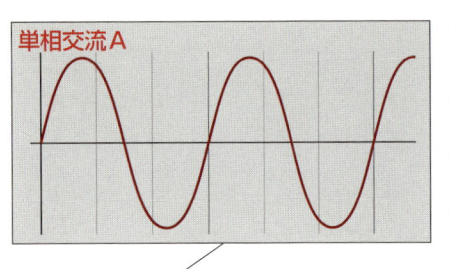

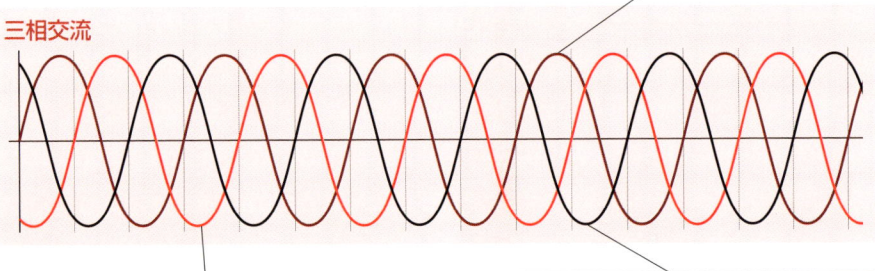

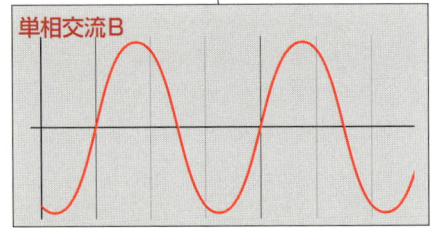

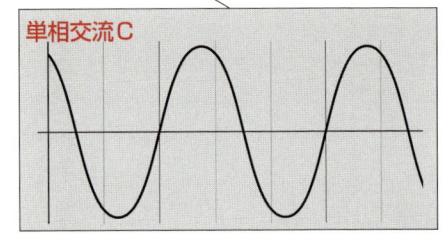

三相交流

単相交流B

単相交流C

三相交流

　交流には、一般家庭で使われるもののほかに三相交流がある。これに対して家庭で使われる交流を単相交流という。

　三相交流は、周期を1/3ずつずらした3組の単相交流をまとめたものだ。まとめたとはいっても、別々に作った単相交流をまとめているのではなく、1台の三相交流発電機で作っている。こうして作られた三相交流の大きな特徴は、各相の電圧の合計が常に0になることだ。たとえば、ある相の電圧がプラス側で最高電圧になっている時、残る2相の電圧はマイナス側で最高電圧の1/2になる。この特徴があるため、三相交流は3本の電線で電力を送ることができる。

　三相交流をそれぞれ3個の同じ電気抵抗に送る回路図は、三相が独立したものであれば、回路図aのように描くのが一般的だが、bのように描いても同じだ。電気回路では、こうした場合、それぞれの回路の2本の線のうち一方の線を共有させることができる。交流だとイメージしにくいが、直流ならわかりやすい。独立した線を自由電子が進み、共有の線を通って帰ってくることになる。交流でもまったく同じだ。そのため回路図cのようにすることができる。

　この時、共有にした電線を流れる電流

48　☞ 変圧などの施設が必要になるが、直流送電にも有利な点がある。特に長距離では直流のほうが効率よく送電できる。

■三相交流の配線

配線図a

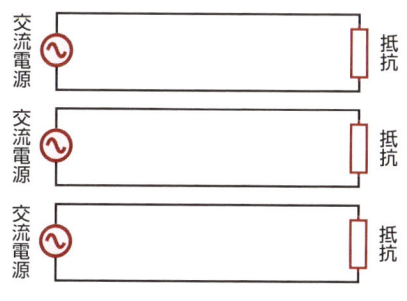

単相交流3組の配線図。

配線図b

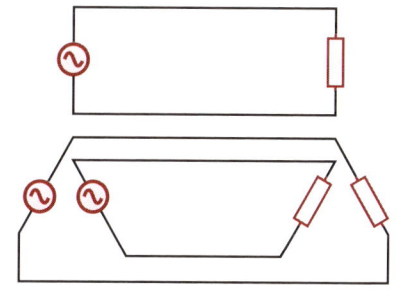

左の配線図を上図のように描きかえられる。

配線図c

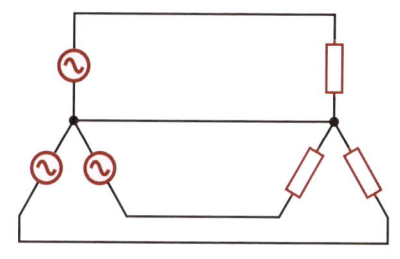

各相の配線のうち1本を共有できる。

配線図d

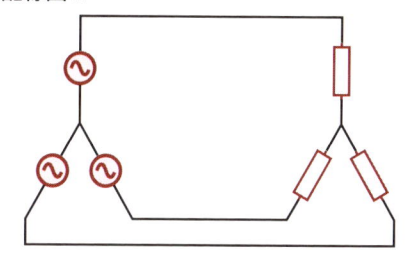

共有の1本は電流が流れないので省略できる。

の電圧は、三相を合計したものなので常に0になる。また、電力が供給されている抵抗が3個とも同じなので、電流の変化も周期が1/3ずつずれた**サインカーブ**になり、電流の合計も常に0だ。電圧も電流も常に0ということは、電気が流れていないことになる。そのため、共有にした電線を外して、回路図dのように3本の電線にしても、同じように電力を供給することができる。

交流送電

電気を一般家庭や工場などに**送電**や**配電**(P216参照)で供給する電力事業が始まった当時は、**直流送電**と**交流送電**の両方があった。高電圧のほうが**送電ロス**が少ないが、一般家庭で扱うには危険だ。そのため、送電の途中で電圧をかえる(**変圧**する)必要がある。直流の変圧は当時の技術では難しかったが、交流は**変圧器**(P119参照)で簡単に変圧できたため、交流送電が主流になり、現在に至っている。

さらに、**単相交流**より**三相交流**のほうが発電機の効率が高く信頼性を高めやすいうえ、**送電線**の数も抑えられるため、送電にはおもに三相交流が使われている。また、発電機の場合と同じように**三相交流モーター**は効率が高いため、工場などには三相交流で供給されている。

Point 単相交流の周期を1/3ずつずらして3組まとめると三相交流

Part2 電気の基礎

抵抗器・・・・・・・・・・・・・・・・・・・・・・・・・・・・・・

　抵抗器とは、さまざまな電気回路で使われる電気部品の一種で、電気抵抗の値が大きな素材で作られている。レジスタともいうが、単に抵抗ということがほとんどだ。抵抗値をかえられるものもあり、可変抵抗器というが、これも可変抵抗といわれることが大半で、ボリュームといわれることも多い。回転で操作するものとスライドで操作するものがある。

　抵抗器はコンデンサ（P88参照）やコイル（P120参照）とともに電気回路で多用されている。こうした電気部品を素子といい、抵抗、コンデンサ、コイルのように電力を消費や蓄積、放出するものを受動素子という。受動素子に対して、半導体（P122参照）などで作られ増幅作用や整流作用などの能動的な動作を行う素子を能動素子という。

　抵抗器は、電気回路の各部分にかかる電圧や電流の大きさをコントロールするために使われる。抵抗器を直列につなげば分圧によって電圧を分け合うことができ、並列につなげば分流によって電流を分け合うことができる。

　たとえば、直流モーターは電圧によって回転数を制御することができる。そのため、異なる抵抗値の抵抗器をモーターに直列に配すれば、段階的に回転数を制御できる。可変抵抗器を使えば、無段階の制御が可能となる。

　抵抗器は分け合った電力をジュール熱にして周囲に放出する。電気回路にとっては必要なものだが、電力は浪費していることになり、発熱をともなう。

■抵抗器による直流モーターの回転数制御

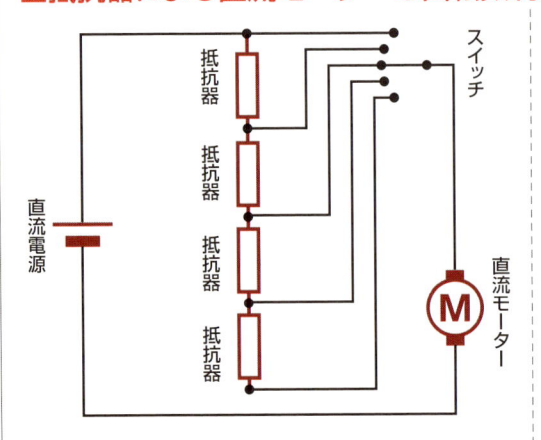

スイッチで抵抗値を切り換えることで、モーターの回転数を段階的に制御することができる。

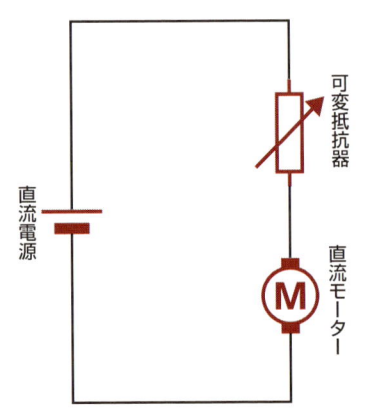

可変抵抗器で抵抗値をかえることで、無段階に回転数を制御できる。

英語のボリューム（Volume）の元々の意味は体積や量のこと。ラジオの音量調節に可変抵抗器が使われるため、この名で呼ばれるようになった。

Part3
電気化学と電池

乾電池、ボタン電池から太陽電池、燃料電池まで

Part3 電気化学と電池

電気化学

電気と化学の関係はボルタ電池の発明に始まり、その後の化学の研究に大きく貢献した。こうした電気と化学の関係を扱う学問を**電気化学**という。本章で説明する**電池**の研究が現在でも電気化学の主流だが、**電気分解**も重要な要素だ。特に工業分野では電気分解が**精錬**や**メッキ**などに活用されている。

電気分解

電解液（P20参照）にプラスとマイナスの電極を入れて電圧をかけると、液体中の化学物質と電極との間で**自由電子**の受け渡しが起こり、化学反応で物質が化学分解されることがある。これを**電気分解**といい、略して**電解**という。

同様の原理で化学物質を作り出す場合には、**電解合成**ともいわれる。合成される物質が高分子の場合には**電解重合**ともいわれる。分解された物質や合成された物質は電解液内に液体で残ることもあるが、固体になって電極に付着したり、

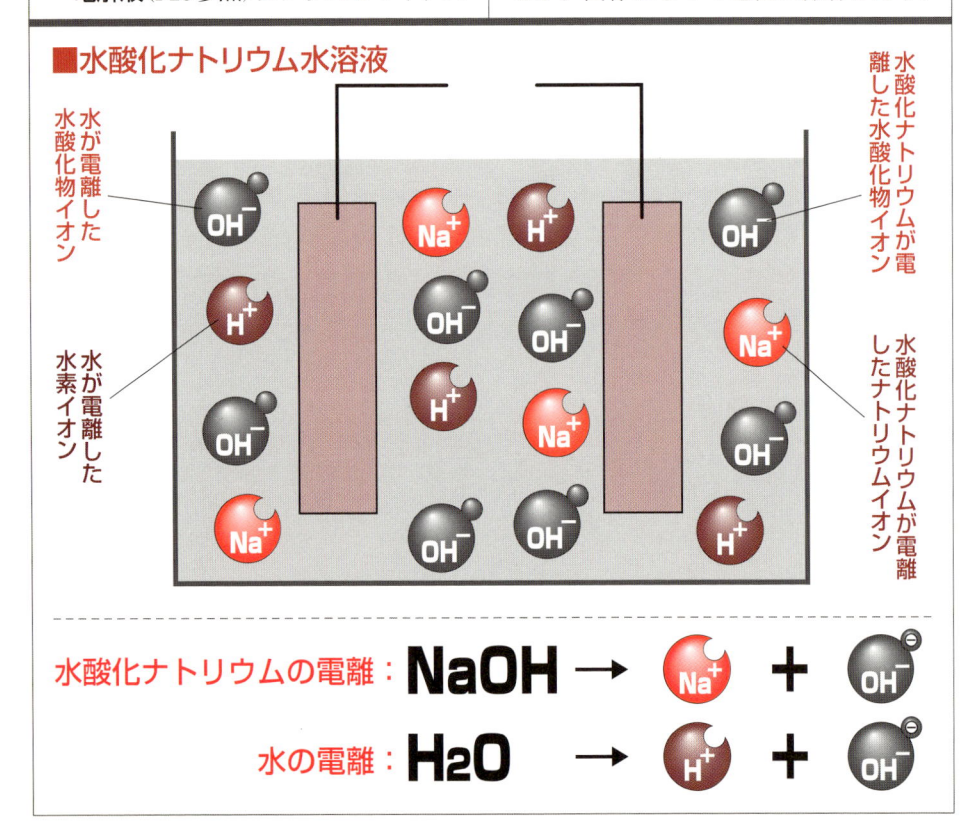

■水酸化ナトリウム水溶液

- 水が電離した水酸化物イオン
- 水が電離した水素イオン
- 水酸化ナトリウムが電離した水酸化物イオン
- 水酸化ナトリウムが電離したナトリウムイオン

水酸化ナトリウムの電離： $NaOH \rightarrow Na^+ + OH^-$

水の電離： $H_2O \rightarrow H^+ + OH^-$

燃料電池（P82参照）は水の電気分解と逆の化学反応を起こさせることで電気を発生させる。

気体として発生して、電解液から分離する場合もある。

たとえば水を電気分解する場合、純粋な水は電気を通さないので、水酸化ナトリウム（NaOH）や硫酸（H_2SO_4）を少量混ぜて電解液とする。水酸化ナトリウムを使った場合、電解液中では**電離**してプラスのナトリウムイオン（Na^+）とマイナスの水酸化物イオン（OH^-）になっている。同時に水（H_2O）自体も少し電離して、プラスの水素イオン（H^+）とマイナスの水酸化物イオン（OH^-）になっている。

この電解液に電気を流すと、プラス極周辺には**マイナスイオン**である水酸化物イオンが集まってきて、自由電子を電極に放出する。結果として4個の水酸化物イオンから、2個の水分子（H_2O）と1個の酸素分子（O_2）が発生。水はそのまま電解液内に残り、気体である酸素が泡になって発生する。

マイナス極周辺にはナトリウムイオンと水素イオンが集まってくる。どちらの**プラスイオン**も電極から自由電子を受け取りそうだが、ナトリウムイオンは水素イオンよりイオン化傾向（P21参照）が大きいため、イオンの状態を続けようとする。結果として、水素イオンが電極から自由電子を受け取り、2個の水素イオンから1個の水素分子（H_2）ができる。これが泡になって発生する。

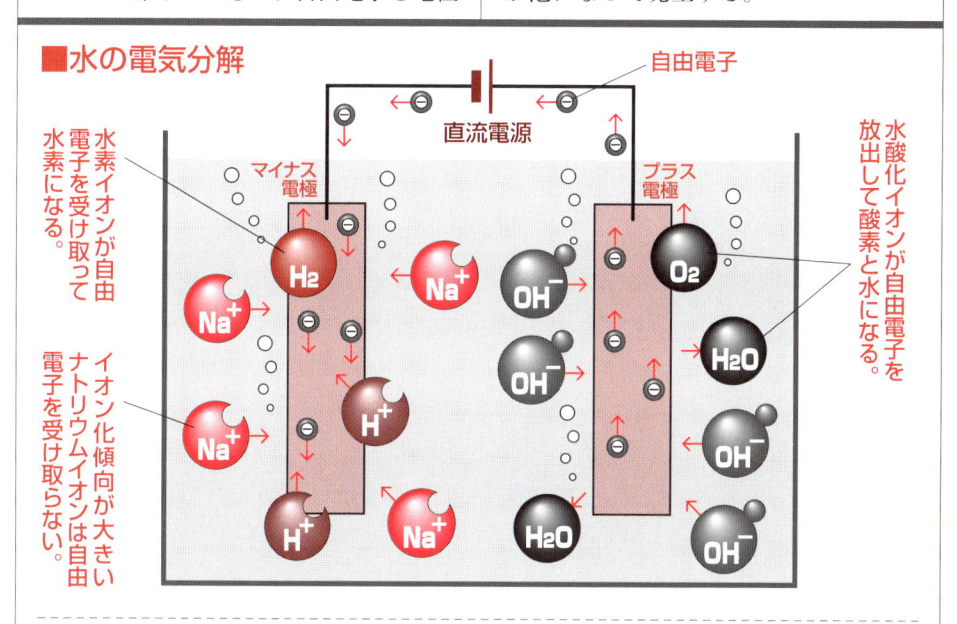

電気化学と電池

■水の電気分解

マイナス極での反応： $H^+ \times 2 + e^- \times 2 \rightarrow H_2$

プラス極での反応： $OH^- \times 4 - e^- \times 4 \rightarrow H_2O \times 2 + O_2$

Point 水を電気分解すると酸素と水素が発生する

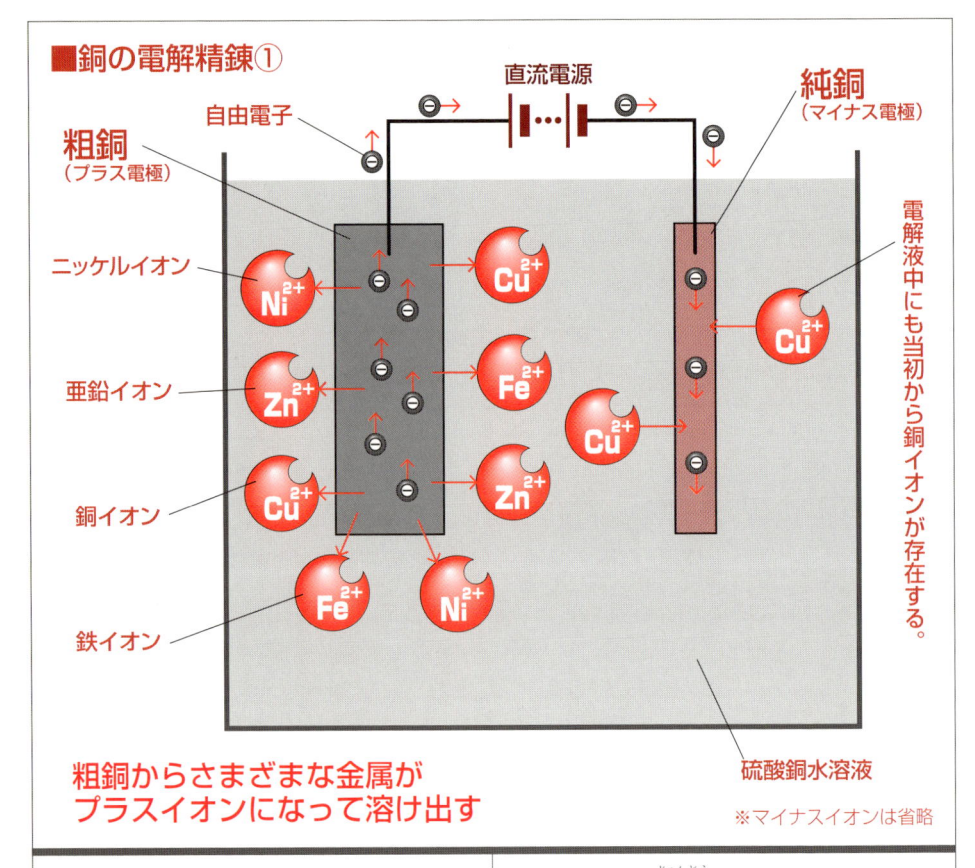

■銅の電解精錬①

粗銅（プラス電極）
自由電子
直流電源
純銅（マイナス電極）

ニッケルイオン　Ni^{2+}
亜鉛イオン　Zn^{2+}
銅イオン　Cu^{2+}
鉄イオン　Fe^{2+}

Cu^{2+}　Fe^{2+}　Zn^{2+}　Ni^{2+}

電解液中にも当初から銅イオンが存在する。

硫酸銅水溶液

粗銅からさまざまな金属がプラスイオンになって溶け出す

※マイナスイオンは省略

電解精錬

　不純物の多い金属から純度の高い金属を取り出すことを**精錬**という。この精錬を**電気分解**によって行うことを**電解精錬**という。なお、鉱石から金属を取り出すことは製錬といい、精錬とは区別する。

　電解精錬は金、銀、銅、ニッケル、スズ、鉛などに使われている精錬方法だ。たとえば銅の場合、その鉱石である黄銅鉱を溶鉱炉などで製錬した段階のものは粗銅（純度99％）といわれ、まだ不純物として鉄やニッケル、亜鉛のほか金や銀の貴金属が含まれる。この粗銅を電解精錬することで純銅（純度99.99％以上）にする。

　銅の電解精錬では、**電解液**に硫酸銅水溶液を使い、プラス極を粗銅、マイナス極を純銅とする。電解液の硫酸銅は銅イオンと硫酸イオンに**電離**する。この状態で電極に電圧をかけると、銅に加えて、銅より**イオン化傾向**が大きい鉄やニッケル、亜鉛などが粗銅からイオン化して電解液中に溶け出す。銅よりイオン化傾向が小さい金や銀はイオン化しないため、粗銅が溶けるにつれてプラス極の下に泥状の物質になってたまる。

　電解液中の銅イオン（Cu^{2+}）、鉄イオン

☞ 銅の電解精錬は0.3V程度の電圧で長時間をかけて行われる。

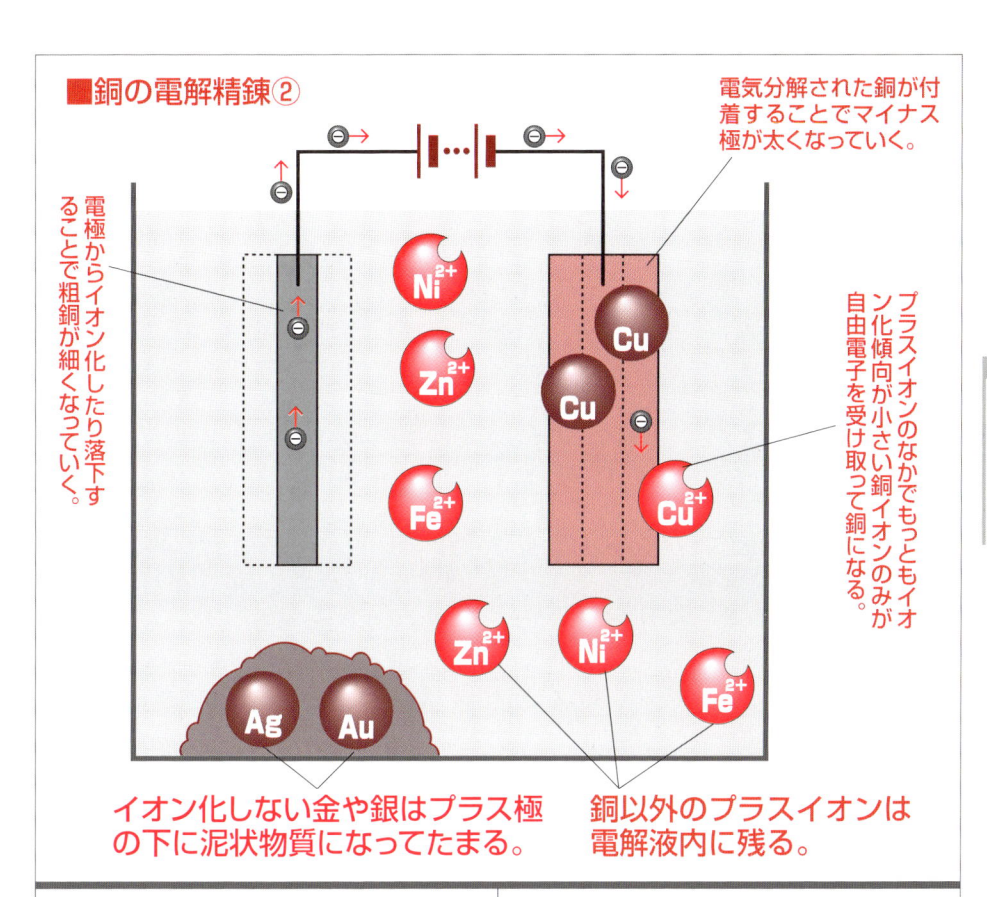

■銅の電解精錬②

電気分解された銅が付着することでマイナス極が太くなっていく。

電極からイオン化したり落下することで粗銅が細くなっていく。

プラスイオンのなかでもっともイオン化傾向が小さい銅イオンのみが自由電子を受け取って銅になる。

イオン化しない金や銀はプラス極の下に泥状物質になってたまる。

銅以外のプラスイオンは電解液内に残る。

（Fe^{2+}）、ニッケルイオン（Ni^{2+}）、亜鉛イオン（Zn^{2+}）はいずれも**プラスイオン**であるため、マイナス極に引き寄せられる。このなかで銅イオンがもっともイオン化傾向が小さいため、銅イオンのみがマイナス極から自由電子を受け取って銅になる。銅イオンよりイオン化傾向が大きい鉄イオン、ニッケルイオン、亜鉛イオンは電解液中に残る。結果として純度の高い銅がマイナス極の純銅に付着していく。

銅の電解精錬は、純度の高い銅を取り出す目的で行われるが、同時に貴金属不純物の回収も可能となる。プラス極の下にたまった泥状の物質からは純度が低い粗銀が作られ、これを電解精錬することで純銀が得られる。その過程で発生する泥状の物質から粗金が作られ、これを電解精錬することで、純金を得ることが可能となる。

以上のように電気分解は金属の精錬に有効な方法だ。しかし、ナトリウムやマグネシウム、アルミニウムなどのイオン化傾向の大きな金属は、電解液中で電気分解することができない。電解液中には水素イオンが含まれるため、電気分解を行うとマイナス極には水素が発生し、金属イオンが電解液中に残ってしまう。

Point　電気分解で金属の純度を高めることを電解精錬という

電気化学と電池

溶融塩電解

　イオン化傾向の大きなナトリウムやマグネシウム、アルミニウムなどの金属は、電解液のなかで電解精錬が行えない。電解液を使用せずに電気分解しようとしても、固体の状態では電気が流れない。そのため加熱して液体にした状態で電気分解を行う。このように加熱して液体にしたものを溶融塩といい、溶融塩の状態で電気分解することを溶融塩電解という。

　たとえばアルミニウムの場合、その鉱石であるボーキサイトからアルミニウムの酸化物であるアルミナ（Al_2O_3）を作り出し、これを高温で溶融したものを電気分解する。電極にはプラス、マイナスともに炭素が使用され、図のような状態で電気分解が行われる。

　溶融したアルミナは、アルミニウムイオン（Al^{3+}）と酸素イオン（O^{2+}）に電離している。電極に電圧がかかると、マイナス極に引き寄せられたアルミニウムイオンは自由電子を受け取ってアルミニウムとなり、液体のままマイナス極の上にたまるので、定期的にくみ出す。これにより純度99.8％程度のアルミニウムが得られる。

　プラス極に引き寄せられた酸素イオンは、自由電子を放出すると同時に電極の炭素と結合して一酸化炭素（CO）となる。電極の炭素は酸素との化学反応によって消耗していくため、補充を続ける必要がある。

　アルミニウムの溶融塩電解は、電解液中での電気分解に比べると、非常に大きな電力が必要になる。そのため、アルミニウムは「電気のかたまり」などといわれる。

■アルミニウムの溶融塩電解精錬

- 溶けたアルミナが電離してアルミニウムイオンと酸素イオンになる。
- アルミニウムが溶けたまま電極の上にたまる。
- マイナス極（炭素）
- プラス極端子
- プラス極（炭素）
- マイナス極端子

☞　アルミナは融点が2000℃と高いため氷晶石を混ぜることで1000℃程度まで融点を下げて溶融塩電解を行う。

■ニッケルメッキ

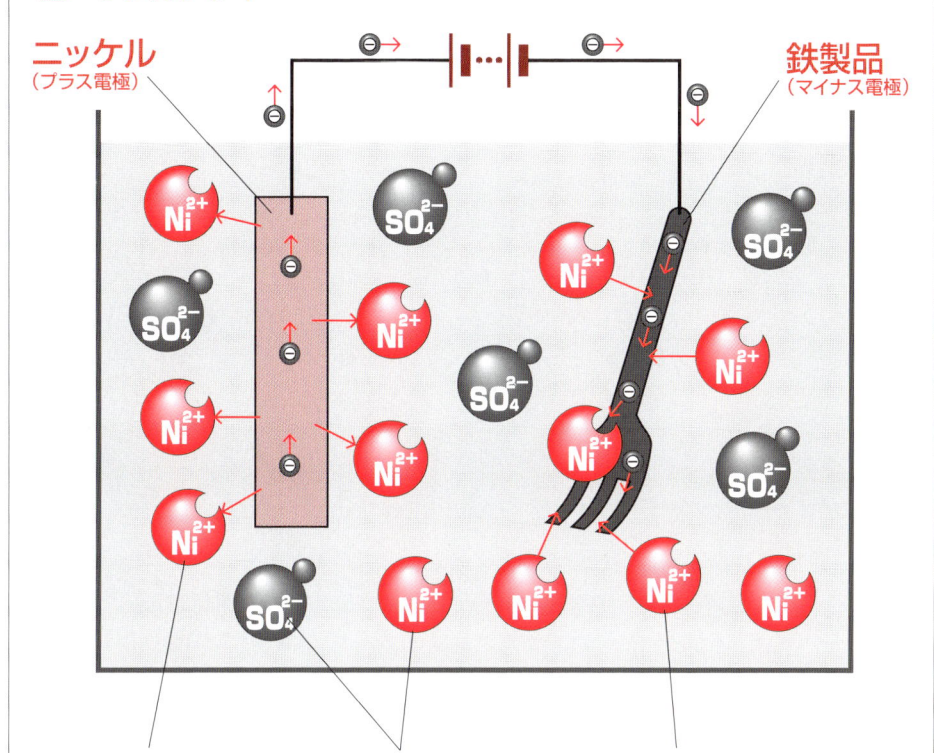

ニッケル（プラス電極）

鉄製品（マイナス電極）

プラス電極のニッケルが自由電子を放出してイオン化し、電解液に溶け出していく。

電解液の硫酸ニッケルが電離して、ニッケルイオンと硫酸イオンになる。

ニッケルイオンがマイナス電極から自由電子を受け取ってニッケルになって表面に付着。

電気化学と電池

電気メッキ

　ある金属の表面に別の金属の薄い膜を作って、保護したり見栄えよくする表面処理を**メッキ**という。さまざまな方法があるが、**電気分解**で行うメッキを**電気メッキ**という。

　電気メッキでは、マイナス極にメッキされる金属、プラス極にメッキする金属を使い、メッキする金属イオンを含む電解液のなかで電気分解を行う。するとメッキしたい金属がマイナス極のメッキされる金属の表面に付着する。

　電気メッキは金や銀、銅、ニッケル、クロムなどで行われる。たとえば、鉄製品をニッケルメッキする場合、プラス極にニッケル、電解液に硫酸ニッケルを使う。マイナス極にメッキされる鉄製品を使用すれば、その表面にニッケルが付着することになる。

Point 電気分解で金属の純度を高められる

Part3 電気化学と電池

ボルタ電池

電池の歴史は**ボルタ電池**に始まる。イタリアの科学者ボルタが19世紀初頭に発明したもので、現在の電池も、その多くが同様の原理を採用している。

ボルタ電池は、希硫酸（薄い硫酸水溶液）に銅板と亜鉛板を入れたものだ。硫酸（H_2SO_4）は水溶液中で水素イオン（H^+）と硫酸イオン（SO_4^{2-}）に**電離**して**電解液**になる。亜鉛板からは亜鉛イオン（Zn^{2+}）が溶け出し、後に**自由電子**を残す。これにより自由電子が残った亜鉛板はマイナスに**帯電**する。

電解液中には亜鉛イオンと水素イオンの2種類の**プラスイオン**が存在するが、プラスの**電荷**同士であるため反発する。この時、亜鉛イオンのほうが**イオン化傾向**が大きいため、水素イオンは行き場をなくして銅板の近くに集まってくる。この水素イオンは銅よりイオン化傾向が大きいため、銅板から銅がイオン化するの

■ボルタ電池（放電前）

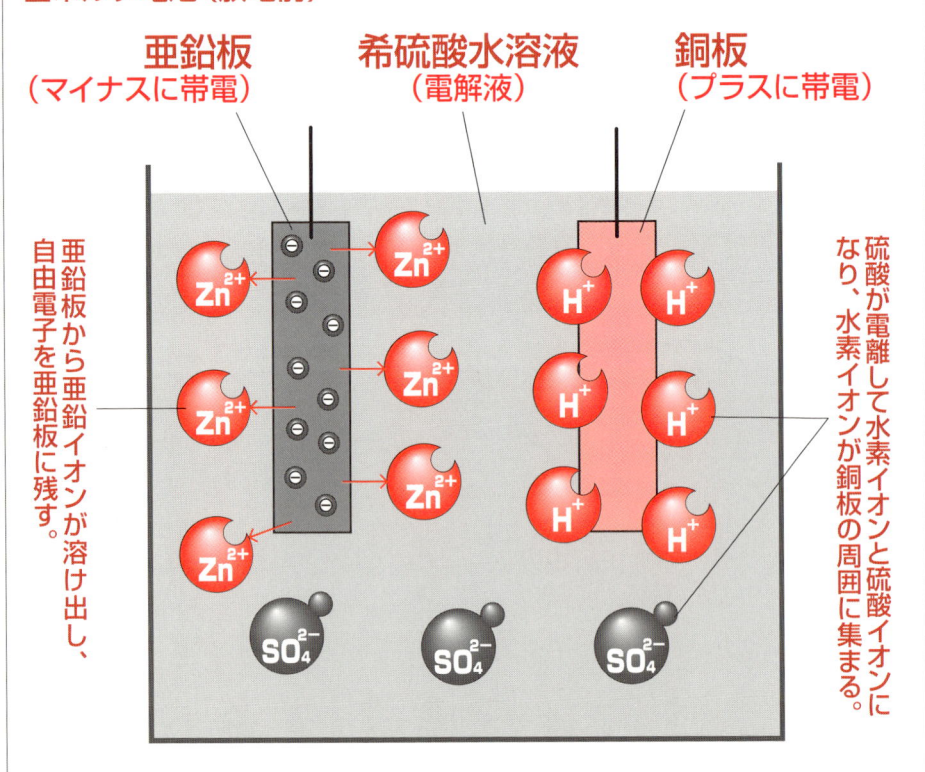

- 亜鉛板（マイナスに帯電）
- 希硫酸水溶液（電解液）
- 銅板（プラスに帯電）

亜鉛板から亜鉛イオンが溶け出し、自由電子を亜鉛板に残す。

硫酸が電離して水素イオンと硫酸イオンになり、水素イオンが銅板の周囲に集まる。

電池の起源はボルタ電池といわれているが、バグダッド近郊から発掘された紀元前2世紀頃の壺が電池の起源だという説もある。

を防ぐ。こうした水素イオンが付着した銅板はプラスに帯電する。

この化学反応は、両方の金属板がある程度まで帯電すると、それ以上はイオン化できなくなって止まってしまう。この状態で電球を導線で亜鉛板と銅板につなぐと、亜鉛板の自由電子は銅板のプラスの電荷に引かれて移動を始める。つまり電流が流れて、電球が点灯する。

導線を移動してきた自由電子は、銅板に付着していた水素イオンと結合して水素(H_2)になり、水素ガスが気泡となって発生する。この結果、両方の金属板に帯電している電荷が少なくなるため、イオン化が再開され、自由電子の移動が連続するようになる。つまり、電流が継続的に流れるようになる。これがボルタ電池の原理だ。自由電子は亜鉛板から銅板へ向けて移動するため、銅板が電池のプラス極、亜鉛板がマイナス極になる。

以上のようにボルタ電池では、亜鉛、銅、水素のイオン化傾向の違いによって継続的な自由電子の流れを作り出しているが、この組み合わせ以外でもイオン化傾向の違いを利用して電池とすることが可能だ。現在の電池の多くは、電極となる金属などの物質と電解液のさまざまな組み合わせで実現されている。

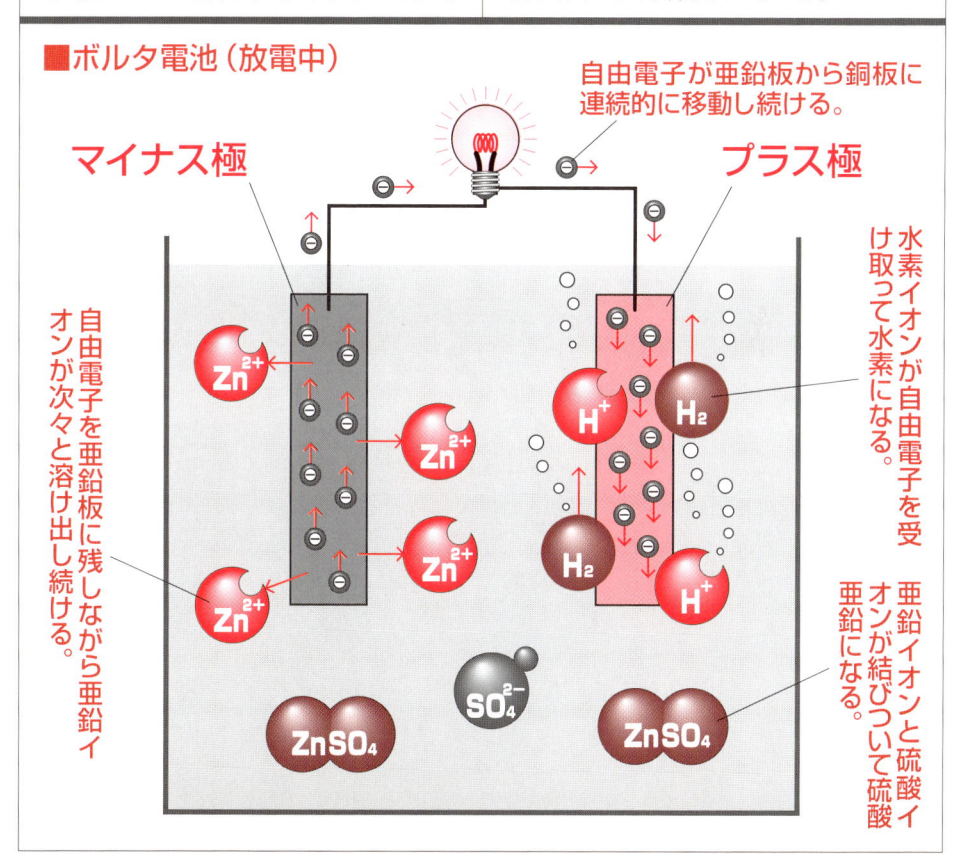

電気化学と電池

■ボルタ電池（放電中）

自由電子が亜鉛板から銅板に連続的に移動し続ける。

マイナス極　　　　　　プラス極

自由電子を亜鉛板に残しながら亜鉛イオンが次々と溶け出し続ける。

水素イオンが自由電子を受け取って水素になる。

亜鉛イオンと硫酸イオンが結びついて硫酸亜鉛になる。

Point　イオン化が継続的に起こることで電気が発生する

分極

前ページで**ボルタ電池**は継続的に電気が発生すると説明したが、実際にはしばらく使っていると、電流が小さくなっていってしまう。

電流が流れると、プラス極の銅板の周囲には大量の水素ガスが発生する。この水素ガスの気泡が銅板の表面をおおってしまい、水素イオンが銅板に近づきにくくなる。すると、**自由電子**を受け取れる水素イオンが少なくなるので、電流が小さくなってしまう。

また、発生した水素とプラス極の銅を比べてみると、水素のほうが**イオン化傾向**が大きい。そのため、水素が水素イオンになろうとする化学反応も起こる。水素が水素イオンになる際には、自由電子をプラス極に放出することになる。これはボルタ電池本来の電流の流れとは逆方向の自由電子の移動となるため、**逆起電力**といい、**電位差**を小さくしてしまう。

これらの現象をまとめて**分極**といい、電池の能力を低下させる原因になる。そのため、後のボルタ電池では、電池の能力が低下すると、過酸化水素(H_2O_2)が加えられた。プラス極で発生した水素が過酸化水素と出会うと、化学反応を起こ

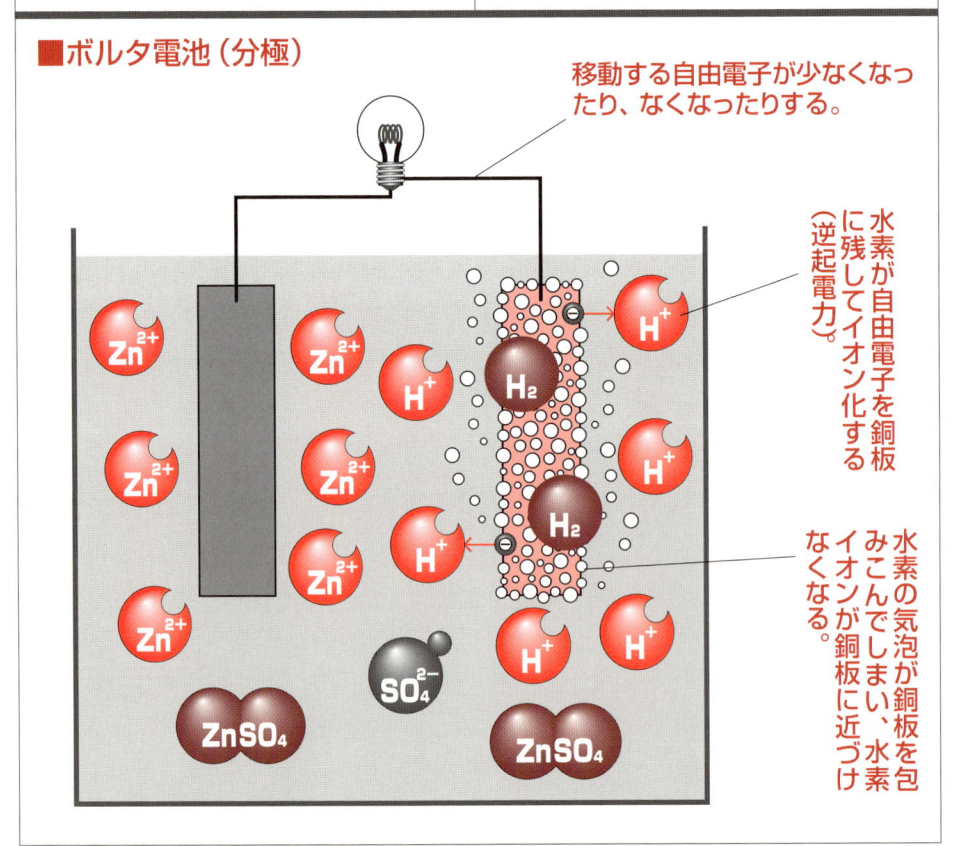

■ボルタ電池（分極）

移動する自由電子が少なくなったり、なくなったりする。

水素が自由電子を銅板に残してイオン化する（逆起電力）。

水素の気泡が銅板を包みこんでしまい、水素イオンが銅板に近づけなくなる。

過酸化水素は水が過剰に酸化されたもので水分子より酸素原子が1個多いため他の物質を酸化させやすい。

して水(H_2O)になる。これにより水素ガスの気泡がなくなって、分極が防がれるので、再び継続的に電気を作り出せるようになる。この過酸化水素のように分極を防ぐものを**減極剤**という。

電池の原理

ボルタ電池以降のさまざまな電池も、電極になる2種類の物質と**電解液**で構成されるのが一般的だ。電極になる物質は**プラス極活物質**（**正極活物質**）と**マイナス極活物質**（**負極活物質**）といわれる。

通常は、マイナス極活物質のほうが、プラス極活物質や電解液の物質より**イオン化傾向**が大きい。そのため、マイナス極に**自由電子**を残してイオン化する。この自由電子がプラス極に移動することで電流が流れる。移動した自由電子はプラス極で化学反応を起こす。電解液の物質は化学反応に関係する場合と関係しない場合とがある。関係しない場合は、電解液の水のみが化学反応に関係し、電解液の物質は**電離**して**イオン**を移動させる役割を果たす。

現在の電池でも使用する物質によっては**分極**が起こることがある。こうした場合には**減極剤**が加えられる。減極剤には二酸化マンガンが使われることが多い。

電気化学と電池

■ボルタ電池（減極）

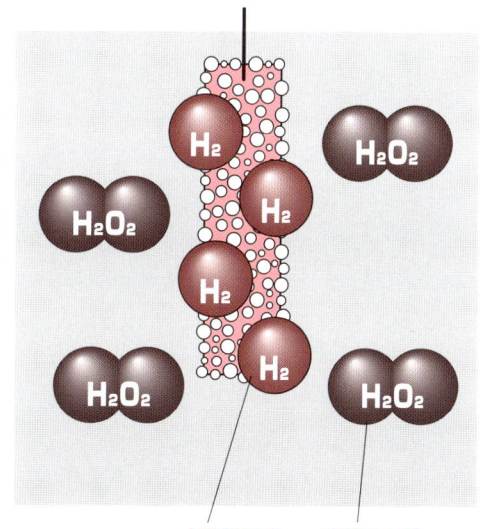

水素（気泡）　過酸化水素

プラス極の銅板が水素の気泡でおおわれ分極が起こっているため、分極を解消する減極剤として過酸化水素を加える。

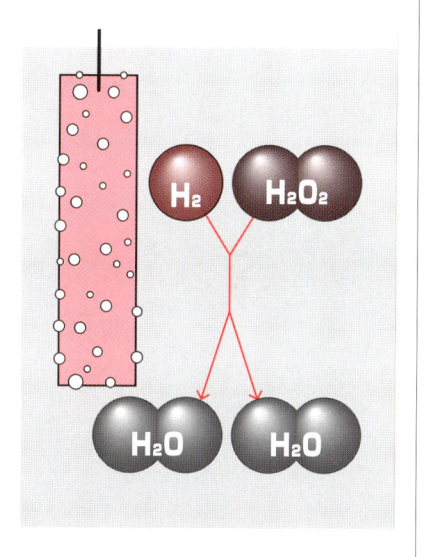

水素分子1個と過酸化水素分子1個が化学反応を起こして2個の水分子になる。銅板の周囲の水素の気泡がなくなり、分極が解消される。

$$H_2 + H_2O_2 \rightarrow 2H_2O$$

Point　分極による電池の能力低下は減極剤で防ぐ

Part3 電気化学と電池

電池の種類

　電池は現在の生活には欠かせない電源の1つとなっている。電池の語源は「電気の池」もしくは「電子の池」といえるが、電気や電子そのものが池の水のように蓄えられているわけではない。確かに、一般的に使われている乾電池のような電池の場合、内部に電気が蓄えられているように感じるが、実際に蓄えられているのは**化学エネルギー**で、**放電**の際に**電気エネルギー**に変換している。こうした**ボルタ電池**に始まる化学変化を利用する電池は**化学電池**という。

　現在ではこうした化学電池のほかに、**太陽電池**（P84参照）や**熱起電力電池**（P86参照）といった電池も開発されている。これらは**物理電池**に分類され、光や熱といった他の形態のエネルギーを電気エネルギーに変換する。実際には異なるが、少なくとも電気エネルギーを蓄えているようには見える乾電池などとは違って、物理電池は他の形態のエネルギーを外部から与える必要がある。物理電池は電池というより、エネルギーを変換する装置である発電機（P112参照）に近い存在といえる。

化学電池

　化学電池は電極となる物質と**電解液**との組み合わせにより化学反応を起こして継続的に電気を作り出すもので、**一次電池、二次電池、燃料電池**に分類される。

　一次電池とは使い切りタイプの電池のことで、**マンガン電池**や**アルカリ電池**、各種の**ボタン型電池**などがある。いっぽう二次電池は充電することで繰り返し使用できる電池のことで、**蓄電池**ともいう。また、充電できるため**充電池**ということもある。**ニッカド電池**や**リチウムイオン電池**、自動車に搭載されている**鉛蓄電池**などがある。

　これらの電池はいずれも電解液を使用するが、液体の電解液は取り扱いが難しいことも多い。そのため電解液を不織布などに染みこませたり他の物質と混ぜてペースト状にしたものが使われることが多い。こうした電池を**乾電池**という。ただし、完全に乾燥しているわけではなく湿ったものだ。

　乾電池という用語は二次電池にも使えないことはないが、一般的には一次電池にのみ使われる。また、あまり使われない用語だが、乾電池に対して電解液を液体のまま使用する電池を**湿電池**という。

　燃料電池も化学反応によって燃料の**化学エネルギー**を**電気エネルギー**に変換する装置だ。二次電池の場合は、電気エネルギーを化学エネルギーに変換することで充電が行われるが、燃料電池の場合は、燃料を供給し続ければいつまでも使い続けることができる。燃料タンクまで含めれば従来の電池と同じように内部にエネルギーを蓄えているともいえるが、外部から他の形態のエネルギーを与える必要があるため、発電機に近い存在だ。

☞ 微生物や酵素の生化学エネルギーから電気を作り出す生物電池（バイオ電池）の開発も進んでいる。

■おもな電池の種類

- 化学電池
  - 一次電池
    - マンガン電池 (P66)
    - アルカリ電池 (P68)
    - 酸化銀電池 (P70)
    - 空気電池 (P71)
    - リチウム電池 (P72)
  - 二次電池
    - 鉛蓄電池 (P76)
    - ニッカド電池 (P78)
    - ニッケル水素電池 (P79)
    - リチウムイオン電池 (P80)
  - 燃料電池 (P82)
- 物理電池
  - 太陽電池 (P84)
  - 熱起電力電池 (P86)

電気化学と電池

Point 化学電池は化学エネルギーを電気エネルギーに変換する

63

Part3 電気化学と電池

一次電池

　一次電池のなかでもっとも身近な存在が**マンガン電池**と**アルカリ電池**だ。円筒形が大半だが、角型のものもある。角型電池は複数の電池が一体にまとめられたもので、**積層型電池**や**積層電池**という。この円筒形と角型のマンガン電池とアルカリ電池だけを乾電池と呼ぶ人も多い。

　腕時計や小型の電子機器では**ボタン型電池（ボタン電池）**も多用されている。ボタン型電池は**コイン型電池**とも呼ばれるが、直径が小さく厚めのものをボタン型、直径が大きく薄いものをコイン型と区別することもある。ボタン型電池とは形状による分類で、電池の種類には**アルカリ電池**、**酸化銀電池**、**空気電池**、**リチウム電池**などがある。過去には**水銀電池**もあったが、環境保護の観点から水銀の使用を廃止する傾向にあり、現在では市場にほとんど出回っていない。

　一次電池は寿命になったら交換が必要なため、市場に流通させやすい規格に沿ったものが多い。しかし、消費電力が小さく1個の電池が長く使える場合は、専用の形状の電池が作られ、機器に組みこまれることもある。

電池の規格

　電池といえば、単1や単3といった名称を思い浮かべる人が多いが、これは通称で、日本ではJISに電池の規格が定め

■電池の種類を表す記号（一次電池）

記号	電池の種類	プラス極	電解液	マイナス極	公称電圧
-	マンガン電池	二酸化マンガン	塩化亜鉛、水	亜鉛	1.5
B	フッ化黒鉛リチウム電池	フッ化黒鉛	非水系有機電解液	リチウム	3.0
C	二酸化マンガンリチウム電池	二酸化マンガン	非水系有機電解液	リチウム	3.0
E	塩化チオニルリチウム電池	塩化チオニル	非水系有機電解液	リチウム	3.6
G	酸化銅リチウム電池	酸化銅（Ⅱ）	非水系有機電解液	リチウム	1.5
L	アルカリ電池	二酸化マンガン	アルカリ電解液	亜鉛	1.5
P	空気電池	酸素	アルカリ電解液	亜鉛	1.4
S	酸化銀電池	酸化銀	アルカリ電解液	亜鉛	1.55

006Pと呼ばれる角型電池は2種類の規格がある。6F22は6個が重ねられた積層を意味し、6R61の場合は単6電池6本が一体化されたものを意味するが実用上の差はない。

られている。最初の記号が電池の種類、次の記号が電池の形状で、次の数字とともにサイズを表す。また、複数の電池を集めて積層にしたものや一体化したものは、最初にその個数の数字がつく。

なお、規格ができた当初は**マンガン電池**しかなかったため、種類の記号が定められなかった。そのためマンガン電池の場合は形状の記号から始まる。

形状の記号はほとんどが円形を表すRで、円筒形の乾電池もボタン電池もここに含まれる。続く数字が1桁と2桁の場合は、固有の大きさを表現していて数値に意味はない。3桁と4桁の場合は、最初の2桁(全体が3桁の場合は1桁)が直径を1mm単位で表し、次の2桁が高さを0.1mm単位で表す。たとえば、CR2032の場合、直径が20mmで高さが3.2mmだ。ただし、単位未満は切り捨てるため、実際の大きさとは差があることもある。たとえばSR716では直径が7.9mm、高さが1.68mmある。

電池の**電圧**は化学反応に関係する物質の種類で決まる。温度などの条件で電圧はかわるが、一般的に想定される条件で使用した際の電圧を**公称電圧**という。電池によっては使い始めの段階では公称電圧より高めの電圧を示すこともあり、その時の電圧を**初期電圧**という。ここから使うに従って化学反応が鈍くなり電圧が低下することが多い。電池の寿命とされる状態での電圧を**終止電圧**という。

また、電池の**放電**は回路に接続された状態で起こるが、電池を使用していない時にもわずかずつだが、蓄えられている電気が減っていく電池がある。こうした放電を**自然放電**や**自己放電**といい、電池の種類で放電の度合いに差がある。

■電池の形状を表す記号

記号	形状
R	円形(円筒形、ボタン、コイン)
F	非円形(単電池)
P	非円形(組電池)
S	ペーパー

■一般的な乾電池の名称(円筒形と角型)

マンガン電池	アルカリ電池	一般呼称	直径(mm)	高さ(mm)
R20	LR20	単1形	34.2	61.5
R14	LR14	単2形	26.3	50.0
R6	LR6	単3形	14.5	50.5
R03	LR03	単4形	10.5	44.5
R1	LR1	単5形	12.0	30.2
R61	LR61	単6形	8.0	42.0
6R61	6LR61	006P (9V形)	17.0 × 26.0	48.0
6F22	6LF22			

Point 一次電池は使い切りタイプの電池

Part3 電気化学と電池

マンガン電池

　一般的な円筒形の乾電池の基本形といえるのが**マンガン電池**だ。最近では価格差が小さくなったため、より性能が高い**アルカリ電池**が使われることが増えているが、本来なら用途に応じてマンガン電池とアルカリ電池は使い分けるべきだ。

　マンガン電池は図のような構造になっている。亜鉛製の缶のなかに、セパレーターと呼ばれる仕切りを介して二酸化マンガンと塩化亜鉛を混ぜてゼリー状にしたものが入れられている。この混合物は合剤といい、中央に炭素製の棒が配されている。セパレーターはイオンを通すが液体や固体は通さないため、亜鉛缶と合剤が直接触れ合うことはない。

　亜鉛缶の周囲には絶縁筒となるビニールを介して鉄製の外装が備えられ、中央の炭素棒はプラス端子となる頭部のキャップにつながれ、亜鉛缶の底はマイナス端子となる底板につながれている。

■マンガン乾電池

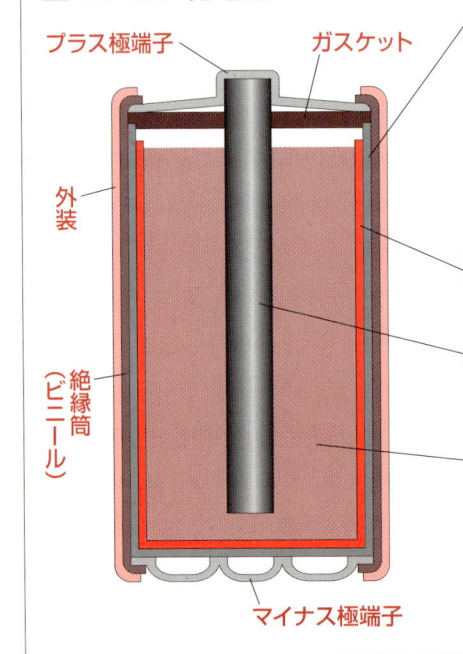

図ラベル:
- プラス極端子
- ガスケット
- 外装
- 絶縁筒（ビニール）
- マイナス極端子
- 亜鉛缶（マイナス極活物質）
- セパレーター（イオンのみを通す）
- 炭素棒（集電棒）
- 合剤：二酸化マンガン（プラス極活物質）／塩化亜鉛＋水（電解液）

マイナス側の反応
● 当初の反応
$$Zn \rightarrow Zn^{2+} + 2e^-$$
● プラス極で水酸化物イオンが発生を始めると
$$4Zn + ZnCl_2 + 2OH^- \rightarrow ZnCl_2 \cdot 4Zn(OH)_2 + 4e^-$$

プラス側の反応
$$3MnO_2 + 2H_2O + 2e^- \rightarrow 2MnOOH + 2OH^-$$

全体の反応式
$$4Zn + 8MnO_2 + ZnCl_2 + 8H_2O \rightarrow ZnCl_2 \cdot 4Zn(OH)_2 + 8MnOOH$$

☞ マンガン電池の規格には標準、高容量、高出力、超高性能といったタイプがあるが、標準タイプは格安品に限られる。

この構造を見ると、炭素棒がプラスの電極のように見えるが、**プラス極活物質**は二酸化マンガンで、亜鉛缶の亜鉛が**マイナス極活物質**になる。炭素棒は**集電棒**や**集電体**といわれ、二酸化マンガンと効率よく自由電子をやりとりするために備えられている。**電解液**として機能するのは塩化亜鉛だ。また、二酸化マンガンは**減極剤**としても機能する。

　電池を使用すると、マイナス極である亜鉛缶に自由電子を残して亜鉛イオンが溶け出す。この自由電子が外部の回路を通って炭素棒から合剤に到達すると、二酸化マンガンと電解液の水との化学反応が起こる。この反応では水素が発生するが、二酸化マンガンが減極剤として機能して水素を酸化して水にする。その際に発生した水酸化物イオンが、今度はマイナス極の亜鉛と電解液の塩化亜鉛の化学反応を助けて、マイナス極に自由電子を渡す。この化学反応が繰り返されることで、自由電子が連続的に移動し、電池として機能する。

　マンガン電池には円筒形ばかりでなく角型の**積層電池**もある。個々の電池内部の構造は円筒形のものと多少異なっているが、電極や電解液の物質は同じで、同様の化学反応が利用されている。

　マンガン電池の**公称電圧**は1.5V（初期電圧1.6V）で、次に紹介するアルカリ電池に比べると寿命が短いが、安価だ。しばらく休ませると能力が回復する性質がある。そのため、時計や各種機器のリモコンなど比較的小さな電流が求められる機器、さらには間欠的に使用するガスコンロの点火用などに適している。

　また、以前は懐中電灯のように長期にわたって保存される用途にはマンガン電池が適しているとされた。これはアルカリ電池のほうが液漏れが起こりやすく、自然放電しやすかったためだが、現在ではこれらのデメリットは改善されているので、アルカリ電池を緊急時用の機器などに用いても問題ないとされている。

電気化学と電池

■**006P乾電池（積層）**

積み重ねられた6個の電池が一体化されている。

絶縁チューブ／プラス極活物質／電解液／マイナス極活物質／炭素膜

Point マンガン電池は二酸化マンガン、亜鉛、塩化亜鉛で構成される

Part3 電気化学と電池

アルカリ電池……………………

　一般的には**アルカリ電池**といわれるが正式には**アルカリマンガン電池**という。**プラス極活物質**に**二酸化マンガン**、**マイナス極活物質**に亜鉛を使用する点はマンガン電池と同じだが、**電解液は水酸化カリウム**だ。マンガン電池の電解液である塩化亜鉛が弱酸性であるのに対して、水酸化カリウムはアルカリ性であるため、アルカリマンガン電池という。

　アルカリ電池は図のようにマンガン電池を逆転したような構造になっている。マンガン電池では亜鉛缶が電池容器となりマイナス端子につながれているが、アルカリ電池では鉄製の電池容器がプラス端子につながれている。また、マンガン電池ではプラス端子の側から**集電棒**が伸ばされているが、アルカリ電池ではマイナス端子の側から集電棒が伸ばされている。電池容器のマイナス端子側には絶縁や液漏れ防止のためにガスケットが備

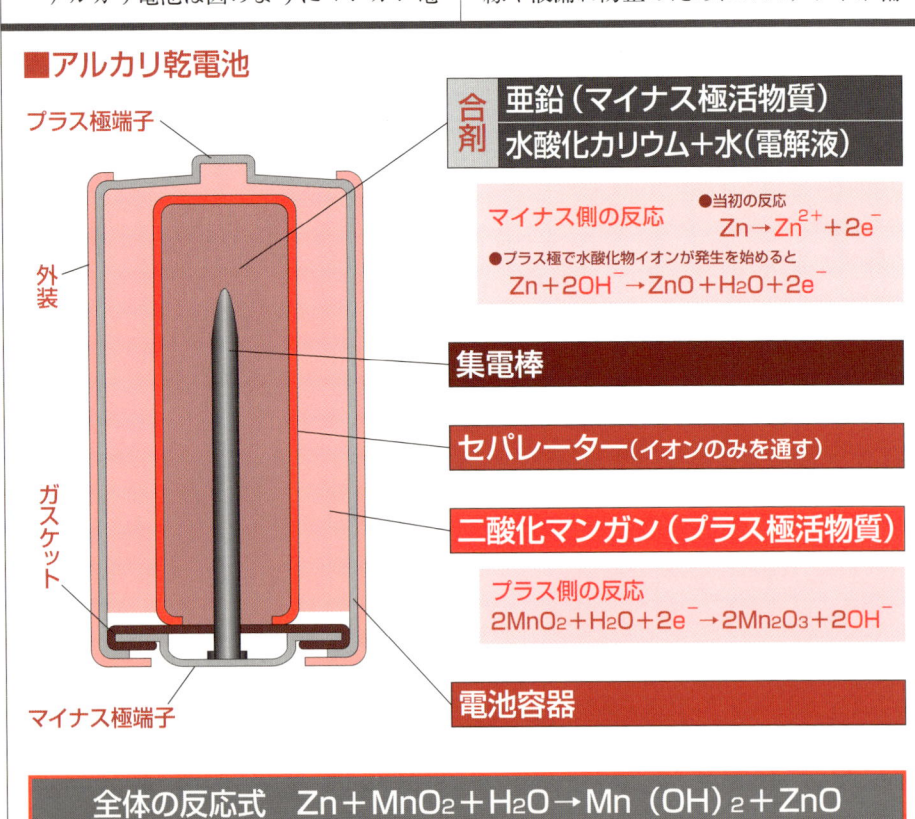

■アルカリ乾電池

- プラス極端子
- 外装
- ガスケット
- マイナス極端子
- 集電棒
- セパレーター（イオンのみを通す）
- 二酸化マンガン（プラス極活物質）
- 電池容器

合剤：亜鉛（マイナス極活物質） / 水酸化カリウム＋水（電解液）

マイナス側の反応
- 当初の反応　$Zn \rightarrow Zn^{2+} + 2e^-$
- プラス極で水酸化物イオンが発生を始めると　$Zn + 2OH^- \rightarrow ZnO + H_2O + 2e^-$

プラス側の反応
$2MnO_2 + H_2O + 2e^- \rightarrow 2Mn_2O_3 + 2OH^-$

全体の反応式　$Zn + MnO_2 + H_2O \rightarrow Mn(OH)_2 + ZnO$

☞ 2004年に発売された電池はオキシ水素ニッケル電池と呼ぶべきだが、同種の製品が存在しないためオキシライド電池という商品名がおもに使われた。

■ボタン型アルカリ電池

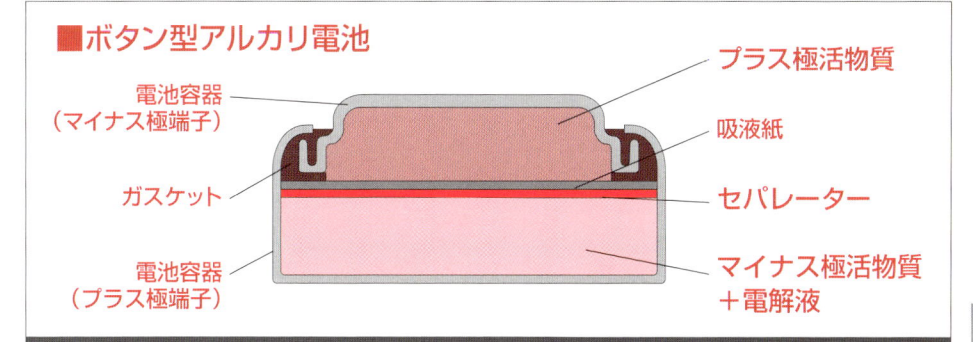

- 電池容器（マイナス極端子）
- ガスケット
- 電池容器（プラス極端子）
- プラス極活物質
- 吸液紙
- セパレーター
- マイナス極活物質＋電解液

えられている。

電池容器内はセパレーターを介して2室に分けられていて、内側にはマイナス極活物質である粉末の亜鉛と電解液である水酸化カリウムが混ぜられてペースト状にされたものが詰められている。セパレーターと電池容器の間にはプラス極活物質である二酸化マンガンが詰められている。集電棒は真鍮製だ。

電池を使用すると、マイナス極では亜鉛と電解液の水酸化物イオンが化学反応することで自由電子が発生。この電子は集電棒からマイナス端子へ移動し、外部の回路を通ってプラス端子から電池容器に到達すると、二酸化マンガンと水が化学反応して水酸化物イオンを生み出す。この水酸化物イオンがマイナス極の化学反応に使われる。この反応が繰り返されることで電子が連続的に移動する。

アルカリ電池には一般的な円筒形と角型のいわゆる**乾電池**タイプのほかに、**ボタン型電池**もある。内部の構造は異なるが、同じ化学反応を利用している。

アルカリ電池は**初期電圧**が1.6V（**公称電圧**は1.5V）で、マイナス極に粉末の亜鉛を使用しているため、マンガン電池より亜鉛の表面積が大きく大電流を持続させることができる。また、ph（酸性やアルカリ性の度合い）の変化が小さい水酸化カリウムを電解液に使用しているため、放電の際の電圧の変化が小さい。そのため、モーターや写真用のフラッシュなど大電流が連続的に流れる機器に適している。また、ラジコンの駆動用といった大電流が求められる機器で十分な性能を発揮しなくなったアルカリ電池であっても、時計のように小電流の機器であればまだかなり使えることが多い。

なお、2004年にパナソニックがアルカリ電池を超える高性能電池を発売した。プラス極活物質にオキシ水酸化ニッケルなどを使うもので、それまでのアルカリ電池の2倍を超える長寿命だが、初期電圧が1.7V（公称電圧は1.5V）と高かったため、使用できる機器に制限があるなど実用面で不利な点があった。そのため、同社が後継の高性能電池を発売した後に製造中止となった。後継の製品は差別化のためにエボルタという商品名が前面に押し出されているが、実質的にはアルカリ電池の高性能タイプだ。電池容器を薄くしたり、亜鉛の粉末を細かくするなど、細部の改良で従来のアルカリ電池を超える性能を実現している。

電気化学と電池

Point 電解液がアルカリ性のためアルカリ電池と呼ばれる

Part3 電気化学と電池

その他の一次電池

酸化銀電池

酸化銀電池はボタン型電池がほとんどだ。4SR44のように円筒形のものもあるが、これはSR44というボタン型電池を積み重ねて一体化している。

酸化銀電池は、プラス極活物質に酸化銀、マイナス極活物質に亜鉛、電解液に水酸化ナトリウムまたは水酸化カリウムを使用する。化学反応式は図に添えてある通りだが、実際にはマイナス極の亜鉛が電解液と反応して水素が発生すること

がある。過去には亜鉛の表面を水銀でコーティングして防いでいたが、現在では腐食抑制剤や水素を吸着する物質で分極を防いでいる。

電解液の違いで特性に違いがある。水酸化ナトリウムの場合は安定した微小電流を供給するのに適していて、アナログクォーツ時計などに使われる。水酸化カリウムの場合は大電流を供給することが可能で、ランプやアラームのある時計やデジタルクォーツ時計に使用される。

公称電圧は1.55Vある。マンガン電池

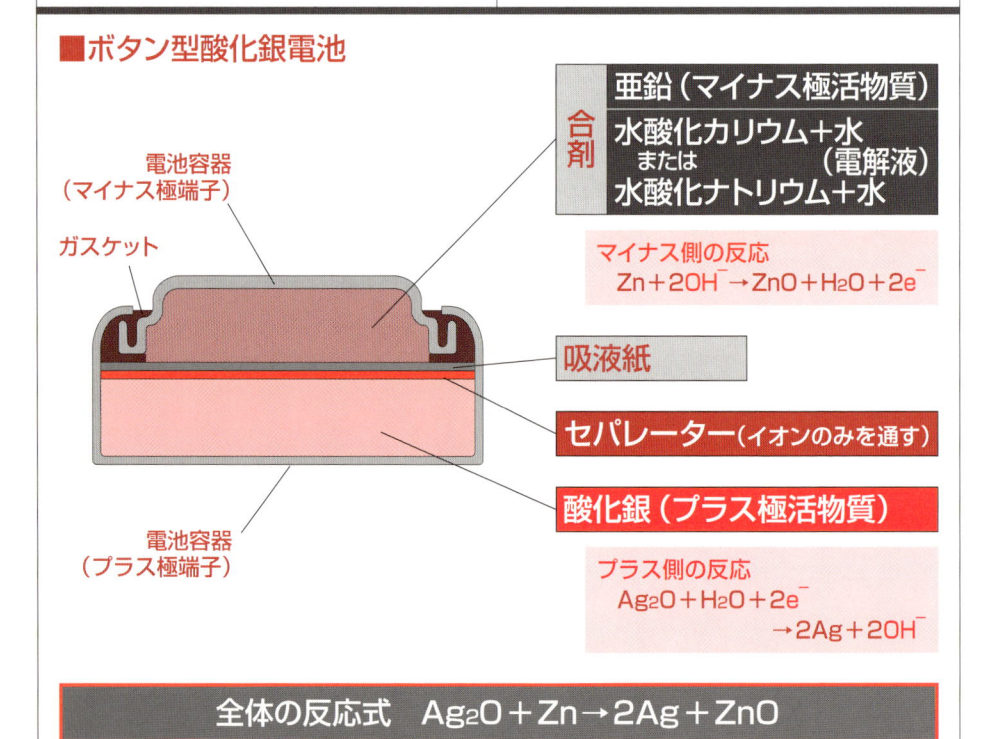

■ボタン型酸化銀電池

- 電池容器（マイナス極端子）
- ガスケット
- 電池容器（プラス極端子)

- 合剤: 亜鉛（マイナス極活物質）／水酸化カリウム＋水　または　水酸化ナトリウム＋水（電解液）
- マイナス側の反応 $Zn + 2OH^- \rightarrow ZnO + H_2O + 2e^-$
- 吸液紙
- セパレーター（イオンのみを通す）
- 酸化銀（プラス極活物質）
- プラス側の反応 $Ag_2O + H_2O + 2e^- \rightarrow 2Ag + 2OH^-$

全体の反応式　$Ag_2O + Zn \rightarrow 2Ag + ZnO$

☞ 空気電池はストーブなどを使い続けて室内の酸素濃度が低下すると、能力が低下する。低温にも弱い。

■ボタン型空気電池

- 電池容器（マイナス極端子）
- ガスケット
- 電池容器（プラス極端子)

- **亜鉛（マイナス極活物質）**
  - マイナス側の反応
  - $Zn + 4OH^- \rightarrow ZnO + H_2O + 2OH^- + 4e^-$
- **セパレーター**（イオンのみを通す）
- **水酸化カリウム**（電解液）
- **空気極**（プラス極活物質）
  - プラス側の反応
  - $O_2 + 2H_2O + 4e^- \rightarrow 4OH^-$
- 撥水膜
- 拡散紙
- 空気孔

全体の反応式　$2Zn + O_2 \rightarrow 2ZnO$

やアルカリ電池の場合、使い始めから少しずつ電圧が低下していくが、酸化銀電池の場合は寿命の最後まで電圧を維持する特性がある。また、同サイズのアルカリ電池に比べて、約2倍の寿命がある。さらに、幅広い温度で使用することができ、長期間の保存にも耐えられる。ただし、銀を使用するため高価になる。

空気電池

　空気電池は正式には**空気亜鉛電池**という。**ボタン型電池**がほとんどだ。**プラス極活物質**には空気中の酸素、**マイナス極活物質**には亜鉛を使用する。**電解液**にはさまざまなものがあったが、現在では水酸化カリウムが主流になっている。一般的には**一次電池**に分類されているが、外部から空気(酸素)を供給し続ける必要があるため、**燃料電池**に分類されることもある。

　プラス極側には孔と呼ばれる穴がいくつもあり、ここから空気が入ると内部で化学反応が起こる。化学反応式は図に添えてある通りで、**公称電圧**は1.35〜1.4V。使用前の状態ではプラス極側にシールがはられ、内部に空気が入るのが防がれている。シールをはがしてもすぐには電力が得られない。1分程度経過すると化学反応が安定して起こるようになり、電池として使用できる。

電気化学と電池

Point　空気電池はプラス極活物質に空気中の酸素を使う

リチウム電池

　リチウムは金属のなかでもっともイオン化傾向が大きいため、**マイナス極活物質**には最適な素材だ。また、金属のなかでもっとも比重が小さいため、小型で容量の大きな電池を作ることができる。そのため**一次電池**だけでなく**二次電池**にもリチウムを使用するものがある。

　リチウム電池は**プラス極活物質**によってさまざまな種類がある。一次電池の場合は、二酸化マンガン、フッ化黒鉛、塩化チオニル、硫化鉄、硫化銅がプラス極活物質に使われる。リチウムは水と簡単に化学反応して水素を発生してしまうため、いずれの場合も**電解液**には水を含まない**有機電解液**が使われる。また、反応性が非常に高いため、アルミニウムなどとの合金を使用しゆるやかに化学反応が起こるようにすることも多い。

　もっとも多用されているのは**二酸化マンガンリチウム電池**で、**公称電圧**は3Vだ。ボタン型のほか円筒形などさまざまな形状のものがあり、9Vの角型電池と互換性のあるタイプもある（3Vを3個重ねて9Vとしている）。

　フッ化黒鉛リチウム電池は、二酸化マンガンリチウム電池より多少性能の劣る部分があるが、高温での性能維持や長期の信頼性に優れている。公称電圧は3V

■ボタン型二酸化マンガンリチウム電池

- 電池容器（マイナス極端子）
- ガスケット
- リチウム（マイナス極活物質）
  - マイナス側の反応
  - $Li \rightarrow Li^+ + e^-$
- セパレーター（有機電解液を含む）
- 二酸化マンガン（プラス極活物質）
  - プラス側の反応
  - $MnO_2 + Li^+ + e^- \rightarrow MnOOLi$
- 集電体
- 電池容器（プラス極端子）

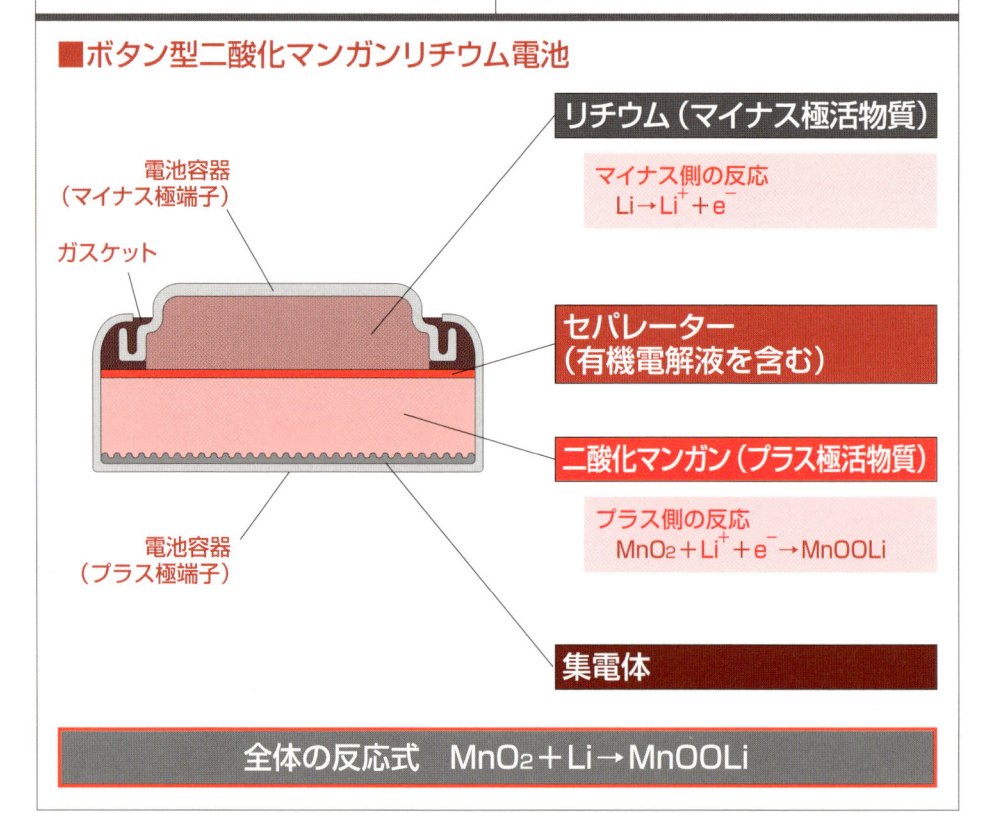

全体の反応式　$MnO_2 + Li \rightarrow MnOOLi$

☞ 有機電解液とは電気を流すことができる有機溶剤のこと。リチウム電池ではプロピレンカーボネイトなどが使われる。

で二酸化マンガンリチウム電池と同じため、ほぼ同様に使われている。

塩化チオニルリチウム電池は、リチウム一次電池のなかでは公称電圧が3.6Vともっとも高い。機器に組みこまれることが多い電池で、一般にはあまり流通していないが、メモリーICのバックアップ用をはじめ、各種エレクトロニクス機器やガス水道などのメーター用電源に使われている。

硫化鉄リチウム電池は、公称電圧が一般的な乾電池と同じ1.5Vである。そのため、単3形と単4形が市販されている。**リチウム乾電池**と呼ばれる。

二酸化マンガンリチウム電池の構造は図のようになっている。ボタン型の場合は他のボタン型電池と類似していて、セパレーターを介して両極の活物質が配されている。円筒形電池の場合は、プラス極の二酸化マンガンとマイナス極のリチウムがそれぞれシート状にされ、セパレーターを介して何層にも巻かれている。こうすることで活物質の表面積が大きくなり、大電流を持続させやすい。

■円筒型二酸化マンガンリチウム電池

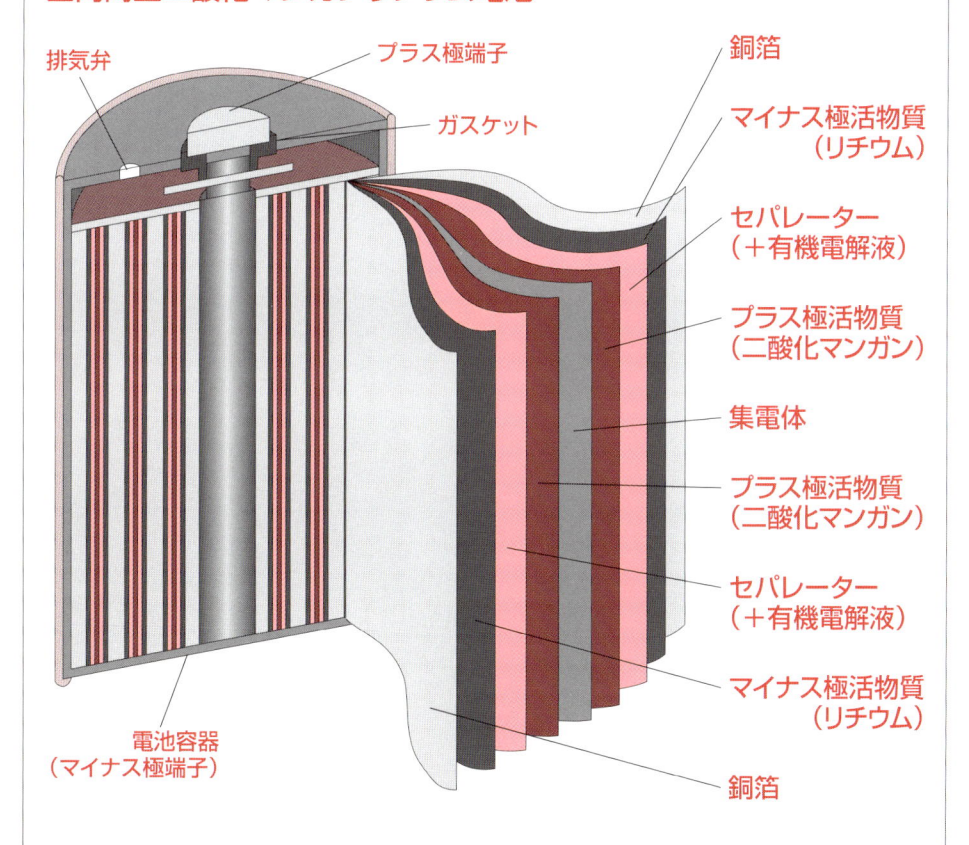

- 排気弁
- プラス極端子
- ガスケット
- 銅箔
- マイナス極活物質（リチウム）
- セパレーター（＋有機電解液）
- プラス極活物質（二酸化マンガン）
- 集電体
- プラス極活物質（二酸化マンガン）
- セパレーター（＋有機電解液）
- マイナス極活物質（リチウム）
- 銅箔
- 電池容器（マイナス極端子）

Point リチウムは金属のなかでもっともイオン化傾向が大きい

Part3 電気化学と電池
二次電池……………………………

　二次電池は充電することで繰り返し使用できる電池のことで、蓄電池や充電池ともいわれる。英語のバッテリーを日本語に翻訳すると「電池」となるが、自動車に搭載された蓄電池をバッテリーと呼ぶことが長く続いているため、日本ではバッテリーといった場合には二次電池をさすことが多い。

　化学電池は放電の際に化学反応が起こり、イオンが電極からもういっぽうの電極に移動することで、化学エネルギーが電気エネルギーに変換されて電流が流れる。一次電池の場合、化学エネルギーがなくなってしまえば、電池の寿命だ。

　しかし、二次電池の場合は、外部から放電時とは逆方向に電流を流して化学反応を起こすことが可能だ。つまり、電気分解を行うことによって、電気エネルギーを化学エネルギーに変換できる。

　代表的な二次電池には、鉛蓄電池、ニッカド電池、ニッケル水素電池、リチウムイオン電池などがある。アルカリ性の電解液を使用するニッカド電池とニッケル水素電池は、まとめてアルカリ二次電池(アルカリ蓄電池)ともいわれる。

　携帯するような小型の機器の場合は、ニッカド電池、ニッケル水素電池、リチウムイオン電池が使われる。ニッカド電池とニッケル水素電池には単1、単3などの乾電池タイプのものもあるが、機器に組みこまれることも多い。組みこまれる場合は専用の形状のこともある。

　鉛蓄電池は、安価で性能が安定しているため、自動車に長く使われてきたが、フォークリフトなどの電源など産業用にも幅広く使われている。

　従来、二次電池はどちらかといえば小さな容量のものが多かったが、ハイブリッドカーや電気自動車の電源として大きな容量のものも求められている。

　また、電力需要の変動に対応して電力貯蔵を行う二次電池の開発も進められて

■電池の種類を表す記号（二次電池）

記号	電池の種類	プラス極	電解液	マイナス極	公称電圧
H	ニッケル水素電池	ニッケル酸化物	アルカリ電解液	水素	1.2
K	ニッカド電池	ニッケル酸化物	アルカリ電解液	カドミウム	1.2
IC	リチウムイオン電池	リチウム酸化物	非水系有機電解液	炭素	3.6
RB	鉛蓄電池	二酸化鉛	硫酸、水	鉛	2

☞ 継ぎ足し充電を開始した状態を記録するように反応するためメモリー（記録）効果と名づけられた。

■放電と充電

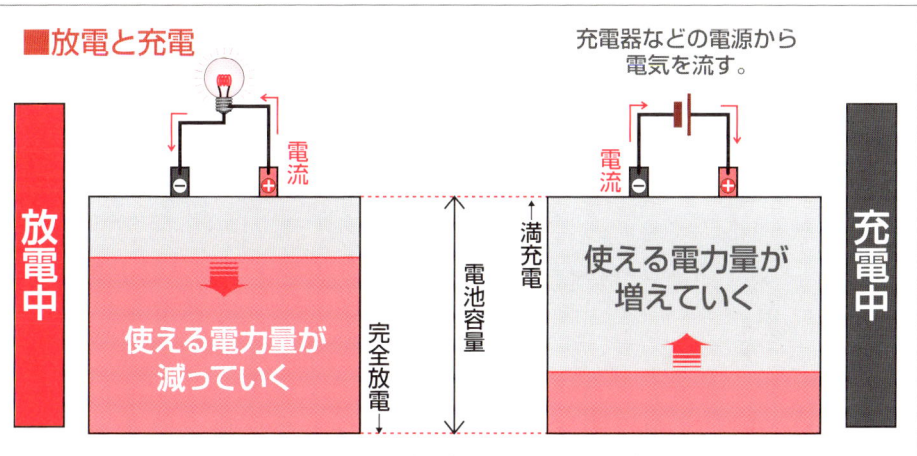

充電器などの電源から電気を流す。

放電中／使える電力量が減っていく／完全放電／電池容量／満充電／使える電力量が増えていく／充電中

※充電の場合、充電器などの電源のプラス側と二次電池のプラス極をつなぐ。

いる。**電力貯蔵用電池**としては**ナトリウム硫黄電池、亜鉛ハロゲン電池（亜鉛塩素電池、亜鉛臭素電池）、レドックスフロー電池**などが候補に上がっている。

放電と充電

電池の**放電**が進み、電池として使用できなくなった状態を**完全放電**という。この状態から、さらに放電を続けることができてしまう**二次電池**もある。これを**過放電**といい、本来とは異なる化学反応になるため電池の性能が損なわれる。また、二次電池でも**自然放電**が起こる。その度合いは電池の種類によって異なる。

二次電池が十分に充電された状態を**満充電**というが、一般では**フル充電**と呼ばれることが多い。この状態からさらに充電を続けることを**過充電**という。この場合も本来とは異なる化学反応が起こり、電池の性能が損なわれることがある。

二次電池の種類によっては、完全放電する以前に継ぎ足し充電を行うと、放電電圧が低下することがある。結果として容量が減少したようになり、継ぎ足し充電した分しか二次電池が使えなくなる。これを**メモリー効果**という。

■メモリー効果

※実際には記憶された位置まで電池の容量が減少すると終止電圧を示すようになる。

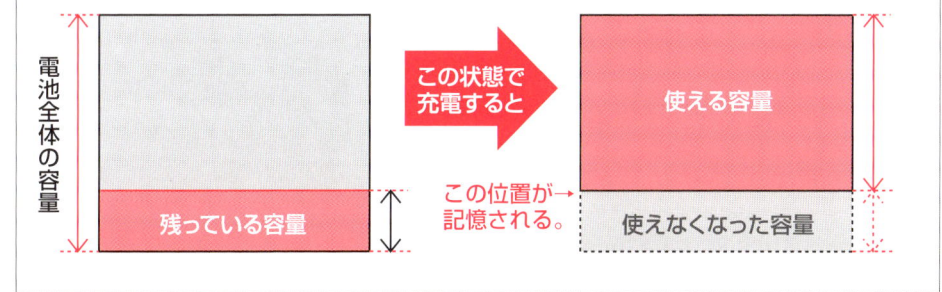

電池全体の容量／残っている容量／この状態で充電すると／この位置が記憶される。／使える容量／使えなくなった容量

Point　二次電池は充電して繰り返し使える電池

Part3 電気化学と電池

鉛蓄電池

　鉛蓄電池は、**プラス極活物質**に二酸化鉛、**マイナス極物質**に鉛、**電解液**に希硫酸(薄い硫酸水溶液)を使用する。電解液中の硫酸は**電離**して、プラスイオンの水素イオンとマイナスイオンの硫酸イオンになっている。マイナス極からは鉛イオンが溶け出し、後に自由電子を残す。水素イオンは鉛イオンに反発して二酸化鉛のプラス極周辺に集まっている。

　この状態で鉛蓄電池を使用すると、マイナス極の自由電子は外部の回路を通ってプラス極に到達する。この自由電子によって、プラス極の二酸化鉛、水素イオン、硫酸イオンが反応して、硫酸鉛と水が発生する。硫酸イオンはマイナス極から溶け出した鉛イオンと反応を起こし、硫酸鉛となる。

　このような化学反応が続いている間は鉛蓄電池の放電が続くが、化学反応によってどちらの電極にも硫酸鉛ができ、電極の表面に付着する。また、反応によって水ができるため、希硫酸が薄くなり、イオンが少なくなる。こうして電極の表面が硫酸鉛におおわれ、希硫酸が薄くなると、鉛蓄電池はそれ以上化学反応を起こせなくなり、**完全放電**状態となる。

■鉛蓄電池の放電

マイナス極:鉛→硫酸鉛　　　プラス極:二酸化鉛→硫酸鉛

①鉛のマイナス電極から鉛イオンが溶け出し自由電子を残す。

②電解液の硫酸が電離して水素イオンと硫酸イオンになる。

③プラス電極の二酸化鉛が自由電子を受け取って水素イオンと硫酸イオンと化学反応を起こし、硫酸鉛と水になる。

④鉛イオンと硫酸イオンが化学反応を起こし硫酸鉛になる。

マイナス側の反応
$Pb + SO_4^{2-} \rightarrow PbSO_4 + 2e^-$

プラス側の反応
$PbO_2 + 4H^+ + SO_4^{2-} + 2e^- \rightarrow PbSO_4 + 2H_2O$

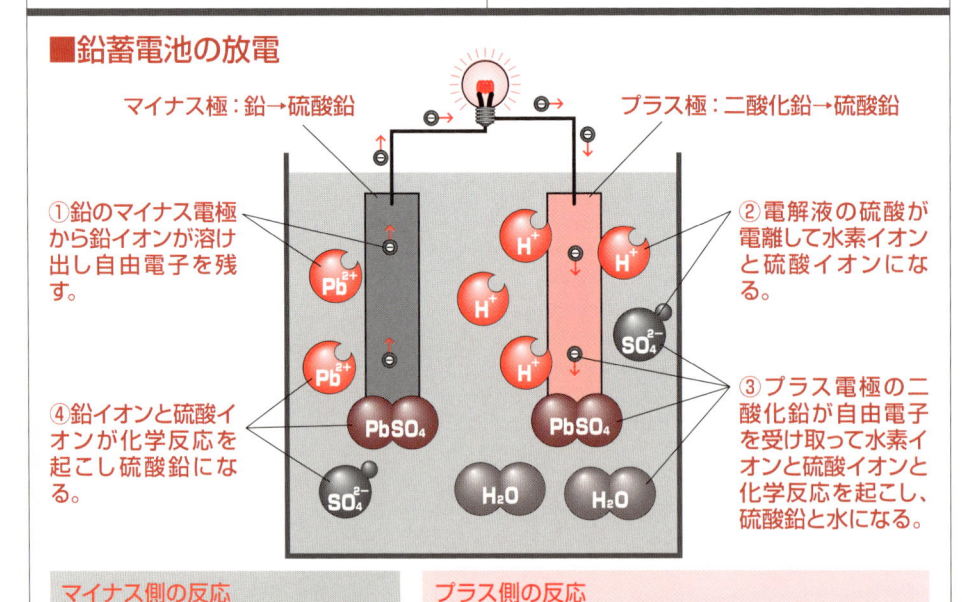

全体の反応　$Pb + PbO_2 + 2H_2SO_4 \rightarrow 2PbSO_4 + 2H_2O$

☞ 鉛蓄電池は比較的安定した性能を備え安価に製造することも可能だが、重量が大きいことが弱点とされる。

鉛蓄電池に充電を行うと、両極で**電気分解**が行われる。充電器などの電源のプラス側を鉛蓄電池のプラス極、マイナス側をマイナス極につなぐ。すると、マイナス極では硫酸鉛が自由電子を受け取って、鉛になり、硫酸イオンが溶け出す。プラス極では硫酸鉛と水が反応を起こして、二酸化鉛になり、硫酸イオンと水素イオンが溶け出し、自由電子を放出。この自由電子が充電器に戻っていく。

　この電気分解によって、両電極はそれぞれ元の二酸化鉛と鉛になる。電解液中の水素イオンと硫酸イオンも増えて、硫酸の濃度も元に戻る。ただし、同時に水の電気分解も行われて、水素と酸素がガスになって発生する。フル充電状態を超えて充電を続ける（**過充電**する）と、水の電気分解だけが行われるため、水の補充が必要になるが、現在ではこの問題を解消したものもあり、**MF（メンテナンスフリー）バッテリー**などといわれる。

　鉛蓄電池の**公称電圧**は2Vだが、自動車などで使われる電池の場合は、6個の電池が1組にされ12Vが使用できる。表面積を大きくするために、個々の電極は板状にされ、プラス極とマイナス極が触れ合わないように間にセパレーターが配置され、希硫酸の電解液に収められている。電解液は通常**バッテリー液**と呼ばれることが多い。

　また、セパレーターに電解液を保持させることで、液漏れが起こらないようにしたタイプもあり、オートバイなどで使用されている。

電気化学と電池

■鉛蓄電池の充電

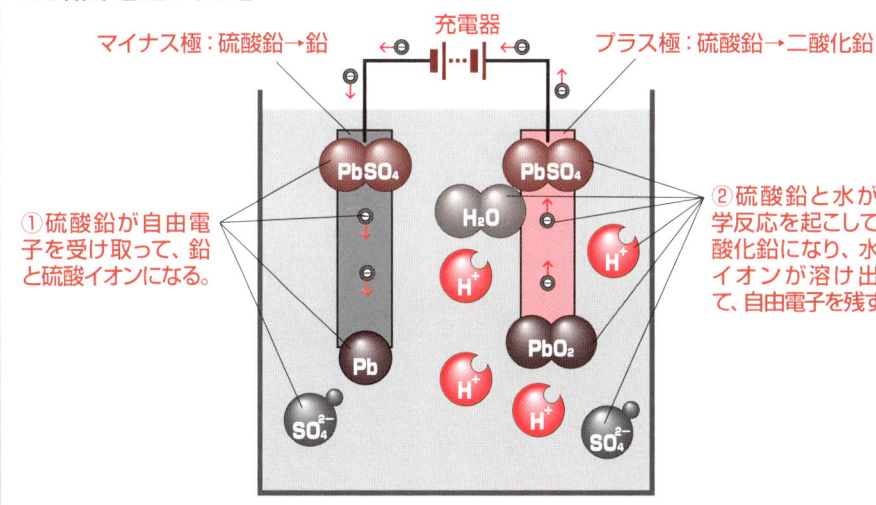

充電器

マイナス極：硫酸鉛→鉛　　　　　　　　　プラス極：硫酸鉛→二酸化鉛

①硫酸鉛が自由電子を受け取って、鉛と硫酸イオンになる。

②硫酸鉛と水が化学反応を起こして二酸化鉛になり、水素イオンが溶け出して、自由電子を残す。

マイナス側の反応
$PbSO_4 + 2e^- \rightarrow Pb + SO_4^{2-}$

プラス側の反応
$PbSO_4 + 2H_2O \rightarrow PbO_2 + 4H^+ + SO_4^{2-} + 2e^-$

全体の反応　$2PbSO_4 + 2H_2O \rightarrow Pb + PbO_2 + 2H_2SO_4$

Point　充電の際には電気分解で放電とは逆の化学反応が起こる

Part3 電気化学と電池

その他の二次電池

ニッカド電池

一般的に**ニッカド電池**で通用するが、この名は登録商標で、正式には**ニッケルカドミウム電池**という。登録商標には他に**カドニカ電池**があり、JISでは**ニカド電池**とされている。

ニッカド電池は**プラス極活物質**に水酸化ニッケル、**マイナス極活物質**に水酸化カドミウム、**電解液**に水酸化カリウムを使用する。両極の活物質はいずれもシート状にされ、同じくシート状のセパレーターを介して何層にも重ねられている。電解液はこのセパレーターに含まれる。

ニッカド電池の化学反応式は図に添えてある通りだが、フル充電状態を超えて充電（**過充電**）を行うと水が電気分解されてしまう。しかし、カドミウムには酸素を吸収する性質があるため、マイナス極をプラス極に比べて大きくすることで、マイナス極での水素ガスの発生を防ぐことができる。同時に、プラス極でも水素を吸収することができる。

ニッカド電池の**公称電圧**は1.2Vだ。単1、単3などの乾電池と同規格のものも作られているが、厳密に電圧を求めら

■ニッカド電池

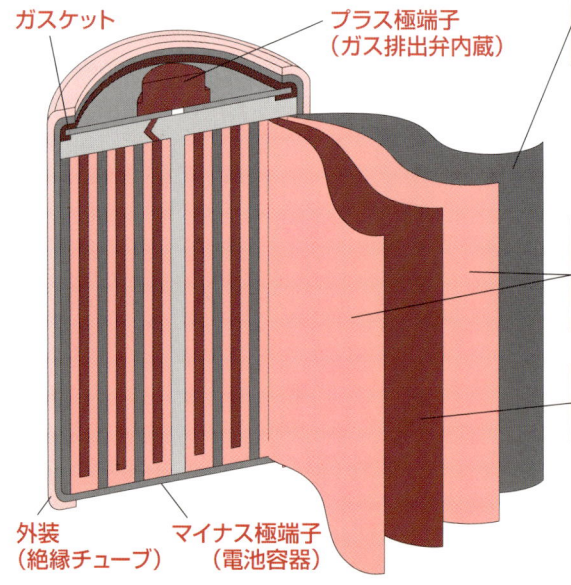

水酸化カドミウム（マイナス極活物質）

マイナス側の反応
$$Cd + 2OH^- \rightleftarrows Cd(OH)_2 + 2e^-$$

セパレーター（電解液を含む —水酸化カリウム）

水酸化ニッケル（プラス極活物質）

プラス側の反応
$$2NiOOH + 2H_2O + 2e^- \rightleftarrows 2Ni(OH)_2 + 2OH^-$$

ガスケット／プラス極端子（ガス排出弁内蔵）／外装（絶縁チューブ）／マイナス極端子（電池容器）

全体の反応　$2NiOOH + Cd + 2H_2O \rightleftarrows 2Ni(OH)_2 + Cd(OH)_2$

☞ カドミウムは亜鉛鉱とともに産出することが多い金属で顔料の原料などにも使われたが人体に毒性がある。

■ニッケル水素電池

MH：金属水素化物、M：水素吸蔵合金

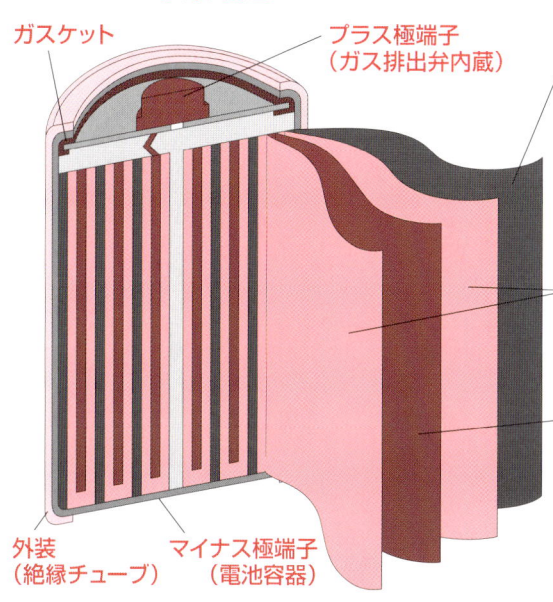

図の構成要素：
- ガスケット
- プラス極端子（ガス排出弁内蔵）
- 外装（絶縁チューブ）
- マイナス極端子（電池容器）
- 水素吸蔵合金（マイナス極活物質）
- セパレーター（電解液を含む－水酸化カリウム）
- 水酸化ニッケル（プラス極活物質）

マイナス側の反応
$$MH + OH^- \rightleftarrows M + H_2O + e^-$$

プラス側の反応
$$NiOOH + H_2O + e^- \rightleftarrows Ni(OH)_2 + OH^-$$

全体の反応　$NiOOH + MH \rightleftarrows Ni(OH)_2 + M$

れる機器で乾電池の代用とするのには適していない。ただし、大電力を出すことが可能で、瞬発力が求められるモーターなどには適している。しかし、**自然放電**が大きく、容量が小さく、**メモリー効果**が起こりやすいうえ、カドミウムが有害であることなどから、現在では二次電池の主流から外れつつある。

ニッケル水素電池

　ニッケル水素電池は、**プラス極活物質**に水酸化ニッケル、**マイナス極活物質**に水素、**電解液**に水酸化カリウムを使用する。元々は人工衛星用の電池として開発されたものでは、圧縮された水素を利用していたが、現在の小型の電池では水素吸蔵合金を使用している。構造はニッカド電池同様に、シート状にされた両極の活物質やセパレーターが何層にも重ねられている。**公称電圧**は1.2V。

　ニッケル水素電池にも**メモリー効果**が起こるが、ニッカド電池ほどは強くはない。**自然放電**が多いというデメリットはあるが、環境負荷が小さく、電池の容量を大きくできるため、ニッカド電池からニッケル水素電池への転換が進んだが、その後、より大きな容量とすることができる**リチウムイオン電池**が登場し、多くの分野では転換が進んでいる。一部のハイブリッドカーにも採用されている。しかし、ニッカド電池と公称電圧が同じうえリチウムイオン電池より安全性が高いため、**乾電池**タイプの二次電池ではニッケル水素電池が主流になっている。

Point　乾電池タイプの二次電池はニッケル水素電池が主流

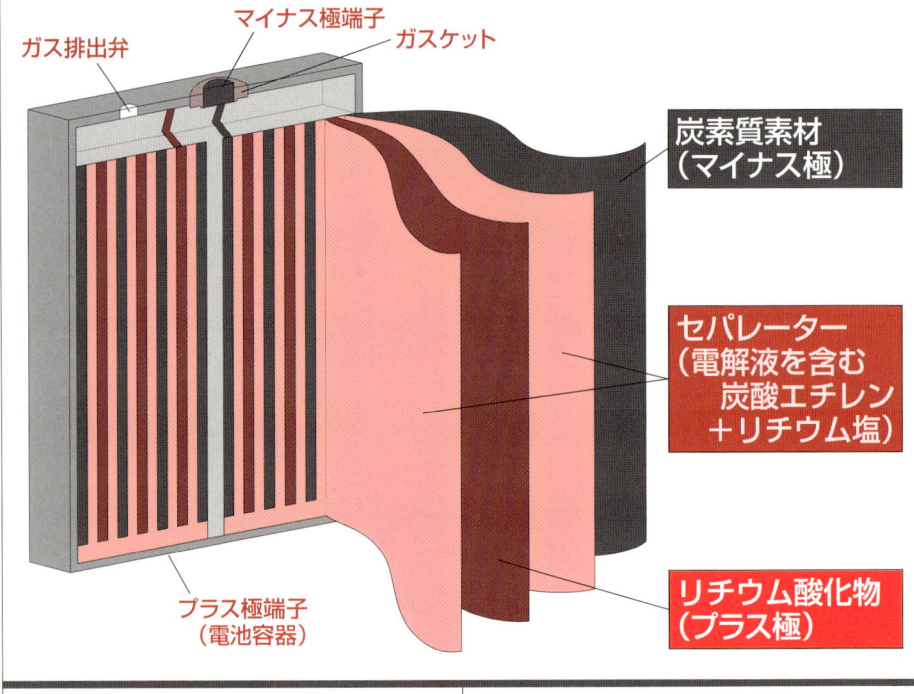

■リチウムイオン電池

- ガス排出弁
- マイナス極端子
- ガスケット
- 炭素質素材（マイナス極）
- セパレーター（電解液を含む 炭酸エチレン＋リチウム塩）
- リチウム酸化物（プラス極）
- プラス極端子（電池容器）

リチウムイオン電池

　リチウムイオン電池は、**プラス極活物質**にリチウム酸化物、**マイナス極活物質**に特殊な炭素質素材、**電解液**には水を含まない**有機電解液**が使われる。さまざまな構成にすることが可能だが、代表的な構成ではプラス極にコバルト酸リチウム、マイナス極に炭素、電解液に炭酸エチレンとリチウム塩が使用される。

　プラス極とマイナス極の素材は、どちらもリチウムイオンがもぐりこむことができる。放電状態でプラス極のコバルト酸リチウムに含まれていたリチウムイオンは、充電によって放出され、マイナス極の炭素質素材に取りこまれる。放電の際には、逆の現象が起こる。このようにしてリチウムイオンがプラス極とマイナス極との間を往復するが、その際、プラス極のコバルト酸化物もマイナス極の炭素も化学反応は起こさない。

　構造はニッカド電池やニッケル水素電池同様に、シート状にされた両極の物質やセパレーターが何層にも重ねられている。これが鉄製やアルミニウム製の容器に収められるのが一般的だが、現在ではレトルト食品に使用されるアルミラミネートフィルムに収められたものもある。

　リチウムイオン電池は、他の二次電池に比べて高い電圧（**公称電圧**3.6V）を得ることができ、容量を大きくすることが可能だ。また、**自然放電**も少なく、**メモ**

☞ 同素体とは同じ元素だが原子の結合の構造（結晶構造）が異なる物質同士の関係をいう。たとえばダイヤモンドと黒鉛は炭素の同素体である。

■ナトリウム硫黄電池

放電中

マイナス極（ナトリウム）　電解質（ベータアルミナ）　プラス極（硫黄）

充電中

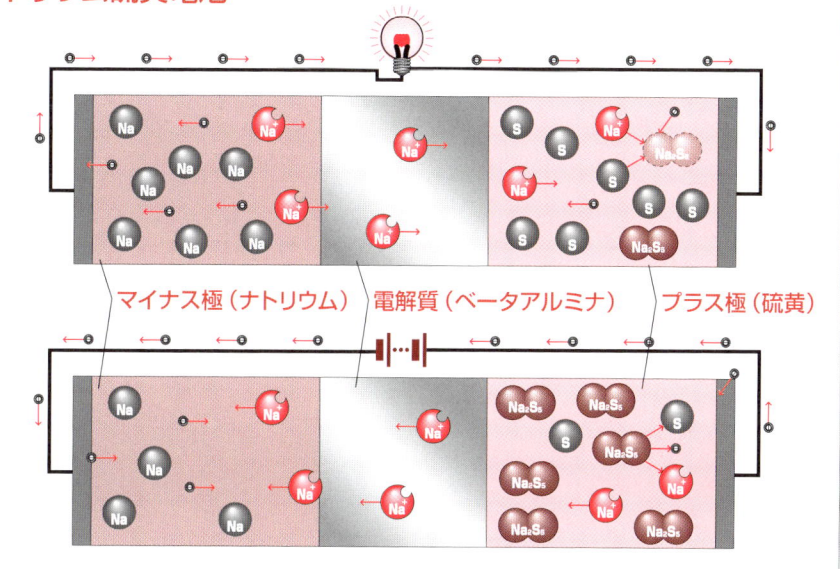

マイナス側の反応　$2Na \rightleftarrows 2Na^+ + 2e^-$　　プラス側の反応　$5S + 2Na^+ + 2e^- \rightleftarrows Na_2S_5$

全体の反応　$2Na + 5S \rightleftarrows Na_2S_5$

電気化学と電池

リー効果も小さい。このため、現在の二次電池の主流になっている。

しかし、**過充電**すると発熱して破裂や発火の危険性があるため、充電の際には極めて高い精度での電圧制御が欠かせない。また、**過放電**させると、電池として機能しなくなる。そのため充電や放電を管理する保護回路が必要になる。

ナトリウム硫黄電池

ナトリウム硫黄電池は**プラス極活物質**に硫黄、**マイナス極活物質**にナトリウム、**電解質**にベータアルミナを使用する。ベータアルミナは酸化アルミニウムの同素体で、常温ではセラミックだが、高温では電解質になる。

ナトリウム硫黄電池は、活物質であるナトリウムや硫黄を溶融状態に保ち、ベータアルミナのイオンを透過させる能力を高めるために高温状態で使用される。通常、300℃が維持される。

放電時には、マイナス極のナトリウムが自由電子を残してナトリウムイオンになり、ベータアルミナを通ってプラス極に移動。硫黄と自由電子と反応して多硫化ナトリウムになる。充電時には、逆の反応が起こる。

ナトリウム硫黄電池は、高温状態で作動させるためにヒーターによる加熱が必要になるが、鉛蓄電池に比べて大きな容量とすることができるため、**電力貯蔵用電池**として期待されている。

Point　リチウムイオン電池は保護回路が必要

Part3 電気化学と電池

燃料電池

　電気分解とは逆の化学反応を起こさせて、**化学エネルギー**を**電気エネルギー**に変換することが、**燃料電池**の基本的な発想だ。おもに水の電気分解の逆の反応、つまり水素と酸素を反応させることで電気を発生させている。

　燃料電池は**電気自動車**の電源として注目が集まっている。しかし、**燃料電池自動車**ばかりでなく、パソコンなどの携帯する小型機器の電源といった小型のものから、発電システムといった規模のものまで、幅広く期待されている。

　エネルギーを変換した際に、求める形態のエネルギーに変換できる割合を**エネルギー効率**というが、燃料電池は現在のさまざまな発電方法のなかで、エネルギー効率が非常に高い。化学反応の際に発生する熱も有効利用すれば、80％もの効率が得られる。

　また、水素と酸素の反応で生成されるのは水だけなので、環境負荷が小さい。地球上ならば空気中の酸素を利用できるため、用意するのは水素だけで済む。

　ただし、水素は非常に燃えやすく、爆発することもあるので取り扱いが難しい。また、気体のままでは体積が大きいため、圧縮した液化水素の利用が考えられる。しかし、燃料電池自動車での利用を考えた場合、ガソリンスタンドのような燃料の供給体制が現状では難しい。

　そのため、エタノールや都市ガス、天然ガスから水素を取り出して燃料電池の燃料とする方法が有力視されている。液体のエタノールであれば、現在のガソリン同様の方法で供給できる。固定した場所で使用する燃料電池であれば、都市ガスなども利用しやすい。こうした純粋な水素以外を燃料とする場合は、**改質器**によって水素を取り出す。

　燃料電池は、使用する**電解質**などの違いによってさまざまなタイプのものがある。現在の主流となっているのは**固体高**

■燃料電池の種類

電池の種類	電解質	想定発電出力	想定用途
固体高分子型	イオン交換膜	数W〜数十kW	携帯端末、自動車、家庭発電
リン酸型	リン酸	百kW〜数百kW	定置発電
溶融炭酸塩型	炭酸リチウム、炭酸ナトリウム	〜数百MW	定置発電
固体酸化物型	ジルコニア	〜数十MW	定置発電

触媒とは、その物質自体は化学反応を起こさないが、周囲の化学反応を促進する物質のこと。

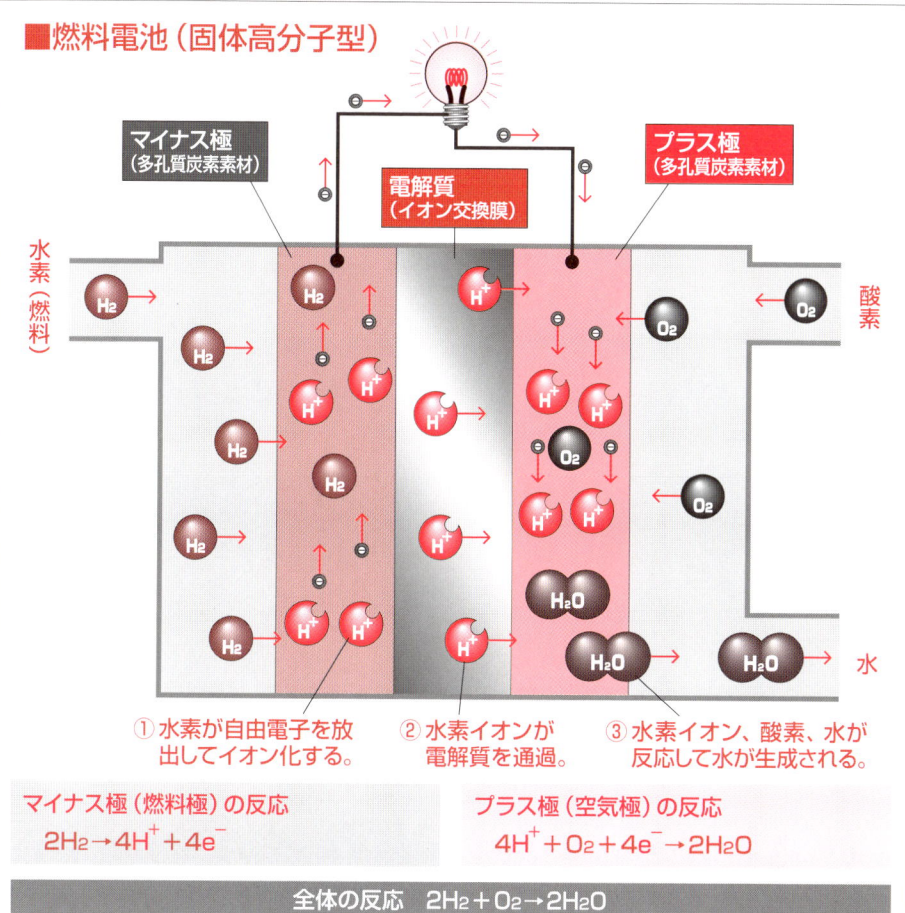

■燃料電池（固体高分子型）

マイナス極（多孔質炭素素材）
電解質（イオン交換膜）
プラス極（多孔質炭素素材）

水素（燃料） → ／ ← 酸素
→ 水

① 水素が自由電子を放出してイオン化する。
② 水素イオンが電解質を通過。
③ 水素イオン、酸素、水が反応して水が生成される。

マイナス極（燃料極）の反応
$2H_2 \rightarrow 4H^+ + 4e^-$

プラス極（空気極）の反応
$4H^+ + O_2 + 4e^- \rightarrow 2H_2O$

全体の反応 $2H_2 + O_2 \rightarrow 2H_2O$

分子型燃料電池だ。燃料電池自動車用はもちろん、携帯用の小型電池から、**家庭発電**程度まで対応できる。他に、**リン酸型燃料電池、溶融炭酸塩型燃料電池、固体酸化物型燃料電池**などがある。

● **固体高分子型燃料電池**
電解質に**イオン交換膜（高分子膜）**を使用するのが**固体高分子型燃料電池**だ。水素イオンはこの膜を通過するが、水素分子や酸素分子、水分子は通過できない。プラスとマイナスの電極には炭素などで作られた多孔質の素材が使われ、触媒物質として白金などが備えられている。

マイナス極（**燃料極**）に供給された水素は**触媒**の作用で水素イオンになり、電極に自由電子を残す。水素イオンはイオン交換膜を通過してプラス極（**空気極、酸素極**）に至る。ここで自由電子を受け取り酸素と反応して水になる。実際には反応の際に熱が発生するため、高温の湯となって排出される。この湯を熱源として利用することが可能だ。

Point 燃料電池は水素と酸素を反応させて電気を作る

Part3 電気化学と電池

太陽電池 ・・・・・・・・・・・・・・・・・・・・・・・・・

　光によって電位差ができる現象を光起電力効果といい、光エネルギーを電気エネルギーに変換できる。こうした光が電気現象を引き起こすことを光電効果といい、太陽電池は光電効果による光起電力を利用した物理電池だ。

　太陽電池は太陽光だけでなく、電灯など各種の光から電気を作り出すことができるため光電池ともいわれる。太陽電池は電卓や腕時計といった小型のものから、家庭発電、さらに大規模な太陽光発電にまで利用されている。

　太陽電池は発電の際に、何も生成しないため、これ以上ないほどにクリーンなエネルギー源となる。騒音といった問題もない。無限ともいえる太陽光を利用できることも大きなメリットだ。電卓など消費電力の小さなものでは、実用上まったく支障ないが、発電所規模での電力供給というレベルでは問題点も数多い。

　太陽電池では、発電規模に応じた面積が必要になるが、現状のエネルギー効率は高いものでも40％に届いていないため、広大な面積が必要になる。また、夜は使えず、天気によって発電能力が変動するため、その他の発電方式や一次的に電力を蓄えておく電力貯蔵用電池との併用が必要になる。さらに、燃料などに費用はかからないが、生産コストが高いこともデメリットとなっている。

　現在の一般的な太陽電池は、シリコン系太陽電池と化合物半導体系太陽電池に大別され、それぞれにいくつかの種類がある。これらの無機化合物を用いた太陽電池に対して、有機化合物を用いたものも開発されている。代表的なものに色素増感型太陽電池がある。これらの有機系太陽電池は、簡単に製造でき、生産コストを抑えることができると考えられているが、変換効率や寿命に問題が残ってい

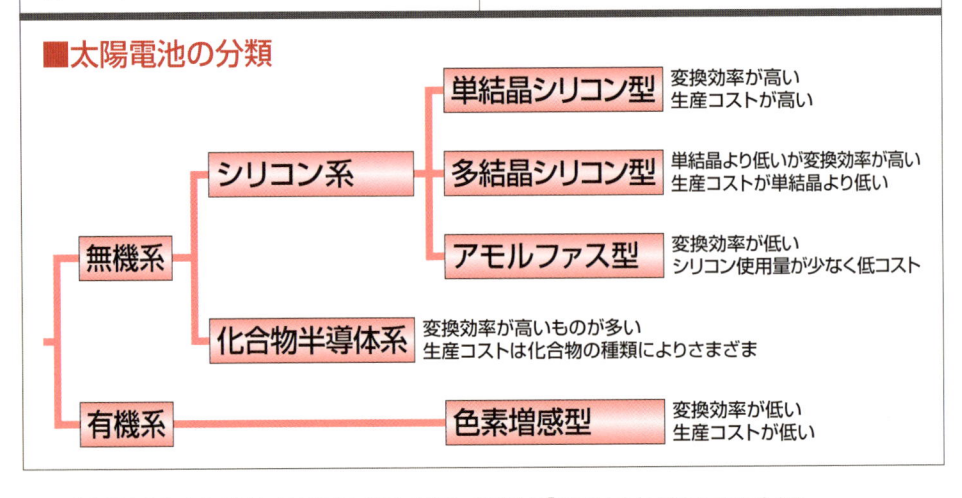

■太陽電池の分類

分類			特徴
無機系	シリコン系	単結晶シリコン型	変換効率が高い／生産コストが高い
		多結晶シリコン型	単結晶より低いが変換効率が高い／生産コストが単結晶より低い
		アモルファス型	変換効率が低い／シリコン使用量が少なく低コスト
	化合物半導体系		変換効率が高いものが多い／生産コストは化合物の種類によりさまざま
有機系		色素増感型	変換効率が低い／生産コストが低い

☞ 光起電力は「こうきでんりょく」と読まれることもある。光電池は「こうでんち」と読まれることもある。

るため、実用化に向けて開発が進められている。

半導体についてはPart5で詳しく解説するが、一般的な無機化合物の太陽電池は**P型半導体**と**N型半導体**が接合された**PN接合ダイオード**(P126参照)の一種だ。P型半導体とN型半導体の接合面は**空乏層**となり通常は電気が流れない。しかし、ここに光が当たると**光電子**という**自由電子**と**ホール**のペアが大量に発生し、電気的な壁が取り去られた状態になる。すると、電子がN型半導体、ホールがP型半導体に集まるため、電位差が生まれる。これによりP型側がプラス極、N型側がマイナス極の電池として機能し、外部の回路に電気が流れる。

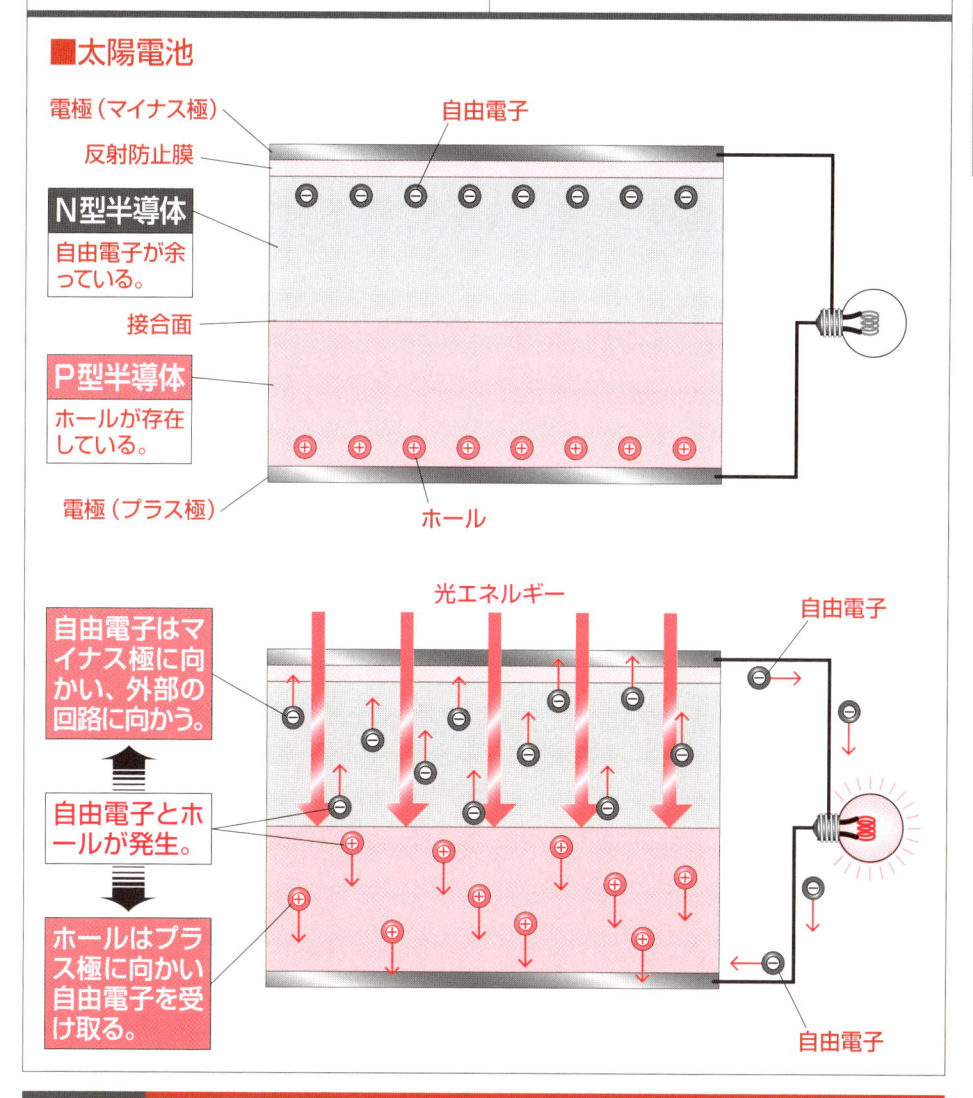

■太陽電池

- 電極(マイナス極)
- 反射防止膜
- **N型半導体** — 自由電子が余っている。
- 自由電子
- 接合面
- **P型半導体** — ホールが存在している。
- 電極(プラス極)
- ホール

- 自由電子はマイナス極に向かい、外部の回路に向かう。
- 自由電子とホールが発生。
- ホールはプラス極に向かい自由電子を受け取る。
- 光エネルギー
- 自由電子

Point 太陽電池は光エネルギーを電気エネルギーに変換する

電気化学と電池

Part3 電気化学と電池

熱起電力電池

　熱起電力電池は物理電池の一種で、熱エネルギーを電気エネルギーに変換するものだ。

　2種類の金属の両端を図のように接合して、その接合部分を熱すると、電流が流れる。これを**ゼーベック効果**といい、**熱電変換**や**熱伝導変換**ともいわれる。こうした熱エネルギーと電気エネルギーが相互に及ぼし合う影響のことを**熱電効果**や**熱電現象**といい、ゼーベック効果の他にも、逆の現象である**ペルティエ効果**（P253参照）などがある。

　ゼーベック効果は接合された2種類の金属の温度差によって起こる現象だ。同じように熱しても、比熱の違いによって両金属には温度差が生じる。温度が異なると、原子の振動（**熱振動**）の度合いが異なる。すると、高温側（振動の激しい側）から低温側（振動の弱い側）に自由電子が移動して**電位差**が生まれる。

　この電位差による**起電力**を**熱起電力**という。熱起電力の大きさは、金属の種類や接合面の温度差によって決まる。金属ではなく**半導体**（P122参照）が使われることも多い。こうした2種類の金属や半導体の組み合わせを**熱電対**という。

　熱電対で発電が行えるようにしたものを**熱電変換素子**といい、熱源までも一体

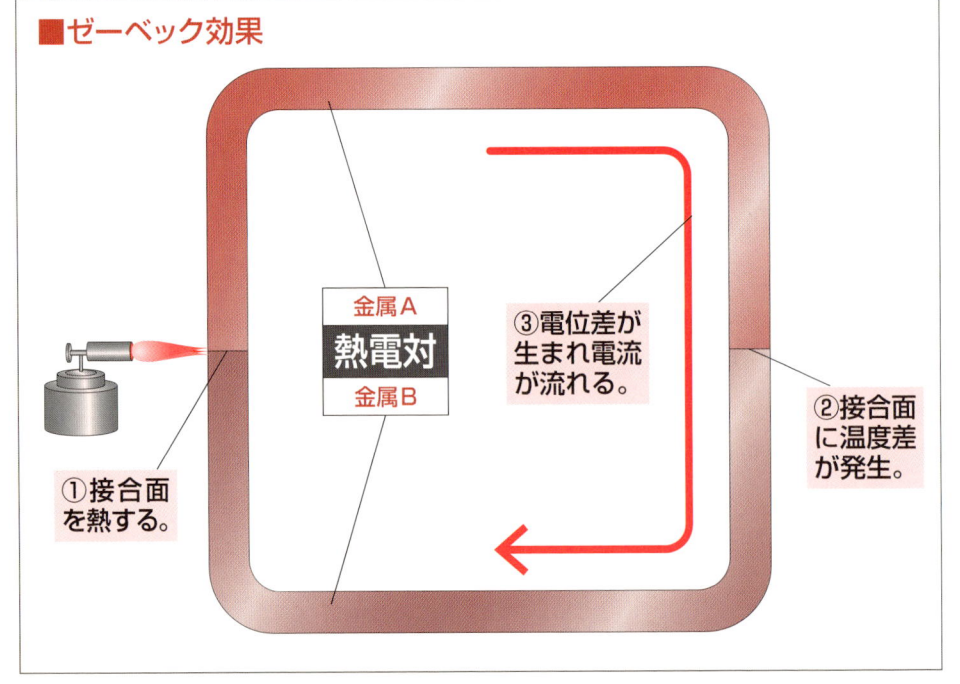

■ ゼーベック効果

金属A
熱電対
金属B

① 接合面を熱する。
② 接合面に温度差が発生。
③ 電位差が生まれ電流が流れる。

☞ 比熱とは物質の温まりやすさや冷えやすさの度合いのこと。比熱が大きいほど、温まりにくく、いったん温まると冷えにくい。

■熱起電力電池（原子力電池）

図中ラベル：
- 放熱部
- 電流
- 熱電変換素子
- 熱源（放射性物質）
- 断熱部
- 放射線遮蔽部

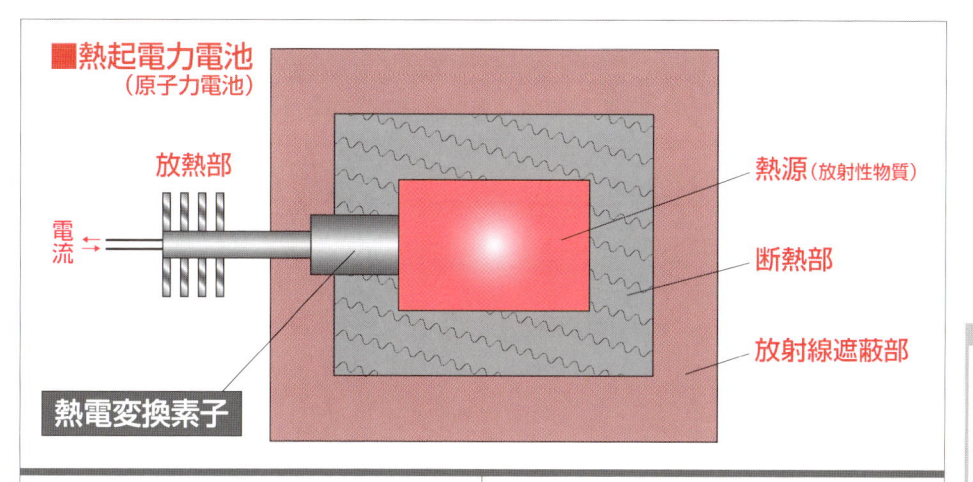

にしたものを熱起電力電池という。熱起電力で得られる電位差や電流は非常に小さいため、電力供給というレベルでの使用は難しい。それでも地熱や工場の排熱などでの発電に利用されている。

電流は小さくても温度差を電位差として検出できるため、熱電変換素子は高温を感知する**温度センサー**として多用されている。温度センサーの場合は熱電対といわれることが多い。

熱起電力電池

熱起電力を利用した実際の**熱起電力電池**には宇宙で使われている**原子力電池**がある。**原子力発電**（P194参照）にも利用されている**放射性物質**は、原子が崩壊しやすく、崩壊する際に**放射線**を出す。この放射線が物質に吸収されると熱エネルギーに変換される。原子力電池では、この熱エネルギーを閉じこめて高い温度を作り、外部との温度差によって**熱電変換素子**が電気を発生させる。

原子力電池は比較的構造が簡単で、小型化でき、寿命が長いため、過去には人工衛星などで活用されたが、地上に落下して放射性物質を地球上に放出する可能性がゼロではない。また、太陽電池の能力が向上したため、現在では人工衛星には使われていない。

しかし、木星より遠くに向かう宇宙探査機の場合、太陽の光が弱いため太陽電池が利用できない。また、目的地到達に非常に時間がかかるので長寿命の電池が必要になる。そのため、パイオニア10号・11号、ボイジャー1号・2号、木星探査機ガリレオ、土星探査機カッシーニなどには原子力電池が搭載されている。打ち上げから30年以上が経過したボイジャー1号・2号は、現在も地球に情報を送り続けている。

過去には一時期だけ埋めこみ型心臓ペースメーカーに使われたことがあるが、放射線被害の可能性があるため、現在はリチウム電池にかわっている。

なお、原子力電池には熱電変換方式以外にも、さまざまな方式が研究、開発されたが、実用化されていないものや現在は使われていないものが多い。

Point 熱起電力電池は熱エネルギーを電気エネルギーに変換する

Part3 電気化学と電池

コンデンサ・・・・・・・・・・・・・・・・・・・・・・・

コンデンサとは、さまざまな電気回路で多用されている電気部品の一種だ。日本語では**蓄電器**というが、この言葉はあまり使われない。また、最近では**キャパシタ**ということも増えている。コンデンサは**電池**ではないが、電気を蓄えることができるため、この章で扱う。

電池が電気を蓄えるといっても、実際には**化学エネルギー**など他の形態のエネルギーとして電気を蓄える。しかし、コンデンサは電気の正体ともいえる**自由電子**そのものを蓄えることができる。

一般的なコンデンサは、向かい合う2枚の電極で**絶縁体**をはさんだ構造になっている。この両電極に電圧をかけると、電池のプラス側に接続された電極は、**クーロン力**で引き寄せられることで自由電子が減少し、プラスに**帯電**する。これにより絶縁体に**静電誘導**が起こり、プラスに帯電した電極に近い側がマイナスに帯電し、反対の電極に近い側がプラスに帯電する。すると、マイナス側に接続されたコンデンサの電極は、電池から自由電子が流れこんでマイナスに帯電する。

このように絶縁体が帯電してプラス側とマイナス側に分かれることを**分極**という。帯電してはいるが、電気が流れることはなく、絶縁体自体は電気的に中性な状態が保たれている。

このようにしてコンデンサに対して電流が流れるが、両電極の**電位差**が電源の電圧と等しくなると、それ以上は静電誘導を起こすことができなくなり、自由電子が移動しなくなる。この状態で電池を外しても、分極した絶縁体の静電誘導によって、それぞれの電極は帯電した状態が続く。つまり、電気が蓄えられたことになる。

このように電気が蓄えられたコンデンサの両電極をつなげば、電位差によってマイナスに帯電した極からプラスに帯電した極に自由電子が移動し、電流が流れる。なお、コンデンサの場合も電池と同じように、電気を蓄えることを**充電**といい、放出することを**放電**という。

コンデンサに蓄えることができる電気の量は**静電容量**または**キャパシタンス**というが、単に**容量**といわれることも多い。静電容量の単位はF（ファラド）で、1Fは1Vの電圧をかけた時に1Cの**電荷**を蓄えることができる。

電荷（C）＝静電容量（F）×電圧（V）

なお、1Fは非常に大きな容量のため、100万分の1である**μF**（マイクロファラド）や10億分の1である**pF**（ピコファラド）が使われることが多い。

コンデンサは電極の面積が大きいほど、多くの自由電子を蓄えることができるため、静電容量が大きくなる。電極の間隔が狭いほど静電誘導が強く作用するため、静電容量が大きくなる。また、電極の間に入れる絶縁物の種類によって静電誘導の起こりやすさが異なるため、静電容量が変化する。

☞ 静電誘導によって分極を起こす絶縁体のことを誘導体ともいう。

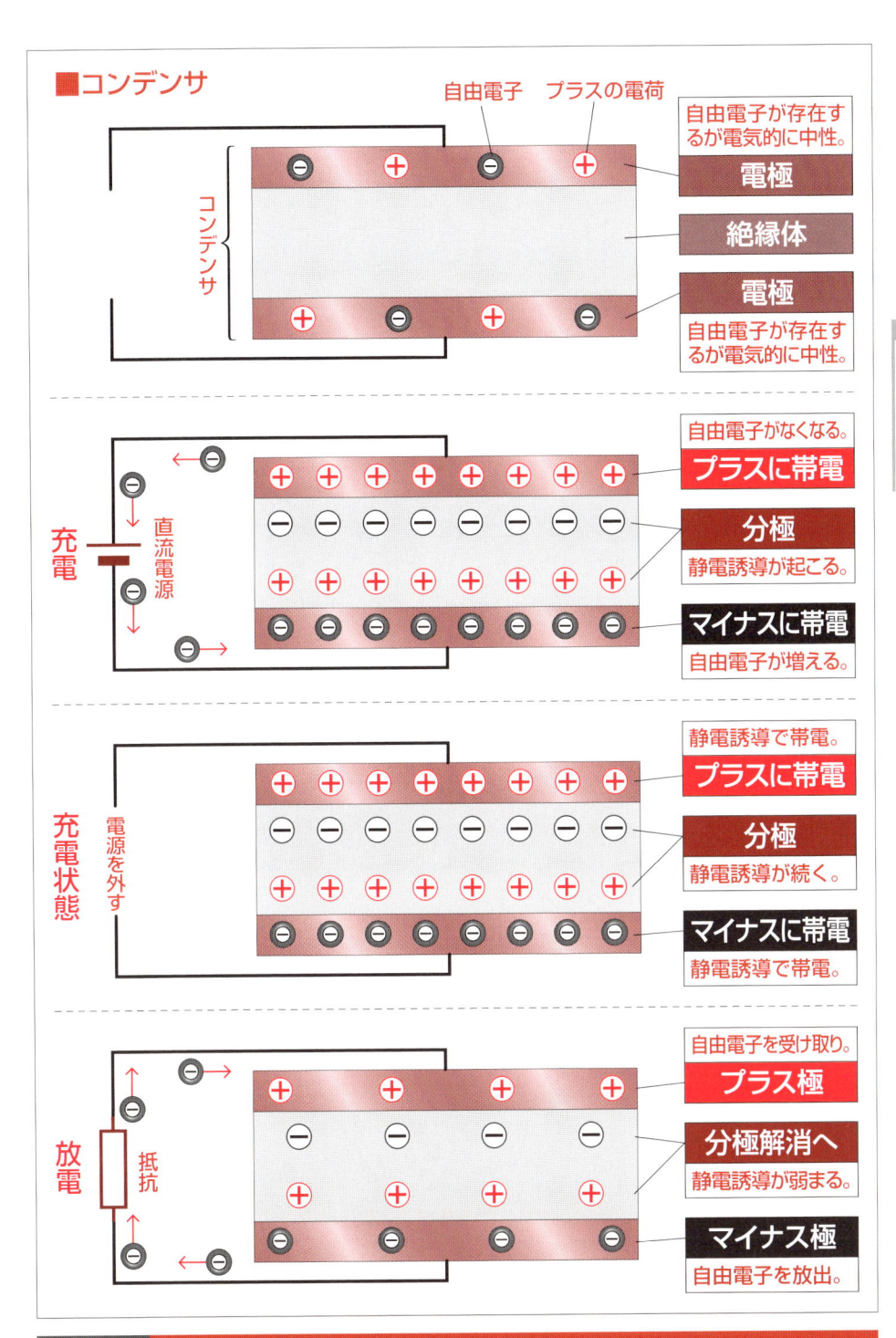

■コンデンサ

コンデンサ
- 電極：自由電子が存在するが電気的に中性。
- 絶縁体
- 電極：自由電子が存在するが電気的に中性。

（自由電子／プラスの電荷）

充電（直流電源）
- プラスに帯電：自由電子がなくなる。
- 分極：静電誘導が起こる。
- マイナスに帯電：自由電子が増える。

充電状態（電源を外す）
- プラスに帯電：静電誘導で帯電。
- 分極：静電誘導が続く。
- マイナスに帯電：静電誘導で帯電。

放電（抵抗）
- プラス極：自由電子を受け取り。
- 分極解消へ：静電誘導が弱まる。
- マイナス極：自由電子を放出。

電気化学と電池

Point コンデンサは電気を蓄えることができる

コンデンサと直流

コンデンサに電池などで直流の電圧をかけた場合、**静電容量**がいっぱいになるまでは電流が流れる。しかし、コンデンサの静電容量は小さいことがほとんどなので、電流が流れるのは一瞬で、それ以降は流れない。そのため、一般的にはコンデンサは直流は流さないと表現される。**絶縁体**がはさまれたコンデンサ自体を**自由電子**が通過できないのは、当然のことだ。

コンデンサと交流

交流は**コンデンサ**を流れると表現される。コンデンサが最大に**充電**された状態から見ていくと、電源電圧の降下が始まると、充電されたコンデンサの**電位差**のほうが電源電圧より大きくなるため、コンデンサから**放電**が始まる。放電量（電流）は次第に増大していき、電源電圧が0Vになった時に、放電量がもっとも大きくなる。

電源の極性が切り替わり、マイナスの電圧が大きくなっていくと、これまでとは逆方向の充電が始まり、電流が減少していく。電圧がマイナス側で最大になるまで充電が続くが、マイナスの電圧が小さくなり始めると、放電が開始される。

このようにして交流が流れるが、コンデンサ自体を**自由電子**が通過するわけではない。交流が流れているように見えるだけだが、一般的には交流はコンデンサを流れると表現して問題ない。

コンデンサを流れる電流には特徴がある。**抵抗器**に交流を流すと、電圧の増減と同じように電流も増減するが、コンデンサの場合は充電と放電により、1/4サイクル分だけ電流のほうが早くなる。これを**進み電流**という。交流は発電機との関連から1サイクルを360度で表現するが、進み電流は**位相**が90度進むと表現される。

また、どんな場合でもコンデンサを交流が流れるわけではない。もし、交流の電圧が最大になる以前に静電容量いっぱ

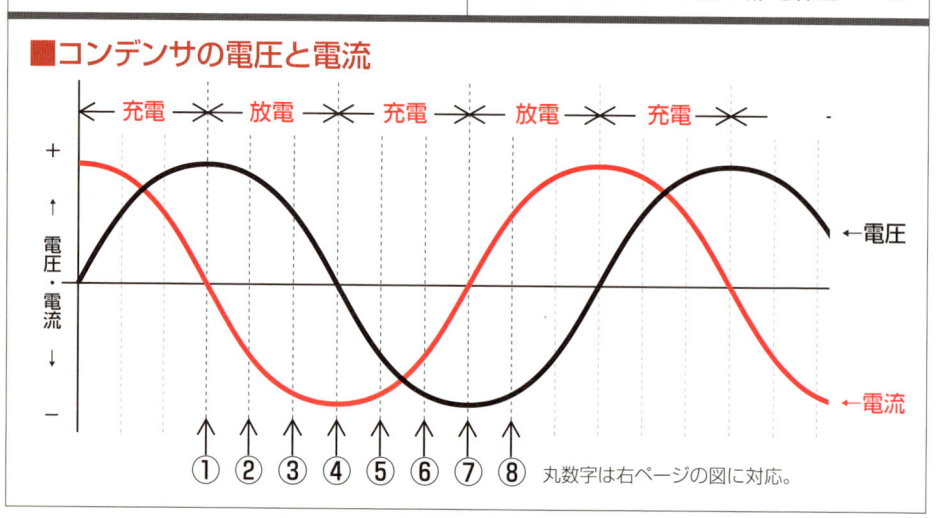

■コンデンサの電圧と電流

←充電→←放電→←充電→←放電→←充電→

①②③④⑤⑥⑦⑧　丸数字は右ページの図に対応。

電圧・電流　＋／↑／↓／−　←電圧　←電流

☞ コンデンサの特性を利用すると特定の周波数を取り出すことが可能となる。ラジオなどの受信機の同調回路はこれを応用している（P173参照）。

いまで充電されてしまうと、そこでいったん電流が止まる。そのため、交流電流の極性がかわる速度が速いほど、つまり交流の**周波数**が高いほど、コンデンサを電流が流れやすくなる。

このようにコンデンサは交流の電流を制限する要素となるため、**電気抵抗**と同じように作用するといえる。この抵抗作用を**リアクタンス**（**誘導抵抗**）という。リアクタンスは**コイル**（P120参照）にもあるため、コンデンサのリアクタンスは**容量リアクタンス**といわれる。容量リアクタンスの単位には抵抗と同じΩ（**オーム**）が使われる。

■コンデンサを流れる電圧と電流の変化

※電圧は矢印の長さで高低を表現、電流は線の太さで大小を表現している。

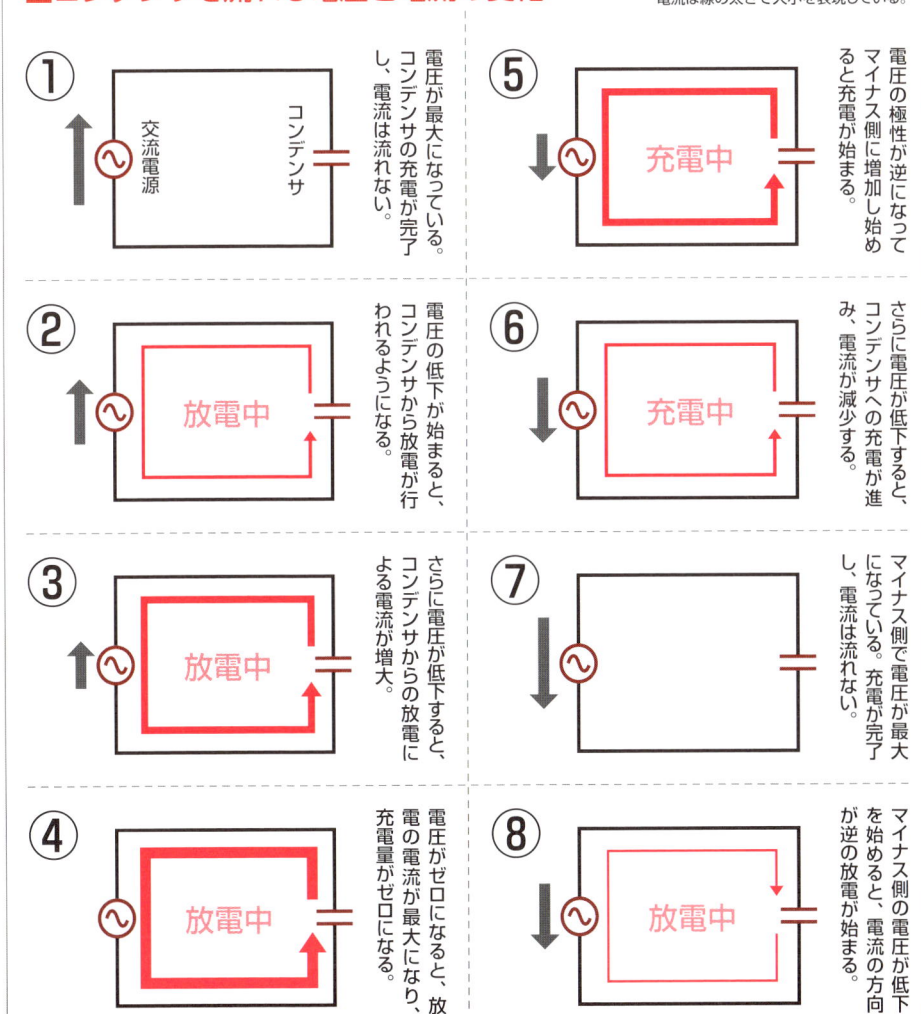

① 交流電源／コンデンサ — 電圧が最大になっている。コンデンサの充電が完了し、電流は流れない。

② 放電中 — 電圧の低下が始まると、コンデンサから放電が行われるようになる。

③ 放電中 — さらに電圧が低下すると、コンデンサからの放電による電流が増大。

④ 放電中 — 電圧がゼロになると、放電の電流が最大になり、充電量がゼロになる。

⑤ 充電中 — 電圧の極性が逆になってマイナス側に増加し始めると充電が始まる。

⑥ 充電中 — さらに電圧が低下すると、コンデンサへの充電が進み、電流が減少する。

⑦ マイナス側で電圧が最大になっている。充電が完了し、電流は流れない。

⑧ 放電中 — マイナス側の電圧が低下を始めると、電流の方向が逆の放電が始まる。

Point　コンデンサは直流を流さず交流を流す

電気二重層コンデンサ

　コンデンサは電子部品の一種で電池ではないと説明してきたが、現在では**静電容量**が大きく電池のように使われるコンデンサも登場している。**電気二重層コンデンサ**（**電気二重層キャパシタ**）といわれるもので、**ウルトラキャパシタ**や**スーパーキャパシタ**ともいう。

　電解液に入れた2つの電極に電源から直流電流を流すと、**イオン**が**自由電子**を受け渡すことで電気が流れる。しかし、電圧が高まって電気が流れ始める前の段階では、マイナス極にプラスイオンが引き寄せられ、電極内の自由電子と向き合うように層状に並ぶ。プラス極の側でも同様にマイナスイオンが層状に並ぶ。このように境界面を間にはさんでプラスとマイナスの**電荷**が対になって層状に並んだものを**電気二重層**という。

　電気二重層ができた状態で電源を外しても、電解液内のイオンが自由になることはなく、電気二重層が保持される。この現象を利用して電気を蓄えられるのが電気二重層コンデンサだ。

　電気二重層は2枚の電極と電解液で構成されるシンプルな構造だ。一般的には電圧が低いため**積層**する必要があり、**二次電池**に比べると**自然放電**が起こりやすい。放電電圧は二次電池のように一定にならず、直線的に電圧が低下していく。しかし、電解液を使用しているが、化学反応を利用しているわけではないので、**充電**や**放電**の反応が早く、大電流にも対応でき、劣化が少なく寿命が長い。

　また、**静電誘導**を利用したコンデンサに比べると、体積あたり1000倍以上の静電容量とすることができる。そのためAV機器などの電子回路のメモリーバックアップや、無停電電源装置、ソーラー腕時計の電源、プリンターやコピー機の急速加熱用電源などに使用されている。今後もさまざまな分野での利用が期待されている。

■電気二重層コンデンサの原理

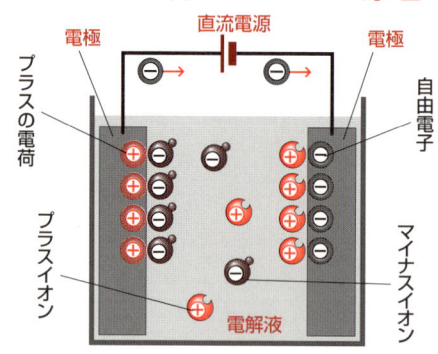

プラスイオンは電極の自由電子に、マイナスイオンは電極のプラスの電荷に引き寄せられ電気二重層を形成する。

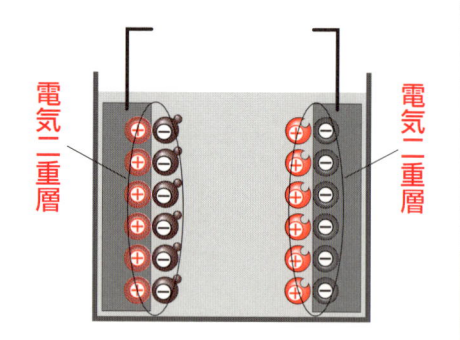

電源を外しても電気二重層の状態が保持されるので、電極にプラスとマイナスの電荷を蓄えることができる。

☞ 小惑星イトカワを探査した惑星探査機はやぶさに搭載された小型移動ロボットの動力システムにも電気二重層コンデンサが使用された。

Part4
磁気と電気

磁気との関係によって電気が力を生む

Part4 磁気と電気

磁気

　電気と**磁気**には密接な関係がある。電気を理解するうえで磁気の知識は非常に重要だ。そもそも磁気とは、**磁石**が鉄を引きつける性質のことで、その時に発揮される力を**磁力**もしくは**磁気力**という。電気と磁気には似ている点もあれば違っている点もある。

　電気にはプラスとマイナスの**極性**があるが、磁気にも極性があり、**N極**と**S極**という**磁極**がある。棒状の磁石を糸で吊るして両端の動きを自由にすると南北をさす。この時、北を向く側がN極、南を向く側がS極と決められている。

　電気の場合、**クーロン力**によって異極同士の電荷は引き合い、同極同士の電荷は反発し合うが、磁極にも同じ性質がある。N極とS極は引き合い、N極とN極もしくはS極とS極は反発し合う。

　吊るした磁石が南北をさすのは、地球自体が大きな磁石になっているからだ。その磁気を**地磁気**といい、北極側にS極、南極側にN極がある。そのため吊るした磁石のN極が北、S極が南を向く。

　磁気による吸引力は、異極同士の場合に発揮されるが、鉄はN極にもS極にも引きつけられる。磁石に引きつけられるのは鉄、コバルト、ニッケルの3種類の金属だけだ。これらを**強磁性体**、または単に**磁性体**という。

　強磁性体が磁石に引きつけられるのは電気の**静電誘導**に似た現象が起こるからだ。強磁性体は小さな磁石の集まりであ

■磁極と磁力

●異極同士（S極−N極）

N　S　→吸引力←　N　S

●同極同士（S極同士）

N　S　←反発力→　S　N

●同極同士（N極同士）

S　N　←反発力→　N　S

　磁極のN極とS極という呼称は北（North）と南（South）の頭文字からとられた。ただし、地磁気は北極側がS極で、南極側がN極だ。

ると考えるとわかりやすい。こうした小さな磁石のことを**磁区**という。通常の状態ではそれぞれの磁区がバラバラの方向を向いているため、お互いに磁力を打ち消し合って磁石としての性質がない。

しかし、磁石を近づけると磁力によって磁区の方向が揃って、磁石としての性質が現れる。たとえば磁石のN極を鉄に近づけると、鉄の磁区に近い側がS極になり、反対側がN極になるため、鉄と磁石の間に吸引力が働くようになる。このように磁区の方向が揃って磁石の性質が現れることを**磁気誘導**という。

磁石に引きつけられた鉄を磁石から外しても、しばらくは磁石としての性質が残ることがある。磁区の方向が揃った状態が続いているからだ。このように磁石としての性質をもたされることを**磁化さ**れるといい、その磁気を**残留磁気**という。しかし、これはあくまでも一時的なものなので、時間が経過すると磁気がなくなってしまう。また、たとえばハンマーで叩くなどして衝撃を与えると、磁区の方向がバラバラになり、磁石の性質がなくなってしまう。

一般的に磁石と呼ばれるものは常に磁区の方向が揃っている。こうした磁石を**永久磁石**という。しかし、そもそも磁石という種類の原子や分子があるわけではない。磁石は強磁性体から作られる。天然磁石には磁鉄鉱という鉱石もあるが、これも強磁性体である鉄の鉱石だ。

磁石はさまざまな方法で作るが、たとえば、鉄を赤くなるまで熱し、強い磁石によって磁区の方向を揃えたまま冷やしていくと、永久磁石になる。

磁気と電気

■**磁気誘導**

強磁性体　磁区

強磁性体は細かな磁区の集合体と考えられる。磁区の方向がバラバラなので、磁力が打ち消し合って磁気が存在しない。

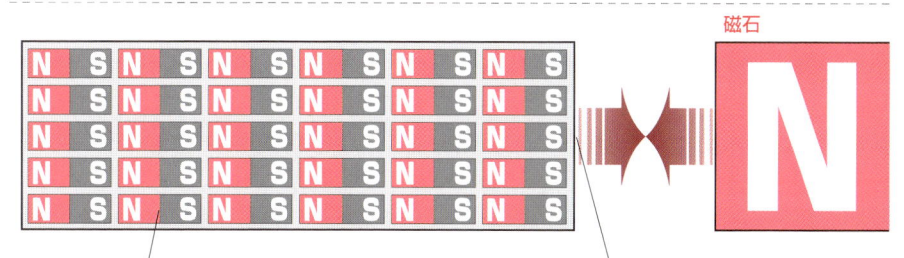

磁石

近づけられた磁石の影響（磁気誘導）で磁区の方向が揃う。

磁石のN極に近い側がS極になるので、磁石に引きつけられる。

Point　一時的に磁石になることで鉄は磁石につく

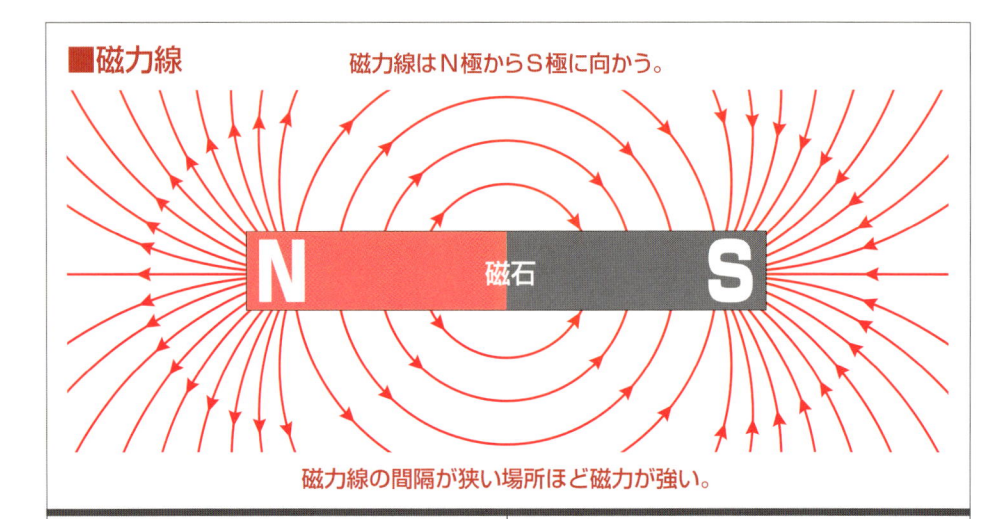

■磁力線

磁力線はN極からS極に向かう。

N 磁石 **S**

磁力線の間隔が狭い場所ほど磁力が強い。

磁力線

　磁石の磁力の影響が及ぶ範囲を磁界もしくは磁場という。しかし、磁力は目で見ることができない。これをイメージしやすくするために考え出されたのが磁力線だ。磁力線はN極から出てS極に入ると定義されている。通常、線の間隔が狭い場所ほど磁力が強くなる。磁力線は磁界の様子をイメージできて便利なものだが、具体的に磁力の強さを表しているわけではない。実際の磁極の強さは磁力線を定量化した磁束で表現される。これは磁極の強さ1単位が1本の磁束を発生すると定義されたものだ。また、磁界の特定部分の磁力の強さは、磁束密度で表現される。これは磁力線に垂直な単位面積を通る磁束の数を意味する。

　なお、電気の場合はクーロン力の影響が及ぶ範囲を電界もしくは電場という。また、電界の様子は電気力線で表現されることがある。電気力線はプラスからマイナスに向かうと定義されている。

磁気の正体

　電気の正体は原子を構成する陽子や電子の電荷だが、磁気の正体も原子のなかにある。原子は中心に原子核があり、その周囲の軌道を電子が回っている。この構造は、太陽の周囲を惑星が周回する太陽系にたとえられることが多い。太陽系の惑星は公転ばかりでなく自転もしているが、電子も同じように自転している。この高速の自転をスピンといい、回転によって磁力を生み出している。これこそが磁力の源だ。電子の回転軸の両端がそれぞれS極とN極になる。

　電子のスピンの回転方向には右回りと左回りがあり、極性が逆になる。どんな物質にも電子があるが、通常は逆向きのスピンをする電子が2個でペアになっていて、磁力が打ち消されている。そのため磁石としての性質をもつことがない。

　しかし、強磁性体の場合は、ペアにならない電子がある。そのため磁石としての性質をもつことになる。強磁性体以外

■磁石になる物質

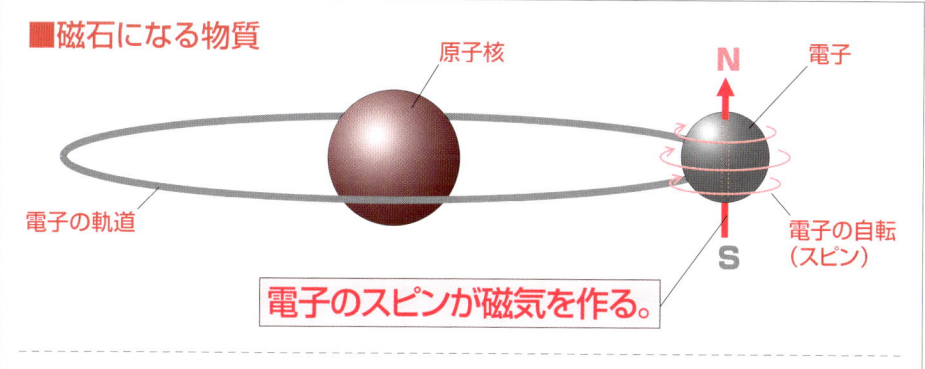

- 原子核
- 電子の軌道
- 電子
- 電子の自転（スピン）

電子のスピンが磁気を作る。

■磁石にならない物質

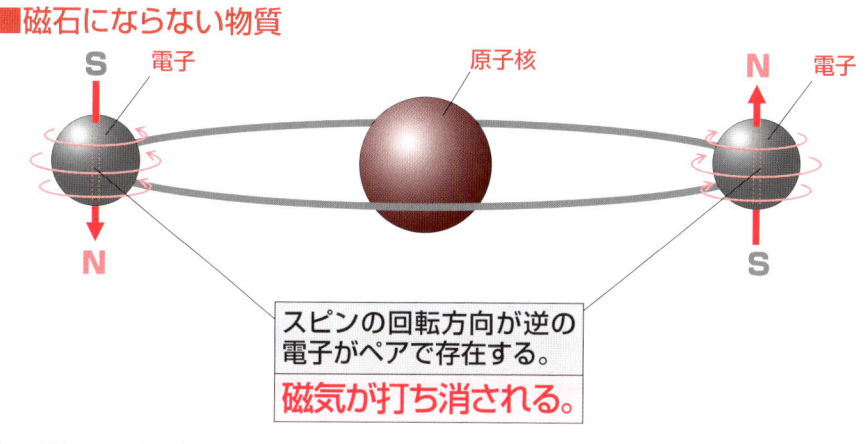

- 電子
- 原子核
- 電子

スピンの回転方向が逆の電子がペアで存在する。
磁気が打ち消される。

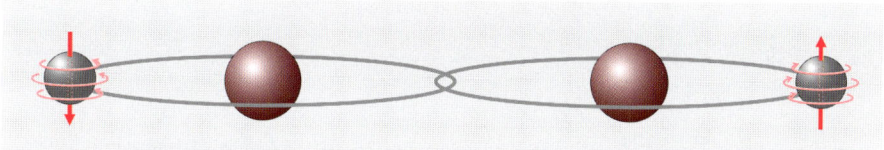

ペアになる電子がない原子でも分子になることで磁気が打ち消される。

にもペアになる電子がない原子があるが、通常は複数の原子が結合して分子になることで磁力が打ち消されている。

電気と磁気は似ている点が多いが、異なっている点もある。電気の場合、プラスとマイナスの電荷がそれぞれ単独でも存在できるのに対して、磁気はN極もしくはS極だけの性質を取り出すことがで きない。磁石はどれだけ細かく分割しても、必ずN極とS極をもつ磁石になる。電子という素粒子のレベルでN極とS極が存在するため、それ以上は分割できないわけだ。

また、電気には帯電のように静的な面と、電流のように動的な面があるが、磁気は本質的に静的な面しかない。

Point　スピンと呼ばれる電子の自転が磁力の源

Part4 磁気と電気

電磁石 ••••••••••••••••••••••••••••••

　磁界を作ることができるのは**磁石**ばかりでない。電気でも磁界を作ることができる。**導線**に**電流**を流すと、導線を取り巻くように同心円状の磁界が発生する。さらに正確にいうと、導線ではなく電流の周囲に磁界が発生している。これを電流の**磁気**作用という。

　電流の周囲にできる磁界の向きは、電流の向きに対して右回りになる。一般的なネジの場合、右に回すとネジが進んでいく（締めこまれる）。ネジの進む方向が電流、ネジを回す方向が磁界の向きという関係になるため、これを**右ネジの法則**という。発見者の名前から**アンペールの法則**ともいわれる。

　電流の周囲にできる磁界は、電流に近いほど強くなる。また、電流が大きいほど磁界が強くなる。

　電流で磁界が生まれるということは、電気で磁石を作れるということだ。これを**電磁石**という。導線が直線のままでは効率のよい磁石にならないため、通常は導線をつる巻き状（らせん状）にした**コイル**が使われる。

　導線を1巻きだけループ状にして電流を流すと、ループの各部に同心円状の磁界ができる。どの部分の**磁力線**も同じようにループの内側を向くため、ループ中央に磁力線が集中して磁界が強くなる。

　コイルの**巻き数**を増やしていくと、隣り合った導線の磁界が合成される。この合成が繰り返されることでひとつの大きな磁界になり、さらに磁界が強くなる。

　コイルの場合も、電流が大きくなるほど、磁界が強くなる。また、同じ電流が流れ、長さが同じコイルなら、巻き数が多いほど磁界が強くなり、直径が小さいほど磁界が強くなる。

　電磁石の磁界を強くするために、コイルの中央に**鉄心**を通すこともある。コイルに電流が流れて磁界ができると、**磁気誘導**によって鉄心の**磁区**が揃って磁化される。すると鉄心の磁力線がコイルの磁力線に加わり、磁界が強くなる。

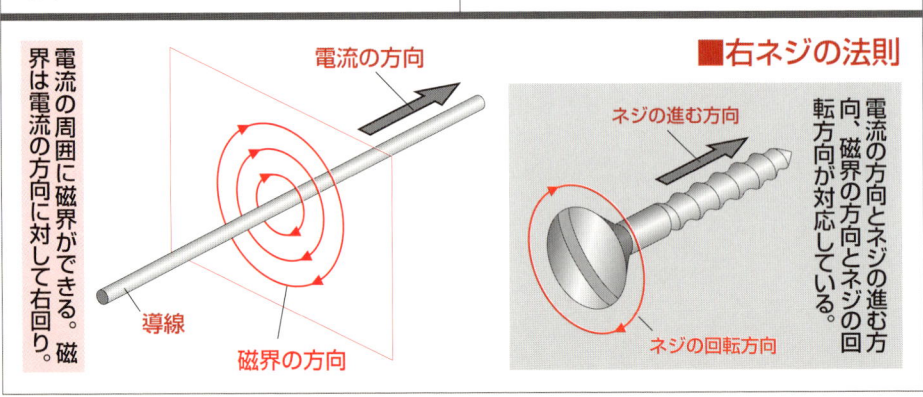

界は電流の方向に対して右回り。磁界の周囲に磁界ができる。磁

電流の方向

導線

磁界の方向

■**右ネジの法則**

ネジの進む方向

ネジの回転方向

電流の方向とネジの進む方向、磁界の方向とネジの回転方向が対応している。

☞ 電流の単位であるA（アンペア）はアンペールの名に由来する。

■1巻きコイル（ループ）

- 電流の方向
- 導線
- 磁力線

ループ部分の磁力線がすべて内側を向く。

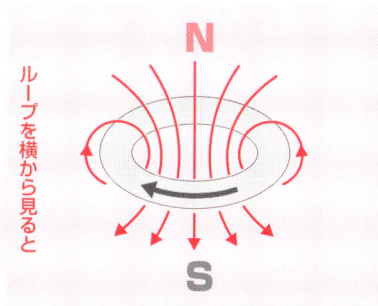

ループを横から見ると

ループの中央に磁力線が集まって磁界が強くなる。

■多数巻きコイル

導線のループが多数並ぶと、磁界が合成されて、コイルの磁界が強くなる。電磁石になる。

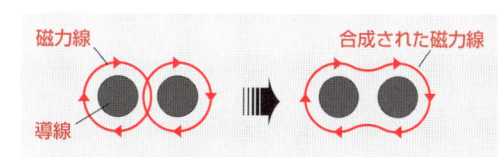

磁力線　合成された磁力線
導線

1本の導線の周囲にできる磁力線は同心円状だが、複数の導線が並ぶと磁力線が合成される。

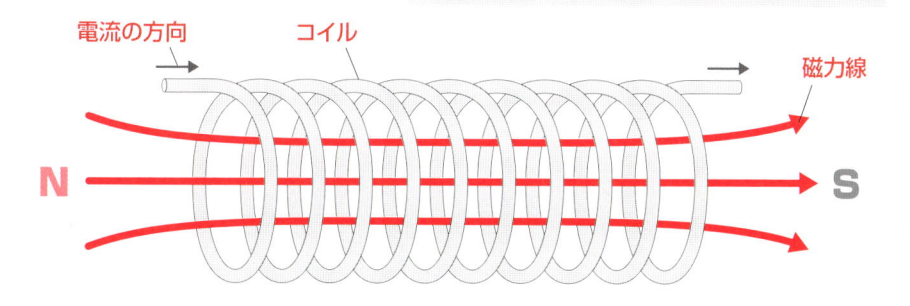

- 電流の方向
- コイル
- 磁力線

■鉄心入りコイル

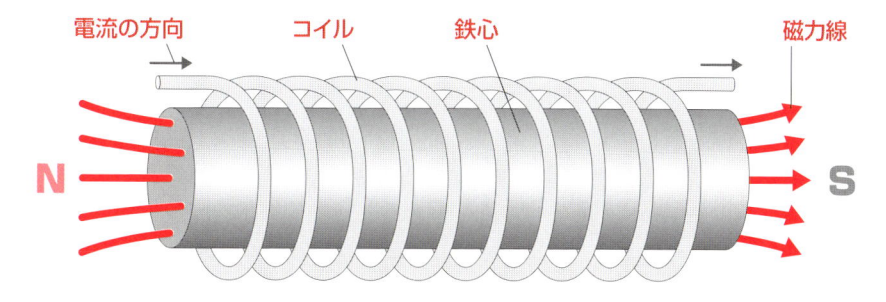

- 電流の方向
- コイル
- 鉄心
- 磁力線

コイル内に鉄心があると、鉄心が磁気誘導で磁石になり、コイルの磁界がさらに強くなる。

磁気と電気

Point 電流の周囲には電流の方向に対して右回りの磁界ができる

Part4 磁気と電気

フレミングの法則

電磁力

　導線に電流を流すと、電流の周囲に磁界が発生する。磁石などによる別の磁界のなかでこれを行うと、電流によって発生する磁界と磁石による磁界が影響し合うことで、物体を動かす力が生まれる。このような力を電磁力もしくはローレンツ力という。電磁力はモーターの基本原理となる（P104参照）。

　図のように、U字磁石の磁界のなかに導線を配置して電流を流すと、導線が右に移動する。磁石は上がN極、下がS極なので、磁力線は上から下に向かう。電流は奥から手前に流れているので、向かって左回りの回転になる。

　導線の左側では、磁石の磁力線と導線の磁力線の方向が揃うため、磁力線が密になって磁界が強くなる。逆に導線の右側では、磁石の磁力線と導線の磁力線が逆方向になるため、打ち消し合って磁力線が疎になり磁界が弱くなる。すると、磁力線の密度が均等になるように、導線は磁界が弱くなった右側に動かされる。

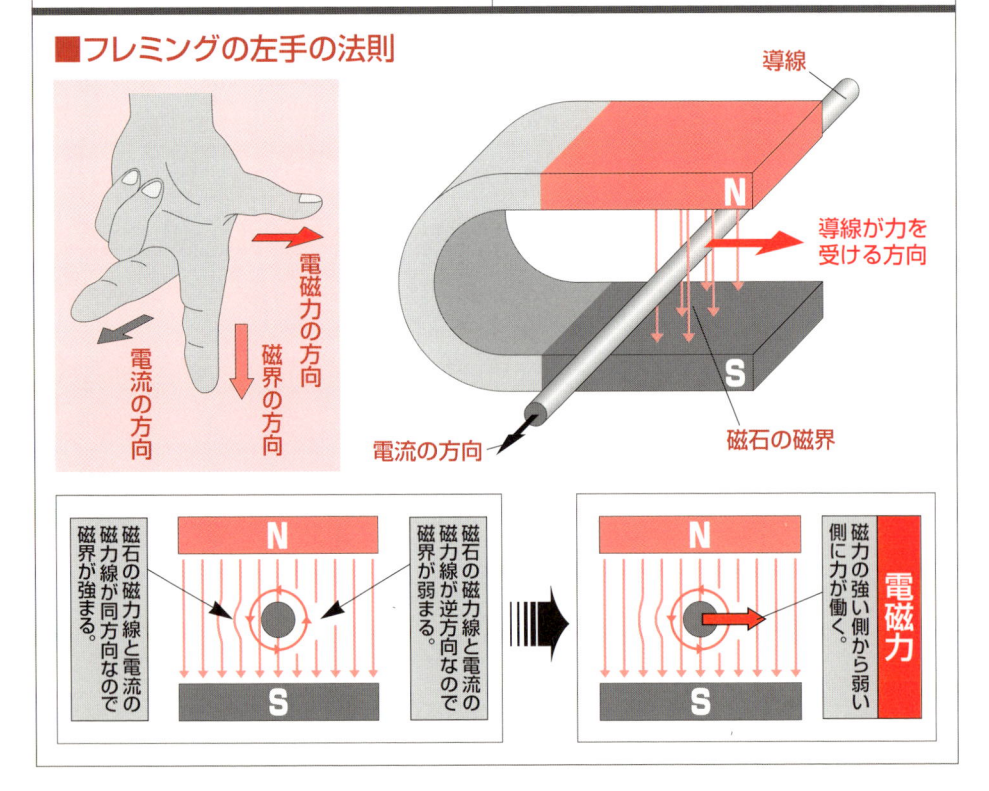

■フレミングの左手の法則

- 電磁力の方向
- 磁界の方向
- 電流の方向
- 導線
- 導線が力を受ける方向
- 磁石の磁界

左図：磁石の磁力線と電流の磁界が同方向なので磁界が強まる。
中図：磁石の磁力線と電流の磁界が逆方向なので磁界が弱まる。
右図：磁力の強い側から弱い側に力が働く。→電磁力

☞ フレミングの法則は大学教授であったフレミングが学生にわかりやすく説明するために考案した。

こうした電流の方向、磁界の方向、電磁力の方向には一定の関係がある。これを説明しているのが**フレミングの左手の法則**だ。左手の親指、人差し指、中指をそれぞれが直角に交わるように伸ばし、人差し指で磁界の方向をさし、中指で電流の方向をさすと、親指のさす方向に電磁力が作用する。

電磁誘導

電磁力は**磁界**と電流の組み合わせで生まれる力だが、組み合わせをかえて磁界と力によって電流を発生させることも可能だ。この現象を**電磁誘導作用**という。

U字磁石の磁界のなかに配置した導線を動かすと、導線に電流が発生する。図の場合、磁石の磁力線は上から下に向かっている。このなかで導線を左に移動させると、導線を右を押し戻そうとするように磁界が作用する。そのためには、導線の左側では下向き、右側では上向きになる左回りの磁力線となる。この左回りの磁力線を発生させるために、導線の奥から手前に向かって電流が流れる。

電磁誘導の場合にも電流の方向、磁界の方向、導線を動かす方向には一定の関係があり、**フレミングの右手の法則**で説明される。右の親指、人差し指、中指をそれぞれが直角に交わるように伸ばし、人差し指で磁界の方向をさし、親指で導線を動かす方向をさすと、中指のさす方向に電流が流れる。

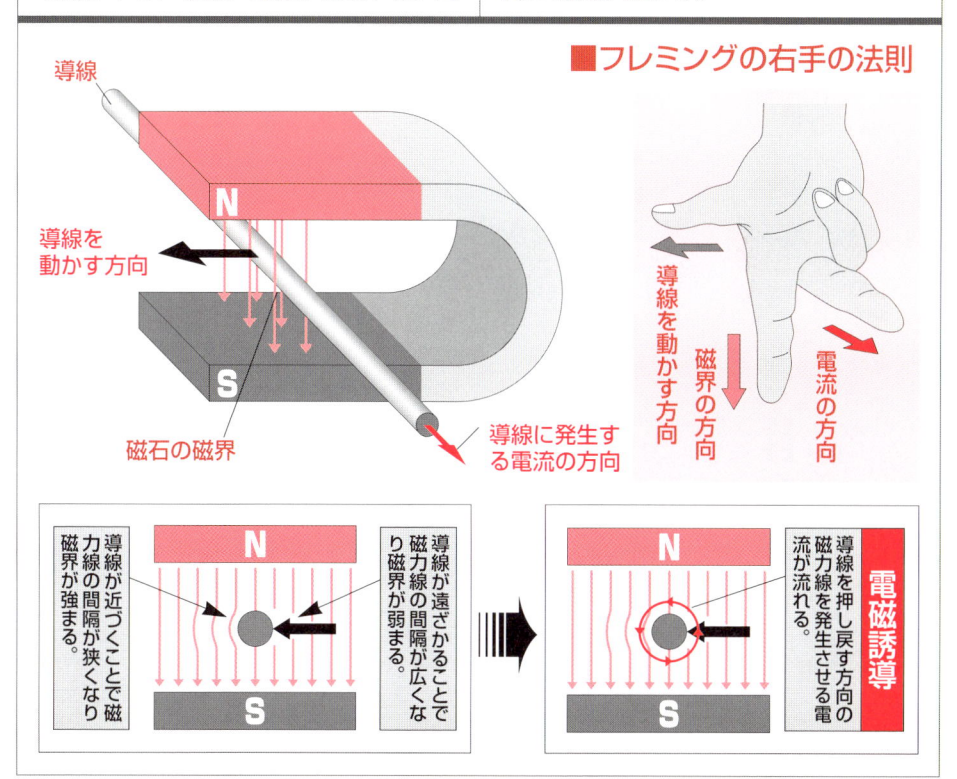

磁気と電気

■フレミングの右手の法則

導線
導線を動かす方向
磁石の磁界
導線に発生する電流の方向

導線を動かす方向
磁界の方向
電流の方向

導線が近づくことで磁力線の間隔が狭くなり磁界が強まる。
導線が遠ざかることで磁力線の間隔が広くなり磁界が弱まる。
導線を押し戻す方向の磁力線を発生させる電流が流れる。

電磁誘導

Point　電流、磁界、力の方向には一定の関係がある

Part4 磁気と電気

電磁誘導作用 ……………………

　前ページの**電磁誘導作用**の説明では導線を動かすことで電流を発生させたが、導線を固定し、**磁界**を動かすことでも電磁誘導による電流が発生する。電磁誘導によって流れる電流を**誘導電流**といい、その**起電力**を**誘導起電力**という。誘導電流は、その電流によって生じる**磁力線**が磁石の磁力線の変化を打ち消す方向に流れる。これを**レンツの法則**という。

　コイルの近くに棒磁石を置いて、磁力線がコイル内を通るようにしても、誘導電流は発生しない。これは棒磁石の磁界が変化しないためだ。

　棒磁石をコイル内に入れていくと、誘導電流がコイルに流れる。この時、コイル内の磁力線が増えていくため、その磁力線を打ち消す方向の磁力線が発生するように誘導電流が流れる。図の例では棒磁石の磁力線が下を向いている。そのため、コイルの磁力線が上向きになるように、下から上に誘導電流が流れる。

　コイル内に入ったところで棒磁石を止めると、再び誘導電流は流れなくなる。これは磁界の変化が止まったためだ。

　次にコイルから棒磁石を引き抜いていくと、コイル内の磁力線が減っていくため、その磁力線と同じ方向の磁力線が発生するように電流が流れる。図の例では

■ 電磁誘導

※棒磁石のS極側の磁力線は省略

磁石が動かないと誘導電流は発生しない。

磁石が入ってくる。
誘導電流の磁力線 ↑逆方向↓ 磁石の磁力線
誘導電流の方向
磁石が動くと誘導電流が発生する。

磁石が動かないと誘導電流は発生しない。

磁石が出ていく。
誘導電流の磁力線 ↑同方向↓ 磁石の磁力線
誘導電流の方向
磁石が動くと誘導電流が発生する。

☞ 家庭に設置されている電力量計はアラゴの円板の原理を利用したもの。内部で円板が回転しているのが見えるはず。

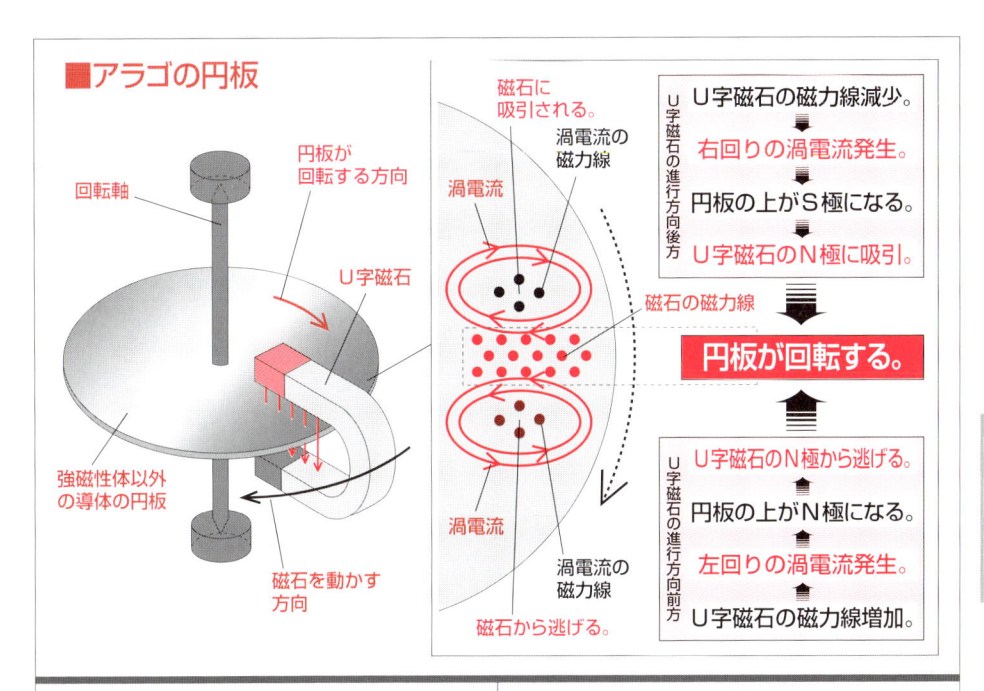

■アラゴの円板

図の説明:
- 回転軸
- 円板が回転する方向
- U字磁石
- 強磁性体以外の導体の円板
- 磁石を動かす方向
- 磁石に吸引される。
- 渦電流の磁力線
- 渦電流
- 磁石の磁力線
- 渦電流の磁力線
- 渦電流
- 磁石から逃げる。

U字磁石の進行方向後方：
- U字磁石の磁力線減少。
- **右回りの渦電流発生。**
- 円板の上がS極になる。
- **U字磁石のN極に吸引。**

円板が回転する。

U字磁石の進行方向前方：
- U字磁石のN極から逃げる。
- 円板の上がN極になる。
- **左回りの渦電流発生。**
- U字磁石の磁力線増加。

上から下に誘導電流が流れる。

　棒磁石を速く動かせば動かすほど、誘導電流は大きくなる。つまり、単位時間あたりの磁力線の変化が大きいほど、起電力が大きくなる。

　電磁誘導は、磁界または導線の運動によって電気を発生させることができる。つまり、**運動エネルギー**を**電気エネルギー**に変換することになる。そのため**発電機**の基本原理となる（P112参照）。

アラゴの円板

　ここまでに説明した**誘導電流**は、いずれも導線に発生したが、その他の導体でも誘導電流が発生する。銅やアルミニウムなどの**強磁性体**ではない導体で自由に回転できる円板を作り、**磁力線**が円板を横切る状態で**磁石**を回転させると、円板も同じ方向に回転する。この実験を**アラゴの円板**といい、**交流誘導モーター**の基本原理となる（P108参照）。

　磁石を移動させると円板の磁力線が変化する。磁石後方では磁力線が減っていくので、磁力線を補うために誘導電流が発生して、磁石と同じ方向の磁力線を作り出す。この誘導電流は、渦を巻くように流れるので**渦電流**と呼ばれる。磁石前方では磁力線が増えていくので、その磁力線を打ち消すために渦電流が発生して、磁石と逆方向の磁力線を作り出す。

　図の場合、磁石後方では渦電流による磁力線は上から下に向かう。つまり、円板の上側はS極、下側はN極に相当する。そのため、離れていく磁石に吸い寄せられる。磁石前方では円板の上側がN極、下側がS極になるため、近づいてくる磁石に反発して逃げようとする。これにより円板は磁石とともに回転する。

Point　誘導電流は磁力線の変化を打ち消す方向に流れる

Part4 磁気と電気

直流モーター

　電磁力を利用する代表的な装置がモーターだ。モーターは電気エネルギーを運動エネルギーに変換する装置といえる。

　直流電流を利用する直流モーターは、永久磁石の磁界のなかに、回転軸を備えたコイルを配置した構造が基本形だ。回転軸の端には、コイルに流れる電流の方向を切り替える整流子とブラシが備えられている。2個のブラシは電源につながれ、整流子と触れ合うことでコイルに電流を流すことができる。これを直流整流子モーターという。

　回転する部分全体を回転子といい、備えられたコイルを回転子コイルという。回転する部分に対して固定された部分を固定子という。

　一般的なモーターの場合、回転子コイルは多数巻きだが、わかりやすくするた

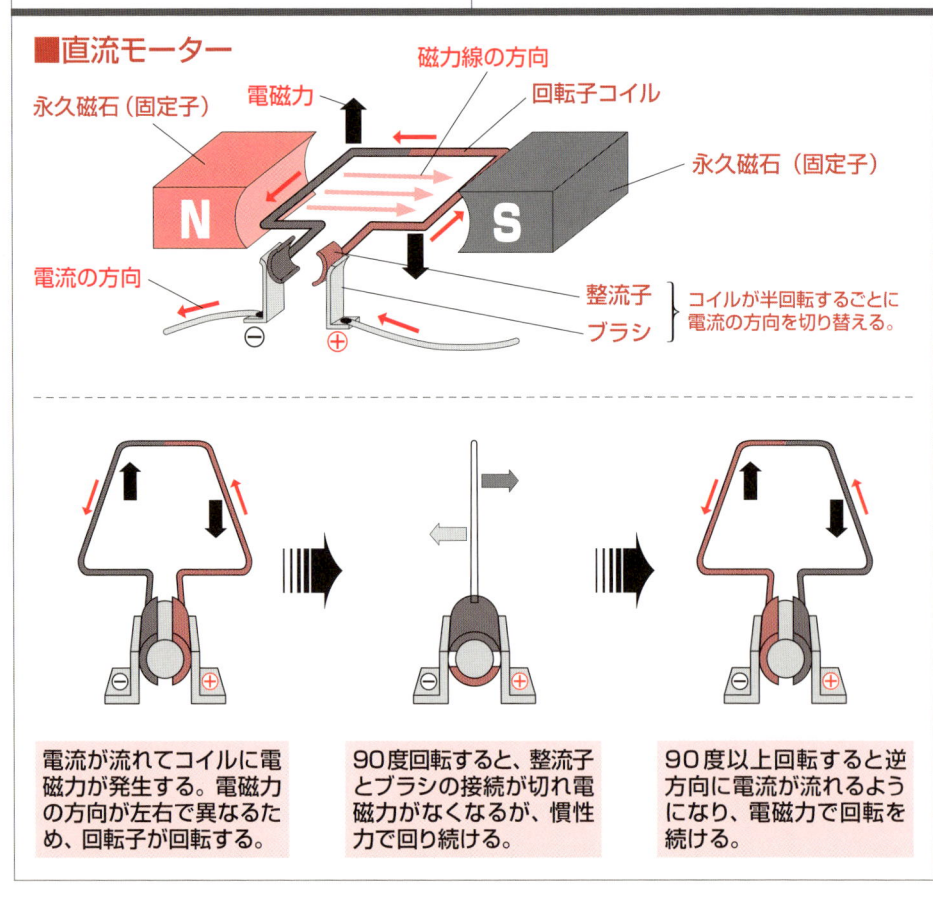

■直流モーター

- 永久磁石（固定子）
- 電磁力
- 磁力線の方向
- 回転子コイル
- 永久磁石（固定子）
- 電流の方向
- 整流子
- ブラシ
- コイルが半回転するごとに電流の方向を切り替える。

電流が流れてコイルに電磁力が発生する。電磁力の方向が左右で異なるため、回転子が回転する。	90度回転すると、整流子とブラシの接続が切れ電磁力がなくなるが、慣性力で回り続ける。	90度以上回転すると逆方向に電流が流れるようになり、電磁力で回転を続ける。

☞ 日本語のモーターは電動のものだけをさし電動機ともいう。英語のMotorは、電動機だけでなくエンジンなども含めた原動機全般をさす。

■直流モーターのスロット数

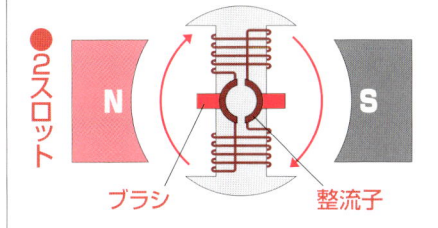

●2スロット

ブラシ　整流子

●3スロット

ブラシ　整流子

めに図では1巻きにしている。コイルに電流が流れると、電磁力によってコイルが回転を始める。もし、整流子がない場合、90度以上回転したところで、永久磁石の**磁力線**の方向に対して電流の流れる方向がそれまでとは逆になるので、逆方向に回転しようとする。

しかし、整流子があるため、90度回転するほんの少し手前でいったんコイルに電流が流れなくなる。電磁力は働かなくなるが、回転子は慣性で回り続ける。すると、90度をわずかに超えたところで、それまでとは逆方向の電流がコイルに流れる。これで電磁力の方向が回り始めた時と同じになり、回転子は回り続ける。270度回転したところで、再び電流の方向が切り替わるので、回転子は連続して回転することができる。

ただし、こうした構造では、整流子が切れているところで電源を切ると、再び電源を入れた時に回すことができない。また、1回転の間に強く電磁力を受けるのが2カ所のため、回転も滑らかにならない。そのため、実際の直流モーターでは3方向以上にコイルを備えて、回転を滑らかにし、どの位置からでも回転を始められるようにしている。3方向にコイルを備えたものを**3スロットモーター**と

いう。これに対して2方向のものは**2スロットモーター**という。

また、大型の直流モーターでは永久磁石ではなく、**電磁石**で磁界が作られることが多い。固定子で磁界を作るコイルは**界磁コイル**という。回転子コイルと界磁コイルが直列のものを**直流直巻きモーター**、並列のものを**直流分巻きモーター**、直列と並列に2種類の界磁コイルがあるものは**直流複巻きモーター**という。

整流子とブラシは機械的な接点であるため、損失やノイズなどが発生しやすいうえ、摩耗も起こる。そのため現在では**ブラシレスモーター**もある。構造は**交流同期モーター**（P106参照）に類似しているが、直流では磁界を回転させられない。そのため電子制御された駆動回路でコイルに順次電流を流していく。

■ブラシレスモーターの回路

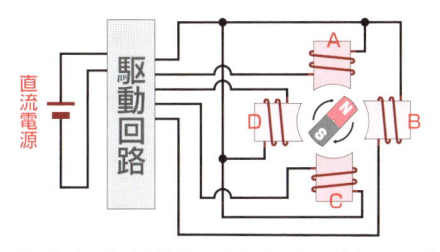

直流電源　駆動回路　A　B　C　D

コイルA、B、C、Dに順に電流が流れるようにすることで、永久磁石の回転子が回転する。

磁気と電気

Point　モーターは電気エネルギーを運動エネルギーに変換する

Part4 磁気と電気

交流モーター……………………

　交流モーターにはさまざまな種類がある。前ページの直流モーターと同様に、固定された**磁界**のなかで**コイル**を備えた**回転子**が回る交流モーターを考えることができる。

　交流であれば、一定時間ごとに電流の方向が切り替わるので、**整流子**が不要となる。かわりに**ブラシ**から電流を受け取る2個の**スリップリング**が備えられる。電流の方向がかわるごとに**電磁力**の方向が切り替わるので、連続して回転することができる。

　しかし、実際にこうした構造の交流モーターが使われることはあまりない。交流モーターでは、**回転磁界**を利用する**交流誘導モーター**や**交流同期モーター**が主流になっている。また、一部で**交流整流子モーター**が使われている。

　なお、交流モーターの回転数は電源の**周波数**によってほぼ決まってしまう。そのため、回転数の制御が必要な器具の場合には、**インバーター**（P146参照）などで周波数をコントロールして、任意の回転数に制御している。

同期モーター

　単相交流を使用するもっともシンプルな**単相同期モーター**は、**固定子**に2個1組の**コイル**を使い、その間に**永久磁石**の回転子を配置している。この**固定子コイル**に交流を流すと、N極とS極が交互に入れ替わるので、永久磁石の回転子が吸引力と反発力によって回転する。

　原理の場合は2個1組の固定子コイルで説明しているが、これでは**回転磁界**になっていない。**磁極**が交互に入れ替わるだけだ。そのため、実際の単相同期モーターでは、回転磁界によって滑らかに回転するように、2組以上の固定子コイルが使われることが多い。こうした場合、異なった組のコイルに同じように単相交流を流したのでは、磁界が回転しない。

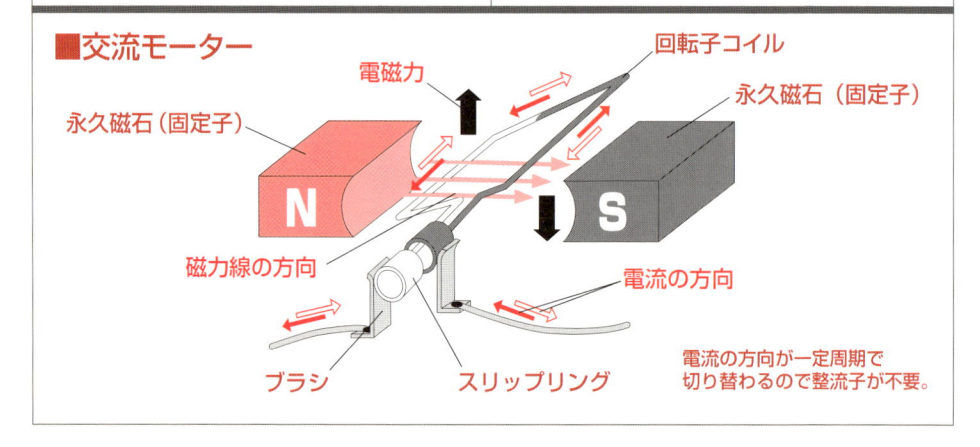

■交流モーター

- 永久磁石（固定子）
- 電磁力
- 回転子コイル
- 永久磁石（固定子）
- N
- S
- 磁力線の方向
- 電流の方向
- ブラシ
- スリップリング
- 電流の方向が一定周期で切り替わるので整流子が不要。

☞ 同期モーターは電源周波数が安定すれば回転数が一定に保てるため、時計などにも使われる。

■単相同期モーター

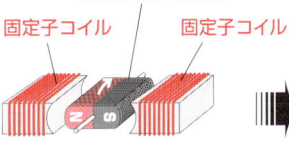

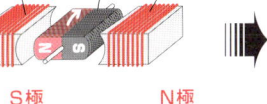

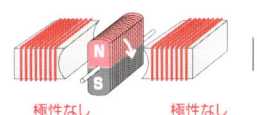

S極 / N極
電流が流れて固定子コイルが磁化されると反発力で永久磁石の回転子が回る。

極性なし / 極性なし
電流の方向が切り替わる瞬間はコイルに磁力がなくなるが慣性で回り続ける。

N極 / S極
電流の方向が切り替わると固定子コイルの極性が逆になり回転子が回る。

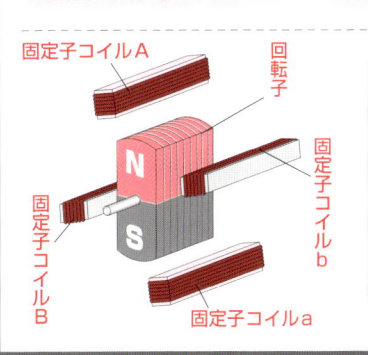

固定子コイルが2組の場合は、進相コンデンサで各組のコイルの電流の位相をずらす必要がある。

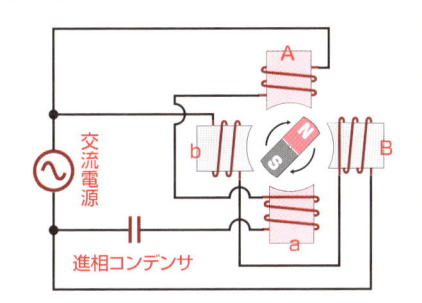

そこで異なったタイミングで電流が流れるように、**コンデンサの進み電流**（P90参照）が利用される。こうした目的で使用されるコンデンサを**進相コンデンサ**という。

三相交流を使用する**三相同期モーター**の場合は、3個の固定子コイルを120度間隔で配置する。それぞれの固定子コイルに、交流の三相を流せば、電圧の変化のずれによって、磁界が回転し、永久磁石の回転子が回転することになる。

三相交流の場合、固定子コイル3個でも問題なく回転するが、実際の三相同期モーターでは、回転する力を強くするために各相のコイルを2個1組にして向かい合うように配置することが多い。こうしたタイプを2極機というが、固定子コイルの数を2倍にした4極機もある。

交流同期モーターは、交流の周波数と同じ回転数で回転するが、4極機の場合は交流の周波数の半分の回転数で回る。

■三相同期モーター

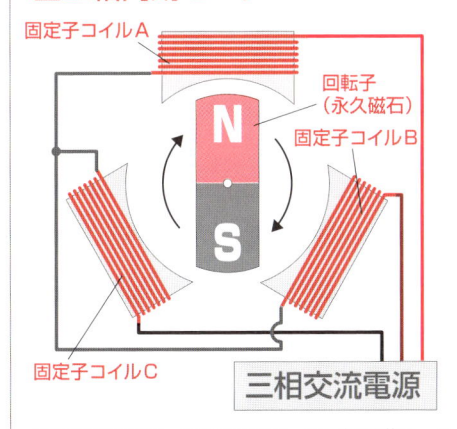

※実際の2極機、4極機は次ページ三相誘導モーターの図を参照。誘導モーターの回転子を永久磁石にかえれば三相同期モーターとなる。

Point 交流同期モーターは磁界を回転させている

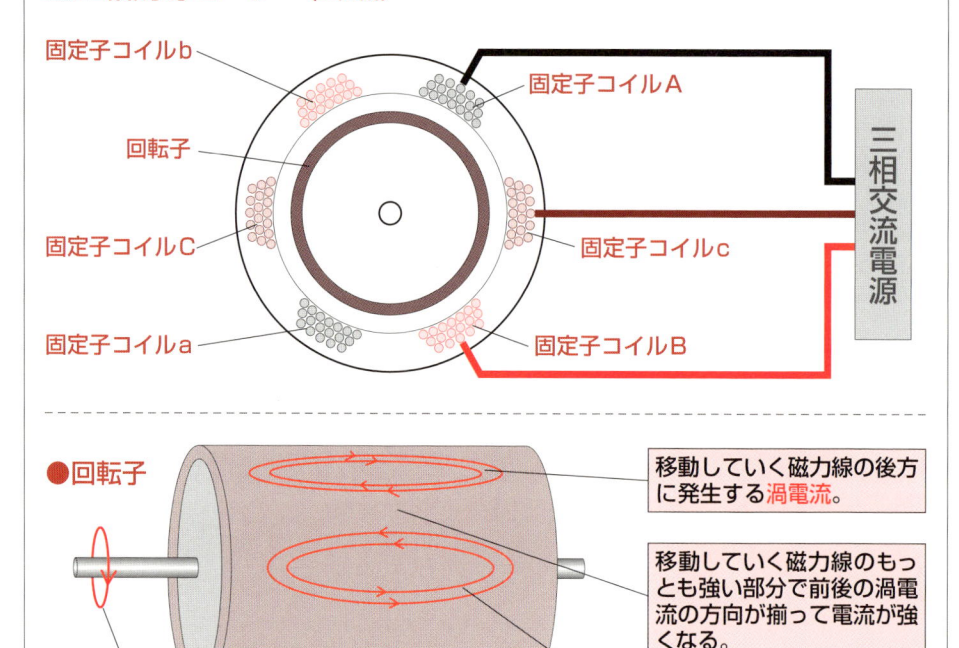

■三相誘導モーター(2極機)

- 固定子コイルb
- 固定子コイルA
- 回転子
- 固定子コイルC
- 固定子コイルc
- 固定子コイルa
- 固定子コイルB
- 三相交流電源

●回転子

- 移動していく磁力線の後方に発生する渦電流。
- 移動していく磁力線のもっとも強い部分で前後の渦電流の方向が揃って電流が強くなる。
- 移動していく磁力線の前方に発生する渦電流。
- 方向が揃って強くなった電流と磁力線によって回転する力が生まれる。

誘導モーター

　交流誘導モーターはアラゴの円板(P103参照)を応用したものだ。交流同期モーターと同じように固定子の磁界を回転させて回転磁界を作るが、回転子は永久磁石ではない。さまざまな回転子があるが、強磁性体ではない導体の筒状のものや、棒状の導体を円筒状に並べたかご型回転子などが使われる。

　固定子コイルに交流を流すと、磁界が回転することになる。磁界が回転すると、回転子に電磁誘導作用で渦電流が発生する。磁力がもっとも強い部分の前方に発生する渦電流と後方に発生する渦電流は逆方向に回転することになり、その間に強い電流が生じる。この電流の電磁力によって、磁界の回転を追いかけるように回転子が回転する。

　実際の単相誘導モーターでは、同期モーター同様に、2個1組のコイルが2組使われることが多い。三相誘導モーターの場合は、3組のコイルを120度間隔で配置することが多い。こうした2極機のほか、固定子コイルの数を2倍にした4極機もある。

☞ かご型回転子の「かご」とは竹などで編まれた篭のこと。回転子の形状がかごに似ているため、この名で呼ばれる。

■三相誘導モーター(4極機)

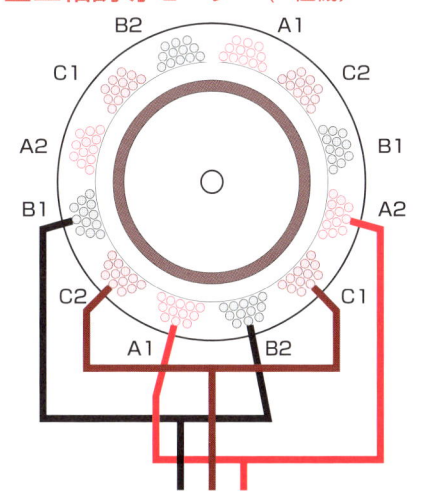

同期モーターでは電源の**周波数**と回転子の回転数が一致するが、誘導モーターでは磁界の回転数と回転子の回転数にずれが生じる。このずれを**すべり**という。ある程度の範囲まではすべりがあるほうが強い力を発揮できるが、すべりが大きくなりすぎると力が発揮できなくなる。

交流整流子モーター

　交流は電流の方向が周期的に切り替わるので**整流子**が必要ないと説明したが、実際には整流子を採用するモーターもある。**交流整流子モーター**といわれるが、構造は**直流直巻きモーター**と同じだ。

　直流直巻きモーターは、**界磁コイル**と**回転子コイル**を直列にしたものだ。このモーターに交流を流すと、コイルが90度回転したところで、整流子の働きでコイルに流れる電流の方向が逆になるが、同時に交流の電流の方向も逆になる。もし、固定子が永久磁石であれば、そこで回転が止まってしまうが、界磁コイルにも交流が流されているため、同時に界磁コイルのN極とS極も入れ替わるので、連続して回転することができる。

　このように直流直巻きモーターは、交流整流子モーターとしても機能することができる。直流でも交流でも使用できるため**交直両用モーター**ともいわれる。

磁気と電気

■交流整流子モーター

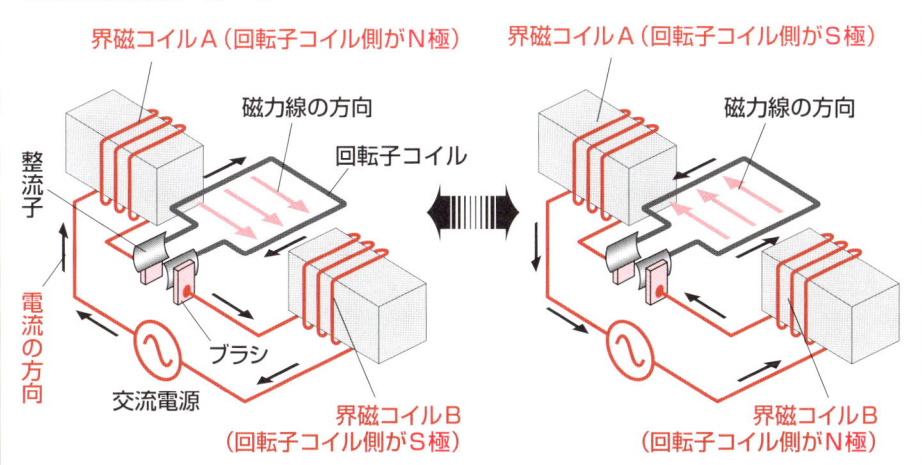

Point 交流誘導モーターはアラゴの円板を応用している

Part4 磁気と電気

リニアモーター……………

　一般的な**モーター**は回転運動を作り出すが、**リニアモーター**は直線的な運動を作り出す。リニアモーターというと、**次世代超高速鉄道**を思い浮かべる人が多いかもしれないが、身近なところでもすでに活用されている。プリンターや自動ドアなどの一部で、直線的な動きを作り出すのに使われている。

　リニアモーターは直線的な動きを作り出すといっても、一般的な回転式のモーターと異なる原理が使われているわけではない。回転式モーターを円周方向に展開したものだといえる。さまざまな方式のリニアモーターが考えられるが、一般的には**交流同期モーター**や**交流誘導モーター**が採用されている。

　なお、回転式のモーターは**固定子**と**回転子**で構成されるが、リニアモーターの回転子に相当する可動部分は、**可動子**や**摺動子（スライダー）**という。

　固定子をコイル、可動子を磁石とした**三相同期リニアモーター**では、固定子となる**鉄心**に均等間隔で多数の**溝**が刻まれている。それぞれの溝には三相の**固定子コイル**が順に配置されている。このコイルに三相交流を流すと、2本の溝にはさまれた鉄心の山の部分に磁極が現れ、順に移動していく。磁極の間隔と可動子の長さを等しくすれば、磁石の吸引力と反発力によって、磁極の移動と同じ速度で、可動子が移動する。

　三相誘導リニアモーターの場合も、固

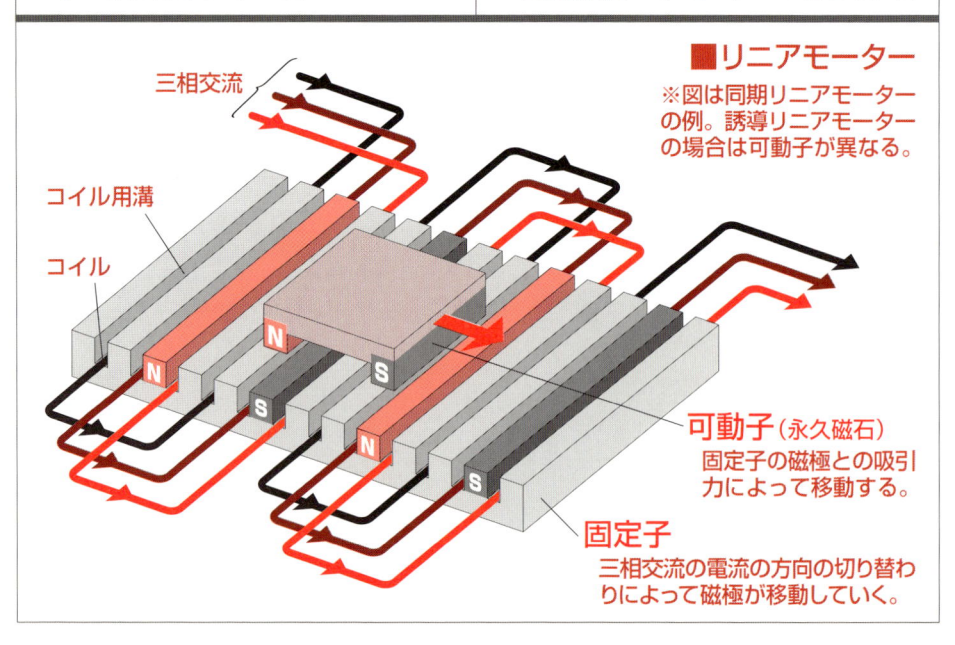

■**リニアモーター**
※図は同期リニアモーターの例。誘導リニアモーターの場合は可動子が異なる。

- 三相交流
- コイル用溝
- コイル
- **可動子**（永久磁石）
  固定子の磁極との吸引力によって移動する。
- **固定子**
  三相交流の電流の方向の切り替わりによって磁極が移動していく。

☞ 英語のリニア（Linear）は直線状のという意味。

■リニアモーターカー

●磁気浮上

浮上用コイル
超伝導電磁石の電磁誘導で電流が流れ車両側と同方向の磁力線を発生。

超伝導電磁石

浮上用コイル
超伝導電磁石の電磁誘導で電流が流れ車両側と逆方向の磁力線を発生。

吸引力
反発力
浮上

●リニアモーター

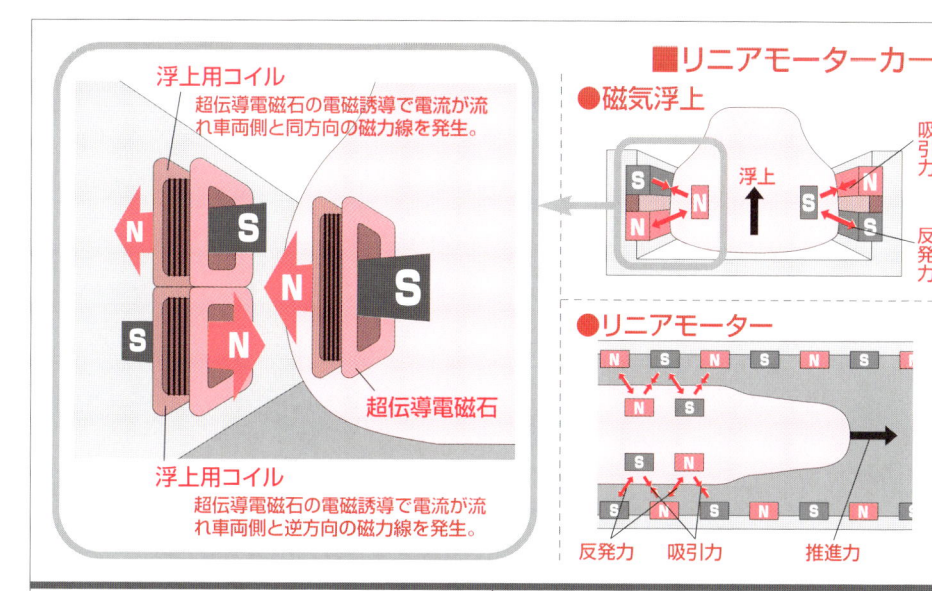

反発力　吸引力　推進力

定子の構造はまったく同じだが、可動子には銅やアルミニウムなどの**強磁性体**ではない導体が使われる。固定子のコイルに三相交流を流して磁界を移動させると、可動子に**渦電流**が発生する。この渦電流の**電磁力**によって、磁界の移動を追いかけるように可動子が移動する。

リニアモーターカー

鉄道にとって車輪とレールとの摩擦による損失は大きなものだ。そのため**次世代超高速鉄道**である**リニアモーターカー**は浮上式が採用されている。リニアモーターであれば、車両が浮上していても駆動力を発生させることができる。この浮上にも磁石の力が使われている。車両の浮上と、高速走行のためには強い磁力が必要になる。そのため**超伝導電磁石**が使われる。

浮上式リニアモーターカーではガイドウエイの側壁に**浮上用磁石**が2段で備えられる。車両側面の**電磁石**より低い位置の浮上用磁石が同極、高い位置の浮上用磁石が異極になるようにすれば、低い位置の反発力と高い位置の吸引力によって車両が浮上する。

実際の構造では、側壁に2段で**コイル**が配されるが、このコイルには電力が供給されない。いっぽう、車両側には超伝導電磁石が備えられる。コイルは上下で巻く方向が逆にされている。車両側の電磁石が移動すると、**電磁誘導作用**によって低い位置のコイルには車両側の電磁石と逆方向の電流が流れて車両に向かい合う面が同極の電磁石になり、高い位置のコイルには同方向の電流が流れて異極の電磁石になる。

浮上用コイルの電流を大きくして磁力を高めるためには、一定以上の速度による走行が必要になる。そのため浮上式リニアモーターカーでも発進直後など低速状態では車輪で走行する。

磁気と電気

Point リニアモーターは回転式モーターを円周方向に展開したもの

111

Part4 磁気と電気

発電機

　電磁誘導作用はさまざまな電気装置で利用されているが、もっとも重要な装置が発電機だ。電池でも電気を得ることは可能だが、大電力の安定供給に発電機は欠かせない。

　発電機の基本的な構造はモーターと同じだ。モーターの場合は電気エネルギーを運動エネルギーに変換するが、発電機は運動エネルギーを電気エネルギーに変換する。固定された磁界のなかでコイルを回転させるか、固定されたコイルの間で磁界を回転させることで、電磁誘導を起こして発電を行う。

交流発電機

　電圧が常に増減したり電流の方向が切り替わったりする交流は、発電機が作り出す電流だ。

　永久磁石の磁界のなかでコイルを回転させる交流モーターの回転軸を、何かの動力で回転させれば、単相交流発電機として使用できる。磁界のなかでコイルが移動するため、誘導電流が発生する。

　磁石にもっとも近い位置をコイルが通過する時に、起電力がもっとも大きくなる。この位置を90度とすると、180度まではコイルが磁石から離れ磁界が弱くなっていくので、起電力が低下していく。180度の位置で起電力が0になる。180度を超えると電流の方向が逆になり、少しずつマイナス方向の起電力が大きくなっていき、270度で最大になる。

　この起電力の変化が単相交流ならではの波形を生み出す。単相交流発電機の1回転が、交流の1サイクルとなる。そのため交流の1サイクルを360度で表現することが多い。また、コイルの回転数と交流の周波数は一致する。交流同期モーターのように向かい合うように配置した2個1組のコイルの間で磁石を回転させても同じ結果が得られる。

　三相交流発電機の場合もまったく同じだ。三相同期モーターを外部の力で回転させれば発電機になる。3組のコイルが等間隔なため、1/3ずつ（120度ずつ）ずれた交流となる。

直流発電機

　直流の場合も交流の場合とまったく同じだ。整流子とブラシを備えた直流整流子モーターが直流発電機となる。外部の力でコイルを回転させれば、半回転ごとに整流子が電流の方向を切り替えるので、方向が一定の電流が出力される。

　しかし、磁石とコイルの距離によって起電力が変化するため、電圧が一定ではない。厳密にいえば、整流子とブラシが離れた瞬間は電圧が0になり、発電機が1回転する間に2つの山ができる。こうした電流を脈流という。

　脈流のままでも問題なく動作する電気装置もあるが、一般的には電圧の変動を抑える必要がある。そのために使われるのが平滑回路（P144参照）だ。

112　交流発電機では磁極の数を増やしたものもある。磁極が2倍になると、発電された交流の周波数は回転数の2倍になる。

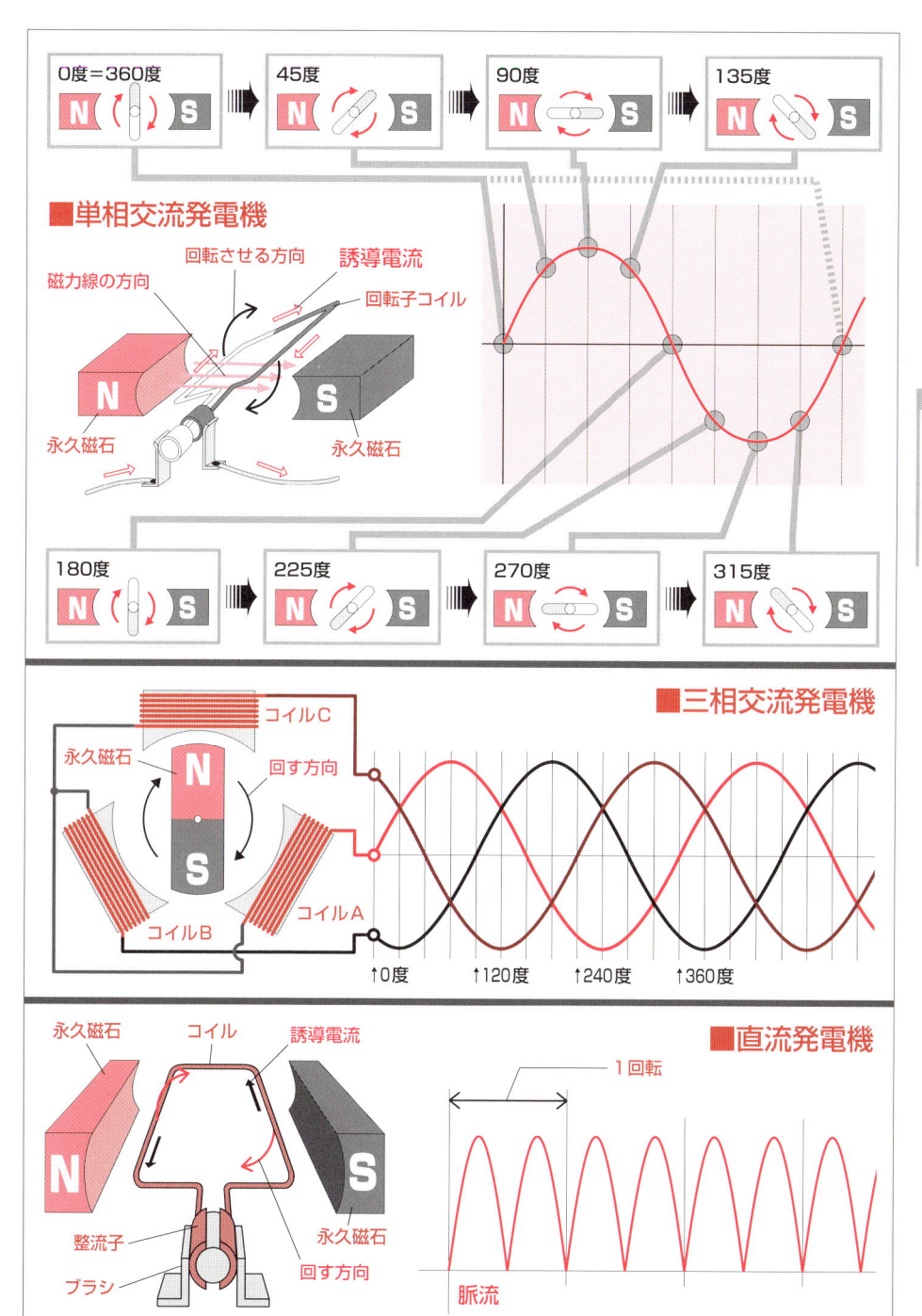

| 0度=360度 | 45度 | 90度 | 135度 |

■単相交流発電機

- 磁力線の方向
- 回転させる方向
- 誘導電流
- 回転子コイル
- 永久磁石
- 永久磁石

| 180度 | 225度 | 270度 | 315度 |

磁気と電気

■三相交流発電機

- コイルC
- 永久磁石
- 回す方向
- コイルA
- コイルB

↑0度　↑120度　↑240度　↑360度

■直流発電機

- 永久磁石
- コイル
- 誘導電流
- 整流子
- ブラシ
- 永久磁石
- 回す方向

1回転

脈流

Point 発電機は運動エネルギーを電気エネルギーに変換する

113

Part4 磁気と電気

マイクとスピーカー..........

磁気を利用する電気装置というと**モーター**や**発電機**が代表的なものだが、音を扱う**マイク**や**スピーカー**も磁気を利用する電気装置だ（磁気を利用しないものもある）。非常に広義にとらえた場合、マイクは発電機の一種、スピーカーはモーターの一種とする考え方もある。

マイクロフォン

音を電気信号に変換するマイクは、正式には**マイクロフォン**という。代表的なものが**ダイナミックマイクロフォン**で、**動電型マイクロフォン**ともいう。各種構造のものがあるが、もっともシンプルで多用されているのが**可動コイル型マイクロフォン**だ。**ムービングコイル型マイクロフォン**ともいう。単にダイナミックマイクといった場合にはこの構造をさす。

可動コイル型マイクは、**永久磁石**の磁界のなかに**ボイスコイル**と呼ばれるコイルが配され、コイルには**ダイヤフラム**と呼ばれる**振動板**が備えられている。空気の振動である音で振動板が動くと、同じようにコイルも振動する。磁界のなかでコイルが動くことにより、**誘導起電力**が発生し、空気の振動に応じた**誘導電流**が流れる。これが音の電気信号になる。

現在ではあまり使われていないが、永久磁石の磁界のなかに、リボンと呼ばれる薄い金属箔を吊った**リボン型マイクロフォン**もダイナミックマイクの一種だ。空気の振動によってリボンが揺れると、その両端に誘導起電力が発生し、音の電気信号を出力する。

■ダイナミックマイク（可動コイル型）

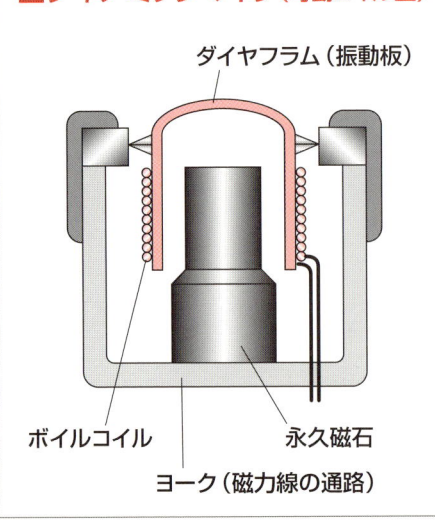

ダイヤフラム（振動板）
ボイルコイル
永久磁石
ヨーク（磁力線の通路）

■コンデンサマイク

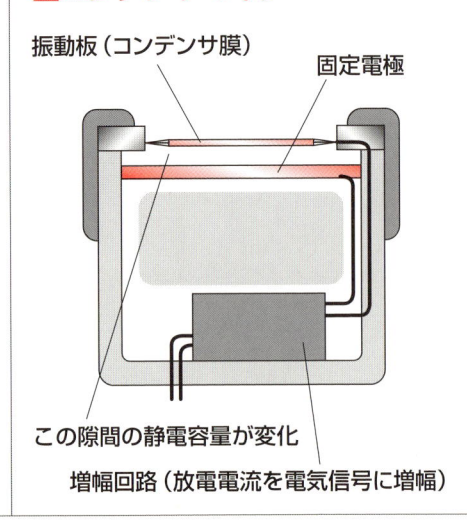

振動板（コンデンサ膜）
固定電極
この隙間の静電容量が変化
増幅回路（放電電流を電気信号に増幅）

☞ コンデンサマイクは電力を供給しないと動作しないマイクだ。

磁気を利用しないマイクでよく使われるマイクには**コンデンサマイクロフォン**がある。**静電型マイクロフォン**ともいい、薄い金属製の振動板と固定電極で**コンデンサ**（P88参照）が構成されている。コンデンサは両電極の距離で**静電容量**が変化する。そのため、振動板と固定電極に電流を流して帯電させた状態で振動板が振動すると、静電容量が変化して充放電流が流れる。非常に微弱な電流だが、増幅すれば電気信号になる。

ほかに、密閉した炭素粉の電気抵抗が密度によって変化することを利用する**カーボンマイクロフォン**や、圧力を加えると電気が発生する**圧電効果**を利用する**圧電型マイクロフォン**などがある。

スピーカー

音の電気信号を空気の振動である音に変換するのが**スピーカー**だ。各種構造のものがあるが、大半は**ダイナミック型スピーカー**で、**動電型スピーカー**ともいう。原理はダイナミックマイクの逆だ。

永久磁石の磁界のなかに、**ボビン**と呼ばれる**振動板**を備えた**ボイスコイル**が配されている。コイルに音の電気信号が流れると、コイルの磁力が信号に応じて刻々と変化し永久磁石の磁界と反発したり引き合ったりする。これが電気信号に応じた振動になり、**コーン**と呼ばれる振動板が空気を振動させて音を作り出す。

ただし、マイクの電気信号をそのままスピーカーに伝えても、電圧が低いためスピーカーの振動板の振動は非常にわずかなものにしかならず、音にならない。そのため、増幅回路で電気信号を増幅してからスピーカーに伝える必要がある。

スピーカーにも**リボン型スピーカー**や**コンデンサ型スピーカー**（**静電型スピーカー**）、**圧電型スピーカー**がある。同じ型のマイクと逆の原理を利用して、音の電気信号を空気の振動にしている。

■ダイナミックスピーカー

- ボビン（振動板）
- コーン（振動板）
- ボイルコイル
- フレーム
- ヨークプレート（ドーナツ状）
- 永久磁石（ドーナツ状）
- ポールピース（円筒状）
- ヨークプレート（円板状）

ヨークプレートとポールピースが鉄心として磁力の通路となり、コイルを磁力線が貫くようにしている。

Point マイクとスピーカーは空気の振動と電気信号を相互に変換する

Part4 磁気と電気

自己誘導作用・・・・・・・・・・・・・・・・・・・・

コイルに電流を流すと電磁石になる。電流が流れ出す瞬間から考えていくと、それまで磁力線がなかったコイル内に磁力線が発生していく。つまり磁界が変化するため、電磁誘導作用が起こる。誘導電流による磁力線は、磁力線の変

■自己誘導作用

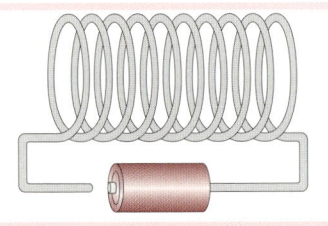

電流が流れていない状態。磁力線はまったく存在していない。

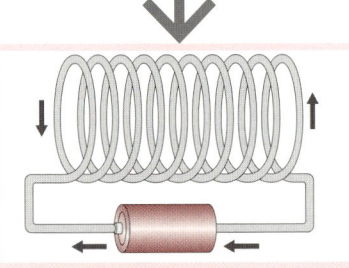

コイルに電池をつなぐと、コイルに電流が流れ始める。

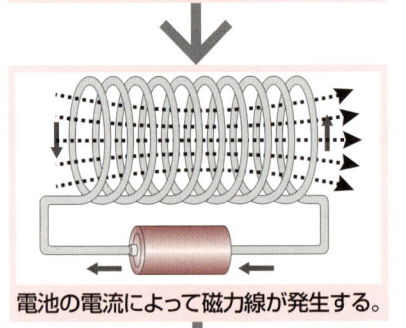

電池の電流によって磁力線が発生する。

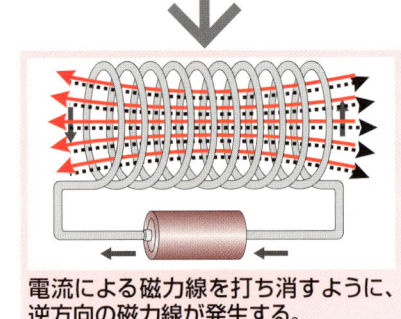

電流による磁力線を打ち消すように、逆方向の磁力線が発生する。

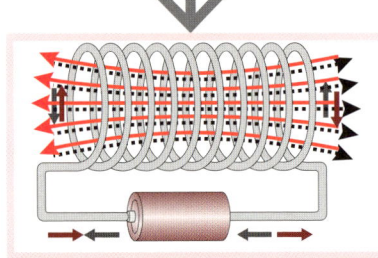

逆方向の磁力線によってコイルに誘導電流が流れる。これが逆起電力となる。

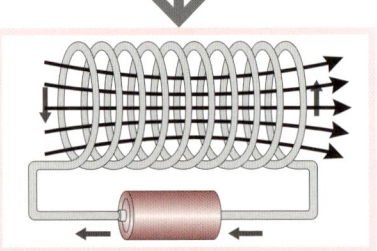

電池の電流による磁力線が安定すると、逆起電力がなくなる。

☞ 電流を流したコイル自体に起こる電磁誘導であるため、自己誘導作用という。他のコイルに起こる電磁誘導の場合は相互誘導作用という（P118参照）。

化を打ち消す方向に発生する。そのため誘導電流はコイルに流した電流とは逆方向になる。この電磁誘導を**自己誘導作用**という。流した電流とは逆方向の電圧になるため**誘導起電力**を**逆起電力**という。

電流を停止した際にも、自己誘導作用が起こる。停止した場合は、それまで存在した磁力線がなくなるため、磁力線を補うようにコイルに流した電流と同方向の誘導電流が流れる。

直流であれば、流した電流によってコイルの磁界が安定すれば、自己誘導作用は発生しなくなる。そのため誘導電流が発生するのは、電流を流し始めた時と電流を停止した時に限定される。

しかし、**交流**の場合は電圧が常に変化するため、電流も常に変化する。そのため常に自己誘導作用が起こり続けることになる。電圧が上昇していく時は、その電流とは逆方向の誘導電流が発生し、電圧が降下していく時は、同方向の誘導電流が発生する。

結果として、コイルに流れる電流は、電圧の増減と同じように増減するが、電圧の変化より1/4サイクル分だけ遅くなる。これを**遅れ電流**という。交流は発電機との関連から1サイクルを360度で表現するが（P112参照）、遅れ電流は**位相**が90度遅れると表現される。

電力は電圧と電流の積である。電圧と電流の位相がずれてしまうと、電力の効率が悪くなってしまう。**交流モーター**ではコイルを使用しているが、遅れ電流によって電圧と電流の位相がずれると、モーターの効率が悪くなる。そのため電流を進める効果がある**コンデンサ**を電源側の回路に入れることがある。コンデンサの**進み電流**（P90参照）によってコイルの遅れ電流による位相のずれが改善されることで、モーターの効率が高まる。こうした目的で使用されるコンデンサを**進相コンデンサ**という。

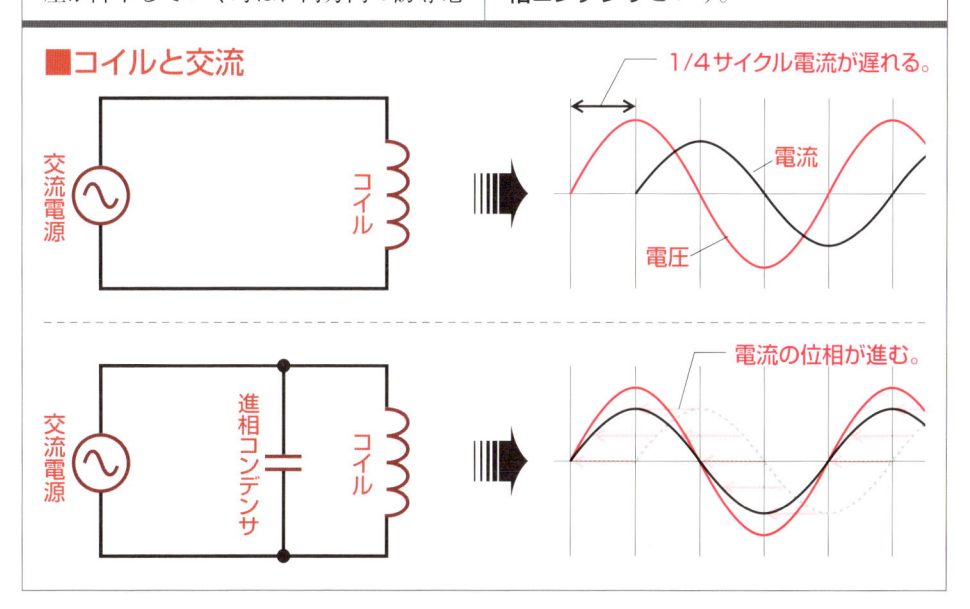

■コイルと交流

1/4サイクル電流が遅れる。

電流 / 電圧

電流の位相が進む。

Point　コイルに電流を流すと逆起電力が発生する

Part4 磁気と電気

相互誘導作用 ・・・・・・・・・・・・・・・・・・・・・

　自己誘導作用は単独のコイルに発生する現象だが、磁界を共有するように配置した2個のコイルの間でも電磁誘導作用が起こる。こうした電磁誘導作用を相互誘導作用という。

　コイルAとコイルBが、磁力線を共有できるように配置して、コイルAに電流を流すと磁力線が発生する。この磁力線は、それまで磁界のなかったコイルBに磁界を発生させることになるので、コイルBに誘導電流が流れる。誘導電流の方向は、コイルAに発生する磁力線を打ち

■相互誘導

電流が流れていない状態ではコイル内の磁力線に変化がないので、電磁誘導作用は起こらない。

スイッチ　コイルA
直流電源
電球
コイルB

電流を流し始めるとコイルAに磁力線が発生。コイルBの磁力線の状態が変化するため、その瞬間だけ誘導電流が流れる。

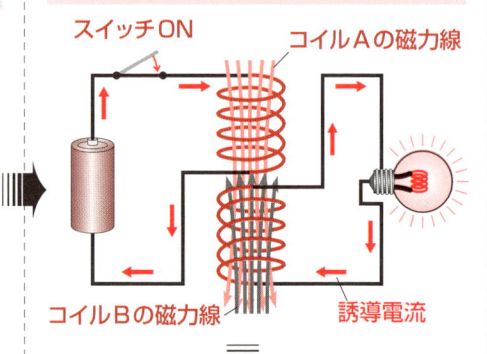

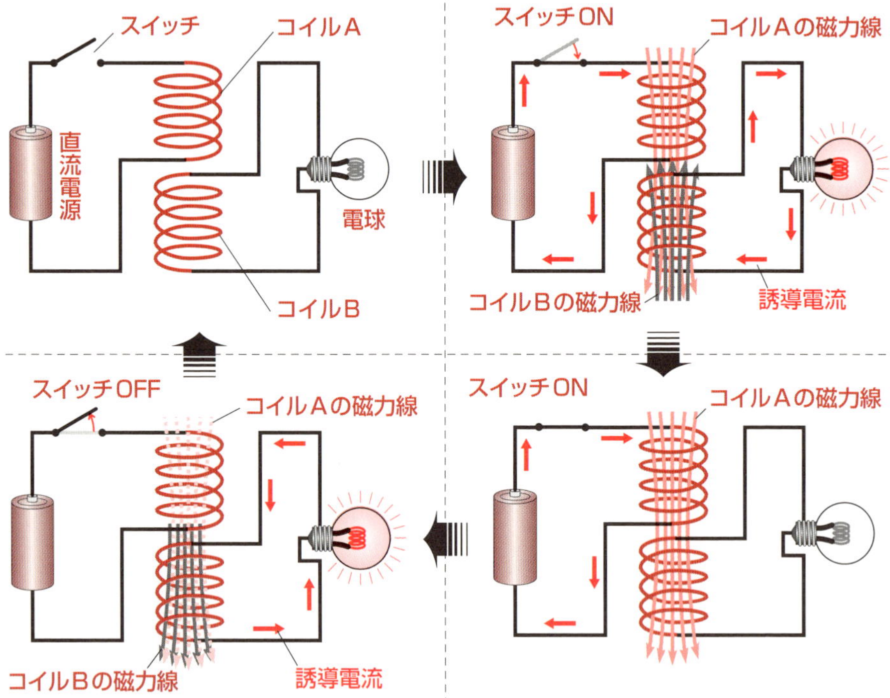

スイッチON　コイルAの磁力線
コイルBの磁力線　誘導電流

スイッチOFF　コイルAの磁力線
コイルBの磁力線　誘導電流

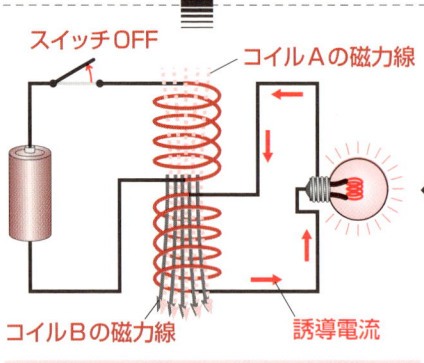

電流を停止するとコイルAの磁力線が消滅。コイルBの磁力線の状態が変化するため、その瞬間だけ誘導電流が流れる。

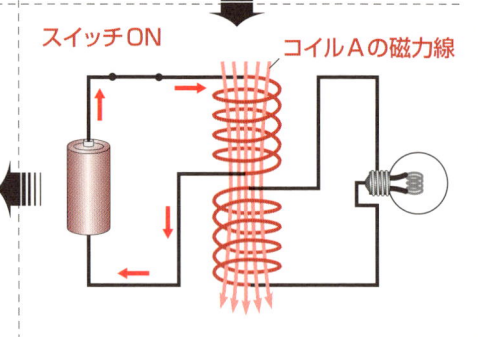

スイッチON　コイルAの磁力線

コイルAの磁力線の状態が安定すると、コイルBの磁力線に変化がなくなるので誘導電流は流れない。

118　☞　日本語ではトランスといわれるが、これは英語のTransformerを略して呼んだものだ。

消す方向の磁力線をコイルBに発生させる方向になる。

直流の場合、流した電流によってコイルAの磁界が安定すれば、コイルBに誘導電流が流れなくなる。しかし、コイルAの電流を停止した時には、磁力線が減少していくので、コイルBに誘導電流が流れる。誘導電流の方向は、コイルAで消えていく磁力線を補うために、同方向の磁力線をコイルBに発生させる方向になる。

直流の場合、コイルBに誘導電流が発生するのは、電流を流し始めた時と止めた時だけだが、**交流**の場合は電圧が常に変化して電流が変化するため、コイルBに常に誘導電流が流れる。

相互誘導作用では、2個のコイルの**巻き数**の比に応じて、誘導電流の電圧が変化する。コイルAの巻き数が100、コイルBの巻き数が200であれば、誘導電流の電圧が2倍になる。ただし、電力は一定であるため、コイルBに流れる電流はコイルAの半分になる。つまり、誘導電流の電圧は巻き数比に比例し、電流は反比例する。

相互誘導作用は、**変圧器**やガソリンエンジンの**点火装置**など電圧をかえる必要がある装置で応用されている。こうした場合、双方のコイルが磁力線を共有しやすいように**鉄心**が使われることが多い。

変圧器は交流の**変圧**に使用されるもので、**トランス**ともいう。通常、入力側のコイルを**1次コイル**、出力側を**2次コイル**という。**発電所**からの**送電**の各段階で使用されていて、身近な電柱にも配されている（P228参照）。

また、さまざまな電気器具にも変圧器は使われている。特にパソコンやオーディオなどの電子機器では交流100Vを変圧器で回路に適した電圧まで落とし、さらに**整流回路**（P142参照）で直流にしたうえで使用していることが多い。

さまざまな電気器具の**ACアダプター**も、変圧器と整流回路を組み合わせたもので、交流100Vを直流の低電圧にしている。

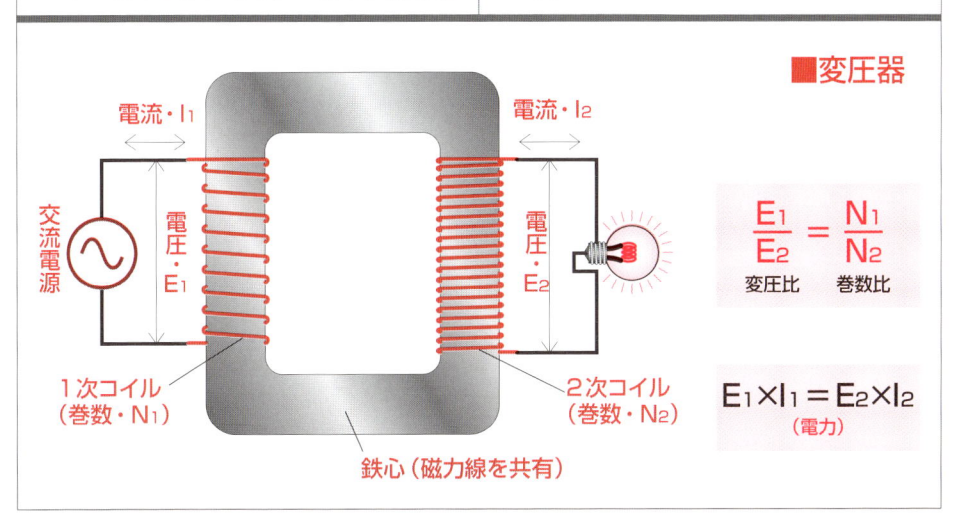

磁気と電気

■変圧器

$$\frac{E_1}{E_2} = \frac{N_1}{N_2}$$
変圧比　　巻数比

$$E_1 \times I_1 = E_2 \times I_2$$
（電力）

電流・I_1　　電流・I_2
交流電源　　電圧・E_1　　電圧・E_2
1次コイル（巻数・N_1）　　2次コイル（巻数・N_2）
鉄心（磁力線を共有）

Point　交流はコイルの巻き数の比率で変圧できる

Part4 磁気と電気

コイル ・・・・・・・・・・・・・・・・・・・・・・・・・・・・

　コイルは電磁石や変圧器で使用されるばかりではない。さまざまな電気回路の部品としても使用される。コイルには自己誘導作用があるため、直流はよく流すが交流は流しにくいという性質になる。

　自己誘導作用の起こりやすさは、コイルの巻き数や鉄心の有無など磁界に影響を及ぼすもので変化する。この自己誘導作用の起こりやすさをインダクタンスといい、単位にはH（ヘンリー）が使われる。1Hは、1秒あたりの電流の変化が1Aである時に1Vの誘導起電力が生じるコイルのインダクタンスだ。

　直流の場合は、電気を流し始めた瞬間と止めた瞬間には自己誘導作用が起こるが、基本的には導線と同じように電流が流れる。

　交流の場合は、逆起電力が電気抵抗のように働くことになる。この抵抗作用をリアクタンス（誘導抵抗）という。リアクタンスはコンデンサ（P91参照）にもあるため、コイルのリアクタンスは誘導リアクタンスという。誘導リアクタンスの単位には電気抵抗と同じΩ（オーム）が使われる。

　交流の周波数が高くなるほど、コイル内の磁界の変化が激しくなるため、逆起電力が大きくなり、電流が流れにくくなる。そのため誘導リアクタンスは周波数に比例する。

　なお、交流においてはコイル、コンデンサ、抵抗のいずれもが電流を制限する要素になる。これら誘導リアクタンス、容量リアクタンス、抵抗を総称してインピーダンスという。単位にはΩ（オーム）が使われる。

■コイルとコンデンサのインピーダンス

コイル	記号	コンデンサ
― ⌇⌇⌇ ―	記号	― ┤├ ―
誘導リアクタンス	リアクタンス名	容量リアクタンス
インダクタンスに比例 交流数周波数に比例	リアクタンスの性質	容量に反比例 交流数周波数に反比例
位相が90度遅れる （遅れ電流）	交流に対する反応	位相が90度進む （進み電流）

Point　コイルは直流をよく流すが交流は流しにくい

Part5
半導体と電気

電子回路が新しい頭脳を生み出す

Part5 半導体と電気

半導体・・・・・・・・・・・・・・・・・・・・・・・・・・・・・・

現在の生活において、**ダイオード**や**トランジスタ**、**IC**、**LSI**などの電子部品は欠かせないものになっている。これらの電子部品は、いずれも**半導体**から作られている。

半導体とは、**導体**と**絶縁体**の両方の性質をあわせもつ物質のことだ。温度や光などの影響によって、電気的な性質が大きくかわってしまう。代表的な半導体である**シリコン**の場合、温度が低い時には**自由電子**が存在しないため絶縁体だが、温度が高くなると原子から自由電子が飛び出して導体になる。

半導体にはシリコンやゲルマニウム、セレンなどのように1種類の**元素**からなる**元素半導体**と、2種類以上の元素からなる**化合物半導体**がある。化合物半導体には、硫化カドミウム、ガリウムヒ素などのほか、酸化亜鉛など一部の金属酸化物がある。金属酸化物の場合は化合物半導体とは区別して、**金属酸化物半導体**ということもある。

こうした半導体から不純物を取り除いて純度を高くしたものを**真性半導体**という。**温度センサー**の一種である**サーミスタ**（P245参照）のように、真性半導体の性質をそのままに利用した電子部品もあるが、温度などによって性質が変化したのでは電子部品として安定して使うことが難しい。そこで開発されたのが**不純物半導体**だ。

不純物半導体は、真性半導体に微量の不純物を加えたもので、**N型半導体**と**P型半導体**の2種類がある。

代表的な真性半導体であるシリコンの場合、**最外殻**にある**価電子**が4個だが、隣り合った原子同士が互いに共有した状態になっている。こうした**共有結合**の結晶では自由電子が存在しないため、電気はほとんど流れない。

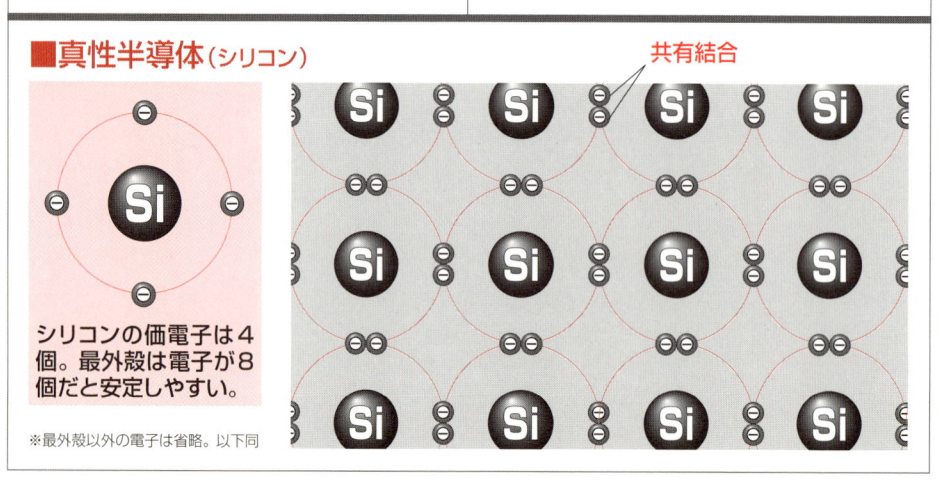

■ **真性半導体**（シリコン）

共有結合

シリコンの価電子は4個。最外殻は電子が8個だと安定しやすい。

※最外殻以外の電子は省略。以下同

☞ 真性半導体に不純物を加えて不純物半導体にすることをドーピングという。

■N型半導体（シリコン＋リン）

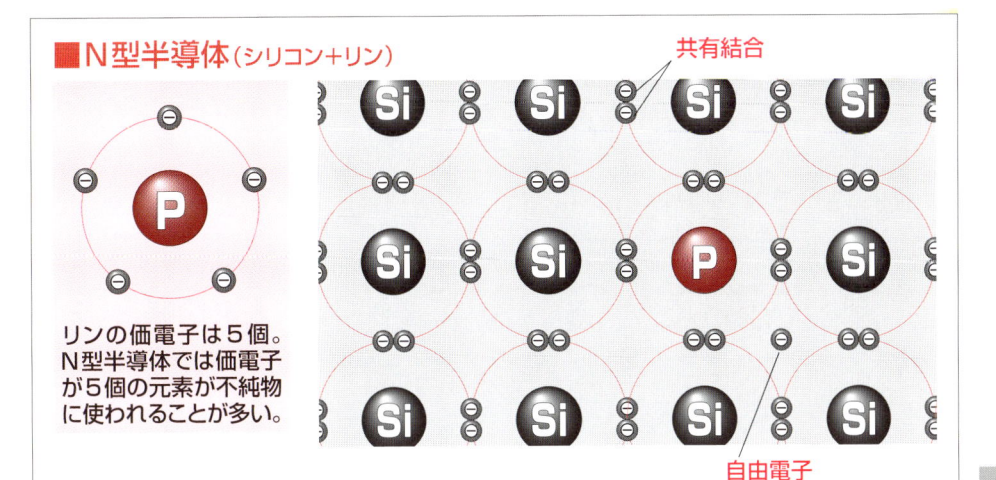

共有結合

リンの価電子は5個。N型半導体では価電子が5個の元素が不純物に使われることが多い。

自由電子

このシリコンにリンやヒ素など価電子が5個の物質を加えるとN型半導体になる。5個の価電子のうち4個はシリコンとの共有結合に使われるが、余った1個の電子が自由電子となる。自由電子が存在するということは、マイナスの電荷である電子の分だけ負（Negative）になるので、N型半導体と呼ばれる。

いっぽう、P型半導体の場合はシリコンにホウ素やイリジウムなど価電子が3個の物質が加えられる。すると、ところどころに共有結合の電子が足りない部分ができる。これを**ホール**または**正孔**という。電子が足りないということは、その分だけ正（Positive）になるので、P型半導体と呼ばれる。

N型半導体もP型半導体も、電流を流すことができるが、N型では自由電子が電荷の運び手である**キャリア**になり、P型ではホールがキャリアになる。

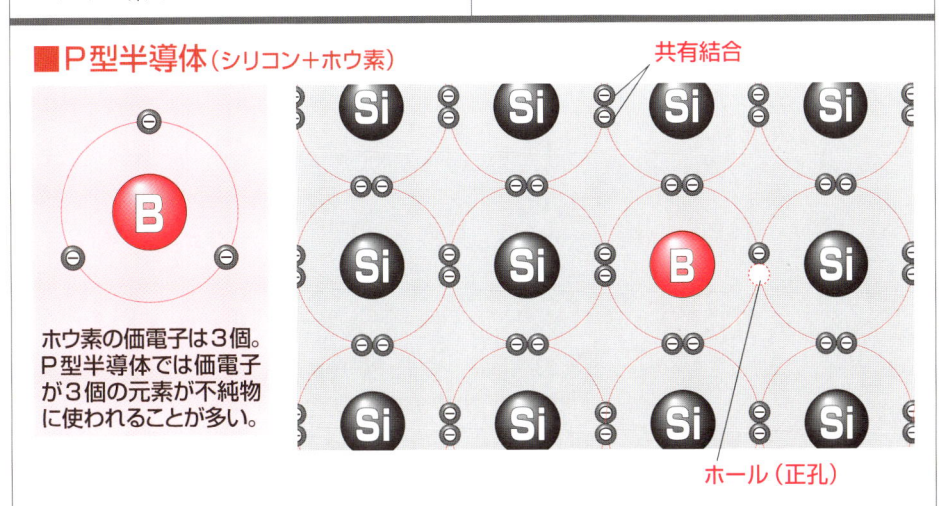

■P型半導体（シリコン＋ホウ素）

共有結合

ホウ素の価電子は3個。P型半導体では価電子が3個の元素が不純物に使われることが多い。

ホール（正孔）

半導体と電気

Point　N型半導体は電子が余り、P型半導体は電子が足りない

123

Part5 半導体と電気

電子とホール……………………

　N型半導体とP型半導体では電流の流れ方が異なる。この違いが半導体素子のさまざまな能力を生み出す。

　N型半導体で電荷の運び手であるキャリアになるのは自由電子だ。これは導体の場合と同じといえる。直流の電源をつないだ場合、マイナス極側から自由電子が流れこむと、半導体内の自由電子がプラス極側から放出される。この自由電子の移動が連続することで電流が流れる。

　しかし、リンやヒ素など価電子が5個の物質を加えすぎると、N型半導体内の自由電子の数が多くなり、単なる導体と同じになってしまう。そのため、N型半導体の目的とする能力に応じて、加える不純物の量が調整される。

　P型半導体の場合は、ホール（正孔）がキャリアになると説明されるが、ホールは仮想キャリアだ。

　ホールのある原子は、電子が不足しているのでプラスイオンのような状態といえる。イオンであれば電解液内を移動して、電荷を運ぶことができるが、ホールは移動できない。直流の電源をP型半導体につないだ場合、マイナス極側から入ってきた自由電子が順に隣り合ったホールを移動していき、プラス極側から出ていく。つまり、P型半導体の場合も、自由電子がキャリアになっている。

　しかし、自由電子が見えないと仮定すると、まるでホールが移動していくように見える。また、P型半導体内を自由電子が移動してはいるが、導体内やN型半導体内を移動するのとは状況が異なる。そのためホールを仮想キャリアとして扱う。ホールが移動すると考えたほうが状況が把握しやすく、半導体のさまざまな能力も理解しやすくなる。そこで、半導体の原理などを説明する場合、自由電子は移動できるマイナスの電荷として表現するが、ホールも移動できるプラスの電荷として表現することが多い。

■N型半導体と電流

N型半導体はマイナスの電荷である自由電子が移動することで電流が流れる。一般的な導体の場合と同じように、自由電子が移動する方向と、電流が流れる方向は逆になる。

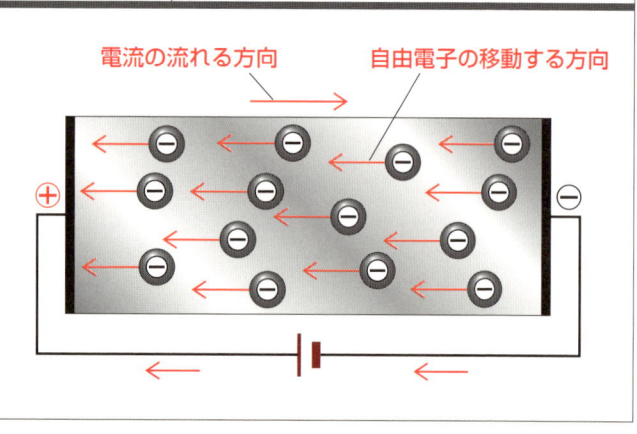

電流の流れる方向　　自由電子の移動する方向

☞　加える不純物によって目的の性能を作り出すために、半導体素子製造では99.999999999％まで純度を高めたシリコンが使われる。これをイレブン・ナインという。

■P型半導体のホールの移動

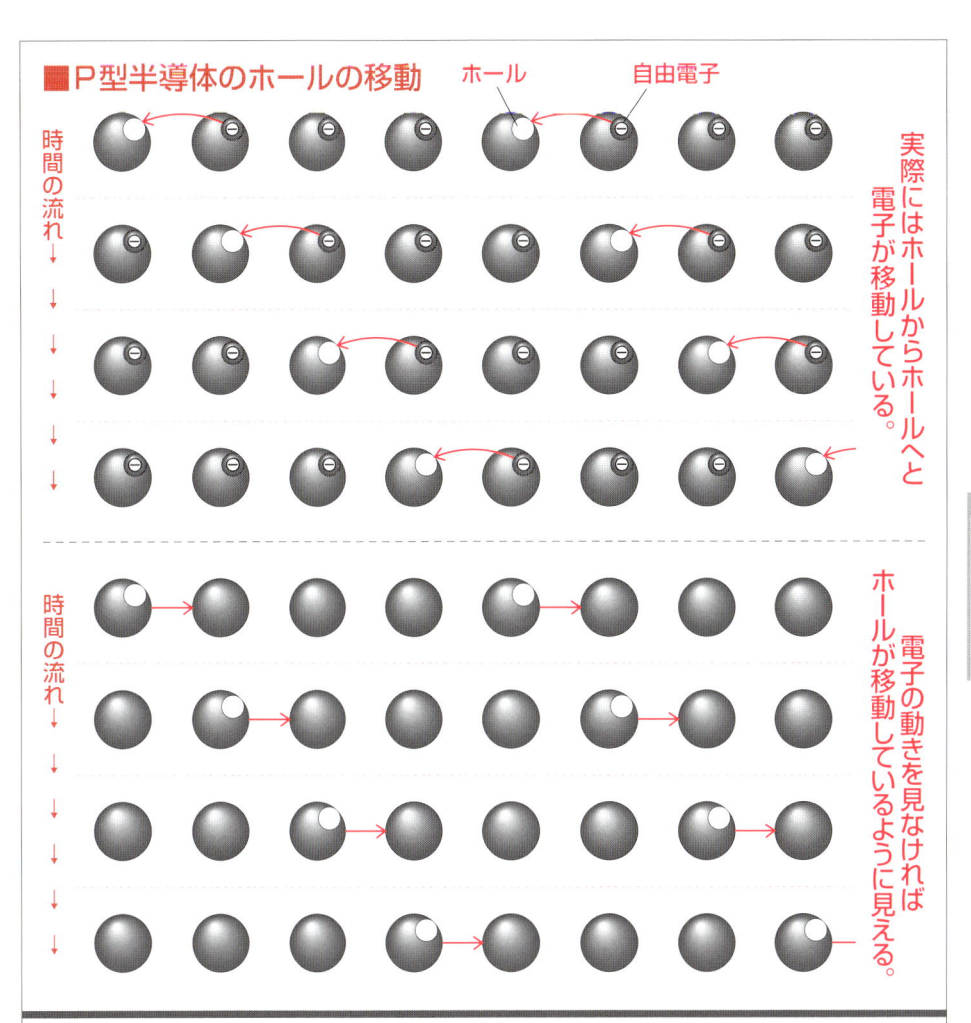

ホール　自由電子

時間の流れ↓　↓　↓　↓

実際にはホールからホールへと電子が移動している。

時間の流れ↓　↓　↓　↓

電子の動きを見なければホールが移動しているように見える。

■P型半導体と電流

電流の流れる方向　　ホールの移動する方向

P型半導体はホールが移動することで電流が流れると考える。ホールはプラスの電荷と考える。プラス極から移動したホールがマイナス極で自由電子を受け取る。ホールが移動する方向と、電流が流れる方向は同じになる。

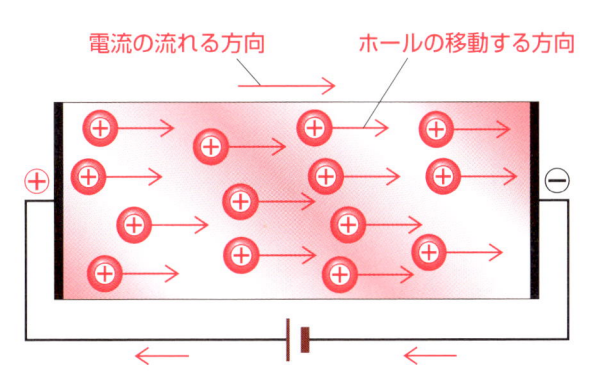

半導体と電気

Point N型半導体は自由電子が、P型半導体はホールがキャリアに

Part5 半導体と電気

ダイオード ……………………

　半導体を使った電子部品のことを**半導体素子**という。半導体素子のなかで、もっともシンプルな構造のものが**ダイオード**だ。ダイオードとは2つの端子を備えた半導体素子で、一般的には**P型半導体**と**N型半導体**が接合されている。正式には**PN接合ダイオード**（**PN接合型ダイオード**）というが、単にダイオードといった場合、PN接合ダイオードをさすことが大半だ。

　ダイオードには、1方向にのみ電流を流し、逆方向には流さない性質がある。これを**整流作用**といい、交流を直流に変換する**整流回路**などに使用される。

　ダイオードにはほかにも、電流によって光を発する**発光ダイオード**（P262参照）や、逆に光によって電流が発生する**フォトダイオード**（P267参照）などがある。**太陽電池**（P84参照）もダイオードの一種だ。

整流作用

　PN接合ダイオードのP型半導体の側には**アノード**、N型半導体の側には**カソード**と呼ばれる電極が備えられる。

　ダイオードに電圧をかけていない時、P型とN型の接合部分付近では、P型の**ホール**とN型の**自由電子**が結合して消し合い、イオン化した原子だけが残っている。この領域には**電荷**の運び手となる**キャリア**が存在しないため**空乏層**といわれる。空乏層に残っているのは、それぞれマイナスとプラスにイオン化した原子なので、**電位差**がある。

　直流電源のプラス側をアノードに、マイナス側をカソードに接続すると、空乏層の電位差がなくなり、N型内の自由電子はプラス極側に吸引されて接合面へ向けて移動し、P型内のホールはマイナス極に吸引されて接合に向けて移動する。

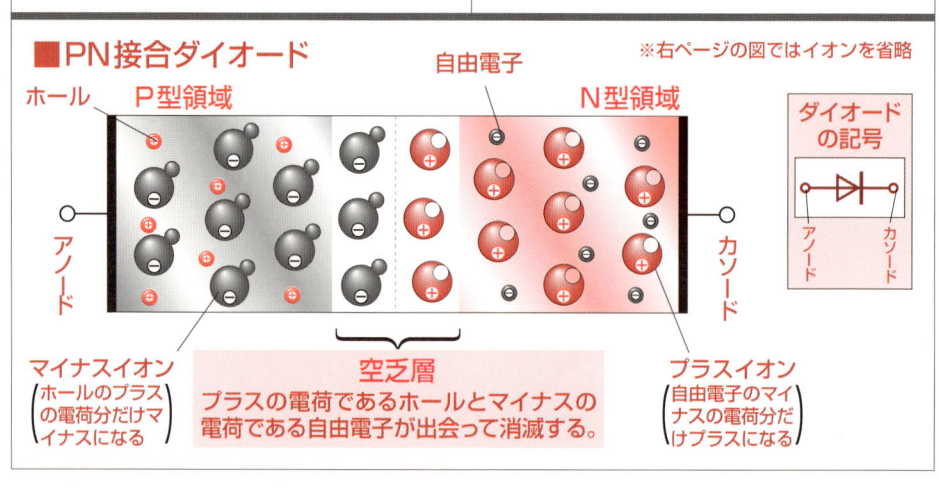

■PN接合ダイオード

※右ページの図ではイオンを省略

ホール　P型領域　　　　　　　自由電子　　N型領域

アノード　　　　　　　　　　　　　　　　　　　　カソード

マイナスイオン
ホールのプラスの電荷分だけマイナスになる

空乏層
プラスの電荷であるホールとマイナスの電荷である自由電子が出会って消滅する。

プラスイオン
自由電子のマイナスの電荷分だけプラスになる

ダイオードの記号

アノード　カソード

☞　ダイオードとは、もともとは二極真空管（P149参照）をさす言葉だったが、半導体の登場によって二極の素子全般をさすようになった。

■順方向電圧

接合面で自由電子とホールが出会って消滅。
ホールはカソードに吸引されて移動。
自由電子はアノードに吸引されて移動。

アノード（プラス）／P型領域／N型領域／カソード（マイナス）／点灯
電流の方向　直流電源

そして接合面でホールと自由電子が結合して消滅する。ホールと自由電子の移動が連続して起こるため、電流が流れることになる。この電流が流れる方向にかけられる電圧を**順方向電圧**という。

逆に、プラス側をカソードに、マイナス側をアノードに接続すると、P型内のホールはマイナス極に吸引され、N型内の自由電子はプラス極に吸引される。この場合、空乏層が広がるだけで、電流は流れない。この電流が流れない方向にかけられる電圧を**逆方向電圧**という。

逆方向電圧をかけられた状態では、空乏層が広がる。この空乏層には電荷が蓄えられているといえる。そのためダイオードは**コンデンサ**（P88参照）としての機能も発揮することができる。

なお、逆方向電圧の時にダイオードが電流を流さないのは、一定の電圧までに限られる。ある電圧を超えると、一気に大電流が流れるようになる。この電圧を**ブレークダウン電圧**（**降伏電圧**）といい、流れる電流を**ブレークダウン電流**（**降伏電流**）という。

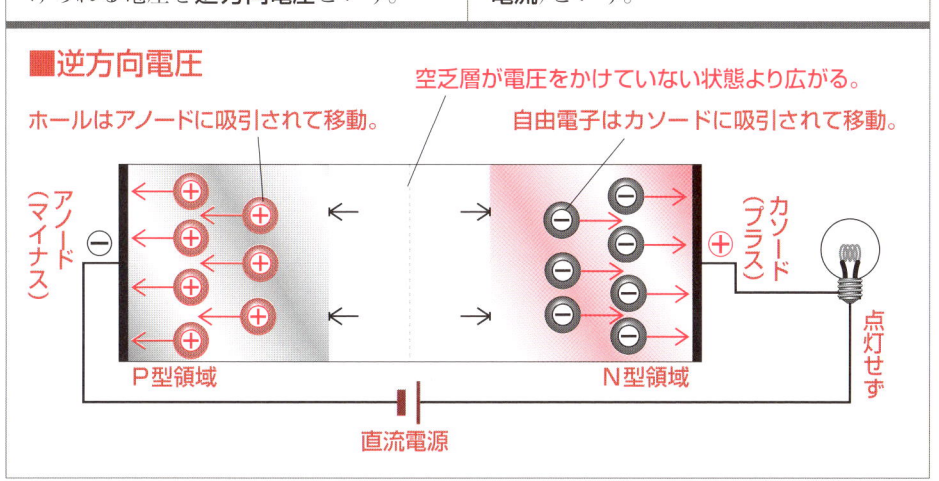

半導体と電気

■逆方向電圧

空乏層が電圧をかけていない状態より広がる。
ホールはアノードに吸引されて移動。
自由電子はカソードに吸引されて移動。

アノード（マイナス）／P型領域／N型領域／カソード（プラス）／点灯せず
直流電源

Point　ダイオードは一方向にしか電流を流せない

Part5 半導体と電気
トランジスタ

　増幅作用またはスイッチング作用などのある半導体素子をトランジスタという。電子回路におけるスイッチング作用に使われるトランジスタはICに組みこまれることがほとんどで、単体で使われることはなくなったが、電源回路や増幅回路では現在でも使用されている。

　トランジスタにはさまざまなタイプのものがあるが、代表的なものが接合型トランジスタと電界効果トランジスタだ。接合型トランジスタは動作にホールと電子の両方がかかわるのでバイポーラトランジスタともいわれる。電界効果トランジスタは動作にホールか電子の一方しかかかわらないユニポーラトランジスタの一種だ。

　なお、単にトランジスタといった場合には、接合型トランジスタをさすことが多い。

接合型トランジスタ

　接合型トランジスタはダイオードと同じようにP型半導体とN型半導体を接合して作られる。薄いP型半導体を両側からN型半導体ではさみこんだものをNPN型トランジスタ、逆にN型をP型ではさみこんだものをPNP型トランジスタという。それぞれの半導体には電極が備えられていて、両側の半導体の電極はエミッタとコレクタといい、はさまれた半導体の電極をベースという。

　NPN型トランジスタの場合、ベースからであれば、ダイオードの順方向電圧と同じことになるので、エミッタへもコレクタへも電流を流すことができる。しかし、エミッタとコレクタの間で電流を流そうとしても、途中に逆方向電圧になってしまう部分があるため、電流を流すことができない。

　ところが、ベースからエミッタへ電流を流しておき、その状態でコレクタとエミッタの間にベースにかけている電圧より高い電圧をかけると、コレクタからエミッタへ電流が流れる。これはエミッタ領域からベース領域に移動していた自由電子が、コレクタの高電圧に吸引されて、薄いベース領域を通り抜けてコレクタ領域に誘い出されてしまうためだ。結果として、コレクタからエミッタへと電流が流れる。ベース－エミッタ間の電流をベース電流、コレクター－エミッタ間の電流をコレクタ電流という。

■ NPN型トランジスタ

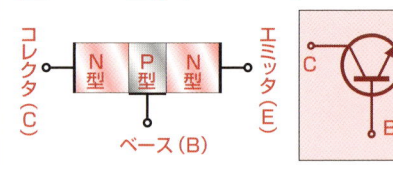

■ PNP型トランジスタ

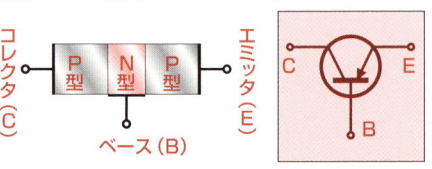

☞ トランジスタ（Transistor）は伝達（Transfer）と抵抗（Resistor）の2語をつないだ造語です。

■NPN型トランジスタの通電

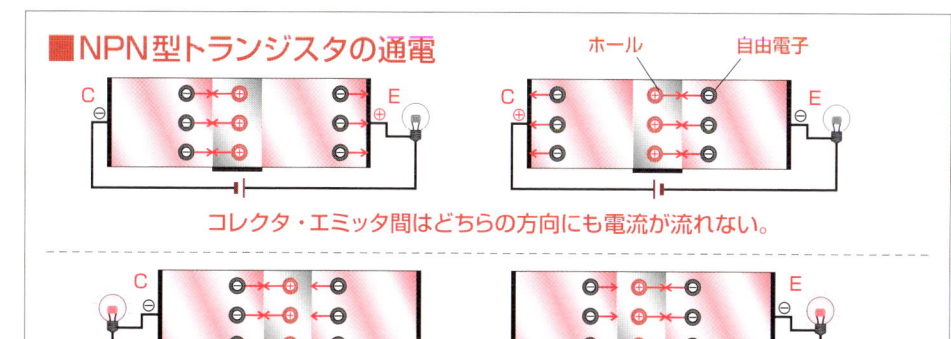

コレクタ・エミッタ間はどちらの方向にも電流が流れない。

ベースからはコレクタへもエミッタへも電流が流せる（逆方向は不可）。

　この時、ベース電流が大きくなると、誘い出される電子が多くなるため、コレクタ電流も大きくなる。つまり、ベース電流のわずかな変化でも、コレクタ電流の大きな変化になる。これがトランジスタの**増幅作用**だ。

　また、ベース電流をON／OFFすれば、コレクタ電流をON／OFFできる。

これがトランジスタの**スイッチング作用**となる。

　PNP型の場合も、加える電圧の方向が逆向きになり、**ホール**が移動することになるが、同じことが起こる。ただし、ホールの移動速度は自由電子の移動速度の1/2程度のため、一般的にはNPN型のほうが使われることが多い。

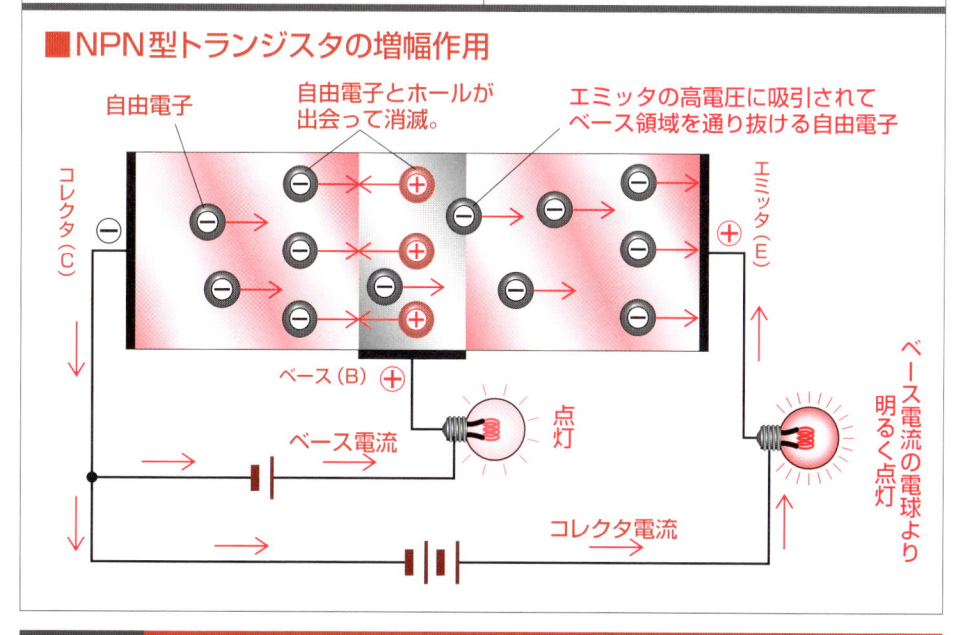

■NPN型トランジスタの増幅作用

Point 接合型トランジスタは電流を増幅する

Part5 半導体と電気

FET ●●●●●●●●●●●●●●●●●●●●●●●●●●●●●●

　英語の頭文字からFETといわれることが多い**電界効果トランジスタ**にも、**増幅作用**がある。**接合型トランジスタ**は小さな電流の変化を大きな電流の変化に増幅するのに対して、FETは小さな電圧の変化を大きな電流の変化に増幅する。そのため接合型トランジスタは**電流制御型トランジスタ**といい、FETは**電圧制御型トランジスタ**という。

　FETは、構造の違いによって**接合型FET**と**MOS型FET**に大別される。

接合型FET

　接合型FETは、図のように**N型半導体**の中間部に**P型半導体**を部分的に割りこませたような構造になっている。P型の部分の電極を**ゲート**、N型の両端に備えられた電極をそれぞれ**ドレイン**と**ソース**という。

　形状は異なるが、この接合型FETの構造は**PN接合ダイオード**と同じだ。ゲートからドレインまたはソースへは電流を流すことができるが、逆方向には電流が流れない。また、電圧がかかっていない状態では、P型とN型の接合面付近に**空乏層**(P126参照)ができていて、その部分には**電荷**の運び手(**キャリア**)となる**自由電子**や**ホール**が存在しない。

　ソース-ドレイン間は、同じ半導体の一部なので問題なく電流が流れる。この電流を**ドレイン電流**といい、電荷の運び手であるキャリアは自由電子だ。その電子の通り道を**チャネル**という。

　この状態で、ゲート-ソース間に**逆方向電圧**をかけると、ダイオードの場合と同じように空乏層が広がっていく。すると、チャネルが狭くなり、通過できる自由電子の数が制限されることになる。つまり、流れられる電流が小さくなる。

　ゲートにかける電圧である**ゲート電圧**を高めるほど、チャネルが狭くなりドレイン電流が抑えられる。つまり、ゲート

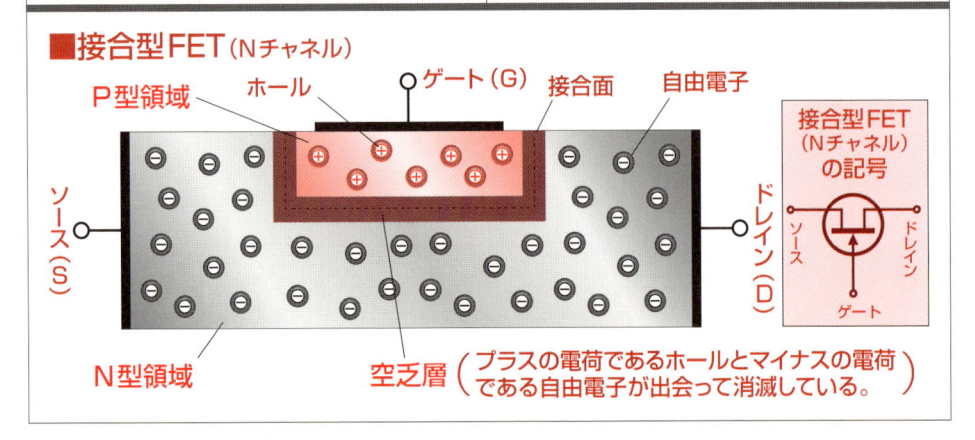

■ **接合型FET**(Nチャネル)

- P型領域
- ホール
- ゲート(G)
- 接合面
- 自由電子
- ソース(S)
- ドレイン(D)
- N型領域
- 空乏層（プラスの電荷であるホールとマイナスの電荷である自由電子が出会って消滅している）

接合型FET(Nチャネル)の記号

☞ FETはField Effect Transistor(電界効果トランジスタ)の略。

電圧でドレイン電流を制御できる。このようにして、接合型FETは電流の**増幅作用**を行う。

また、チャネルがなくなるまで空乏層が大きく広がるようにゲート電圧を高めれば、ドレイン電流が流れなくなる。これにより**スイッチング作用**も行える。

ここまでで説明した接合型FETは、チャネルにN型半導体を使用するので**Nチャネル型FET**というが、N型とP型の配置が逆のFETもあり**Pチャネル型FET**という。Nチャネル型ではキャリアが自由電子だが、Pチャネル型ではホールがキャリアになる。

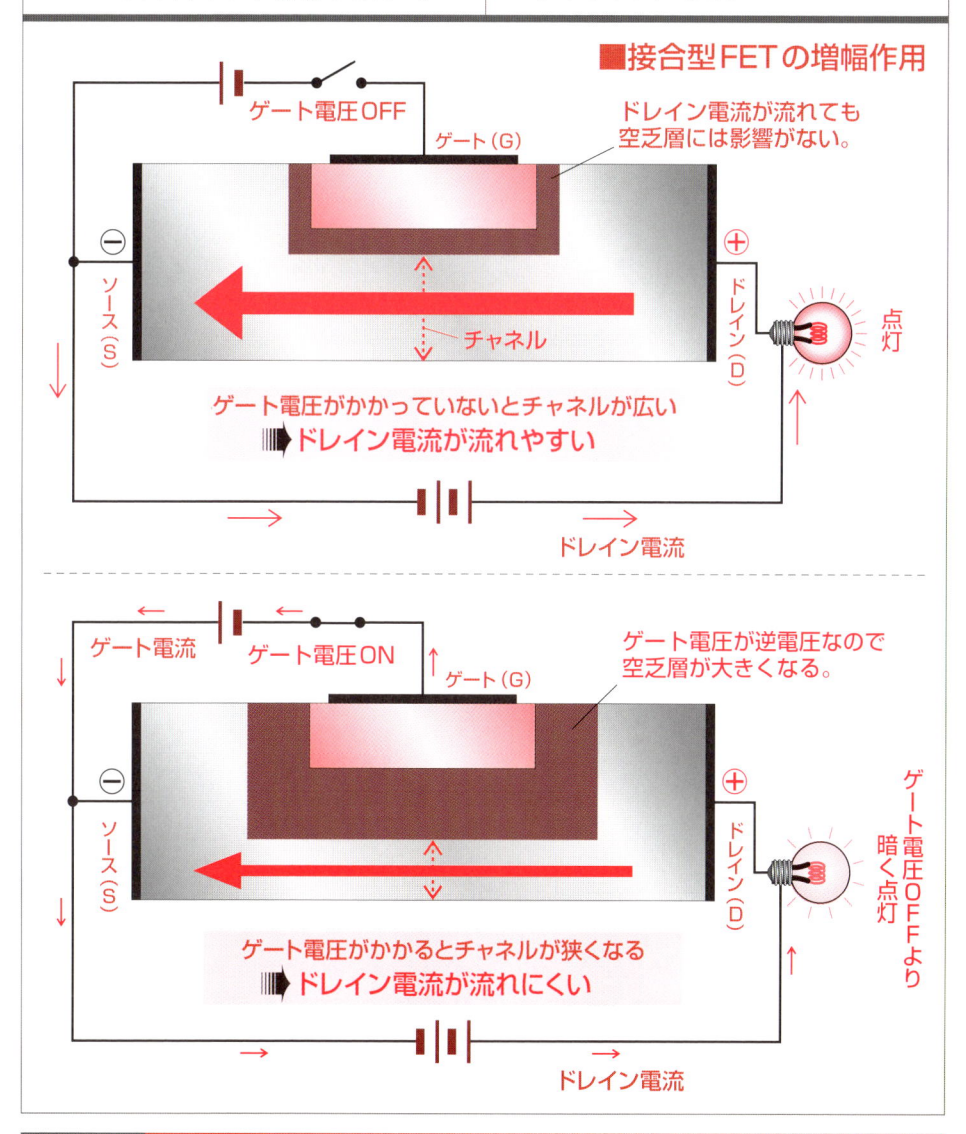

■接合型FETの増幅作用

ゲート電圧OFF
ゲート(G)
ドレイン電流が流れても空乏層には影響がない。
ソース(S)
チャネル
ドレイン(D)
点灯
ゲート電圧がかかっていないとチャネルが広い
▶ ドレイン電流が流れやすい
ドレイン電流

ゲート電流
ゲート電圧ON
ゲート(G)
ゲート電圧が逆電圧なので空乏層が大きくなる。
ソース(S)
ドレイン(D)
ゲート電圧OFFより暗く点灯
ゲート電圧がかかるとチャネルが狭くなる
▶ ドレイン電流が流れにくい
ドレイン電流

半導体と電気

Point　FETは電圧で電流を制御する

■ MOS型FET（Nチャネル）

図中ラベル：N型領域、ソース(S)、ゲート(G)、金属電極、ドレイン(D)、絶縁膜、ホール、自由電子、P型領域、接合面、空乏層（プラスの電荷であるホールとマイナスの電荷である自由電子が出会って消滅している。）

MOS型FET（Nチャネル）の記号：ソース、ドレイン、ゲート

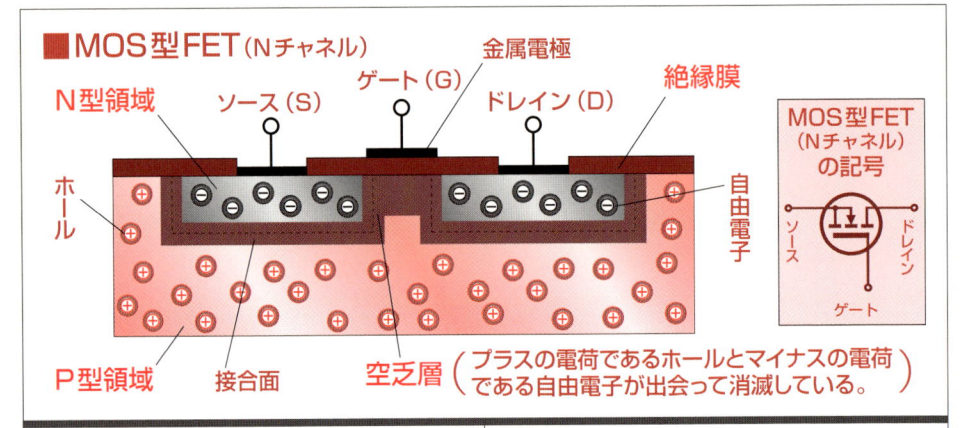

MOS型FET

　MOS型FETは、図のようにP型半導体の2カ所にN型半導体を部分的に割りこませたような構造になっている。さらに全体をおおうように薄い膜状の金属酸化物絶縁体が配され、2カ所のN型の間に金属電極が備えられる。この電極を**ゲート**という。2カ所のN型の部分は絶縁体が取り除かれ、それぞれ**ドレイン**と**ソース**という電極が備えられている。

　PN接合ダイオードと同じようにP型とN型が接しているため、電圧がかかっていない状態では、P型とN型の接合面付近に**空乏層**（P126参照）ができていて、**キャリア**となる**自由電子**や**ホール**が存在しない。そのため、ソース－ドレイン間に電流を流すことができない。

　この状態で、ゲート側がプラスになるようにゲートに電圧をかけても、絶縁膜があるため、電流は流れない。しかし、ゲート電極にプラスの電荷があるため、**静電誘導**によって空乏層で結合していたホールと自由電子の結合が解かれ、自由電子が電極側に近づき、ホールが電極から離れる。すると、ゲート電極付近の本来はP型半導体の部分からホールがなくなり、N型半導体のようになる。この部分がソースのN型領域とドレインのN型領域をつなぐため、電流が流れるようになる。このソースとドレインをつなぐ部分をチャネルという。

　ゲート電圧を高めるほどチャネルは広くなり、**ドレイン電流**が大きくなる。つまり、ゲート電圧でドレイン電流を制御できることになる。このようにして、MOS型FETは電流の**増幅作用**を行う。

　ここまでに説明したMOS型は接合型FETの場合と同じように、チャネルにN型半導体を使用するので**Nチャネル型MOS**というが、N型とP型の配置が逆のものもあり**Pチャネル型MOS**という。

　LSIなどの**集積回路**に使用されるトランジスタは、おもにMOSが使用されるが、現在ではNチャネル型MOSとPチャネル型MOSをセットで使用する**CMOS回路**が主流になっている。いずれか一方のチャネル型を単独で使用するよりCMOS回路のほうが消費電力を小さくできるためだ。

☞ MOSはMetal-Oxide Semiconductor（金属酸化物半導体）の略。順に、金属（電極）、酸化物（絶縁体）、半導体が重なるという意味がある。

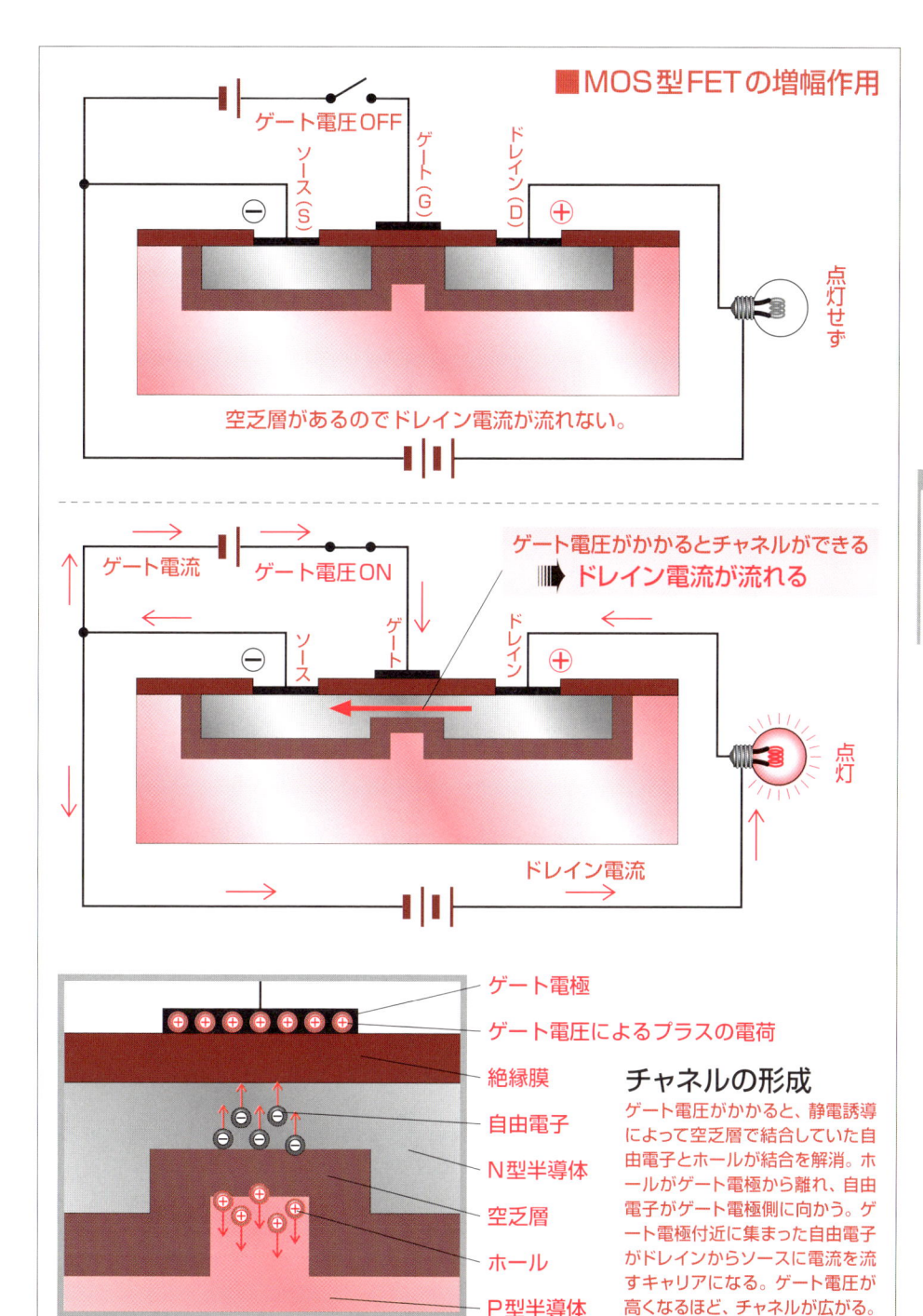

■MOS型FETの増幅作用

ゲート電圧OFF

ソース(S) / ゲート(G) / ドレイン(D)

空乏層があるのでドレイン電流が流れない。

点灯せず

ゲート電圧ON

ゲート電流

ゲート電圧がかかるとチャネルができる
➡ ドレイン電流が流れる

ソース / ゲート / ドレイン

ドレイン電流

点灯

半導体と電気

チャネルの形成

ゲート電極
ゲート電圧によるプラスの電荷
絶縁膜
自由電子
N型半導体
空乏層
ホール
P型半導体

ゲート電圧がかかると、静電誘導によって空乏層で結合していた自由電子とホールが結合を解消。ホールがゲート電極から離れ、自由電子がゲート電極側に向かう。ゲート電極付近に集まった自由電子がドレインからソースに電流を流すキャリアになる。ゲート電圧が高くなるほど、チャネルが広がる。

Point MOSでは静電誘導が利用される

Part5 半導体と電気

サイリスタ……………………

　サイリスタとはおもに**スイッチング作用**を行う**半導体素子**のことで、**SCR**といわれることもある。さまざまな種類のサイリスタがあるが、代表的なものは、**P型半導体**と**N型半導体**を交互に4層に接合したものだ。正式には**逆阻止3端子サイリスタ**というが、単にサイリスタといった場合には、このタイプをさすことが多い。

　PNPN接合サイリスタの場合、一端のP型に**アノード**、もう一端のN型に**カソード**、3番目のP型に**ゲート**という電極が備えられる。**PNP型トランジスタ**と**NPN型トランジスタ**を図のように組み合わせたものといえる。

　トランジスタやFETには**スイッチング作用**があるが、スイッチの状態を維持するためにはベースやゲートに電圧をかけ続けなければならない。しかし、サイリスタの場合は**ゲート電圧**をかけてスイッチをONにすれば、以降はゲート電圧をなくしても、そのスイッチONの状態が維持される。これがサイリスタの大きなメリットだ。

　アノード－カソード間に電流を流そうとしても、いずれかの接合部分に**空乏層**ができて電気抵抗になってしまうため、電流は流れない。しかし、アノードからカソードに電圧をかけた状態で、ゲートにも電圧をかけると、アノードからカソードへ電流が流れるようになる。

　実はアノードにかけられた電圧によって、非常にわずかだが空乏層を通り抜けてゲートのあるP型領域まで電流が漏れてきている。この電流が、ゲート電圧の**電界**によって加速されると、雪崩的に電子が増加し一気に大電流が流れる。これを**雪崩降伏**という。いったん雪崩降伏が起きて電流が流れるようになると、ゲート電圧がなくなってもこの状態が続く。

■逆阻止3端子サイリスタ

P型領域　N型領域　P型領域　N型領域

アノード（A）　　　　　　　　　　　カソード（K）

ホール　　接合面　　ゲート（G）　接合面　　自由電子

サイリスタ（PNPN接合）の記号
アノード　カソード　ゲート

トランジスタの構成に置き換えると
アノード相当
ゲート相当
カソード相当

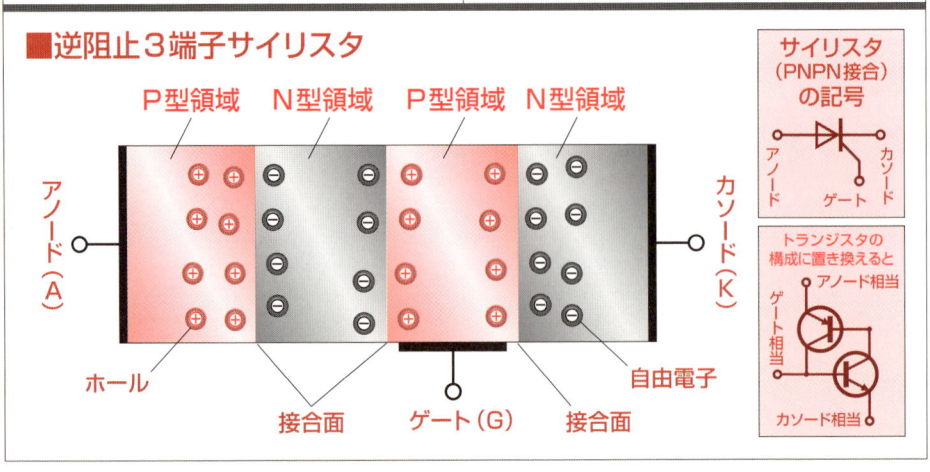

☞ SCRはGE社の登録商標で、サイリスタはRCA社が名づけたものだが、後にIEC（国際電気標準会議）によってサイリスタに統一された。

■サイリスタのスイッチング作用

アノードからカソードに電流を流そうとしても、空乏層が抵抗になって流れない。

アノード電圧ON
点灯せず
空乏層が抵抗
ゲート電圧OFF

ゲートに電圧をかけると、雪崩降伏が起こってアノードからカソードに電流が流れる。

アノード電圧ON
点灯
雪崩降伏で空乏層が崩壊
ゲート電圧ON

アノード電圧OFF
点灯せず
空乏層が抵抗
ゲート電圧OFF

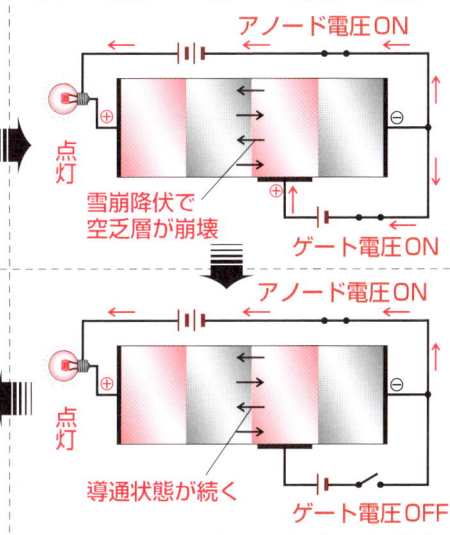

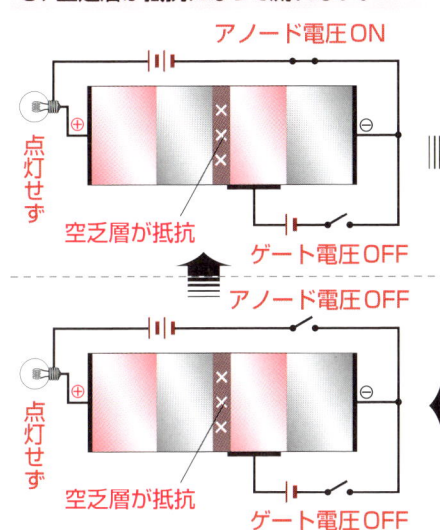

アノード電流を切ると、サイリスタがOFFの状態に戻る。

アノード電圧ON
点灯
導通状態が続く
ゲート電圧OFF

ゲート電圧をなくしても、雪崩降伏状態が続きアノードからカソードに電流が流れる。

　この電流を止めるには、**アノード電流**を切るか、アノードに逆方向の電圧をかける必要がある。いったんアノード電流をOFFにすると、再びアノード電流をONにしても、ゲート電圧がかかっていなければ、電流は流れない。

　逆阻止3端子サイリスタは逆方向には電流を流すことができないが、2個を組み合わせて逆方向に並列した構造にすれば双方向に電流を流すことができる。これを**双方向サイリスタ**という。**トライアック**ともいい、直流だけでなく交流にも使える。

　また、ゲートに逆方向の電流を流すことでスイッチを切ることができる**ゲートターンオフサイリスタ（GTOサイリスタ）**も一時期は多用された。しかし、同様の機能で回路が簡素化でき、消費電力や発熱を抑えられる**絶縁ゲートバイポーラトランジスタ（IGBT）**の登場によって主流を外れていった。現在ではあまり使われていない。

■その他のサイリスタ

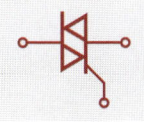

双方向サイリスタ
（トライアック）

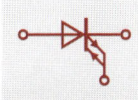

ゲートターンオフサイリスタ
（GTOサイリスタ）

半導体と電気

Point　サイリスタは一瞬の電圧でスイッチを操作できる

Part5 半導体と電気

IC ●●●●●●●●●●●●●●●●●●●●●●●●●●●●●●●●

　半導体素子が登場した当初は、抵抗器やコンデンサなどの素子とともに配線が施された回路基板に載せていた。この方法では回路が複雑になると、それだけ大きく重くなり、製造も難しく、消費電力も大きくなりやすい。そこで開発されたのがICだ。

　ICは日本語では集積回路といい、半導体の基板上に多数のダイオードやトランジスタ、コンデンサ、抵抗器などの素子と配線が組みこまれている。小型軽量化できるのはもちろん、配線などが最短距離になるので、消費電力を抑えることも可能だ。個々のICのことはICチップや、単にチップといわれる。

　少し古いが、構造がわかりやすい接合型トランジスタによるICの断面は図のようになっている。ダイオードやトランジスタは、当然のごとくN型、P型の半導体を組み合わせることで作りこまれている。また、すでに説明したようにダイオードに逆方向電圧をかければコンデンサとして機能させることができる（P127参照）。抵抗器の場合は、不純物の量を調整することで、抵抗値が高くなるようにしている。

　ICは、1個のチップに組みこむ素子数が多いほど高機能なものにすることができる。開発された当初のICは、わずか数個の素子だったが、加速度的に集積度が高められていった。

　LSIといわれるものになると、1cm角のチップ上に1000個以上の素子が組みこまれている。さらに集積度の高いVLSIやULSIも現在では一般的になっている。ULSIでは1cm角上に1000万個以上の素子が組みこまれている。なお、表のように集積度による目安はあるが、VLSIやULSIも含めてLSIと総称することが多い。

　集積度が高まれば、それだけ個々の素子の構成要素は小さくなっていく。最新のICでは、回路の導線の間隔が数10nm（ナノメートル）になっている。つまり、

■ICの種類

略称	名称	集積度（素子数）
SSI	小規模集積回路 (Small Scale Integration)	～100
MSI	中規模集積回路 (Medium Scale Integration)	100～1000
LSI	大規模集積回路 (Large Scale Integration)	1000～10万
VLSI	超大規模集積回路 (Very Large Scale Integration)	10万～1000万
ULSI	極超大規模集積回路 (Ultra Large Scale Integration)	1000万～

Scale Integrationの部分はScale Integrated Circuitと表記されることもある

☞ ICはIntegrated Circuitの略。ICチップのチップ（Chip）には切れ端や小片という意味がある。

ICの断面

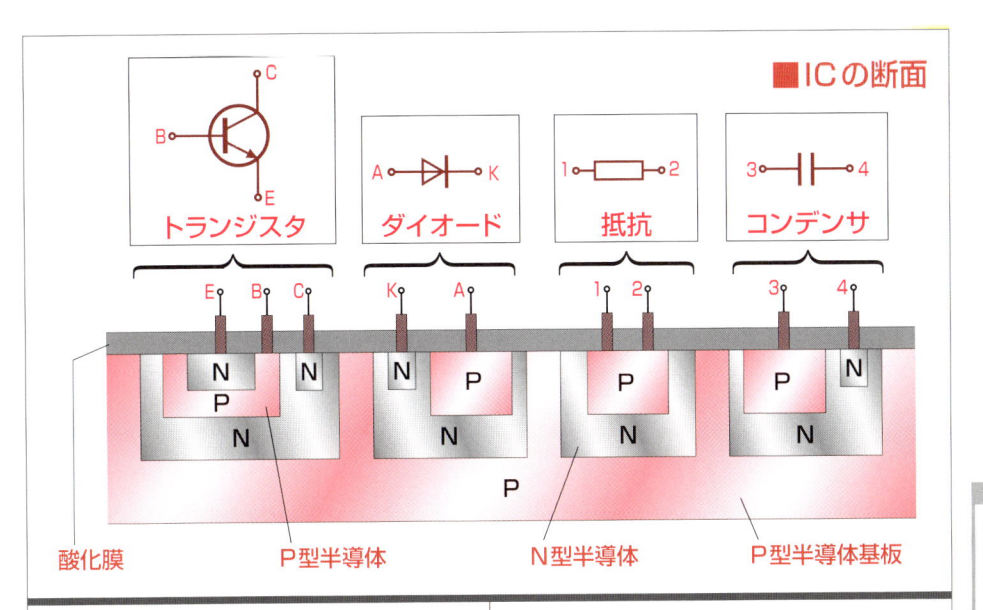

トランジスタ / ダイオード / 抵抗 / コンデンサ

酸化膜　P型半導体　N型半導体　P型半導体基板

数億分の1mmだ。こうした超微細な製造工程では、**フォトリソグラフィ**が使われている。

シンプルなNPN型トランジスタをP型半導体の基板上に作るとすると、まずP型半導体の基板に酸化膜を作り、その上に**フォトレジスト**と呼ばれる感光剤を塗る。ここに設計図をもとに作られた**フォトマスク**を介して**紫外線**を当てる。すると、紫外線に当たった部分のフォトレジストと酸化膜が変質する。変質した部分を薬品などで除去すると、酸化膜に凹みができる。そこに不純物を注入するなどしてN型半導体にする。この2カ所のN型部分に電極を備えれば、NPN型トランジスタになる。

もちろん実際の工程はさらに非常に複雑で、フォトリソグラフィが何度も繰り返されることで、何層にも重なった素子が作られていく。

ICの製造（フォトリソグラフィ）

①P型半導体の基板上に酸化膜を作り、さらにフォトレジストを塗る。

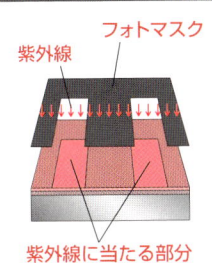

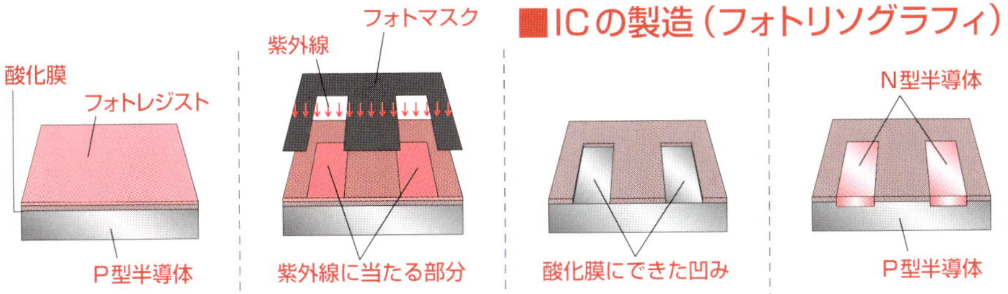

②フォトマスクを介して紫外線を当て、当たった部分を変質させる。

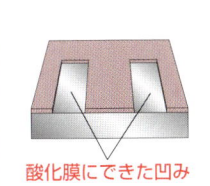

③変質した部分を取り除き、さらに残ったフォトレジストも取り除く。

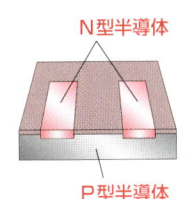

④酸化膜にできた凹みの部分に不純物を注入してN型半導体にする。

半導体と電気

Point　ICは多数の素子が組みこまれた回路

Part5 半導体と電気
半導体メモリー……………

　半導体メモリーとは、データの記憶や保持を行い、必要に応じて取り出せるものだ。単にメモリーと呼ばれることも多い。半導体メモリーはIC化されているためICメモリーやメモリーICとも呼ばれる。デジタル信号（P160参照）を扱うので、「0」と「1」を区別して記憶できるようにされている。

　半導体メモリーには、揮発性メモリーと不揮発性メモリーの2種類がある。電源を切ると記憶データが失われるタイプを揮発性メモリーという。代表的なものがDRAMで、コンピュータのメインメモリーなどに使われている。DRAMは一定時間ごとにリフレッシュ動作と呼ばれるデータ処理を行う必要がある。そのため用途によってはリフレッシュ動作が不要なSRAMが使われる。

　電源を切っても記憶データが保持されるタイプは不揮発性メモリーという。製造段階でデータが書きこまれ、内容の変更が不能なマスクROMも含まれる。さまざまなものがあるが、代表的なものがフラッシュメモリーだ。各種メモリーカードやUSBメモリーに使われている。

　半導体メモリー内には、膨大な数のメ

■メモリーセル

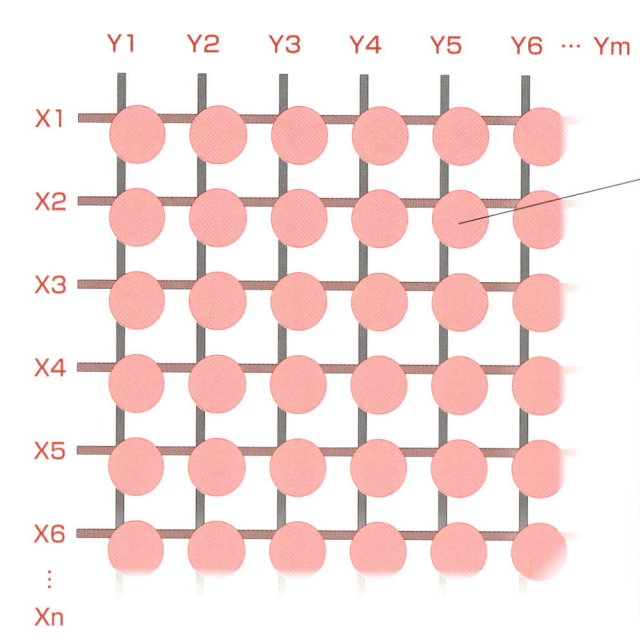

メモリーセル
記憶単位のことで、「1」か「0」が記憶される。それぞれに1本のワード線と1本のビット線がつながっている。

ワード線の番号（X1、X2…）であるXアドレスと、ビット線の番号（Y1、Y2…）であるYアドレスでメモリーセルの位置が特定できる。ワード線がn本、ビット線がm本あれば、合計でn×m個のデータが記憶できる。

☞ DRAMはDynamic Random Access Memory、SRAMはStatic Random Access Memory、ROMはRead Only Memoryの略。

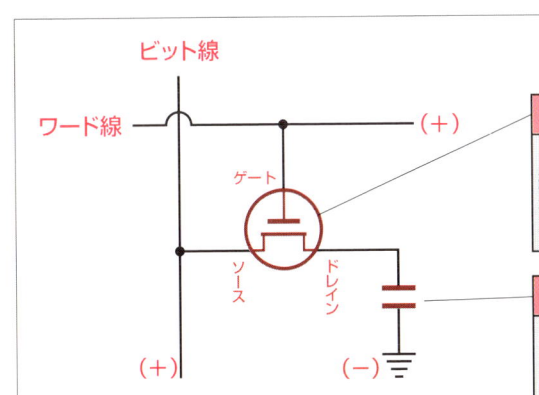

■DRAMのメモリーセル

（図：ワード線、ビット線、ゲート、ソース、ドレイン、(+)、(-)）

トランジスタ（MOS）
スイッチング作用が利用される。ワード線の電圧でON/OFFが切り替えられる。書きこみ、読み出し、消去の際にONにされ、保持の際にはOFFが保たれる。

コンデンサ
充電された状態が「1」、放電した状態が「0」になる。ビット線から充電されたり、ビット線に対して放電したりする。

モリーセルという記憶の単位が格子状に並んでいる。縦横に細い線が多数配置されていて、横方向の線を**ワード線**、縦方向の線を**ビット線**という。その交差する部分にメモリーセルが配置される。たとえばワード線を上から順にX1、X2、X3、X4……とし、ビット線を左から順にY1、Y2、Y3、Y4……としておけば、X2Y3といった具合にそれぞれのメモリーセルを特定できる。

DRAM

半導体メモリーは、明らかに区別できる2つの状態があれば「0」と「1」を区別することができる。DRAMでは**コンデンサ**が充電されているか、充電されていないか（放電しているか）で「0」と「1」を記憶する。

コンデンサを充電したり放電させたりしてデータを書きこんだり、充電状態にあるか放電状態にあるかを判断してデータを読み出すために、**スイッチング作用**のある**トランジスタ（FET）**1個とコンデンサ1個で、メモリーセルが構成されている。

各メモリーセルには図のようにトランジスタとコンデンサが配置されている。ビット線とコンデンサの間にトランジスタのスイッチが入っていて、ワード線の電圧でトランジスタのスイッチを操作することになる。

ワード線の電圧を「高」にした状態でビット線の電圧も「高」にすると、トランジスタのスイッチがONになって、ビット線からコンデンサに電流が流れて充電される。これが「1」を記憶する状態だ（図は次ページ）。そのままワード線の電圧を「低」にすると、トランジスタのスイッチが切れ、コンデンサが充電された状態が続く。これで「1」が記憶され続けることになる。

いっぽう、ワード線の電圧を「高」にした状態で、ビット線の電圧を「低」にすると、コンデンサが充電されていたとしても、トランジスタを通じてコンデンサの電荷が電圧の低いビット線へ流れ、放電される。これが「0」を記憶する状態で、そのままワード線の電圧を「低」にすると、コンデンサは放電した状態が続き「0」が記憶され続ける。

半導体と電気

Point　DRAMはコンデンサの充電と放電で記憶する

■DRAMの書きこみ

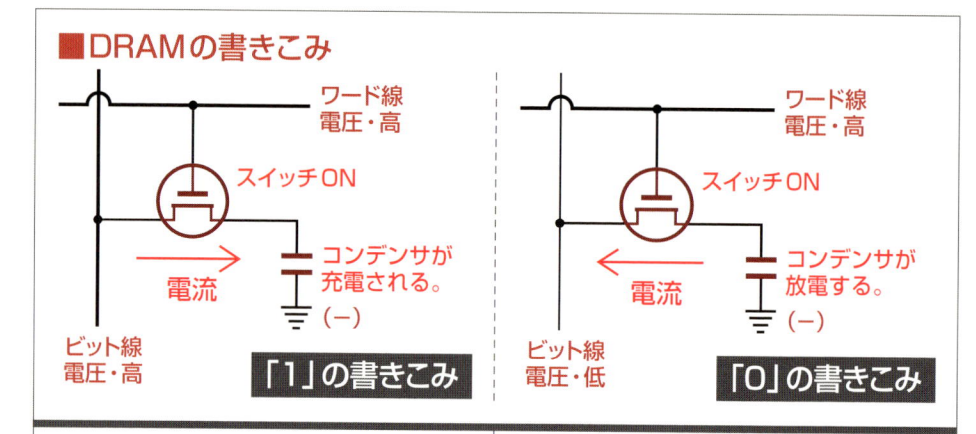

ワード線 電圧・高
スイッチON
電流 → コンデンサが充電される。（−）
ビット線 電圧・高
「1」の書きこみ

ワード線 電圧・高
スイッチON
← 電流　コンデンサが放電する。（−）
ビット線 電圧・低
「0」の書きこみ

　データを読み出す際には、**ビット線をコンデンサ**の**静電容量**（P88参照）に応じた一定の電圧にしておき、そのまま**ワード線**の電圧を「高」にしてトランジスタのスイッチを入れる。「1」の状態なら充電されていた**電荷**がコンデンサからビット線に流れこみ、ビット線の電圧が上に振れる。「0」の状態ならビット線の電荷がコンデンサに流れこんでビット線の電圧が下に振れる。この違いから、「0」か「1」かが判別できる。

　ただし、コンデンサの電荷はわずかずつ漏れていき、記憶内容が消える。そのため、一定時間ごとに記憶保持を行うデータの再書きこみが必要だ。これを**リフレッシュ動作**という。

フラッシュメモリー

　フラッシュメモリーは**スタックゲート型MOS**という**トランジスタでメモリーセル**が構成される。これは**Nチャネル型MOS**の絶縁膜のなかに、**浮遊ゲート（フローティングゲート）**という電極が入れられている。この場合、MOS本来のゲートは**制御ゲート（コントロールゲート）**という。

　制御ゲートと**ドレイン**に比較的高い電圧をかけると、**チャネル**ができて**ソース**

■DRAMの読み出し

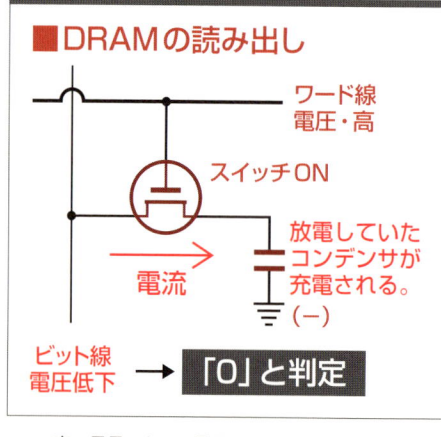

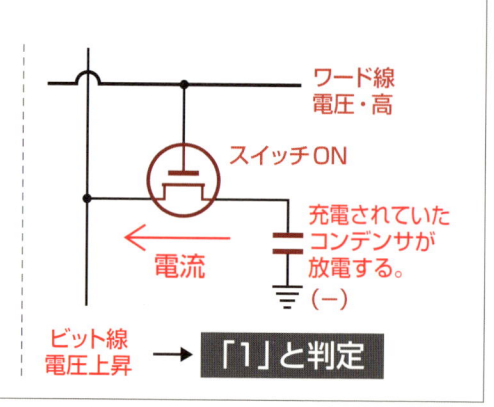

ワード線 電圧・高
スイッチON
電流 → 放電していたコンデンサが充電される。（−）
ビット線電圧低下 →「0」と判定

ワード線 電圧・高
スイッチON
← 電流　充電されていたコンデンサが放電する。（−）
ビット線電圧上昇 →「1」と判定

☞ 高い電界のなかで電子などのキャリアが原子や分子に衝突して多数のキャリアを作り出すことを衝突電離といい、発生した電子は電界で加速され高エネルギー状態のホットエレクトロンになる。

■スタックゲート型MOS

- 金属電極
- 制御ゲート（CG）
- 絶縁膜
- ソース（S）
- ドレイン（D）
- N型領域
- P型領域
- 浮遊ゲート（FG）

■フラッシュメモリーのメモリーセル

- ワード線
- 制御ゲート
- スタックゲート型MOS
- ソース
- ドレイン
- ビット線
- （−）

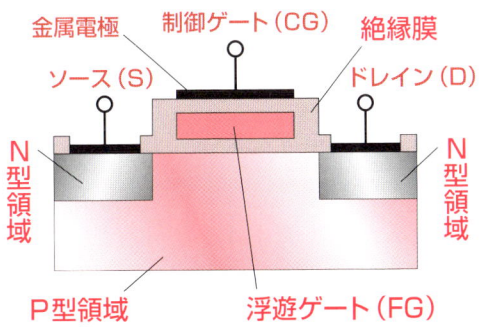

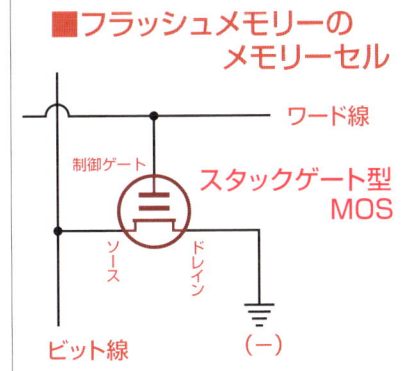

からドレインに向けて自由電子が移動する。この時、制御ゲートの電界によって一部の電子がホットエレクトロン（熱い電子）といわれるエネルギーが高い状態になる。すると、絶縁膜を突き破って浮遊ゲート電極に蓄積される。

浮遊ゲート電極に電荷があると、トランジスタの特性が変化する。読み出しのために制御ゲートに電圧をかけても、スイッチがONしなくなる。この状態を「0」とすれば、スイッチがONする状態を「1」とすることができる。

浮遊ゲート内の電子は、時間が経過してもそのままの状態が保たれる。そのため、DRAMのようなリフレッシュ動作は必要ない。

スイッチが動作しなくなったトランジスタを元の状態に戻すには、制御ゲート電極をマイナスにして、ソースに比較的高い電圧をかける。すると、ソースのプラスの電荷に吸引されて、浮遊ゲート内の電子が引き出される。これでトランジスタが元の状態に戻り、スイッチが動作するようになる。

■フラッシュメモリーの動作（「0」へ）

- 制御ゲート（CG）
- 浮遊ゲート（FG）
- ソース（S）
- ドレイン（D）
- 電子
- ホットエレクトロン

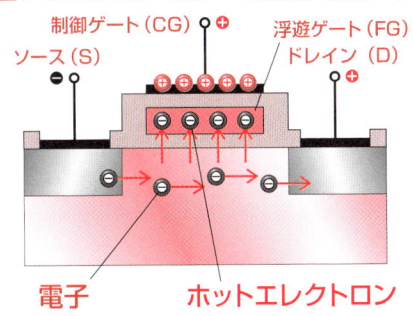

ソースからドレインに向かう電子の一部が、制御ゲートの電界内で加速され、高エネルギー状態になって浮遊ゲートに飛びこむ。

■フラッシュメモリーの動作（「1」へ）

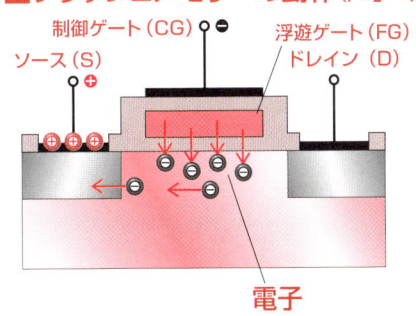

- 制御ゲート（CG）
- 浮遊ゲート（FG）
- ソース（S）
- ドレイン（D）
- 電子

ソースのプラスの電荷に吸引されて、浮遊ゲート内の電子がソースに向かう。ドレインや基板に高電圧をかけることもある。

Point フラッシュメモリーは電荷の有無で記憶する

半導体と電気

Part5 半導体と電気
整流回路と平滑回路

電流の方向が交互に変化する**交流**を**直流**に変換することを**整流**といい、その回路を**整流回路**という。**ダイオード**の**整流作用**を利用するのが一般的だ。しかし、整流回路だけでは、電流の方向は一定だが電圧が変動する**脈流**になってしまう。この脈流を完全な直流に近づけるのが**平滑回路**だ。両回路を合わせて**整流平滑回路**というが、単に整流回路や**整流器**ということも多い。整流器は**AC-DCコンバーター**ともいい、単に**コンバーター**といわれることも多い。電圧変動が小さい安定した直流が必要な場合は、安定化回路が加えられることもある。

家庭に供給される電力は交流だが、電気製品は直流で動作するものも多い。そのため、**変圧器**(P119参照)で使用する電圧に**変圧**したうえで、整流回路で直流にしている。こうした回路を総称して**電源回路**や**電源装置**という。携帯用機器では、電源装置が独立したものにされることもある。こうした装置を一般的には**ACアダプター**ということが多いが、正式には**AC-DCアダプター**という。

整流回路

もっともシンプルな**整流回路**は、ダイオード1個による**半波整流**だ。**交流**のプラスの部分だけが通過するので、間隔のあいた**脈流**になる。電圧がゼロになる時間が半分もあるため、そのまま**直流**として使用することは難しいが、**平滑回路**を併用すれば使用できることもある。

半波整流は交流の電力の半分しか利用していない。この残り半分も利用できるのが**全波整流**だ。もっとも一般的な全波整流は**ブリッジ型全波整流**で、**ダイオード**4個を組み合わせている。図のような回路をダイオードブリッジといい、この回路で全波整流が行われる。当初からダイオードが4個セットされた**ブリッジダイオード**という**半導体素子**もある。

変圧器の2次コイル側にセンタータップ(コイルの**巻き数**が半分のところへの結線)があれば、ダイオード2個での全波整流が可能だ。これを**センタータップ型全波整流**といい、2組の半波整流を組み合わせたものといえる。

■半波整流

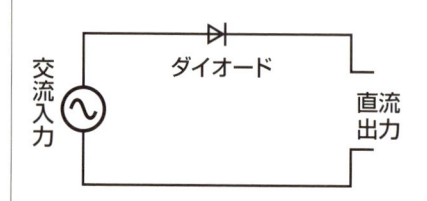

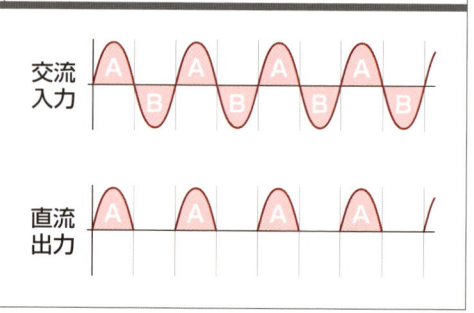

☞ 英語のConvertには、変形させるや変質させるといった意味があり、コンバーター(Converter)は整流器だけでなく変換機全般を意味する。

■ブリッジ型全波整流

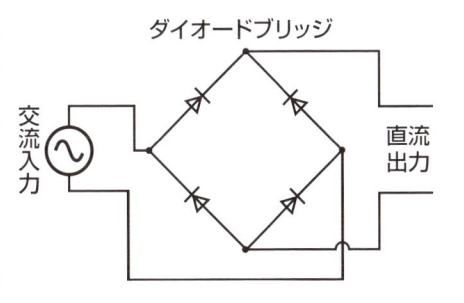

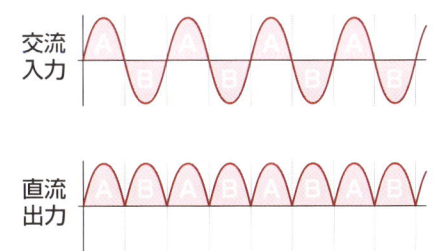

Aの時の電流の流れ

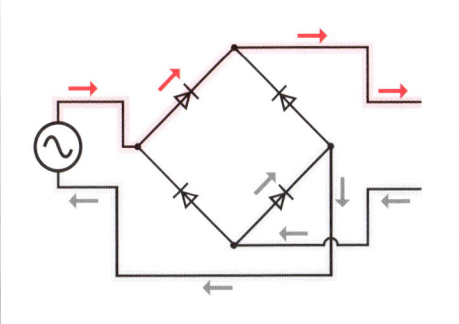

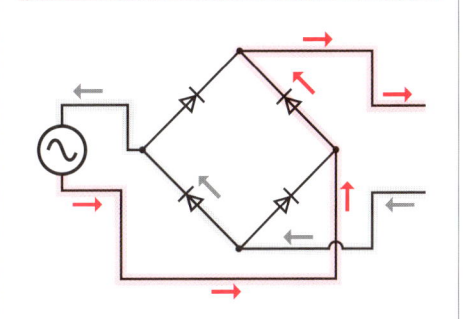

Bの時の電流の流れ

　全波整流であれば、電圧がゼロになる時間はなくなるが、電圧の変動がある脈流である。そのまま使用できる電気機器もあるが、平滑を行うのが一般的だ。
　三相交流（さんそうこうりゅう）の場合は、ダイオードを3個使えば半波整流、ダイオードを6個使えばブリッジ型全波整流を行うことが可能となる。

■センタータップ型全波整流

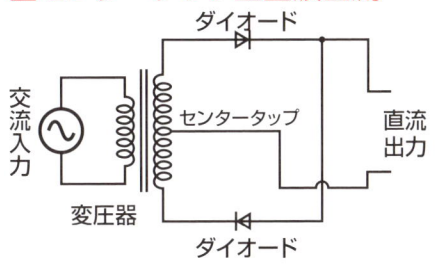

■三相全波整流

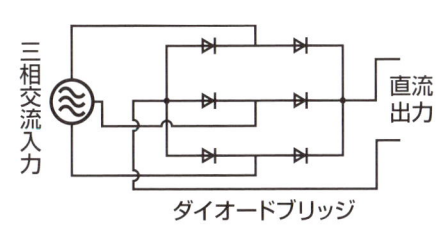

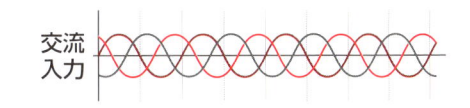

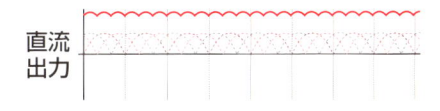

半導体と電気

Point 整流平滑回路は交流から直流を作り出す

143

■半波整流＋平滑回路（コンデンサ）

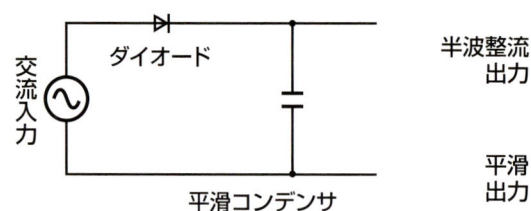

交流入力 — ダイオード — 平滑コンデンサ

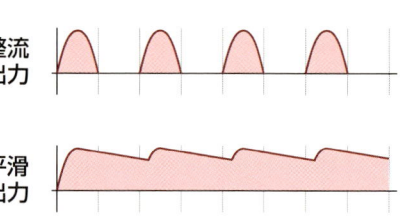

半波整流出力

平滑出力

■平滑コンデンサの充電と放電

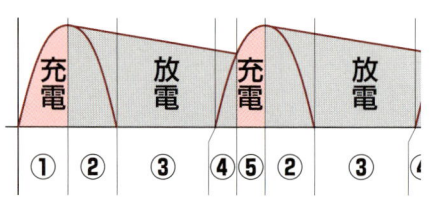

充電 放電 充電 放電
① ② ③ ④ ⑤ ② ③

開始時のみ①があり、以降は②～⑤を繰り返す。

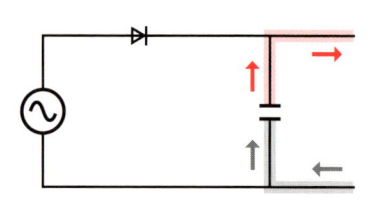

③ 整流回路からの電流が途絶えた時は、コンデンサが放電する。

① 整流回路からの電流を充電する。

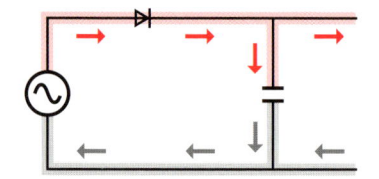

② 整流回路からの電圧が降下している時は、コンデンサが放電する。

⑤ 整流回路からの電圧が上昇している時に、コンデンサの電荷の電圧のほうが低いと、充電する。

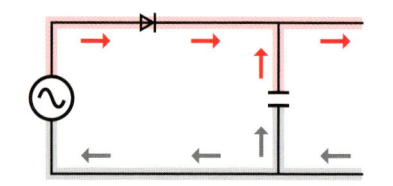

④ 整流回路からの電圧が上昇している時に、コンデンサの電荷の電圧のほうが高いと、放電する。

平滑回路

　もっともシンプルな**平滑回路**は、**整流回路**の出力に**コンデンサ**（P88参照）を並列に配置するものだ。**脈流**の電圧が上昇している間は、コンデンサに**充電**が行われ、電圧が降下を始めるとコンデンサから**放電**が行われるため、電圧降下を補うことができる。このような目的で使われるコンデンサを**平滑コンデンサ**といい、極性が定められた**電解コンデンサ**が使われることが多い。

　平滑コンデンサから放電が行われるといっても、その電圧は電荷の減少とともに低下する。そのため、出力電圧が一定にはならず、周期的に電圧降下を繰り返す。この波を**リップル**といい、**直流**に含まれる**交流**成分といえる。低下する電圧を**リップル電圧**という。

　リップルは出力された直流の使われ方でも変化する。負荷が大きく、電流が大きくなれば、コンデンサに充電された**電**

☞ 電解コンデンサは電解液に陽極となる金属を入れて酸化によってできた被膜を誘電体、電解液を陰極とするコンデンサ。小型で大容量が得られるが、極性が生じてしまう。

■全波整流＋平滑回路（コンデンサ）

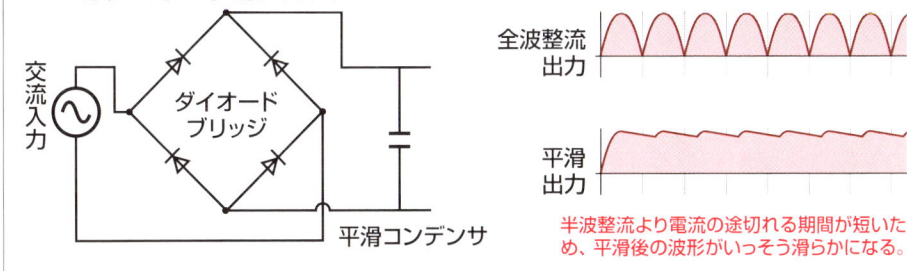

全波整流出力

平滑出力

半波整流より電流の途切れる期間が短いため、平滑後の波形がいっそう滑らかになる。

■コイルによる平滑のイメージ

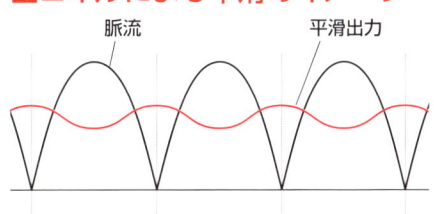

脈流　　平滑出力

コイルは電流が大きな時は、その流れを妨げるが、電流が小さな時には、逆に流しやすくするため、脈流の電圧の変動（＝電流の変動）を抑えるように作用する。

荷がそれだけ早く減少していくため、リップル電圧が大きくなる。

　コイル（P120参照）を使った平滑回路もある。リップルを含んだ整流回路の出力や脈流は直流の一種だが、電圧が変化しているので交流成分を含んでいるといえる。この電圧の変動と同じように電流も変動する。

　コイルは電流が大きいと電流の流れを阻止しようとするが、電流が小さくなると逆に流しやすくする性質がある。そのため、脈流をコイルに流すと、脈流の電圧の振幅が小さくなり、平滑化される。このような目的で使われるコイルを**チョークコイル**や**平滑コイル**という。

　しかし、チョークコイルだけで平滑回路が構成されることは少なく、平滑コンデンサと組み合わせて使われることが多い。両者を組み合わせた回路のうち、コンデンサが先にくるものを**コンデンサ入力型平滑回路**といい、チョークコイルが先にくるものを**チョーク入力型平滑回路**という。また、リップル電圧をより小さくするために、平滑回路が複数段で配置されることもある。

■各種平滑回路

コンデンサ入力型　　チョーク入力型　　チョーク入力型（2段）

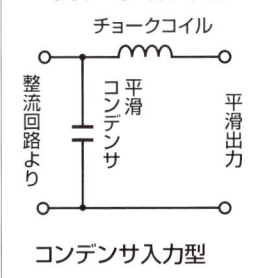

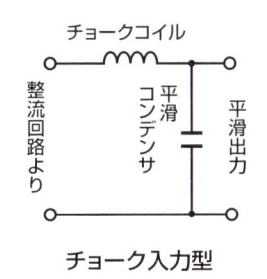

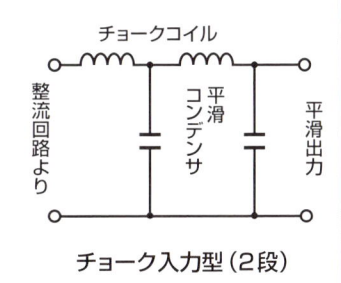

Point コンデンサやコイルの性質を利用して脈流を滑らかにする

Part5 半導体と電気

インバーター ……………

　インバーターとは、**直流**を**交流**に変換する電気回路や、その回路を備えた装置のことだ。**逆変換回路**や**逆変換装置**ともいう。制御装置との組み合わせなどによって電気器具の高機能化や省エネルギーが可能となるため活用が広がっている。インバーターと逆の機能がある**順変換回路**や**順変換装置**をコンバーターといい、**整流回路**や**整流器**が含まれる。

　インバーターが交流を作り出す基本的な仕組みはスイッチのON/OFFだ。さまざまな回路や制御の方法があるが、たとえば4個のスイッチを図の回路のように配置すればインバーターとなる。この回路は**ブリッジ型全波整流**のダイオードをスイッチに置き換えたものといえる。

　この回路で、スイッチを2個1組として、交互にON/OFFを繰り返せば、交互に電流の方向がかわる電流が出力できる。**サインカーブ**は描いていないが、交流の一種といえる。ON/OFFのタイミングによって**周波数**が決まる。

　きめ細かくスイッチを操作すれば、サインカーブに近づけることが可能だ。たとえば、サインカーブの1つの山を10等分し、1区分の間に2回スイッチを切り替えるとする。電圧を高くしたい区分ではプラスが出力される時間を長くし、マイナスが出力される時間を短くする。すると、この区分の平均から、高めのプラスの電圧が出力されることになる。逆に電圧を低くしたい区分では、プラスが出力される時間を短くすればいい。こうすることで、滑らかな電圧の変化を作ることができる。時間を細かく区切れば区切るほどサインカーブに近づく。

　ON/OFFの時間を制御すれば、出力する交流の電圧をかえることも可能だ。こうしたインバーターの制御を**PWM方式**（**パルス幅変調方式**）という。

　インバーターはスイッチを高速で正確に操作すれば実現するわけだが、接点の

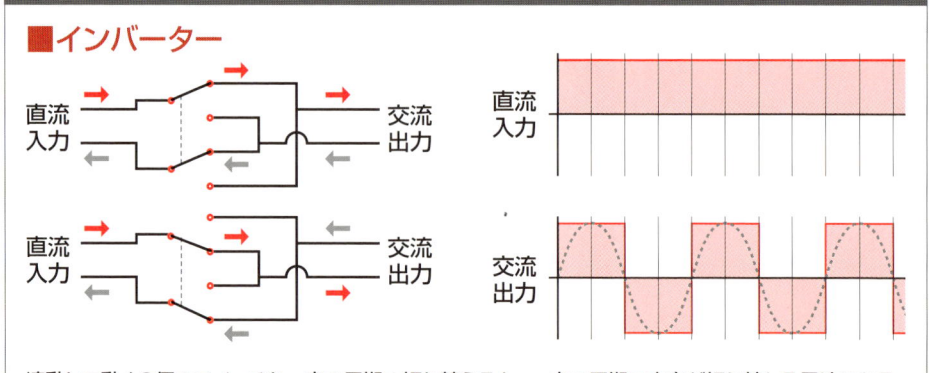

■インバーター

連動して動く2個のスイッチを一定の周期で切り替えると、一定の周期で方向が切り替わる電流になる。

☞　PWMはPulse Width Modulationの略。

■PWM

スイッチング作用のある半導体素子4個で構成されたインバーター回路

⇥⇤：スイッチOFF
⇥⇤：スイッチON

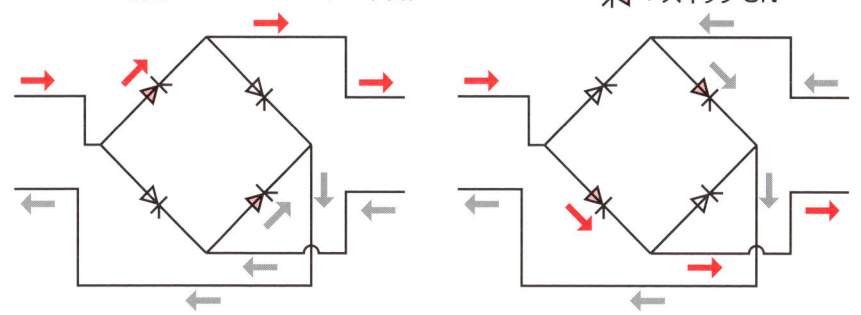

向かい合う素子を組にして、交互にスイッチをON/OFFすると、交流に変換できる。

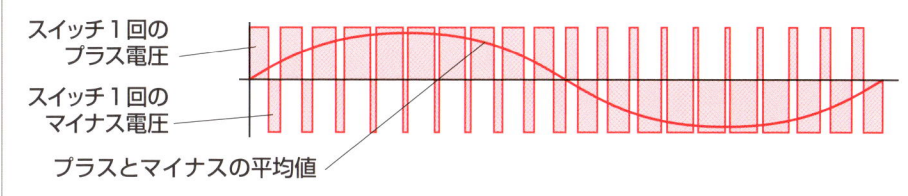

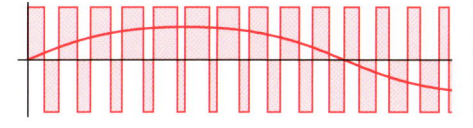

- スイッチ1回のプラス電圧
- スイッチ1回のマイナス電圧
- プラスとマイナスの平均値

2個1組のスイッチの期間は同じまま、切り替えのタイミングをかえれば電圧をかえられる。

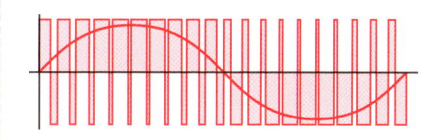

2個1組のスイッチの期間をかえれば、周波数がかえられる。

ある機械的なスイッチでは難しい。そのため、通常は**トランジスタ**（P128参照）や**サイリスタ**（P134参照）などの**スイッチング作用**がある**半導体素子**が利用される。

インバーターを使用すれば、任意の周波数の交流を作ることができるのはもちろん、周波数や電圧を変化させることも可能になる。そのため、特に**モーター**の制御に使われることが多い。**交流モーター**（P106参照）の回転数は電源の周波数によって決まるが、インバーターで周波数を可変させることで回転数制御が可能

となる。こうした制御は電車やエレベーターで活用されているが、冷蔵庫やエアコンでも利用されている。

また、**蛍光灯**（P256参照）のチラつき解消のためにインバーターが搭載された照明器具もある。高機能なインバーターであれば調光も可能だ。**電球型蛍光灯**ではインバーターが内蔵されていることが多い。

交流が供給される環境でインバーターが使われる場合、いったん整流回路で直流にしたうえで、インバーターで再び交流にしている。

半導体と電気

Point インバーターは直流から交流を作り出す

Part5 半導体と電気

真空管 ‥‥‥‥‥‥‥‥‥‥‥‥‥‥‥‥

トランジスタなどの半導体素子が登場するまで、同様の役割を果たす電子部品は真空管だった。真空管は半導体素子に比べて、サイズが大きく、取り扱いに注意が必要なうえ、消費電力が大きく、温度によって動作が安定しないなどさまざまなデメリットがあった。そのため、半導体素子の登場によって真空管は過去のものになっていった。

電子レンジの心臓部といえるマグネトロン（P248参照）は真空管の一種だが、現在では電子部品として真空管が使われることはほとんどない。オーディオマニアや音楽業界など限られた分野でしか使われていないが、電気に関連する重要な現象なので取り上げる。

真空管は熱電子放出という現象を利用した電子部品だ。金属などを加熱すると表面から電子が放出される。これを熱電子放出といい、飛び出す電子を熱電子という。エジソンが白熱電球（P254参照）の研究中に発見したもので、熱電子放出

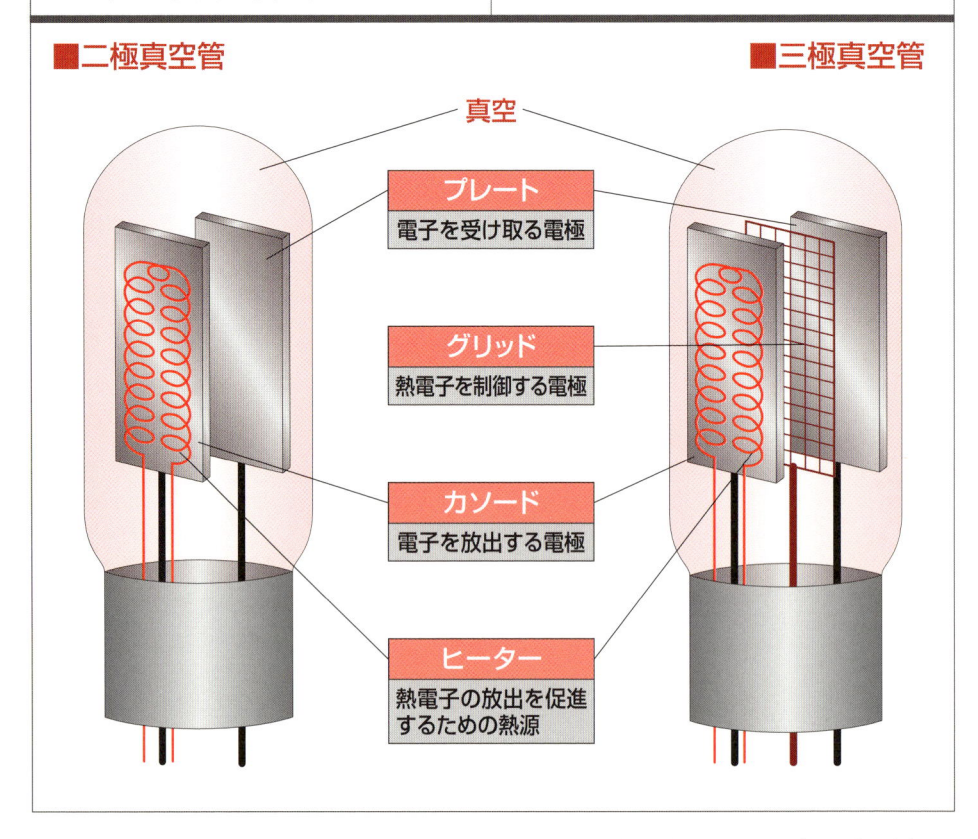

■二極真空管　　　　　　　　　　■三極真空管

真空

プレート
電子を受け取る電極

グリッド
熱電子を制御する電極

カソード
電子を放出する電極

ヒーター
熱電子の放出を促進するための熱源

☞ ダイオード（Diode）とは元々は二極真空管をさす言葉だった。英語では三極真空管はトライオード（Triode）と呼ばれた。

はエジソン効果ともいわれる。

真空管には半導体ダイオードと同じ**整流作用**や、トランジスタと同じ**増幅作用**がある。トランジスタにさまざまな種類が生まれていったように、真空管にも**四極真空管、五極真空管**などが開発されているが、基本となるのは整流作用のある**二極真空管**と増幅作用のある**三極真空管**だ。

真空管はガラスなどの筒状の容器内に電極を収めた構造になっている。内部は真空にされるか、低圧の**不活性ガス**が収められている。電流によって高温になる**フィラメント**などを電極にすることも可能だが、電極とは別に加熱用の**ヒーター**が備えられることが多い。

二極真空管

単に**二極管**とも呼ばれる**二極真空管**には電子を放出する**カソード**と、電子を受け取る**プレート**の2つの電極がある。カソードには**ヒーター**が添えられる。

ヒーターが温められた状態で、直流電源のプラス側をプレートに、マイナス側をカソードに接続すると、カソードから放出された**熱電子**が、プレートに飛びこむ。これによりプレートからカソードに電流が流れる。しかし、電源のプラスとマイナスを逆にすると電流は流れない。これが二極真空管の**整流作用**だ。

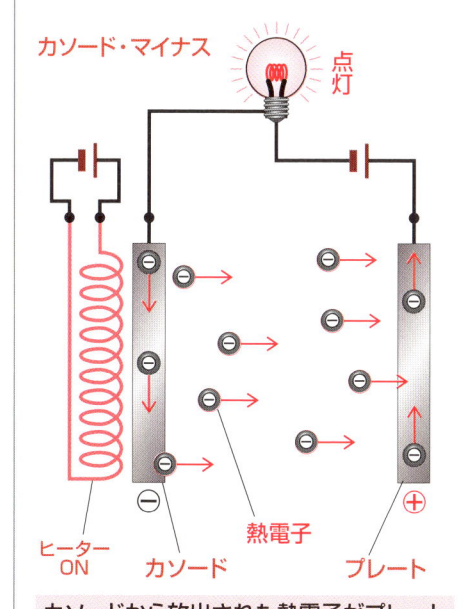

半導体と電気

■二極真空管の整流作用

カソード・マイナス 点灯

ヒーターON　カソード　熱電子　プレート

カソードから放出された熱電子がプレートに飛びこむ。この熱電子が電荷の運び手であるキャリアになるため、プレートからカソードに電流が流れる。

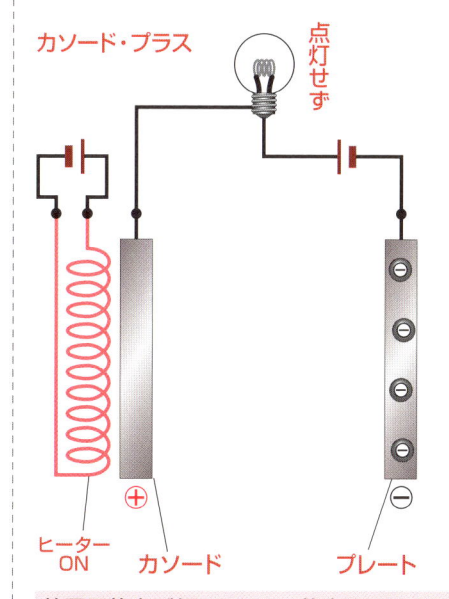

カソード・プラス 点灯せず

ヒーターON　カソード　プレート

熱電子放出が起こらない。放出されたとしてもプレートのマイナスの電荷に跳ね返されるので、プレートからカソードに電流が流れない。

Point 二極真空管は一方向にしか電流を流せない

三極真空管

三極管とも呼ばれる三極真空管は、二極管のカソードとプレートの間にグリッドと呼ばれる網状もしくは格子状の極が備えられる。このグリッドがカソードからプレートに向かう電子に影響を与えることになる。

グリッドがカソードに対してマイナスになるように電圧をかける。この電圧をバイアス電圧という。この状態で、プレートからカソードに電流を流すと、カソードから放出された熱電子の一部が、グリッドのマイナスの電荷によって跳ね返されてしまう。これによりバイアス電圧がない状態よりも、グリッドを通過してプレートに到達する電子が少なくなる。つまり、電流が小さくなる。

バイアス電圧を高くすれば、それだけグリッドを通過できる電子が減るため、電流が小さくなっていく。一定以上の電圧になると、すべての電子が押し戻されるようになり、プレートからカソードに電流が流れなくなる。逆にバイアス電圧を低くしていけば、それだけ通過できる電子が増え、電流が大きくなる。

つまり、バイアス電圧のわずかな変化が、プレートからカソードへの電流の大きな変化になる。これが三極真空管の増幅作用だ。

■三極真空管の増幅作用

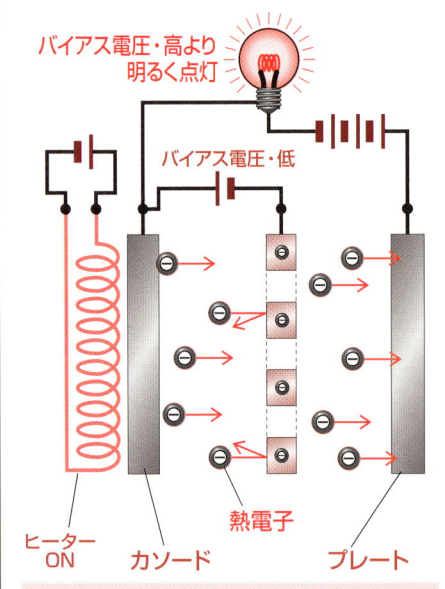

バイアス電圧・高より明るく点灯
バイアス電圧・低
ヒーター ON　カソード　熱電子　プレート

バイアス電圧がかかっていると、グリッドにマイナスの電荷があるため、カソードから放出された熱電子の一部が跳ね返され、プレートに到達できなくなる。

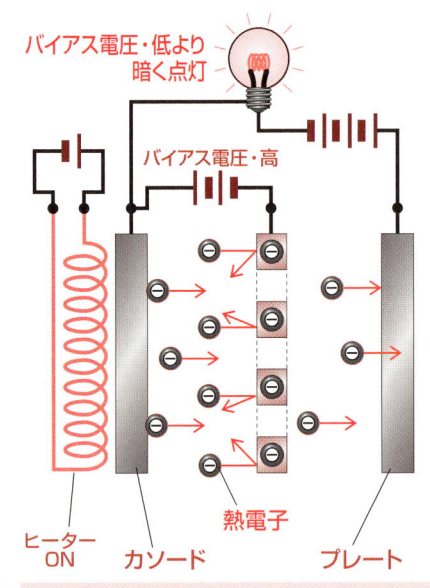

バイアス電圧・低より暗く点灯
バイアス電圧・高
ヒーター ON　カソード　熱電子　プレート

バイアス電圧が高くなると、それだけ跳ね返される熱電子が増え、プレートに到達できる電子が減る。バイアス電圧の小さな変化で電流の大きな変化を制御できる。

Point 三極真空管には増幅作用がある

Part6
通信と電波

空間を伝わる電気エネルギーの活用

Part6 通信と電波

電波······················

　放送や通信など、現在の生活に電波は欠かせないものになっている。簡単にいうと、電波とは空間を伝わる電気エネルギーのことで、電磁波の一種だ。

　コンデンサは交流を流す(P90参照)と表現される。実際にはコンデンサ内を電子などの電荷の運び手(キャリア)が通過しているわけではないが、交流が流れているように見える。この仮想の電流を変位電流という。

　仮想のものとはいっても変位電流がコンデンサの電極間を流れると、導線に電流を流した時と同じように、その周囲には右ネジの法則(P98参照)に従って磁界が形成される。

　変位電流が流れている時、コンデンサの両電極にはプラスとマイナスの電荷が存在する。この電荷の間にはクーロン力が働いているため、コンデンサの電極間には、電気力線が存在し、電界が形成されている(P96参照)。

　充電と放電を繰り返しているため、交流である変位電流の方向がかわるたびにプラスとマイナスも入れかわる。そのため電気力線は強くなり弱くなり、方向がかわってまた強くなり弱くなりを繰り返し、電界が常に変化している。

　変位電流の周囲に磁界が形成されるのは、こうした電界の変化が原因だ。つまり「電界の変化が磁界を生み出す」ことになる。これは電磁誘導作用(P102参照)と逆の現象といえる。電磁誘導では、周

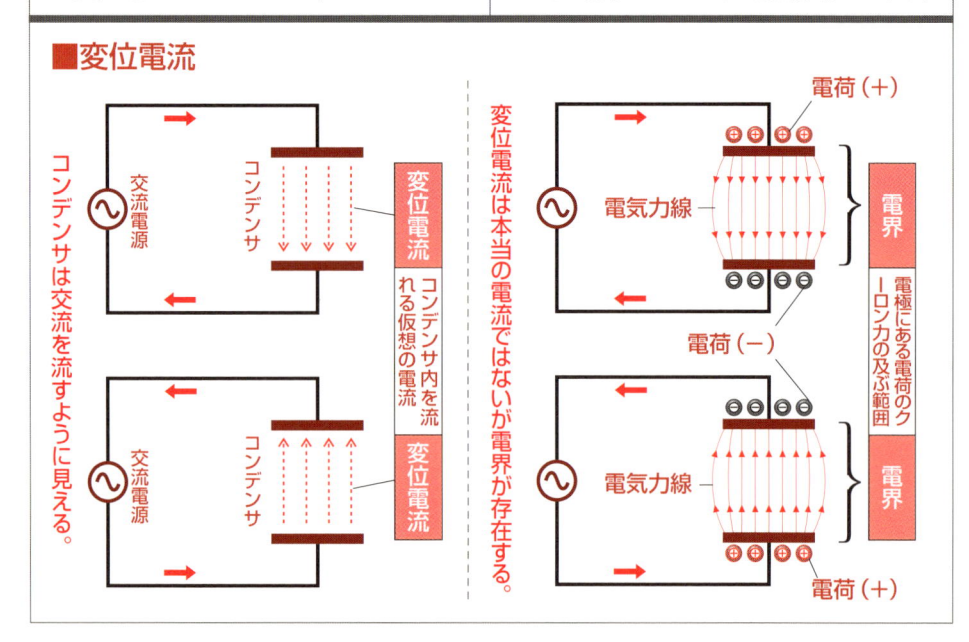

■変位電流

☞ 電子レンジ(P248参照)は電磁波を利用して物体を温めている。

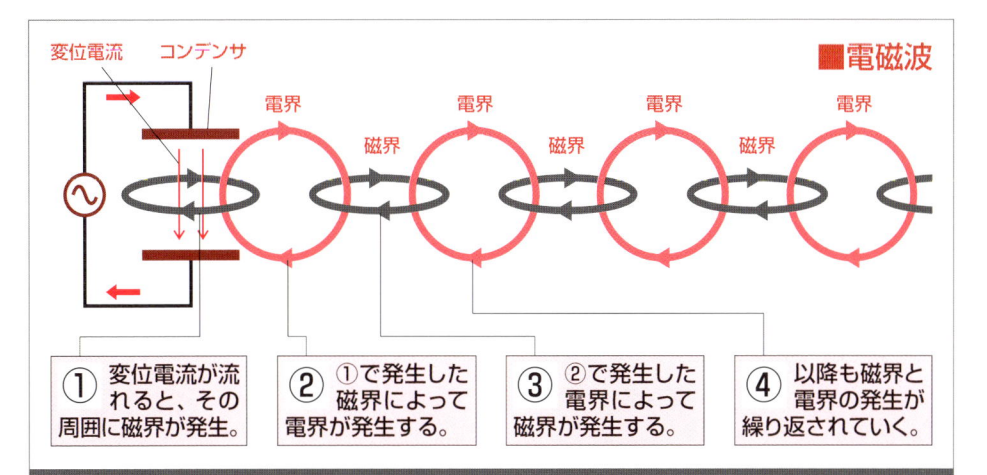

■電磁波

変位電流 **コンデンサ**

① 変位電流が流れると、その周囲に磁界が発生。

② ①で発生した磁界によって電界が発生する。

③ ②で発生した電界によって磁界が発生する。

④ 以降も磁界と電界の発生が繰り返されていく。

囲の磁界が変化すると**誘導電流**が流れるわけだが、この誘導電流が流れるということは、「磁界の変化が電界を生み出す」ということもできる。

実際、変位電流の電界によって周囲に磁界が生まれると、その磁界によって次の電界が生まれる。その電界が磁界を…と、電界と磁界が交互に形成される。こうした相互に影響し合う電界と磁界を総称して**電磁界**もしくは**電磁場**という。

また、変位電流は交流であるため、電界の方向が周期的にかわり、周囲にできる電界の方向もかわる。これを繰り返すことで先にできた電磁界を次々と押し出していくようになる。こうして電界と磁界が連鎖的に発生しながら電気エネルギーが空間を進んでいく。この現象を電磁波という。

電磁波の電界と磁界はそれぞれ直角に交わることになり、どちらも進行方向に対して直角になる。また、最初の電界が交流によるものなので、周期的な波を描く。その電界に応じて発生する磁界も同じように波を描き、次に発生する電界も同じように波を描くことが続いていく。

なお、電界の存在がわかりやすいためコンデンサの変位電流から説明しているが、導線などの導体に交流電流を流した場合も、電磁波が発生する。右ネジの法則に従って導線の周囲に磁界が形成され、その磁界の変化によって電界が生まれ、電磁界が形成されていく。

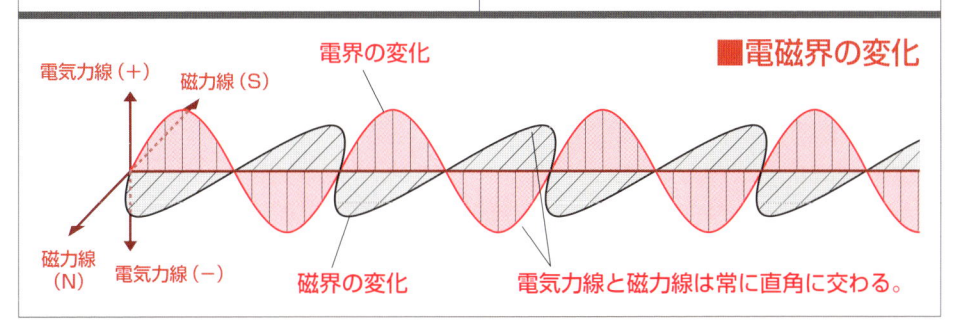

■電磁界の変化

電気力線(+)、磁力線(S)、電界の変化、磁力線(N)、電気力線(−)、磁界の変化

電気力線と磁力線は常に直角に交わる。

Point 電磁波は電界と磁界が連鎖的に発生しながら空間を進む

通信と電波

Part6 通信と電波

電磁波 ……………………………………

　電磁波とは、電界と磁界が互いに影響を与え合って振動しながら、空間を波のように伝わっていく現象だ。空間そのものがエネルギーをもって振動する現象であるため、波を伝える物質が存在しない真空中でも伝わっていくと考えられる。この電磁波には、電波の他に赤外線や可視光線、紫外線、X線などが含まれる。こうした分類は周波数によって決まる。

　電磁波も交流と同じように、山1つと谷1つを1サイクルといい、1秒間に繰り返されるサイクルの回数を周波数という。単位にはHz（ヘルツ）が使われる。

　電磁波の1サイクルの長さを波長という。すべての電磁波は1秒間に30万km進むことがわかっているので、30万kmを周波数で割れば、波長がわかる。

　さまざまな周波数の電磁波があるが、日本では電波法で300万MHz以下の電磁波を電波としている。電波より周波数の高い赤外線や可視光線、紫外線は、物質に吸収されて化学反応や発熱などの相互作用を起こすことがある。さらに周波数が高いX線では、物質との相互作用が減少し、透過するようになる。この性質を利用したものがレントゲン写真だ。

電波の種類

　電波も光と同じように直進性があり、反射や回折、減衰などの性質がある。電波の場合、金属などの導体ではよく反射するが、電気抵抗のある物に当たった場

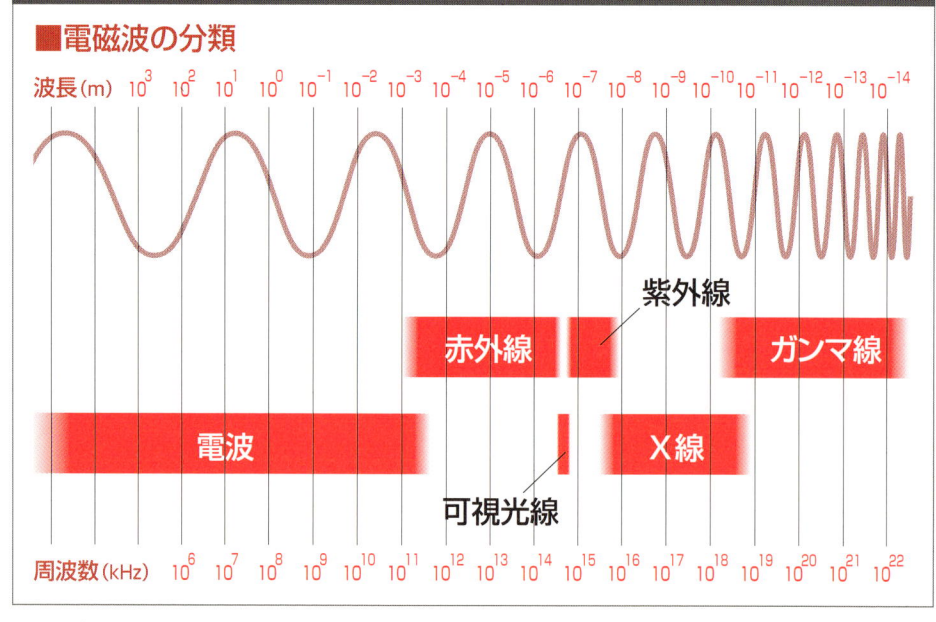

■電磁波の分類

波長(m)　10^3　10^2　10^1　10^0　10^{-1}　10^{-2}　10^{-3}　10^{-4}　10^{-5}　10^{-6}　10^{-7}　10^{-8}　10^{-9}　10^{-10}　10^{-11}　10^{-12}　10^{-13}　10^{-14}

紫外線　赤外線　ガンマ線　電波　X線　可視光線

周波数(kHz)　10^6　10^7　10^8　10^9　10^{10}　10^{11}　10^{12}　10^{13}　10^{14}　10^{15}　10^{16}　10^{17}　10^{18}　10^{19}　10^{20}　10^{21}　10^{22}

☞　電離層D層は夜になって太陽光線が当たらなくなると消滅していく。また、太陽活動が盛んになると、スポラディックE層という電離層が一時的に発生することがある。

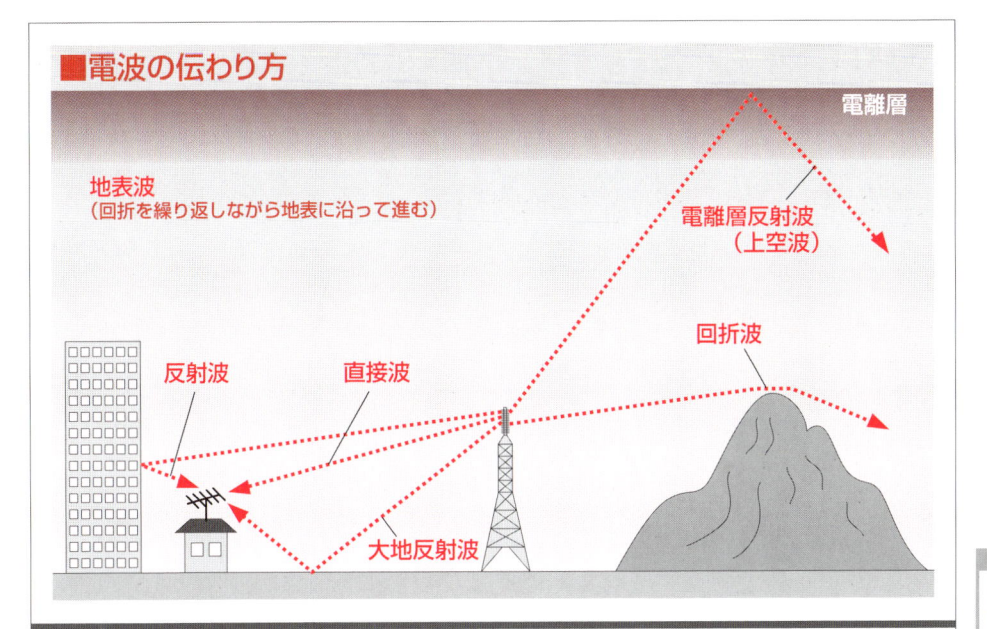

■電波の伝わり方

電離層

地表波（回折を繰り返しながら地表に沿って進む）

電離層反射波（上空波）

回折波

反射波　**直接波**

大地反射波

合は一部が吸収されて電波が減衰する。

　また、電波は山などの障害物があっても山の後ろまで回りこんで届く。これを**回折波**という。水の波が水面に出ている岩などの後ろに回りこむ現象と同じだ。

　また、**電離層**は電波の伝わり方に大きな影響を及ぼす。電離層とは、太陽光線や宇宙線（宇宙空間を飛び交う放射線）によって大気中の原子や分子が**プラズマ**（P26参照）になった大気の層のことで、地表から数10～数100kmの上空にある。低い層から順に**D層**（60～90km上空）、**E層**（90～140km上空）、**F層**（140～400km上空）という。それぞれの電離層は、周波数の違いで電波を反射することもあれば、吸収したり、通過させたりすることもある。

　電波の伝わり方は、**地上波**と**上空波**に大別される。地上波には、2点間を直線でつないだ経路で伝わる**直接波**、地表に反射して伝わる**大地反射波**、回折を繰り返しながら地表に沿って進む**地表波**がある。上空波は電離層に反射しながら伝わる**電離層反射波**のことだ。なお、地表と人工衛星などとの通信も直接波という。

　一般的に電波は周波数が高いほど直進性が強くなるが、水蒸気や水滴に吸収されて減衰しやすいので、伝わる距離が天候に左右される。逆に、周波数が低いと直進性が悪くなるが、回折して障害物の先にも伝わりやすい。こうした電波の伝わり方や届く距離など周波数帯の性質の違いで電波は分類されている。

　また、通信や放送など電波で情報を送信する場合、通常は電波のサイクルに合わせて情報を乗せるため、周波数が高いほど、多くの情報を伝達することができる。こうした情報の量と送ることができる範囲などから、電波の種類に応じて用途が異なっている。

通信と電波

Point　電波は反射したり回りこんだり吸収されて減衰したりする

●極超長波／超長波
　波長の長い電波は伝えられる情報量は少なく、送受信に巨大な施設が必要になるためほとんど使われない。ただ、極超長波（ELF）は大地や水中を通り抜けるし、超長波（VLF）も水深数10mまでは伝わるため、鉱山など地中との通信や潜水艦との通信に使用されている。

●長波
　長波（LF）は電離層（E層）で反射するが減衰が大きい。しかし、地表波で遠くまで伝わる。そのため、昔は国際通信に使われていたが、情報量が少ないため現在は用途が限られる。航空機や船舶向けの標識電波や、電波時計用の標準電波、船舶通信などで使用されている。

●中波
　中波（MF）は電離層（D層）に吸収されるため、遠距離通信は難しい。おもに地表波として伝わる。AMラジオ放送やアマチュア無線で使用されている。ただし、夜間はD層が消えるため、E層が中波を反射するようになり、遠隔地の放送局の電波が受信できることがある。

●短波
　短波（HF）は電離層（F層）でよく反射され、上空波が遠方まで届くため、国際放送や船舶無線、アマチュア無線などの遠距離通信で使用されている。ただし、季節や昼夜による電離層の変化や、太陽黒点の活動による電離層への影響で通信が安定しなくなることもある。

●超短波
　超短波（VHF）は電離層では通常は反射されないため、遠距離通信には適していないが、情報量を大きくすることができる。多少は回折波も利用できるが、直進性が強いため、直接波の利用が基本と

■電波の種類

名称	略称		周波数	波長
極超長波	ELF	Extremely Low Frequency	3Hz～3kHz	100km～10万km
超長波	VLF	Very Low Frequency	3kHz～30kHz	10km～100km
長波	LF	Low Frequency	30kHz～300kHz	1km～10km
中波	MF	Medium Frequency	300kHz～3MHz	100m～1km
短波	HF	High Frequency	3MHz～30MHz	10m～100m
超短波	VHF	Very High Frequency	30MHz～300MHz	1m～10m
極超短波	UHF	Ultra High Frequency	300MHz～3GHz	10cm～1m
センチメートル波	SHF	Super High Frequency	3GHz～30GHz	1cm～10cm
ミリ波	EHF	Extremely High Frequency	30GHz～300GHz	1mm～10mm

※極超長波をさらに細かく分類することもある。その場合、3Hz～30Hzを極極超長波（ELF）、30Hz～300Hzを極極超長波（SLF：Super Low Frequency）、300Hz～3kHzを極超長波（ULF：Ultra Low Frequency）とする。

1000Hz＝1kHz（キロヘルツ）、1000kHz＝1MHz（メガヘルツ）、1000MHz＝1GHz（ギガヘルツ）、1000GHz＝1THz（テラヘルツ）

■電離層と電波

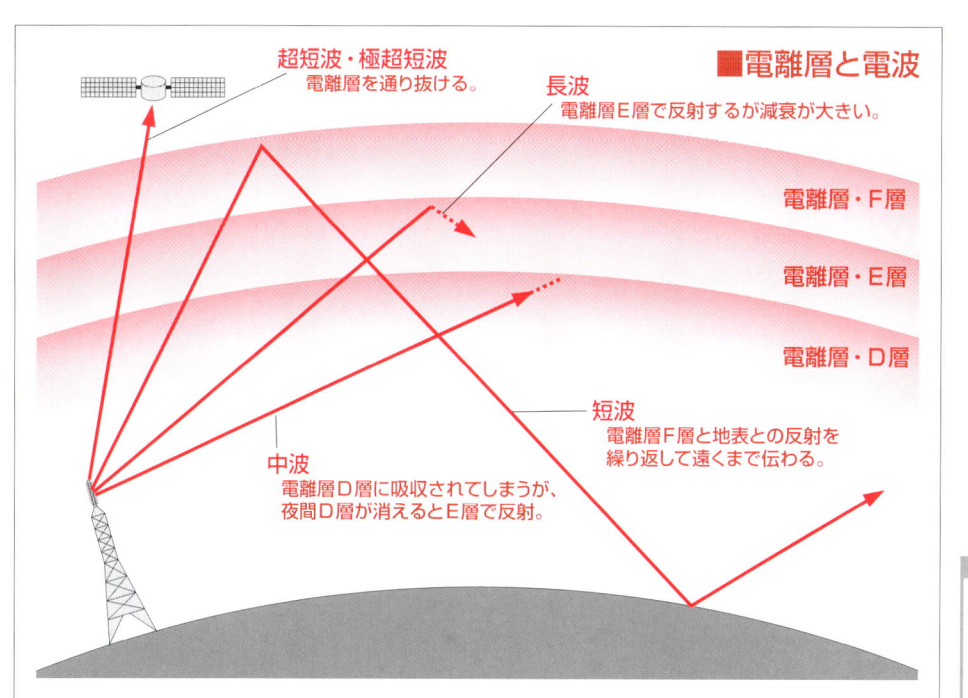

- **超短波・極超短波**: 電離層を通り抜ける。
- **長波**: 電離層E層で反射するが減衰が大きい。
- **電離層・F層**
- **電離層・E層**
- **電離層・D層**
- **短波**: 電離層F層と地表との反射を繰り返して遠くまで伝わる。
- **中波**: 電離層D層に吸収されてしまうが、夜間D層が消えるとE層で反射。

通信と電波

なる。**FMラジオ放送**や航空無線、船舶無線、アマチュア無線のほか、タクシー無線などの各種業務用移動通信に利用されている。終了した**地上アナログテレビ放送**で利用されていた。

●極超短波

極超短波（UHF）は電離層では反射せず、直進性も強いため、短距離にしか伝わらない。しかし、VHFの100倍近い大量の情報を送ることができ、アンテナを小型化できるため、**携帯電話**などの移動体通信に適している。**地上デジタルテレビ放送**やアマチュア無線などにも使われている。波長が10〜100cmであるため10cmを意味する**デシメートル波**といわれることもある。

●センチメートル波

波長が1〜10cmであるため**センチメートル波**（SHF）といわれる。光に性質が近く、直進性が強く、電離層を突き抜ける。情報量を非常に大きくできるため、無線LANやETCなどのほか、**衛星放送**や衛星通信にも使われる。レーダーに利用されることもある。**マイクロ波**と呼ばれることもあるが、範囲を広げて300MHz〜3THzをマイクロ波と呼ぶこともある。

●ミリ波

波長が1〜10mmであるため**ミリ波**や**ミリメートル波**（EHF）と呼ばれる。直進性が非常に強いためレーダーに利用されることが多く、空港などの全身スキャナーなどにも利用される。研究は行われているが、現状では通信にはほとんど利用されていない。ミリ波より波長の短い電波は**サブミリ波**と呼ばれる。

Point 電波は波長によって情報量や伝えられる距離が異なる

Part6 通信と電波

通信と放送 ……………………

　インターネットの普及によって放送と通信の境界があいまいになっているが、放送とは同時に不特定多数に対して情報を送信することであり、通信は特定の受信対象者間での情報の送受信のことである。このように放送と通信では受信者の対象が異なる。ただし、通信を広義でとらえた場合は情報の伝達すべてを意味し、そこに放送も含まれる。

　電気を利用した通信には**有線通信**と**無線通信**がある。有線通信とは、導線などの通信経路が必要な電気通信で、無線通信は特定の通信経路を必要とせず**電波**や**赤外線**などを利用する。

　さまざまな違いや種類があるとはいえ、電気を利用した通信でも放送でも、情報を電気信号に変換して送信し、受信した電気信号を再び情報に戻すわけだ。

　ドアチャイムは、もっともシンプルな有線通信といえる。チャイムの音は来訪者ありという情報を知らせるものだが、たとえば短く連続して2回鳴らし、少し間をおいて1回鳴らすといった、鳴らし方の約束を決めておけば、誰が来訪したかを音だけで知ることができる。こうした約束を**符号**や**符丁**という。

　符号による通信の代表的なものが**モールス符号**だ。モールス符号とは長短の信号の組み合わせで文字を表すもので、もっとも早い時期に始まった有線の電気通信で、**電信**と呼ばれた。後には無線通信にもモールス符号が利用された。

　モールス符号を使用する電信にはさまざまな方法があるが、たとえば送信側にスイッチと直流電源、受信側に電磁石とバネなどで支えられた鉄片があれば、信号を送ることができる。送信側のスイッチをONにすると、受信側の電磁石が磁

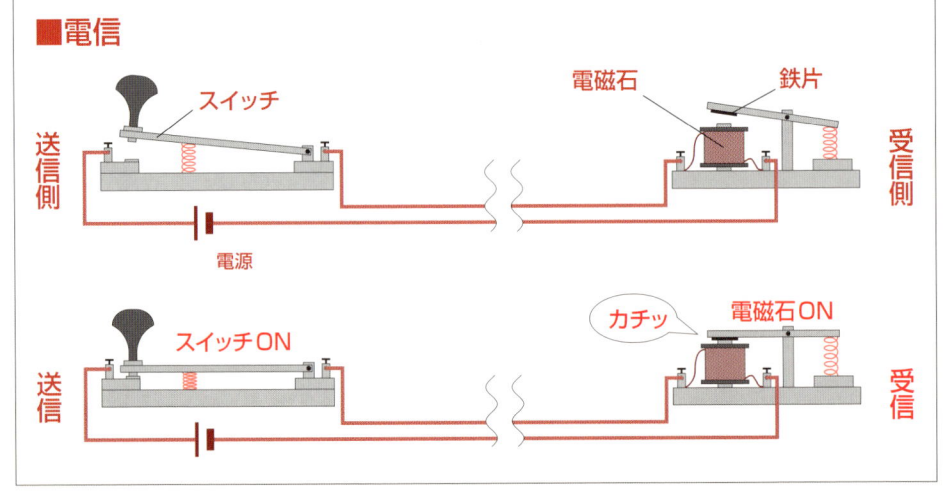

■電信

☞ テレックスはテレタイプ端末（テレプリンター）と呼ばれるタイプライター型電信機で文字情報の送受信が行えた。国際ビジネスを中心に20世紀末まで使われた。

■電気通信

[図上部]
音声や映像 → 変換（電気信号にかえる）→ 電気信号 → 送信機

[図下部]
音声や映像 ← 変換（電気信号にかえる）← 電気信号 ← 受信機

送信機から受信機へ：導線（有線通信）／電波（無線通信）

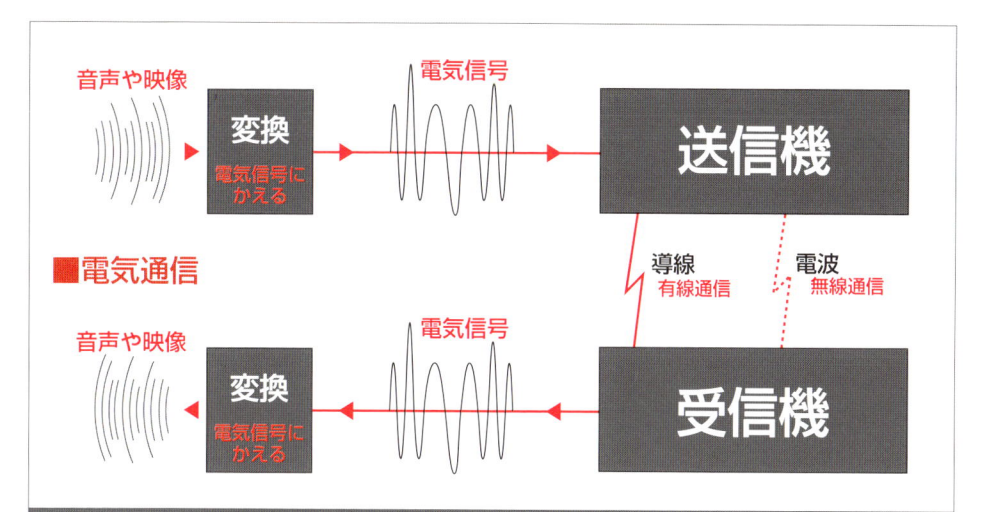

化されて鉄片を引きつけ、カチッと音がする。これによりモールス符号によって文字情報を伝えることができる。

こうした符号による通信は、その後も発展し、文字情報の通信が行える**テレックス**が盛んに使われた時期もある。テレックスの無線通信も行われた。

しかし、画像が送受信できる**ファクシミリ**（文字も画像として送受信可能）が登場し、さらに映像までも送ることができるインターネット（P182参照）の普及によって、文字情報のみの通信は衰退した。ただし、インターネットなどの**デジタル信号**による通信は、ある意味では符号による通信といえる。

声や音を電気通信する場合は、音声を電気信号にかえる必要がある。ドアチャイムが進化したものといえるインターホンは、音声通信のもっともシンプルなものだ。**マイク**（P114参照）は空気の振動である音を、電気の振動である交流に変換する。これが音声信号だ。信号が伝えられた**スピーカー**（P115参照）は、音声信号を空気の振動に変換して音にする。

音声信号の伝え方が異なるだけで、電話もラジオも基本的には同じだ。送信側で音声を音声信号に変換し、受信側で再び音声に変換している。

画像や映像の場合も、同じように画像信号や映像信号という電気信号に変換したうえで送受信を行う。一般的には**走査**（スキャン）という方法で電気信号に変換する。走査とは、決められた一定の幅を端から順に読み取っていくことだ。その1本の幅を**走査線**という。1本の走査線が終わったら次の走査線というように順に走査していき、全体を読み取る。

モノクロの静止画像の送受信を行うファクシミリならば、黒の濃淡を電気信号に変換する。カラーの場合は、光の**三原色**である**RGB**（レッド－赤、グリーン－緑、ブルー－青）についてそれぞれの濃淡などを1画面の電気信号にする。**テレビ放送**（P174参照）であれば、静止画像を1秒間に30枚表示することで動画としている。

通信と電波

Point 電気通信や放送は情報を電気信号にかえて送受信する

Part6 通信と電波
アナログ信号とデジタル信号

　アナログとデジタルの違いの説明では時計の表示が利用されることが多い。指針式の時計のように、連続して変化する情報がアナログで、端的に数字で表示される情報がデジタルだ。

　数字表示の時計はパッと見ただけで正確に時間がわかる。指針表示の時計は大ざっぱな時間はすぐにわかるが、目盛りをよく見ないと今が何時何分かわかりにくいこともある。

　だが、時分表示のデジタル時計で11時44分と表示されていた場合、それが11時44分1秒なのか11時44分59秒なのかはわからない。指針式の時計なら、たとえ秒針がなくても、分針をよく見れば、まだ44分に近いのかもうすぐ45分なのかが、なんとなくわかる。

　また、12時までの残り時間を知りたいと思った場合、デジタル時計なら自分で計算してあと16分と判断する必要がある。アナログ時計ならあと15分ぐらいだとだいたいの残り時間がわかる。

　つまり、デジタル時計は非常に正確だが、定められた限界以上の情報を得ることはできない。時分表示の場合は何秒なのかは絶対にわからない。アナログ時計は大ざっぱな面はあるが、概略がわかりやすく、そのいっぽうで秒針がなくても秒数が想像できるように限界以上の情報を得ることができる。アナログとデジタルにはそれぞれにメリットとデメリットがあり、用途や状況に応じて使い分ければいいものだ。

　しかし、電気信号ではデジタルのメリットが大きい。**アナログ信号**は電圧の振幅や周波数が連続的に変化する信号で、グラフにすると波を描く。**デジタル信号**は数値化された信号で、一般的には「0」と「1」が使われる。図のようにグラフの線が曲がる時は常に90度で、グラフの取る値は最大値と最小値のいずれかしかないもので**パルス波**という。

アナログ時計

■アナログとデジタル

デジタル時計

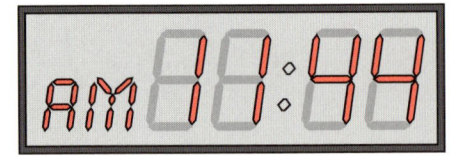

連続して変化する情報

断続して変化する情報

160　☞　指針式の時計でも1秒に1回ずつカチカチと動く秒針は、デジタル的だといえる。

■アナログ信号

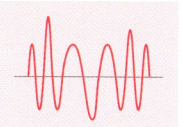

連続した信号

■デジタル信号

1010011010100110100010101

飛び飛びの数値の信号 〜 波形はパルス波

　電気信号を導線などで送った場合、途中の電気抵抗などで歪んだり、ノイズが入ることがある。電波で送受信した場合も同じだ。遅れて到達した反射波が重なってしまうこともある。アナログ信号の場合、このようにして波形が変化した信号を元の状態に復元することが難しい。

　デジタル信号であれば、たとえ波形が変化しても、元の信号の波形がシンプルな形状で、時間の区切りもはっきりしているので、元の波形に容易に復元することができる。つまり、デジタル信号であれば情報を正確に伝えることができる。

　また、デジタル信号は微弱な電流や電圧の変化でも送受信することができる。そのため、扱う機器を小型軽量化するこ

とができ、消費電力も抑えられる。デジタル信号であればデータを圧縮して小さくし、大量の情報の送受信を可能にしたり、電波などの通信経路を有効活用することも容易だ。

　こうしたさまざまなメリットがあるため、電気信号ではデジタル信号が主流になってきている。ただし、デジタルな情報には定められた限界があるということは覚えておくべきだ。

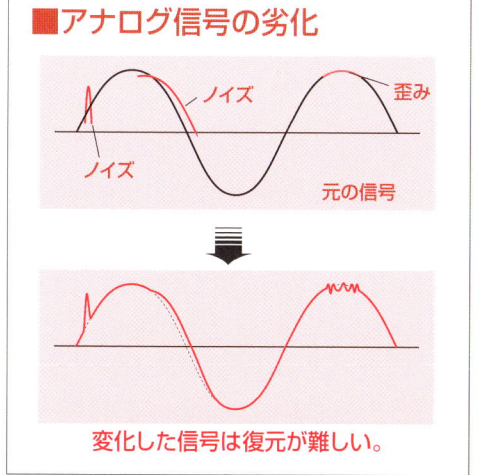

■アナログ信号の劣化

ノイズ　歪み
ノイズ　元の信号

⬇

変化した信号は復元が難しい。

■デジタル信号の劣化

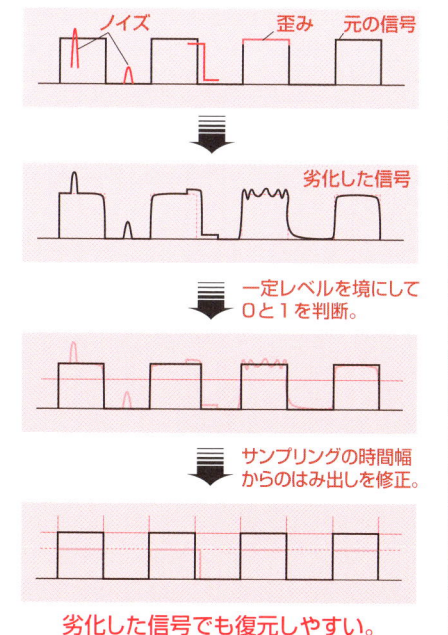

ノイズ　歪み　元の信号

⬇

劣化した信号

⬇ 一定レベルを境にして0と1を判断。

⬇ サンプリングの時間幅からのはみ出しを修正。

劣化した信号でも復元しやすい。

通信と電波

Point アナログ信号は連続的に変化し、デジタル信号は数値化されている

Part6 通信と電波

パルス変調 ………………………

　音声や映像など自然界にあるものは基本的にアナログな情報だ。こうした情報を**デジタル信号**で処理する場合には、情報をデジタル化する必要がある。

　電気信号の形式をかえることを**変調**といい、元の信号の形式に戻すことを**復調**という。**アナログ信号をパルス波のデジタル信号に変換することはパルス変調**という。パルス変調にはさまざまな方式があるが、音声信号や映像信号で使われることが多い変換方式が**パルス符号変換方式（PCM方式）**だ。

　パルス符号変換方式で音声信号などのように波を描くアナログ信号をデジタル化する場合、最初に一定の時間でアナログ信号を区切る。これを**標本化**や**サンプリング**という。次にそれぞれの標本を数値に置き換える。これを**量子化**という。

■標本化

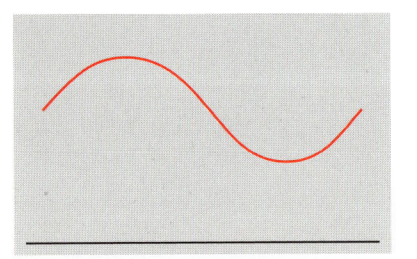

▼ アナログ信号をサンプリング周波数で区切る。

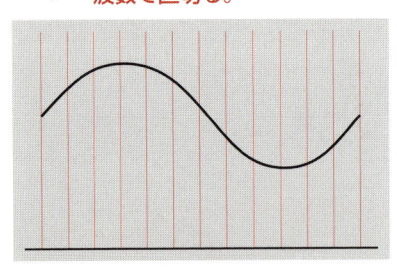

▼ アナログ信号のグラフをサンプルに置き換える。

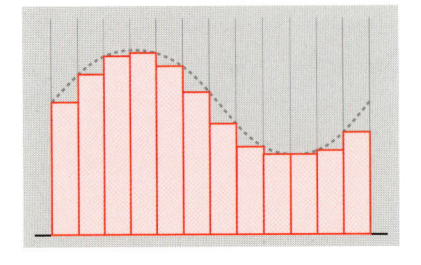

■量子化

▼ 最大値と最小値を量子化ビット数で区切る。

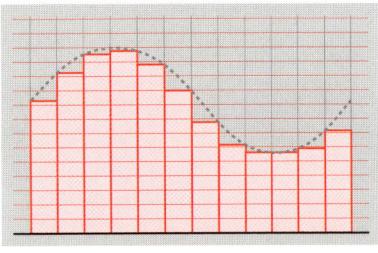

▼ それぞれのサンプルを量子化ビット数に基づいて数値化する。

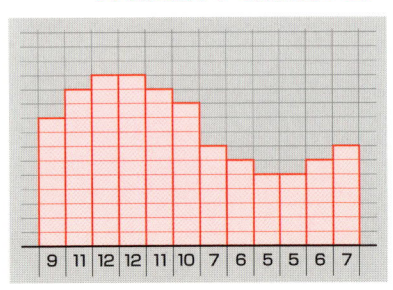

9　11　12　12　11　10　7　6　5　5　6　7

一般的な電話も中継局間ではデジタル信号が使われていて、サンプリング周波数は8kHzで量子化ビット数は8ビット（256段階）だ。この数値がCDとの音質の違いになる。

■符号化

|9|11|12|12|11|10|7|6|5|5|6|7|

サンプルの数値を2進数にする。

10011011110011001011010……

1001101111001100101110110

2進数のデータをパルス波にする。

　標本化の際の1秒間の区切りの回数を**サンプリング周波数**という。たとえばCDのサンプリング周波数は44.1kHzだ。つまり1秒間を4万4100回に区切っている。量子化の際に区切る段階数は**量子化ビット数**という。**ビット**とはコンピュータなどが扱うデータの最小単位のことで、2進数の1桁を意味する。1ビットで「1」と「0」の2値が表現できる。2ビットであれば4値、3ビットであれば8値が表現できる。CDの量子化ビット数は16ビットなので、2^{16}段階（6万5536段階）に区切っている。

　サンプリング周波数を高くすればするほど、量子化ビット数を大きくすればするほど、アナログ信号を忠実に再現できる。しかし、それだけデジタル信号は大きくなる。そのため用途に応じて周波数やビット数が決められる。

　このように標本化と量子化を経てアナログ信号がデジタル化されるが、まだデジタル信号ではない。量子化で得られた数値を2進数、つまり「0」と「1」だけで表現する必要がある。これを符号化という。これでパルス波にできる。

　なお、デジタル信号の基本は「0」と「1」の2値だが、実際のデータ処理や**デジタル変調**（P166参照）による送受信などでは、4値や8値、16値……のように2の乗数の値が使われることもある。こうした信号もデジタル信号の一種と考えることができる。

■サンプリング周波数と量子化ビット数

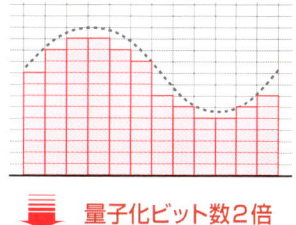

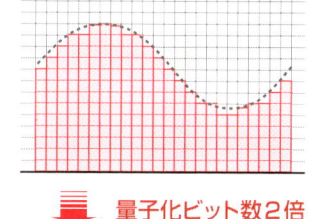

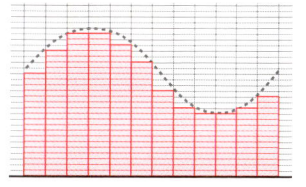

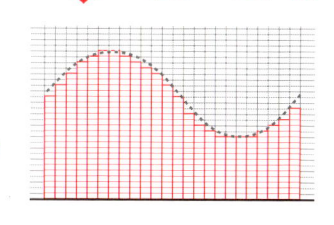

サンプリング周波数2倍

量子化ビット数2倍

量子化ビット数2倍

サンプリング周波数2倍

サンプリング周波数・量子化ビット数を大きくするほど精度が高まる。

Point アナログ信号を標本化、量子化、符号化でデジタル信号にする

Part6 通信と電波

変調 ●●●●●●●●●●●●●●●●●●●●●●●●●●●●●●●●

　人間が聞くことができる音の周波数は20Hz～20kHz程度で、アナログの音声信号にした場合の周波数も同じだ。**有線通信**ならばそのままでも送信できないことはないが、**電波**にするには周波数が低すぎる。そのため**無線通信**では、電波に音声信号などの電気信号を組みこんで送信を行う。こうした作業も**変調**という。元になる電波を**搬送波**といい、組みこまれる信号を**信号波**や**変調波**という。

　デジタル信号の場合も、信号の周波数が使用する電波の周波数と同じとは限らない。また、通信の効率や安定性を高めやすいため、変調して無線通信を行う。

　有線通信の場合も、通信の効率や安定性が高まるというメリットがあるため、アナログ信号やデジタル信号そのままではなく、変調したうえで通信を行うことが多い。この場合の搬送波は電波ではなく、電気信号となる。

　変調の方式は、アナログ信号を扱う**アナログ変調**、デジタル信号を扱う**デジタル変調**、前項で説明した**パルス変調**に大別される。

アナログ変調

　アナログ信号の変調でおもに使われているのは、**振幅変調方式（AM方式）**と**周波数変調方式（FM方式）**だ。いずれも**ラジオ放送**や各種通信で使用されている。変調方式名から**AMラジオ**、**FMラジオ**と呼ばれ、AMは**中波**（MF）、FMは超

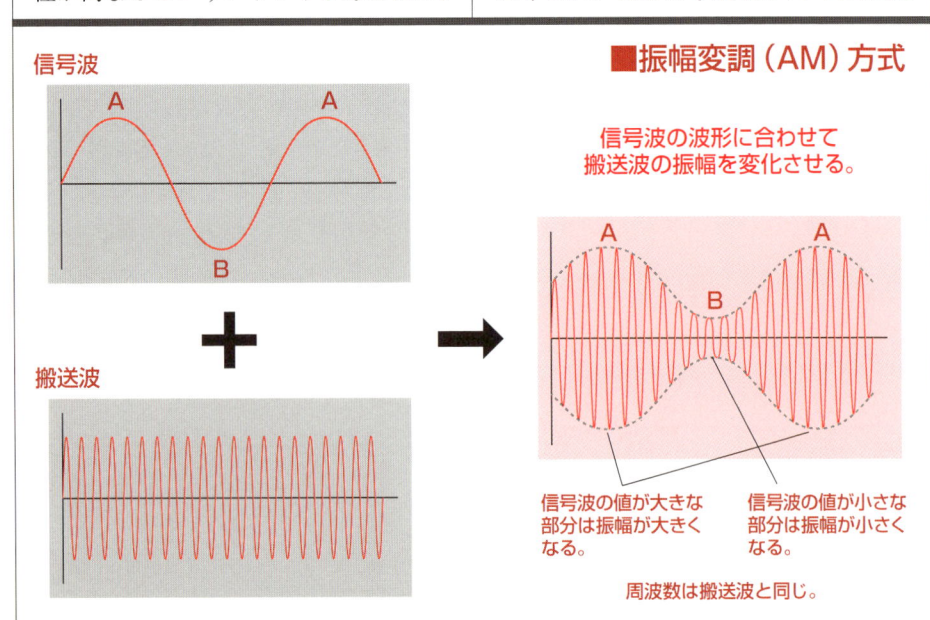

■振幅変調（AM）方式

信号波

搬送波

信号波の波形に合わせて搬送波の振幅を変化させる。

信号波の値が大きな部分は振幅が大きくなる。

信号波の値が小さな部分は振幅が小さくなる。

周波数は搬送波と同じ。

☞ AMはAmplitude Modulation、FMはFrequency Modulationの略。

信号波

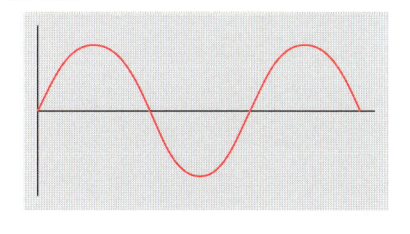

搬送波

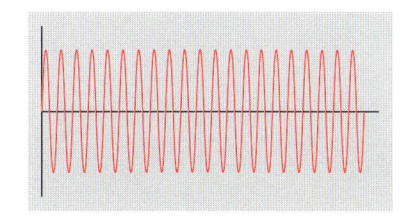

■周波数変調（FM）方式

信号波の波形に合わせて搬送波の周波数を変化させる。

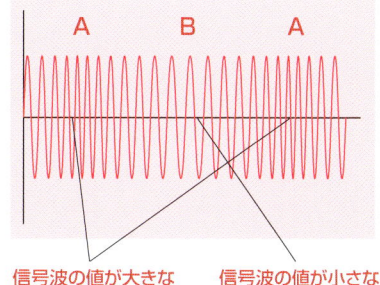

A　　B　　A

信号波の値が大きな部分は周波数が高くなる（波が密になる）。

信号波の値が小さな部分は周波数が低くなる（波が粗になる）。

振幅は搬送波と同じ。

通信と電波

短波（VHF）で送信されている。

　振幅変調方式は、**搬送波**の振幅を**信号波**の波形に合わせて変化させる。信号波のプラスの最大値で搬送波の振幅が最大になり、信号波のマイナスの最大値で搬送波の振幅が最小になる。**周波数**は常に一定を保っている。

　周波数変調方式は、搬送波の周波数を信号波の波形に合わせて変化させる。信号波のプラスの最大値で搬送波の周波数が最高になり、信号波のマイナスの最大値で搬送波の周波数が最低になる。振幅は常に一定を保っている。

　周波数変調方式は、搬送波の周波数を変化させるため、通信に利用する電波の周波数にも一定の範囲が必要になる。振幅変調方式では搬送波の周波数は一定であるため、使う周波数の幅が狭くなる。通信に利用できる電波の周波数は限られているので、振幅変調方式のほうが電波を有効に利用することができる。

　音質の面では周波数変調方式のほうが有利だ。振幅変調方式の場合、振幅を変化させているため、電波にノイズが加わると、それがそのまま振幅に影響を与えてしまうため、ノイズを取り除くことが難しい。周波数変調方式の場合は、たとえノイズが加わって振幅が変化しても、本来の振幅が一定なので、それ以外の部分をカットすれば、ノイズを取り除くことが可能となる（図は次ページ）。そのためFMラジオのほうが音質がいい。

　なお、FMラジオの音のよさはノイズが入りにくいことだけが原因ではない。AMラジオの音声信号は50Hz～7.5kHzだが、FMラジオは50Hz～15kHzを扱うことも音質の違いとなる。FMラジオのほうが搬送波の周波数が高いため、幅広い周波数の音声信号（それだけ情報量が大きくなる）を扱えるわけだ。

Point　変調とは情報の信号を電波などに組みこむこと

アナログ変調とノイズ

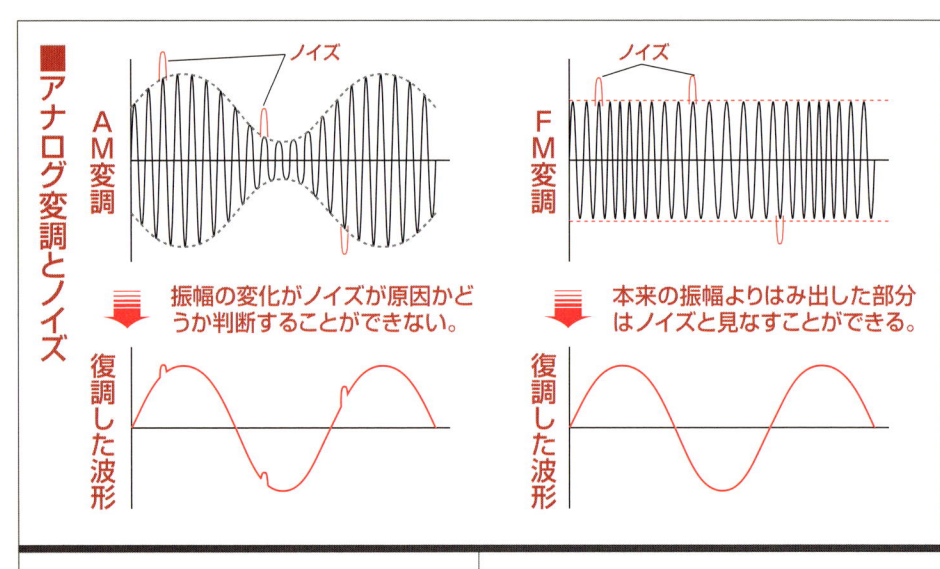

AM変調 — ノイズ
→ 復調した波形：振幅の変化がノイズが原因かどうか判断することができない。

FM変調 — ノイズ
→ 復調した波形：本来の振幅よりはみ出した部分はノイズと見なすことができる。

デジタル変調

デジタル信号を変調する**デジタル変調**は、**振幅偏移変調方式（ASK方式）**、**周波数偏移変調方式（FSK方式）**、**位相偏移変調方式（PSK方式）**、**直角位相振幅変調方式（QAM方式）**などに大別することができる。

振幅偏移変調方式は、**アナログ変調**の**振幅変調方式**に相当するもので、2種類の振幅で「0」と「1」を表現する。周波数偏移変調方式は、アナログ変調の**周波数変調方式**に相当するもので、2種類の周波数で「0」と「1」を表現する。これらの変調方式は、あまり使われなくなっていたが、自動車のキーレスエントリーシステムやETCシステムなど極めて近距離の通信で振幅偏移変調方式が採用されている。

位相偏移変調方式は、一定周波数の**搬送波**の**位相**を変化させる。「0」と「1」を表現するのなら、基本となる1波長の波形と180度ずれた波形が使用される。位相の区切り方をかえれば2つ以上の値を送ることも可能となる。たとえば90度ずつずらせば4値になり、一度に2ビットの情報を送ることができる。45度ずつずらして8値とすることも可能だ。こうすることで、伝えられる情報の量を増やすことが可能となる。

直角位相振幅変調方式は、位相偏移変調方式と振幅偏移変調方式を組み合わせたもので、位相偏移変調方式以上に伝えられる情報の量を増やすことができる。よく使われるのが、位相を4値、振幅を4値としたもので、16値（1度に4ビット分）の情報を送ることができる。

また、大量の情報を送る場合には複数の搬送波が使われることもある。こうした**多搬送波**には、**直交周波数分割多重方式**がある。個別の搬送波には直角位相振幅変調方式が使われるが、隣り合う搬送波の周波数の一部を重ね合わせて電波を有効利用している。

☞ ASKは Amplitude Shift Keying、FSKは Frequency Shift Keying、PSKは Phase Shift Keying、QAMは Quadrature Amplitude Modulation の略。

■振幅偏移変調（ASK）方式

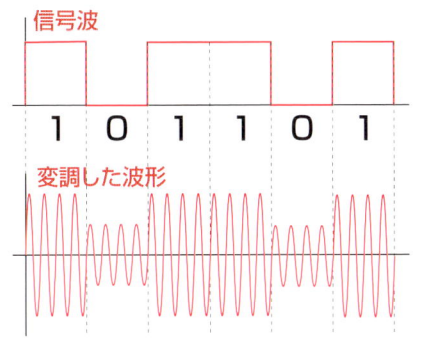

信号波
1 0 1 1 0 1
変調した波形

「0」と「1」で振幅が異なる。
（周波数は一定）

■周波数偏移変調（FSK）方式

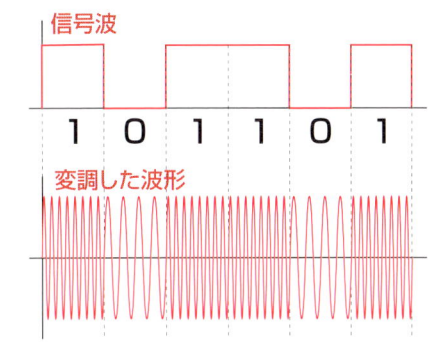

信号波
1 0 1 1 0 1
変調した波形

「0」と「1」で周波数が異なる。
（振幅は一定）

■位相偏移変調（PSK）方式

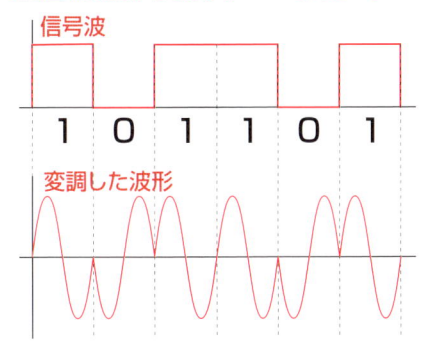

信号波
1 0 1 1 0 1
変調した波形

「0」と「1」で位相が異なる。
（振幅と周波数は一定）

位相の区切り方で扱える値を増やせる。
（8値の一例）

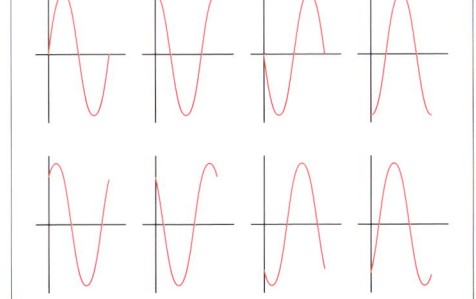

■直角位相振幅変調（QAM）方式

PSKとASKを併用する。
（位相4値×振幅4値＝16値の一例）

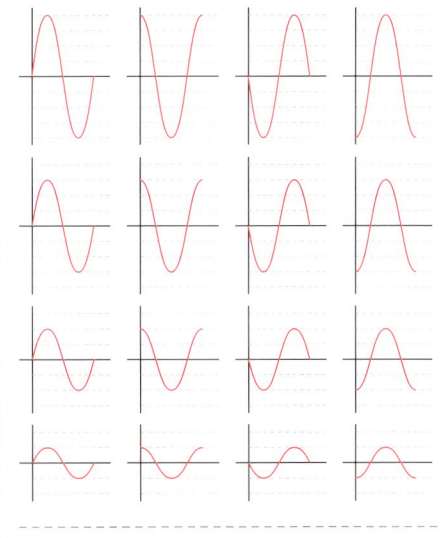

変調した波形は位相と振幅が4段階で変化するので下の図のように見た目には複雑になる。

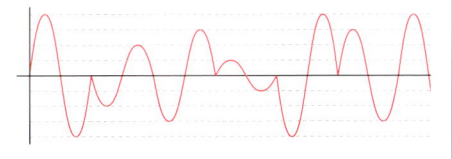

通信と電波

Point 変調で2値以上のデジタル信号を送ることが可能となる

Part6 通信と電波

アンテナ

　アンテナは、送信機が**電波**を空間に発する出口となったり、受信機が電波を受け取る入口になったりする。**送信アンテナ**、**受信アンテナ**と区別することもあるが、基本的な構造は同じだ。

　電波（**電磁波**）発生の原理は**コンデンサ**で説明できるが（P152参照）、アンテナもコンデンサから説明できる。コンデンサは2枚の電極の間の**電気力線**が、電波を生み出すが、その電極を図のように開いていくと、電気力線が周囲に広がり、空間に向けて効率よく電波を発するようになる。

　この原理から作られたアンテナが、図のような**ダイポールアンテナ**だ。コンデンサの電極に相当する部分を**エレメント**という。エレメントが垂直のアンテナもあるが、水平のものが多い。両エレメントの先端をU字形に折り返してつないだものもあり、こうしたタイプを**折り返しダイポールアンテナ**という。

　アンテナのエレメントに送信機から電流を流すと、その電流の周波数の電波が発せられ、空間に広がっていく。いっぽう、エレメントの周囲に電波が存在すると、**電界**と**磁界**の連続的な変化によってエレメントに**誘導電流**が流れる。この電流が受信機に送られる。

　ダイポールアンテナは、エレメント全体の長さを**波長**の1/2の長さにするともっとも効率よく送受信することができる。しかし、波長の長い電波の場合にはアンテナが大きなものになってしまう。そこで考え出されたのが**モノポールアンテナ**だ。1本の棒状のエレメントを垂直に立てて使用するもので、地面がもう一方のエレメントとして機能する。そのため波長の1/4の長さで効率よく送受信す

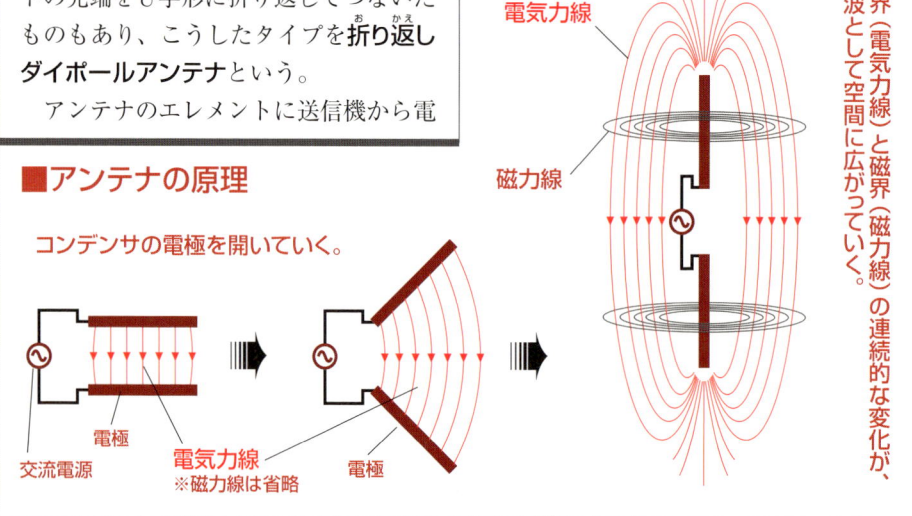

■アンテナの原理

コンデンサの電極を開いていく。

交流電源　電極　電気力線　電極
※磁力線は省略

電気力線　磁力線

電界（電気力線）と磁界（磁力線）の連続的な変化が、電波として空間に広がっていく。

☞ 英語のアンテナ（Antenna）は昆虫などの触角の意味。その形状から名づけられた。

■ダイポールアンテナ

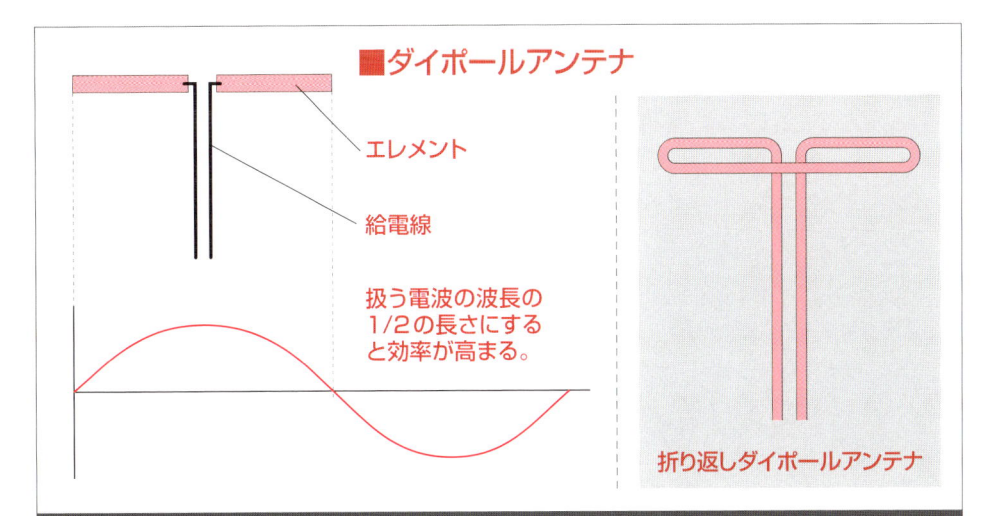

- エレメント
- 給電線

扱う電波の波長の1/2の長さにすると効率が高まる。

折り返しダイポールアンテナ

ることができる。こうしたタイプのアンテナを**接地アンテナ**という。

また、モノポールアンテナの先端に導体のリングなどを備えると、1/4波長より短いアンテナでも、1/4波長のアンテナと同等の働きをする。アンテナの高さを抑えたい場合に使用される。

こうしたダイポールアンテナやモノポールアンテナをベースにさまざまなアンテナが開発されていった。なかでももっとも目にすることが多いのが、**テレビ放送**の受信用に使われる**八木・宇田アンテナ**だ。魚の骨のように多数のエレメントが並んだアンテナで、略して**八木アンテナ**といわれることも多い。

センチメートル波(SHF)のように波長の短い電波では、1/2波長のダイポールアンテナやモノポールアンテナは非常に短くなってしまうため、受けられる電波に限りがある。いっぽうで、こうした波長の短い電波は性質が光に似ているため、反射板などで1点に集めやすい。この性質を利用して考え出されたのが**パラボラアンテナ**だ。**衛星放送**の受信用に使われているので、このアンテナも目にすることが多いものだ。

通信と電波

■モノポールアンテナ

1/4波長の高さがもっとも効率が高い。

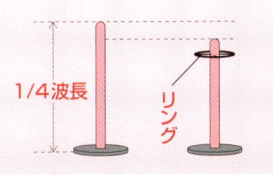

1/4波長

頭部付近にリングを備えると、1/4波長より短くても、1/4波長のモノポールアンテナと同等になる。

リング

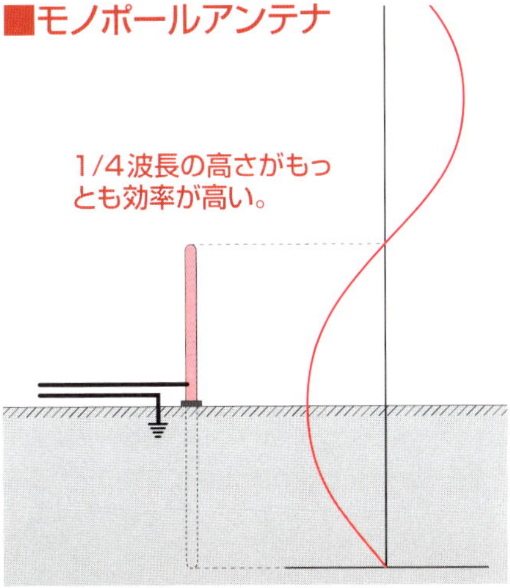

Point 1/2波長の長さにすると電波を効率よく受発信できる

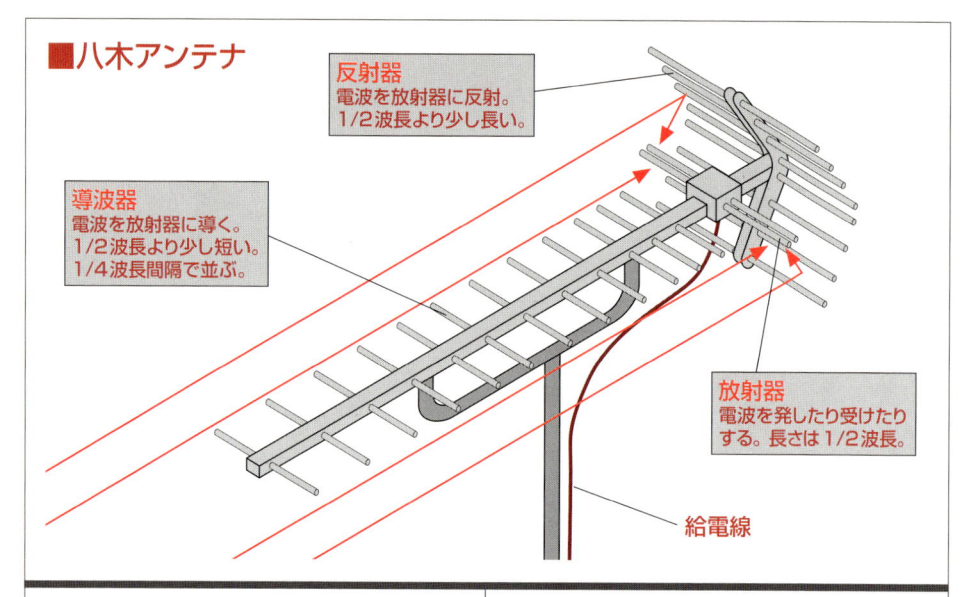

■八木アンテナ

反射器
電波を放射器に反射。
1/2波長より少し長い。

導波器
電波を放射器に導く。
1/2波長より少し短い。
1/4波長間隔で並ぶ。

放射器
電波を発したり受けたりする。長さは1/2波長。

給電線

　アンテナには、**指向性**という性能がある。指向性の高いアンテナほど、特定の方向だけに絞って**電波**を発したり、特定方向からの電波だけを受けることができる。送信や受信の位置がわかっている場合には、指向性の高いアンテナを使うほど、効率よく送受信することができる。

　いっぽう、**モノポールアンテナ**のように水平方向に指向性がないと、周囲全域に電波を送ることができる。また、どの方向から電波が到来するのかわからない場合の受信に適している。

八木アンテナ

　ダイポールアンテナのような**アンテナ**の**エレメント**は、波長の1/2の長さにすると効率よく電波を発したり受けたりできるが、それより少し長くすると電波を反射する性質がある。また、逆に1/2波長より少し短いエレメントは電波を一定の方向に導く性質があり、本数を増やして1/4波長間隔で並べると、指向性を高める効果がある。

　八木アンテナは、こうした性質を効果的に利用したもので、**放射器**、**導波器**、**反射器**で構成される。**輻射器**とも呼ばれる放射器はまさしくダイポールアンテナで、実際に電波を発したり受けたりする部分だ。1/2波長の長さにされている。ここに送信機または受信機とつなぐ**給電線**が接続される。

　放射器の前方に並んでいるのが導波器で、1/2波長より少し短い数本のエレメントが1/4波長間隔で並んでいる。本数が多くなるほど**指向性**が高くなる。

　放射器の後方に備えられるのが反射器で、1/2波長より少し長い数本のエレメントが並んでいる。反射器も本数が多いほど指向性が高くなり、導波器によって導けなかった電波を反射して放射器に集めたり、電波を発する際には後方に電波が飛ぶのを防いでいる。

☞ 放物曲面とは放物線を対称軸を中心に回転させた面のことで、放物線とは地上で物体を投げた時に、その物体の運動が描く曲線のこと。

■パラボラアンテナ

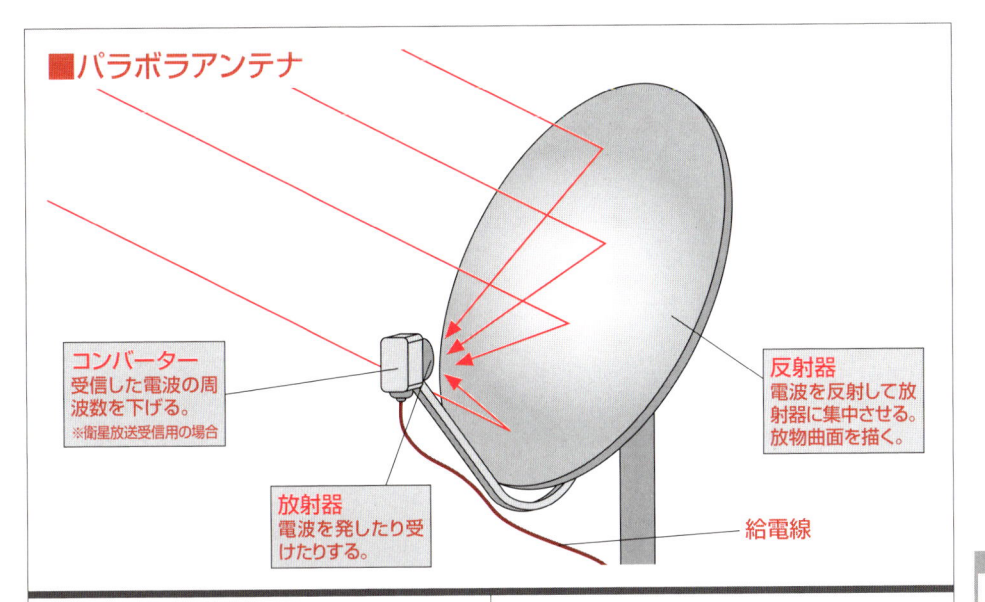

コンバーター
受信した電波の周波数を下げる。
※衛星放送受信用の場合

放射器
電波を発したり受けたりする。

反射器
電波を反射して放射器に集中させる。放物曲面を描く。

給電線

パラボラアンテナ

　パラボラアンテナは**放射器**と**反射器**で構成される。反射器は、凹面鏡のように反射した**電波**を1点に集めることができる。その位置に放射器が備えられる。反射器は球面の一部と思われることが多いが、実際には**放物曲面**を描いている。そもそも英語のパラボラ（Parabola）の意味は放物線だ。

　衛星放送の受信に使われるパラボラアンテナの場合は、放射器の近くに周波数を変換する**コンバーター**が備えられていることがほとんどだ。電流は**周波数**が高いほど、導線から電波が発せられ、減衰していってしまう。そのためコンバーターで周波数を下げている。コンバーターを動作させるには電源が必要だが、その電力はテレビ受信機などから、**給電線**を通じて送られている。

■アンテナの指向性の一例

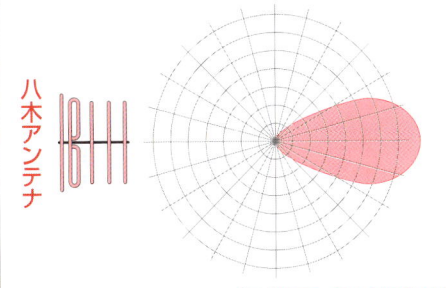

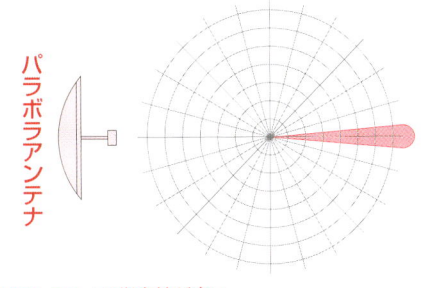

八木アンテナ

パラボラアンテナ

パラボラアンテナのほうが八木アンテナより指向性が高い。
同心円の中心にアンテナを置いた際に電波を発したり受けたりできる範囲がピンク色の部分。

通信と電波

Point 電波を導いたり反射したりしてアンテナの効率を高める

Part6 通信と電波

ラジオ放送

アナログ変調による無線通信は少なくなっているが、現在でもラジオ放送はアナログ変調を使用している。短波（HF）と中波（MF）では振幅変調方式（AM方式）、超短波（VHF）では周波数変調方式（FM方式）で放送が行われている。中波の放送をAMラジオ放送、超短波の放送をFMラジオ放送と呼ぶ。短波ラジオ放送も振幅変調方式だが、AMラジオ放送ということはほとんどない。

送信

ラジオ放送のような音声だけの無線通信の場合、まずはマイクなどの入力装置によって、低周波のアナログの音声信号が作られる。ここでいう低周波には○○Hz以下の周波数といった明確な定義はない。音声信号のように周波数の低い電流を低周波、搬送波のような電波の周波数帯の電流を高周波と呼ぶのが一般的になっている。

送信機内の発振回路では、搬送波として使われる高周波が作られる。この高周波と音声信号の低周波が変調回路に送られて、変調された高周波に変換される。

このままでは電波として送信するには電力が小さいため、通信の用途に応じて電力増幅回路で増幅がされる。こうして増幅された高周波がアンテナ（P168参照）に送られて送信される。

送信機によっては、変調に使用される搬送波の周波数が、送信に使用される電波の周波数とは異なることもある。こうした場合は、電力増幅の前に周波数変換回路によって送信に使用される電波の周波数に変換される。

受信

空間にはさまざまな周波数の電波が飛びかっている。アンテナに流れこんださまざまな周波数の高周波のなかから目的の周波数の高周波だけを選択する必要が

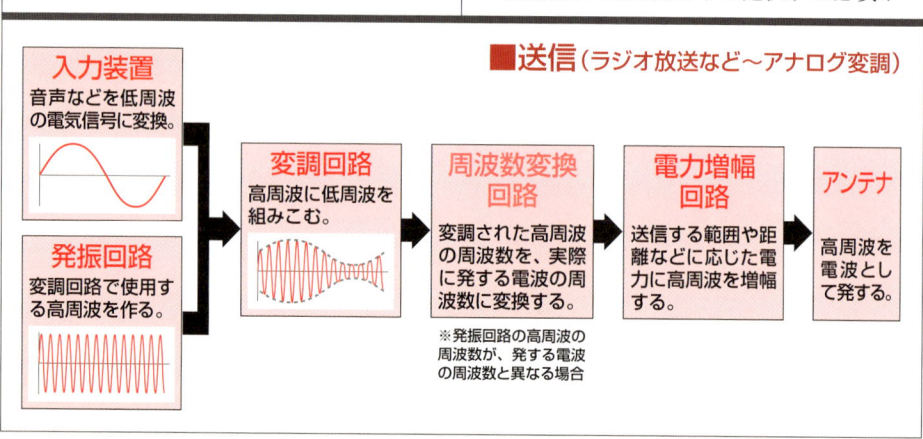

■送信（ラジオ放送など〜アナログ変調）

入力装置
音声などを低周波の電気信号に変換。

発振回路
変調回路で使用する高周波を作る。

↓

変調回路
高周波に低周波を組みこむ。

↓

周波数変換回路
変調された高周波の周波数を、実際に発する電波の周波数に変換する。
※発振回路の高周波の周波数が、発する電波の周波数と異なる場合

↓

電力増幅回路
送信する範囲や距離などに応じた電力に高周波を増幅する。

↓

アンテナ
高周波を電波として発する。

☞ 低周波と高周波には定義がないため、超長波の無線通信の場合、10kHzの音声信号は低周波と呼ばれ、10kHzの搬送波は高周波と呼ばれる。

■受信（ラジオ放送など～アナログ変調）

アンテナ	同調回路	復調回路	低周波増幅回路	出力装置
電波を高周波として受ける。	目的の周波数の高周波を選択する。	高周波を低周波の音声信号に変換。	スピーカーを駆動するのに十分な電力に低周波を増幅する。	スピーカーなどで低周波の音声信号を音に変換する。

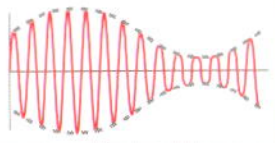

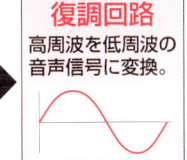

ある。この選択を行うのが受信機内の**同調回路**だ。**共振回路**ともいわれる。

同じ音程（周波数）の音叉2本を近くに置き、いっぽうの音叉を叩いて音を発生させると、もういっぽうの音叉も振動を始める。これを**共振現象**という。電波や交流でも、同じように共振が起こる。そのため、受信したい電波と同じ周波数を作ることができる発振回路に、さまざまな周波数が混在したアンテナからの高周波を流しこむと、目的の周波数の高周波だけを選択して取り出すことができる。これが同調回路の役割だ。

こうして取り出された高周波を**復調回路**で、元のアナログの音声信号に変換する。しかし、この低周波のままでは、出力装置である**スピーカー**などを鳴らすのに十分な電力ではないため、**低周波増幅回路**で電力を増幅する。これによりスピーカーなどでの出力が可能となる。これがもっともシンプルな構成の受信器だ。

しかし、実際の受信機ではさらに複雑な構成のことが多い。ラジオはさまざまな周波数の電波を受信する。異なる周波数の高周波を、同じ復調回路で処理するのは難しいうえ、周波数が低いほうが復調回路が作りやすい。そのため、同調回路で得られた高周波を、復調回路が復調しやすい一定の周波数に落とす。この周波数を**中間周波数**といい、変換を行う回路を**周波数変換回路**という。

周波数変換回路が中間周波数に変換しやすいように、同調回路で得られた高周波は、**高周波増幅回路**で増幅されることがある。また、復調回路が復調しやすくするために、**中間周波数増幅回路**が備えられることが多く、2段階で中間周波数の増幅が行われることもある。

■実際のラジオ受信機の回路構成例

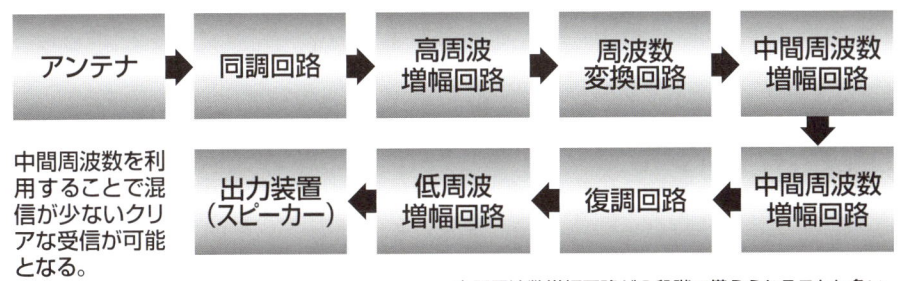

アンテナ → 同調回路 → 高周波増幅回路 → 周波数変換回路 → 中間周波数増幅回路 → 中間周波数増幅回路 → 復調回路 → 低周波増幅回路 → 出力装置（スピーカー）

中間周波数を利用することで混信が少ないクリアな受信が可能となる。

中間周波数増幅回路が2段階で備えられることも多い。

Point AMラジオは振幅変調、FMラジオは周波数変調を使用する

Part6 通信と電波
テレビ放送・・・・・・・・・・・・・・・・・・・・・・・

　テレビ放送は2011年7月から、デジタル放送になっている。**地上デジタルテレビ放送**（地デジ）は**極超短波**（UHF）、**衛星放送**は**センチメートル波**（SHF）で放送が行われている。

　デジタル信号の場合も送信や受信の基本的な考え方は**アナログ信号**の場合と同じだ。**変調回路**で**デジタル変調**を行い、必要に応じて**電力増幅回路**で増幅して**アンテナ**から送信される。受信の際には**同調回路**で目的の**電波**だけを選択し、**復調回路**でデジタル信号に変換する。

　テレビ放送のデジタル化は、電波を有効利用するためだったが、同時に高画質や高音質を求める要望も大きかった。もし、アナログ放送のまま画質などを向上したのでは、データ量が大きくなり、必要な電波が増えてしまうが、デジタル化により電波の有効利用を実現している。

　従来の**地上アナログテレビ放送**は**標準画質**（SD）といわれ**走査線**が525本なのに対して、地デジは**ハイビジョン画質**（HD）といわれ走査線が1125本ある。これだけでもデータ量が倍以上といえる。しかし、デジタル化によりデータを**圧縮**したり、隣り合う電波の周波数の間隔を狭くできたりするため、電波の有効利用が可能となっている。

　データ圧縮には用途に応じたさまざまな方式があり簡単に説明することは難しいが、たとえば数値データのなかに同じ数値が何個も並ぶ部分があったら、数値

■**走査線**

走査線が10本だとすると……

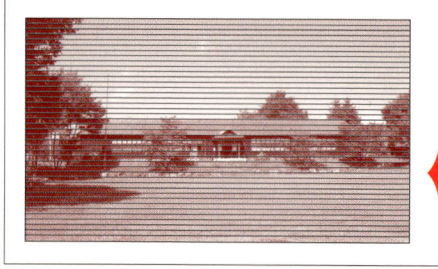

垂直方向に10分割された情報になる。

実際のテレビの走査線は1125本。
こうして作られた静止画が
1秒間に30枚表示される。

☞　SDはStandard Definition、HDはHigh Definitionの略。Definitionの意味は定義。

と続く回数のデータに置き換えることで、全体としてのデータ量を小さくできたりする。デジタル放送では**MPEG-2**（エムペグ）という規格が採用されている。

MPEG-2はさまざまな方法を組み合わせてデータを圧縮しているが、なかでも**動き補償**はわかりやすいものだ。テレビでは1秒間に30枚の静止画を表示しているが、画面のなかには動きがない部分もある。動き補償では、動きのない部分については前の画面と同じデータを使えという命令だけを送信することで、データ量を圧縮している。

受信した側では、圧縮されたデータを復元（展開や解凍ともいわれる）したうえで、映像を表示する。この作業のために多少の時間が必要になる。そのためデジタルテレビ放送では、時報の表示が困難になっている。

圧縮されているとはいえ、高画質・高音質のハイビジョン画質のデータ量はやはり大きい。そのため地デジでは、1つのチャンネルに与えられた6MHzの電波の**周波数**の範囲を13の**セグメント**に区切り複数の電波を使用することで、大量のデータ送信を可能としている。ハイビジョン画質の場合は12のセグメントが使用される。

残る1セグメントは携帯電話・移動端末向けの**1セグメント部分受信サービス**に使用される。これが通称**ワンセグ**だ。また、従来の標準画質の場合は4セグメントでの送信が可能なため、画質を落とせば1つのチャンネルで2〜3の異なる内容の放送を送信する**マルチ編成**も可能となる。

通信と電波

■デジタルテレビの圧縮技術の例（動き補償）

背景が動かずクルマだけが移動する映像の場合（※実際には1コマでクルマがこんなに移動することはない）

最初の静止画ではすべての静止画のデータを送信する。

前の静止画から変化のなかった部分は送信せず、再使用する情報を送る。

Point　地デジは12本の電波で送信されている

175

Part6 通信と電波

電話 ●●●

電話は有線通信の代表的な存在といえる。個々の電話機同士をつないで通話を成立させているのが交換機だ。通信したい2カ所を導線などの電話回線でつなげば有線通信は行えるが、通信が必要な相手先すべてと直接つないだのでは電話回線が無数に必要になる。しかし、回線を交換機に集めて、そこでつなぐ相手を整理すれば、電話機から交換機までは1本の回線にできる。

それでも電話回線は網の目のようにはりめぐらされた膨大なものだ。こうした電話回線のネットワークを公衆交換電話網や公衆電話網、公衆回線網という。また、現在では家庭や会社などに設置される電話を固定電話ということも多い。これは、携帯電話などの移動体電話との対比から使われるようになった用語だ。

公衆交換電話網

現在の公衆交換電話網は、加入者線交換機と中継線交換機の2段階でネットワークが構成されている。

個々の電話機(加入電話という)は、加

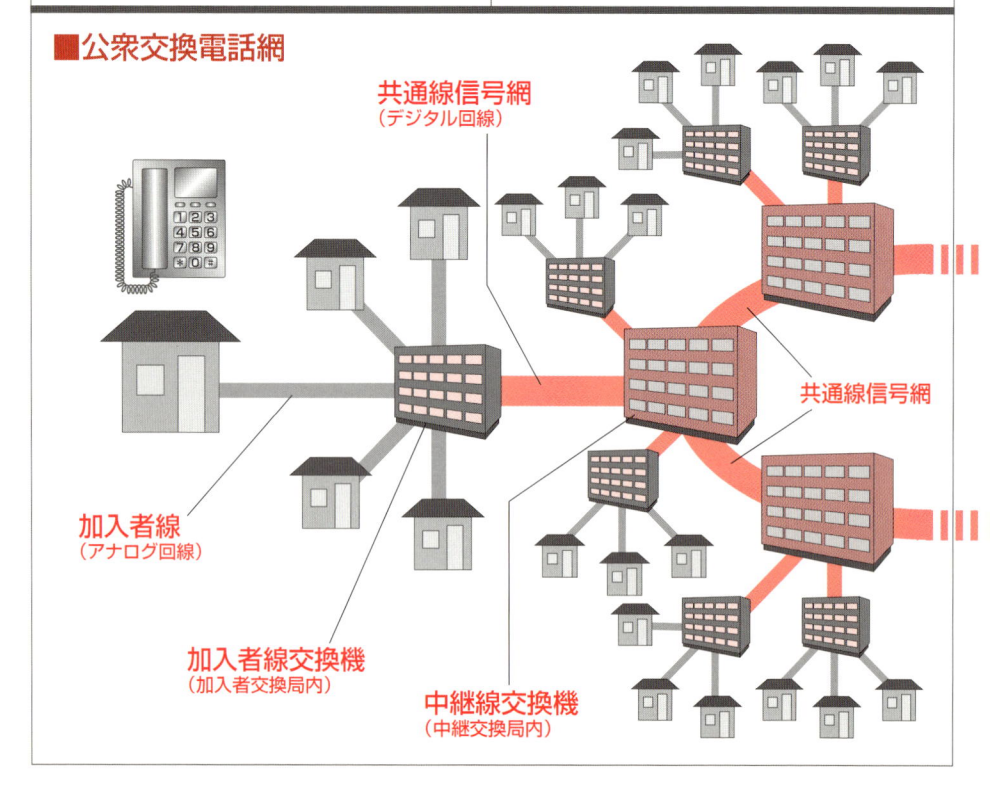

■公衆交換電話網

- 共通線信号網
  (デジタル回線)
- 共通線信号網
- 加入者線
  (アナログ回線)
- 加入者線交換機
  (加入者交換局内)
- 中継線交換機
  (中継交換局内)

☞ 公衆交換電話網などで使われる「公衆」とは、一般の人が使うという意味で、公衆電話のことではない。

入者伝送設備または加入者線といわれる電話回線で、加入者交換局に備えられた加入者線交換機につながれている。一部で光ファイバーなどのデジタル回線の使用も始まっているが、加入者線の主流はアナログ回線だ。アナログ回線の導線には銅線が使われている。銅線の回線はメタルケーブルや単にメタルといわれることもある。

加入者線交換機は、中継交換局に備えられた中継線交換機に接続される。それぞれの中継交換局は、いくつかの加入者電話局をまとめることになる。さらに、各地の中継線交換機同士も接続される。これらの接続には共通線信号網と呼ばれる回線が使用される。中継線交換機同士は有線通信ではなく、地上マイクロ波や通信衛星による無線通信で接続されることもある。これらの回線はすべてデジタル回線で、光通信（P184参照）が主流だ。加入者線のアナログ信号は、加入者交換局でデジタル信号に変換される。

デジタル回線の共通線信号網では、回線を効率よく使用するために多重化が行われている。多重化技術には各種のものがあるが、共通線信号網では時分割多重接続（P181参照）が採用されている。

時分割多重接続では、複数のデジタル信号を一定時間の間隔で区切って、時間をずらしながら1つずつ順番に送る。受けた側では信号ごとに時間順に並べ直してつないでいく。

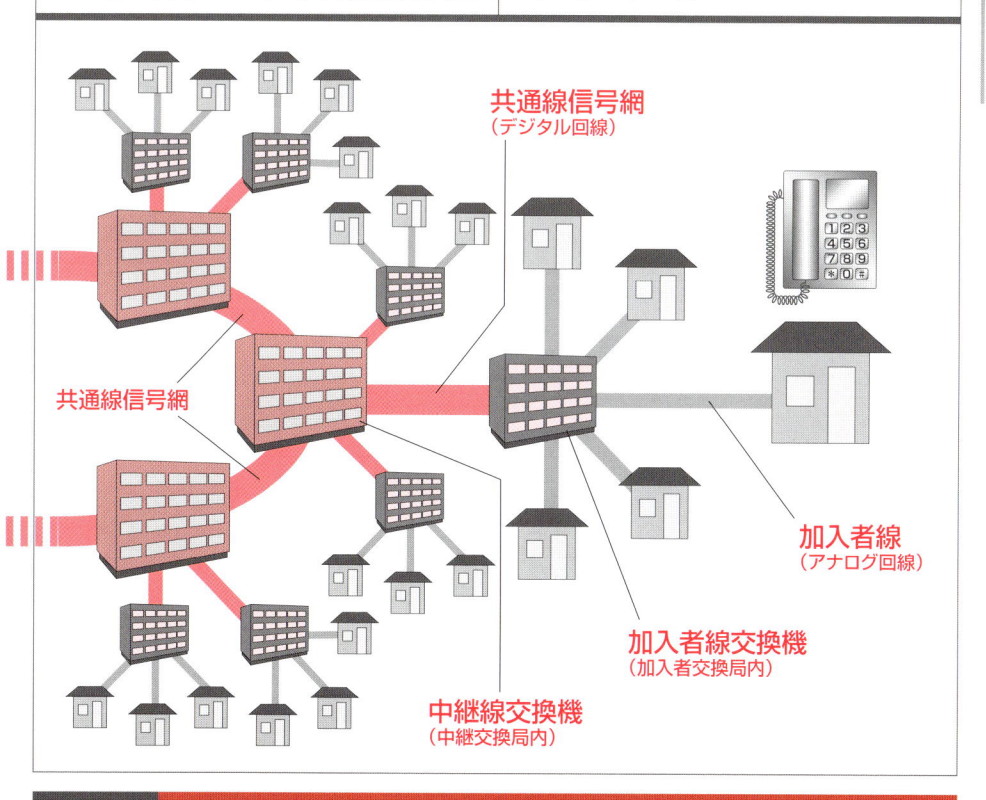

通信と電波

共通線信号網
（デジタル回線）

共通線信号網

加入者線
（アナログ回線）

加入者線交換機
（加入者交換局内）

中継線交換機
（中継交換局内）

Point 電話はアナログ回線とデジタル回線が併用されている

■通話までの流れ

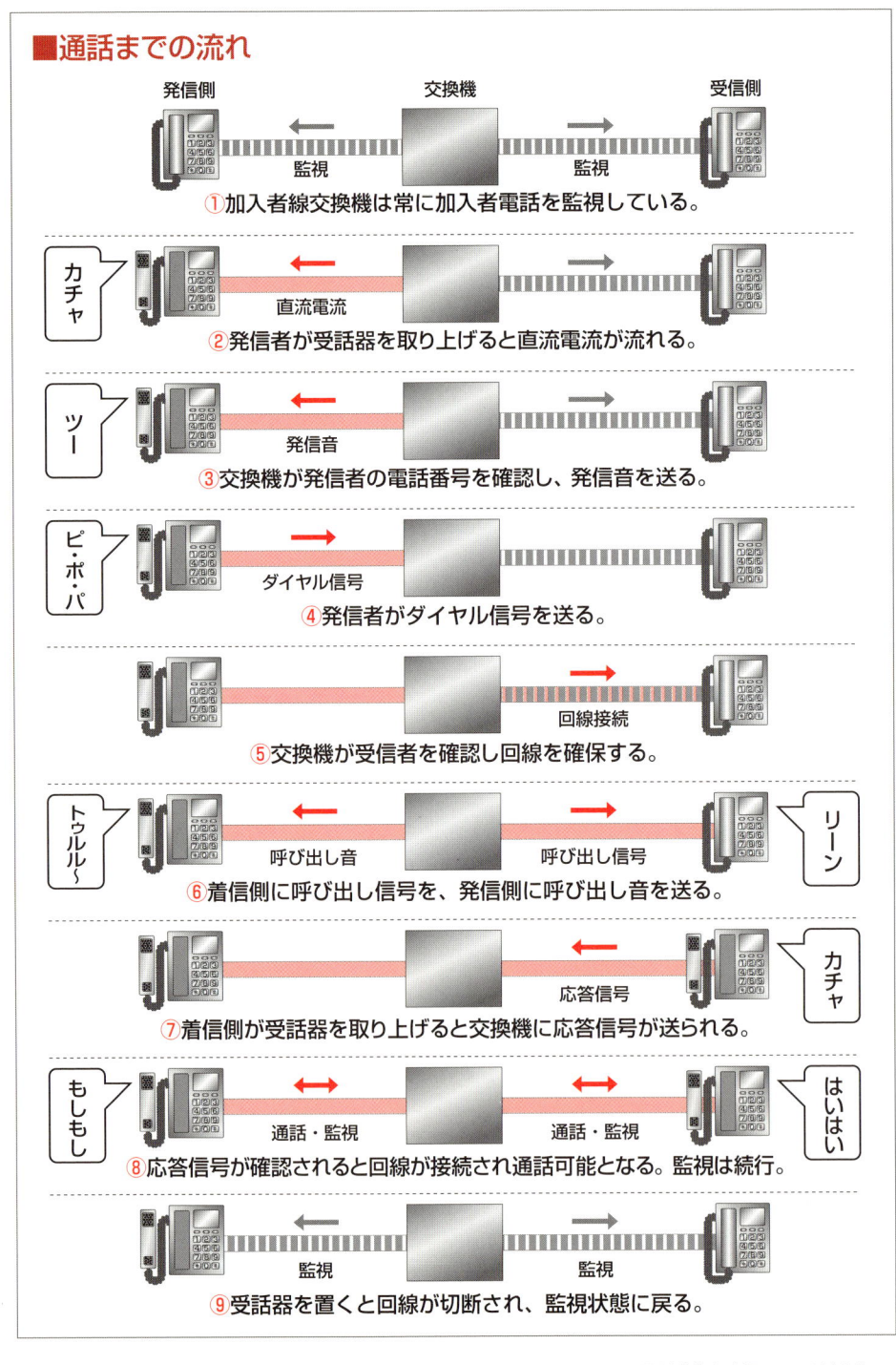

① 加入者線交換機は常に加入者電話を監視している。

カチャ
② 発信者が受話器を取り上げると直流電流が流れる。

ツー
③ 交換機が発信者の電話番号を確認し、発信音を送る。

ピ・ポ・パ
④ 発信者がダイヤル信号を送る。

⑤ 交換機が受信者を確認し回線を確保する。

トゥルル〜 / リーン
⑥ 着信側に呼び出し信号を、発信側に呼び出し音を送る。

カチャ
⑦ 着信側が受話器を取り上げると交換機に応答信号が送られる。

もしもし / はいはい
⑧ 応答信号が確認されると回線が接続され通話可能となる。監視は続行。

⑨ 受話器を置くと回線が切断され、監視状態に戻る。

☞ 交換機が通話を監視しているといっても通話内容を監視しているわけではない。通話状態を確認しているだけだ。

通話

電話機は、マイクとスピーカーが備えられた受話器、電話回線をつないだり切ったりする通話回路、着信を音で知らせるトーンリンガー回路、プッシュボタンなどで入力された数字などを信号にするダイヤル回路で構成される。実際の通話は以下のような手順で行われる。

加入者線交換機は加入電話の状態を常に監視していて、発信者が受話器を取り上げると、交換機との間で回路がつながり、交換機から出されている直流電流が流れる。交換機は最初に発信者の電話番号を識別する。これが確認されると、交換機は400Hzの発信音を送る。この発信音が受話器から聞こえてくる「ツー」という音だ。

発信者が電話機のプッシュボタンなどで受信者を指定する。電話回線にはプッシュホン回線とダイヤル回線があるが、現在主流のプッシュホン回線の場合は、2つの音を重ねてダイヤル信号を送っている。図のようにプッシュボタンの縦列には高めの周波数の3種の音、横列には低めの周波数の4種の音が割り当てられている。たとえばプッシュボタンの5を押すと、1366Hzと770Hzの音が同時に鳴り、交換機に送られる。

加入者線交換機はこの2種類の音を数字に置き換え、指定された受信者の位置を識別する。受信者が別の加入者線交換機に接続されている場合は、共通線信号網を介して、受信者の加入者線交換機までの回線のなかからあいているところを選択して、回線を確保する。受信者が同じ加入者線交換機に接続されている場合は、そのまま回線を確保する。

回線が確保されると受信者の加入者線交換機と加入電話の回路がつながる。この回路を通じて交換機が電話機に呼び出し信号を送る。この信号により電話機のトーンリンガー回路が着信音を鳴らす。

受信者が受話器を取り上げると、電話機が応答信号を発する。交換機がこの信号を受けると、確保した回線をつなぐ。これで、通話できるようになる。

加入者線交換機は、通話中も監視を続けている。受話器が置かれると、加入者線を電流が流れなくなる。これにより交換機は通話の終了を認識し、確保していた回線を切断する。

通信と電波

■プッシュホン回線のダイヤル信号

↓横列	→縦列	1209Hz	1366Hz	1477Hz
697Hz		1	2	3
770Hz		4	5	6
852Hz		7	8	9
941Hz		*	0	#

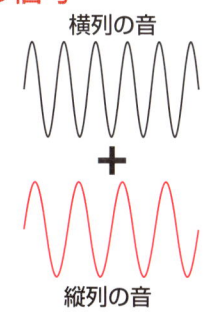

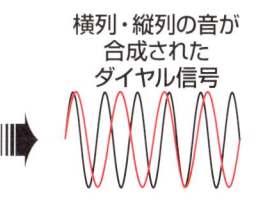

横列の音 + 縦列の音 ⇒ 横列・縦列の音が合成されたダイヤル信号

Point ダイヤル信号は2つの音で数字を表現する

Part6 通信と電波

携帯電話

　携帯電話は身近な**無線通信**といえるものだが、実際には無線通信と**有線通信**を組み合わせたネットワークだ。このネットワークは、**無線基地局**、**無線回線制御局**、**移動通信交換局**の3段階で構成されていて、すべて**デジタル信号**による通信が行われている。

　携帯電話機は一般的に**端末**と呼ばれている。端末と無線通信を行うのが無線基地局だ。それぞれの局が担当する範囲を**無線ゾーン**といい、局を中心に半径1～10kmほどをカバーする。

　無線基地局は無線回線制御局に接続される。それぞれの無線回線制御局は、いくつかの無線基地局をまとめることにな

る。無線回線制御局はさらに移動通信交換局に接続される。ここでも無線回線制御局がまとめられる。さらに移動通信交換局同士も接続されている。これらの局はすべて有線通信で接続されている。また、移動通信交換局は**公衆交換電話網**にも接続されている。これにより携帯電話と固定電話との通話が可能になる。

　交換機を利用した通話の仕組みは固定電話と同じだが、携帯電話の場合はそれぞれの端末の場所が移動する。その位置を確認するシステムが必要になる。

　端末からは通話していない時も定期的に電波が発信されている。その電波をもっとも感度のよい状態で受けた無線基地

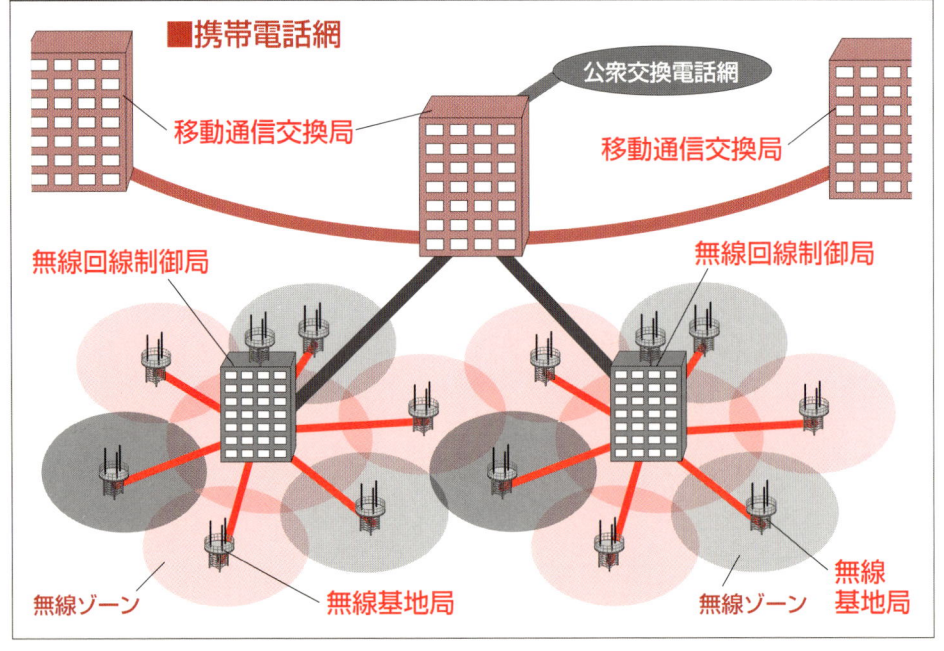

■携帯電話網

☞　FDMAは Frequency Division Multiple Access、TDMAは Time Division Multiple Access、CDMAは Code Division Multiple Accessの略。

■携帯電話通信の多重化のイメージ

FDMA 周波数分割多重接続

周波数を細かく分割して、アナログ信号を送る。通信中はそれぞれの周波数を占有することになる。

TDMA 時分割多重接続

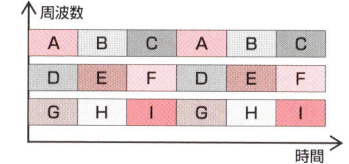

周波数は細分化して使用する。分割したデジタル信号を時間をずらしながら送る。受信側が時間順に組み立て直す。

CDMA 符号分割多重接続

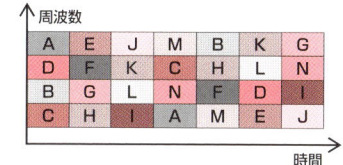

周波数を細分化せず、分割したデジタル信号に符号をつけて周波数帯全体に拡散させる。受信側が特定の符号の信号で組み立て直す。

局は、その端末が自分の無線ゾーンにいると認識し、その無線基地局とつながっている移動通信交換局が、位置情報として記憶している。

無線基地局も、その局のゾーン番号の情報を常時発信している。端末はもっとも感度のよい状態で受けられたゾーン番号を記憶している。このように端末と無線基地局が位置情報を電波でやりとりしているため、たとえ端末が移動しても、もっとも通信に適した無線基地局が追跡接続を行うことができる。

多重化

携帯電話による通信では、限られた周波数を有効利用するために多重化が行われている。アナログ携帯電話の時代は、利用可能な周波数を細かく分割して利用する**周波数分割多重接続（FDMA）**が行われていた。1チャンネルの周波数の幅を可能な限り狭くしていたが、多重化には限界があった。

デジタル携帯電話で採用されたのが**時分割多重接続（TDMA）**で、固定電話でも同様の発想の方式が使われている。複数のデジタル信号を一定時間の間隔で区切って、時間をずらしながら1つずつ順番に送っている。これにより分割したそれぞれの周波数に、複数のチャンネルを割り当てることが可能となる。

最新の携帯電話では**符号分割多重接続（CDMA）**が採用されている。この方式では周波数を細分化せず、利用可能な周波数すべてを数多くのチャンネルが同時に使用する。それぞれのチャンネルは**拡散コード**と呼ばれる**符号**で区別され、受信側では符号が同じ通信だけを並べ直してつないでいく。これにより、従来より多くのチャンネルが確保でき、大量のデータの送受信も可能になる。

Point 携帯電話の無線通信は多重化されている

Part6 通信と電波

インターネット……………

　現在ではコンピュータなどの**データ通信**も重要な**通信**となっている。こうした**データ通信網**は、コンピュータネットワークと呼ばれることが多く、単にネットワークと呼ばれることも多い。会社内や家庭内などにさまざまなネットワークがあるが、その中心的な存在となっているのが**インターネット**だ。インターネットにはネットワーク相互のネットワークという意味がある。

　インターネットの母体になったのはアメリカの軍研究機関用のネットワークとして発足した**ARPA**だ。さまざまな研究所や大学のネットワークをつなぐことで、お互いの情報を閲覧したり交換したりする目的で作られた。このネットワークが発展してインターネットになった。

　一般の人がインターネットを利用する場合は、**インターネットサービスプロバイダー**のネットワークに接続する必要がある。このプロバイダーから国内外のネットワークにつながることができる。

　ネットワークは共通の**通信規約**（通信に関するさまざまな約束事）がなければ、円滑に通信することができない。この規約を**プロトコル**といい、インターネット

■インターネットとパケット交換方式

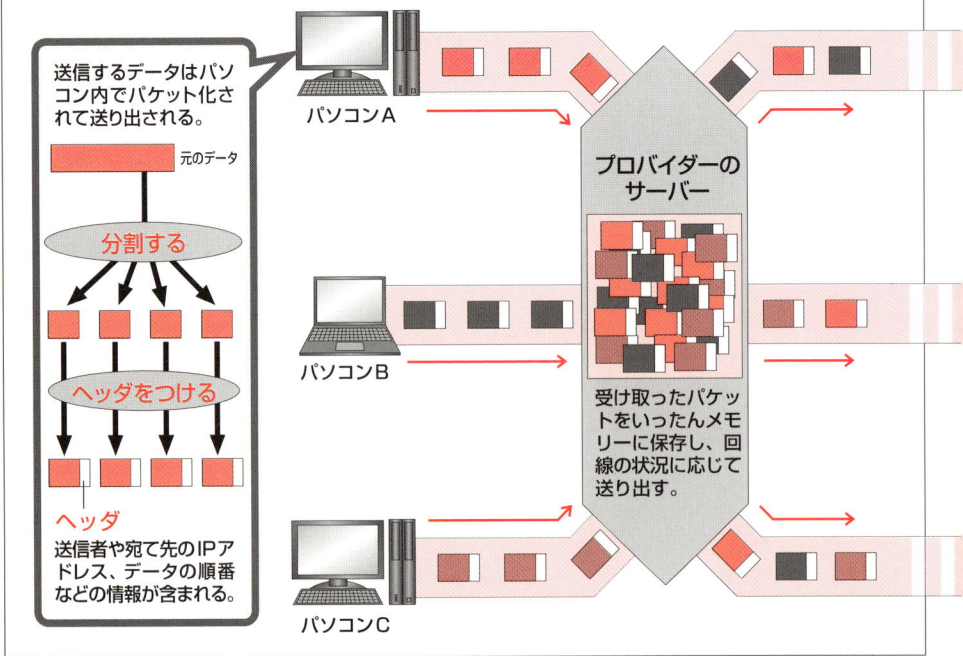

送信するデータはパソコン内でパケット化されて送り出される。

元のデータ

分割する

ヘッダをつける

ヘッダ
送信者や宛て先のIPアドレス、データの順番などの情報が含まれる。

パソコンA

パソコンB

パソコンC

プロバイダーのサーバー
受け取ったパケットをいったんメモリーに保存し、回線の状況に応じて送り出す。

☞　ARPAはAdvanced Research Project Agency、TCP/IPはTransmission Control Protocol/Internet Protocolの略。

ではTCP/IPというプロトコルが使われている。

パケット交換方式

通信における回線の使い方には**回線交換方式**と**パケット交換方式**がある。回線交換方式は、**公衆交換電話網**の**加入者線**で採用されている方式で、通話中はその回線を独占することになるため、効率がよくない。

インターネットで採用されているのはパケット交換方式だ。**パケット通信**ともいわれる。パケットとは小包という意味で、データを適当な大きさに分割して送受信する。それぞれのパケットには**ヘッダ**と呼ばれる送信者や宛て先の**IPアドレス**、データの順番などの情報がつけられている。このパケットを順番に、その時点であいている回線を通じて送信するため、回線を独占することがない。

インターネットの場合、ネットワークはまさに網の目のように複雑につながっているため、パケットごとに異なった回線を通ることもある。そのため宛て先には送り出した順番通りにパケットが届くとは限らない。しかし、パケットには順番などを示したヘッダ情報がつけられている。受信した側では、いったんパケットを保存したうえで、ヘッダ情報に従って組み立て直すことができる。

ファイルのダウンロードやアップロードはもちろん、ホームページの閲覧や電子メールの送受信もすべて、こうしたパケット通信で行われている。

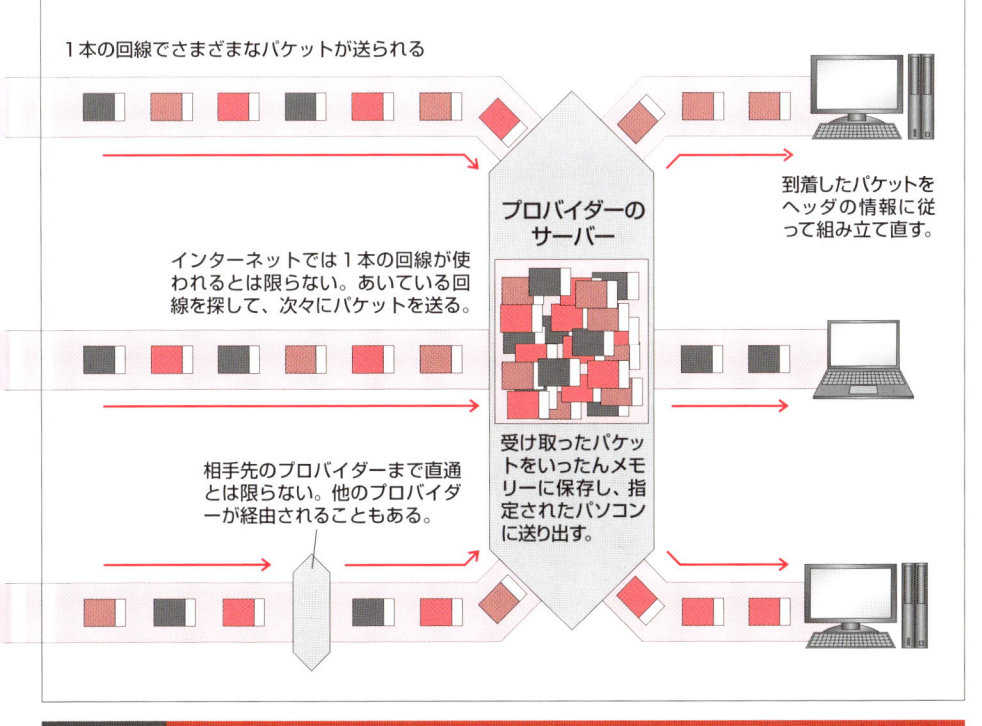

1本の回線でさまざまなパケットが送られる

インターネットでは1本の回線が使われるとは限らない。あいている回線を探して、次々にパケットを送る。

相手先のプロバイダーまで直通とは限らない。他のプロバイダーが経由されることもある。

プロバイダーのサーバー

受け取ったパケットをいったんメモリーに保存し、指定されたパソコンに送り出す。

到着したパケットをヘッダの情報に従って組み立て直す。

Point　インターネット上ではパケット通信が行われている

Part6 通信と電波

光通信とADSL……………

　現状、**インターネット**への接続は**光ファイバー**による**光通信**と**電話**の**加入者線**による**ADSL**が主流だ。ADSLは既存の加入者線を有効活用するもので、ある程度の高速通信が可能で、常時接続もできるが、デメリットがあり高速化にも限界がある。そのため高速で大容量のデータ通信が可能な光通信の普及が期待されている。こうした家庭向けの光通信ネットワークを**FTTH**という。

光通信

　光通信は**光ファイバー通信**や**光ケーブル通信**などともいわれる。従来の**有線通信**では導線に電流を流しているが、光通信では導線のかわりに**光ファイバーケー**ブルを使用し、電流のかわりに**レーザー**（P264参照）を使用する。

　光は明暗で「0」と「1」を表現すれば**デジタル信号**にできる。一般的な光を超高速で点滅させることは難しいが、人工的に作られた光であるレーザーは1秒間に数億回の点滅が可能だ。そのため点滅をデジタル信号として使える。こうした信号を**光パルス信号**という。

　実際の通信では、**半導体レーザー**で電気のデジタル信号を光パルス信号に変換し、光ファイバーケーブルに向けて発射する。半導体レーザーは電流が流れている間だけレーザーを発するので、**パルス波**の電流を流すと、点滅するレーザー、つまり光パルス信号になる。

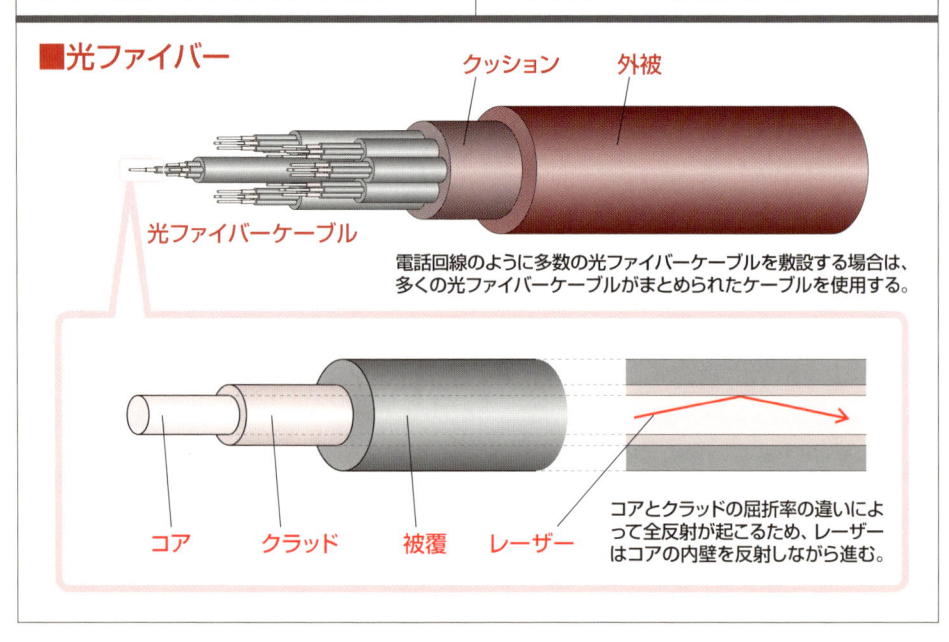

■光ファイバー

クッション　外被

光ファイバーケーブル

電話回線のように多数の光ファイバーケーブルを敷設する場合は、多くの光ファイバーケーブルがまとめられたケーブルを使用する。

コア　クラッド　被覆　レーザー

コアとクラッドの屈折率の違いによって全反射が起こるため、レーザーはコアの内壁を反射しながら進む。

☞　FTTHはFiber To The Homeの略。

■光通信

デジタル信号
（電気のパルス波）

光パルス信号
レーザー（光）の点滅をデジタル信号として利用する。
明暗明明暗明暗暗明暗暗明暗明明暗明

デジタル信号
（電気のパルス波）

電流 →←　　　　　　　　　　　　　　　　　　　　　　→← 電流

半導体レーザー
電気のデジタル信号（パルス波）をレーザーの光パルス信号に変換する。

光ファイバーケーブル

レーザー
光ファイバーケーブルのコアの内壁を反射しながら進む。

フォトダイオード
レーザーの光パルス信号を電気のデジタル信号（パルス波）に変換する。

　光ファイバーケーブルは単に光ファイバーと呼ばれることも多い。実際にレーザーが通る芯の部分を**コア**といい、その周囲が**クラッド**と呼ばれる層でおおわれている。いずれも**石英ガラス**や特殊なプラスチックで作られたもので、コアは**屈折率**が高く、クラッドは屈折率が低い。

　空気中から水のなかに斜めに光が入ると、その境界で光が曲がる。こうした現象を**屈折**といい、曲がる割合を屈折率という。屈折は屈折率の異なる物質の境界で起こるが、光の角度によっては境界面ですべての光が反射する。これを**全反射**という。コアとクラッドは、全反射が起こるように作られているため、レーザーはクラッドに漏れることなく、コア内を反射しながら進んでいく。ケーブルが曲がっていても、進むことができる。

　受信側には**フォトダイオード**（P267参照）などの**半導体素子**が備えられる。これらの素子は光が当たると電流が流れるため、光パルス信号が電気のパルス波、つまりデジタル信号に復元される。

　1本の光ファイバーケーブルは、髪の毛1本程度の太さだが、光パルス信号は電気のパルス信号より周波数を高めることができる。多重化も可能であるため、光通信は高速で大容量のデータ通信が可能になる。単純に比較することは難しいが、銅線の電話加入者線に比べて数百から数千倍の能力があるといえる。

　導線で電気信号を伝送すると、電波になって漏れたり、導線自体の電気抵抗などで減衰するため、長距離を伝送する場合は途中で増幅が必要になる。レーザーは周囲に広がることが少なく直進性が強いうえ、光ファイバーからの漏れも少ないので、光パルス信号が減衰しにくい。そのため、光通信は増幅などの装置を使わずに、長距離通信が可能となる。

　ほかにも、絶縁体である光ファイバーは電波や電気による雑音も入らない、銅線より光ファイバーのほうが軽いといったメリットもある。

通信と電波

Point　光通信はレーザーの点滅で信号を伝送する

ADSL

　既存の**電話**の**加入者線**を利用して、高速の**インターネット**による**データ通信**を可能にしているのが**ADSL**だ。日本語では**非対称デジタル加入者線**という。

　非対称とは送信時と受信時の通信速度の違いのことをさしている。インターネットを利用する多くの人は、大きなデータをダウンロードすることはあっても、大きなデータをアップロードすることは少ない。そこで、データを送信する上りの通信速度を抑えることで、データを受信する下りの通信速度を高めている。

　公衆交換電話網で行われているのは音声通信なので、**アナログ回線**である加入者線では300〜3400Hzの**周波数**しか使っていない。ADSLでは音声通信に使われていない、これよりも高い周波数を使って通信を行う。そのため音声通信とデータ通信の**共存**が可能となり、電話を使っていない時はもちろん、通話中であってもデータ通信が行える。

　家庭内に引きこまれた加入者線には**スプリッタ**が備えられ、音声通信用の低い周波数の**アナログ信号**と、データ通信用の高い周波数の**デジタル信号**の分離と統合を行っている。ADSL用の信号と通常のコンピュータ通信用のデジタル信号は、**ADSLモデム**で相互に変換される。

　加入者交換局にも同じようにスプリッタが備えられ、**インターネットサービスプロバイダー**からのデジタル信号と、電話用のアナログ信号の分離と統合が行われている。こうした加入者交換局を**ADSL収容局**という。

　ただし、ADSL収容局から利用者までの距離が遠いほど、ADSLは通信速度が遅くなる。ADSLのデジタル信号の周波数を高くするほど、通信できるデータ量が大きくなって高速通信が可能になるが、銅線の加入者線から電流が電波になって漏れやすくなる。そのため、収容局から遠くなるほどデジタル信号の周波数を下げ、つまり通信速度を抑えて、通信の安定性を確保している。

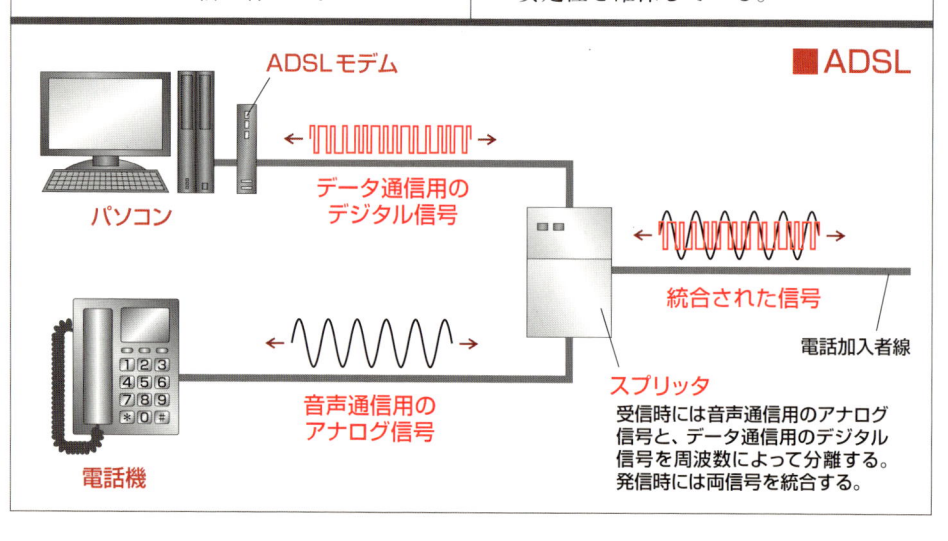

■ADSL

パソコン
ADSLモデム
データ通信用の
デジタル信号

電話機
音声通信用の
アナログ信号

スプリッタ
統合された信号
電話加入者線

受信時には音声通信用のアナログ信号と、データ通信用のデジタル信号を周波数によって分離する。発信時には両信号を統合する。

☞　ADSLは Asymmetric Digital Subscriber Line の略。

Part7
発電
エネルギーを生み出すさまざまな方法

Part7 発電

発電・・・・・・・・・・・・・・・・・・・・・・・・・・・・・

　現在の生活に電気製品は欠かせないものになっている。さまざまな産業でも電気が広く活用されている。こうした電力のほとんどは、**電力会社**から供給されるものだ。電気を作る方法には**発電機**と**電池**があるが、電池は現在の技術では大電力の供給には適していない。そのため電力会社では**発電所**で発電機によって、供給する電力を**発電**している。

　発電の効率が高く、**送電**にも有利なため、一般的に発電所では**三相交流発電機**が使用される。発電機の回転軸にはタービンが備えられる。タービンとは、気体や液体などの流体の**運動エネルギー**で回される羽根車のことだ（流体が水の場合は水車ともいう）。この発電機とタービンをまとめて**タービン発電機**といい、水力発電の場合は**水車発電機**ともいう。

　日本の場合、もっとも発電量の多いのが**火力発電**で、**原子力発電**、**水力発電**と続く。少量だが**地熱発電**や**風力発電**、**太陽光発電**も行われている。こうして作られた電力が家庭や工場などに送られる。

　電力の需要は、常に一定というわけではない。時間帯や季節によって**電力需要**は大きく変動する。昼間は産業界の消費が大きく、夕方から夜にかけては家庭での消費が大きくなるが、深夜から朝にかけては消費が小さくなる。夏になれば冷房による消費も加わる。

　電力需要が小さな時に発電した電力を蓄えておき、需要の大きな時にその電力を活用するのが理想だ。実際、**電力貯蔵用電池**の開発が進められているが、現在の技術では大量の電力を蓄えておくことは難しい。現状で、ある程度の規模で蓄

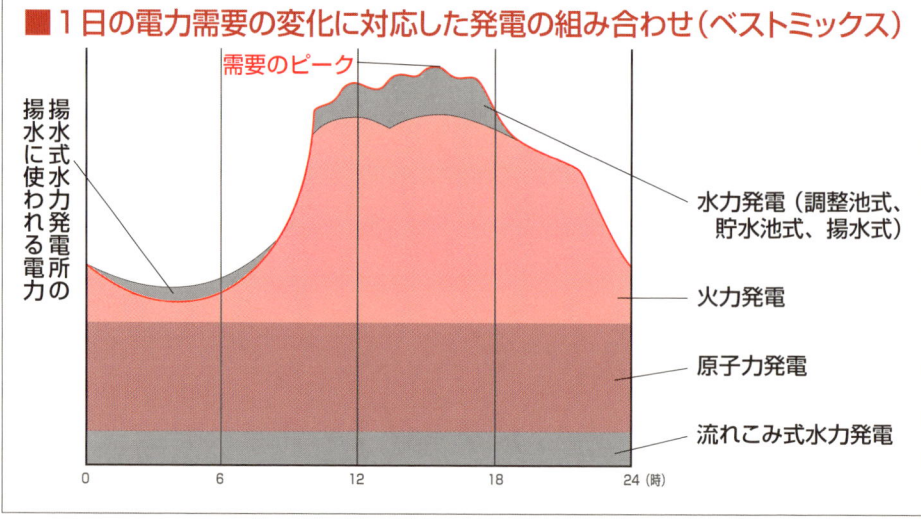

■1日の電力需要の変化に対応した発電の組み合わせ（ベストミックス）

- 需要のピーク
- 揚水式水力発電所の揚水に使われる電力
- 水力発電（調整池式、貯水池式、揚水式）
- 火力発電
- 原子力発電
- 流れこみ式水力発電

0　6　12　18　24 (時)

☞　電力会社とは電気事業法に規定されている一般電気事業者のこと。北海道、東北、東京、北陸、中部、関西、中国、四国、九州、沖縄の10社がある。

発電種類別発電量の推移

グラフ上の数値（赤字）は総年間発電電力量（億kWh）、グラフ内の数値（黒字）は構成比（%）。

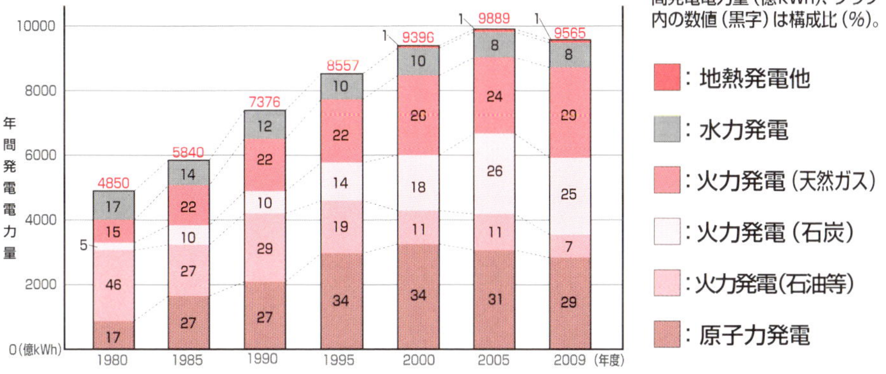

年間発電電力量
10000
8000
6000
4000
2000
0（億kWh）
1980
1985
1990
1995
2000
2005
2009（年度）
4850
5840
7376
8557
9396
9889
9565
17
15
5
46
17
14
22
10
27
27
12
22
10
29
27
10
22
14
19
34
1
10
20
18
11
34
1
8
24
26
11
31
1
8
20
25
7
29
：地熱発電他
：水力発電
：火力発電（天然ガス）
：火力発電（石炭）
：火力発電（石油等）
：原子力発電

えられるのは、**揚水式水力発電**のみだ。

また、詳しくはそれぞれの発電方法のページで説明するが、電力需要が増えそうだからといっても、すぐに発電量を増やせない発電方法もあれば、一定の発電量で発電し続ける必要がある発電方法もある。そのため、電力会社は電力需要を予測し、いろいろな発電方法を組み合わせて発電量を調整して、必要な量だけを発電するようにしている。これを電源の**ベストミックス**という。

再生可能エネルギー

再生可能エネルギーとは、比較的短期間で自然に再生し、半永久的に枯渇しないエネルギー資源のことだ。太陽光や太陽熱、地熱、潮汐など自然現象に由来するもので、**水力発電**も再生可能エネルギーの利用といえるが、大規模ダムは環境破壊が大きいため除かれることが多い。再生可能エネルギーに対して、**化石燃料**や**核燃料**のように限りあるエネルギー資源を**枯渇性エネルギー**という。

再生可能エネルギーは枯渇の不安がなく、化石燃料使用による地球温暖化の緩和が可能であるため、新たなエネルギー資源として注目を集めている。現在では再生可能エネルギーを使用する発電所の新設や計画が増えてきている。

電力自由化

従来、**電力供給**は全国10社の**電力会社**が独占してきた。大規模な工場や鉄道会社は自前の発電所を所有していることもあるが、あくまでも自家消費のための発電だった。しかし、20世紀末からの規制緩和で電力の自由化が進んでいる。

現在では、従来の電力会社以外にも電力の小売（消費者に対して直接電力を供給する）や電力の卸（電力会社に供給する）が可能となっている。こうした電力の売却を**売電**といい、自家発電所の余剰の電力を売電することはもちろん、新規事業者としての参入も可能だ。

小口の売電も認められている。これにより家庭などに備えた太陽電池による発電の余剰分を、電力会社に売ることができる。

Point　電源のベストミックスで電力需要の変動に対応する

Part7 発電

水力発電 ……………………………

　水力発電は水が高いところから低いところに流れ落ちる勢いで**タービン発電機**（水車発電機）を回して**発電**する。落差が大きいほど、水量が多いほど、出力を高めることができる。水に恵まれた日本の風土には適した発電方式といえる。

　水力発電所は水の利用方法によって流れこみ式、調整池式、貯水池式、揚水式に分類できる。

　流れこみ式水力発電は**自流式**や**水路式**とも呼ばれる。河川の流れをせき止めることなく直接取り入れ、水路で落差が得られる場所に導いて発電を行う。建設コストは抑えられるが、出力は小さい。水をためないため、季節による河川の流水量の変化に影響を受ける。

　調整池式水力発電は、発電所に対して落差が得られる位置に**調整池**を設けて、河川の水をためる。水を取り入れる**取水ダム**を設けることもある。その水を水路で発電所に導いて発電する。ためられる水の量が少ないため、出力の調整が行えるのは1日から1週間程度だ。

　貯水池式水力発電は、大規模な**ダム**によって雪解け水や梅雨、台風などによる水をためておき、発電に利用する。大量の水を蓄えられるので、年間を通じての出力調整が可能となる。

　以上の方式では、タービンを回した水は河川の下流に放水されるが、**揚水式水力発電**の場合は、**下部調整池**にためられる。**上部調整池**から放流して発電を行う

■水力発電所（貯水池式の一例）

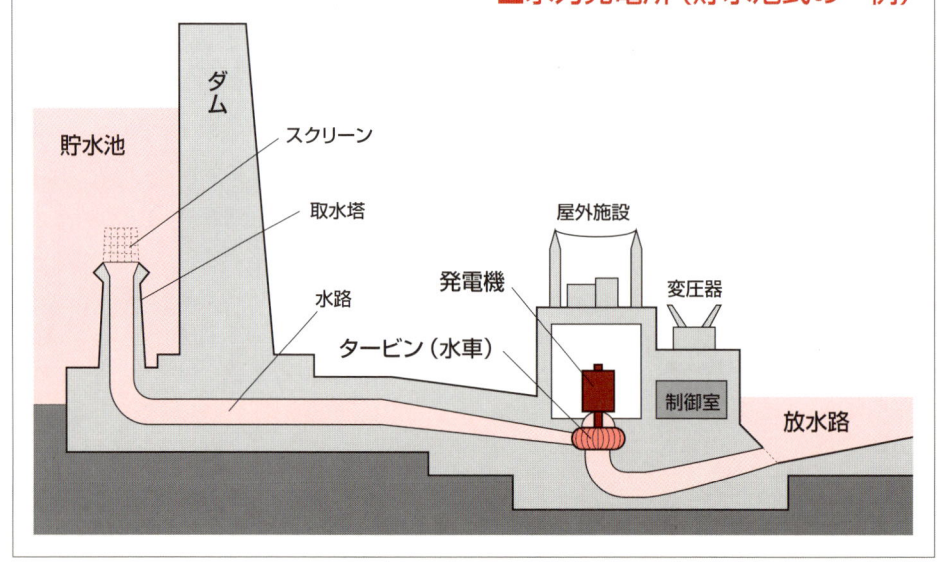

（図：貯水池、ダム、スクリーン、取水塔、水路、発電機、タービン（水車）、屋外施設、変圧器、制御室、放水路）

☞ 砂防ダムとは、小さな渓流などに設置される土砂災害防止のための設備。ダムと区別するために、砂防堰堤（さぼうえんてい）と呼ばれることもある。

■流れこみ式

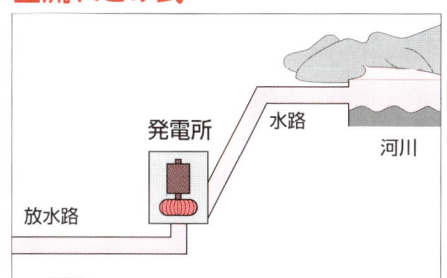

河川の流れを直接取り入れ、水路で落差が得られる場所に導いて発電を行う。

■調整池式

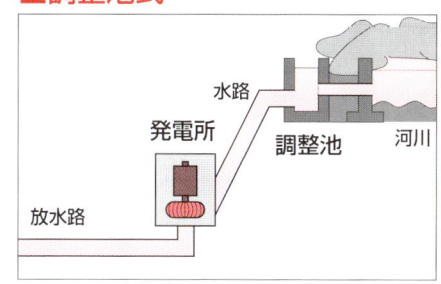

1日～1週間程度の発電量を調整できるように調整池に水をため、その水で発電を行う。

■貯水池式

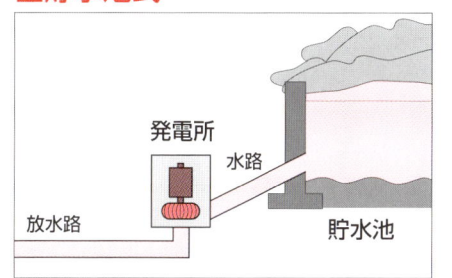

年間の出力調整が行えるように大規模なダムに大量の水をため、その水で発電を行う。

■揚水式

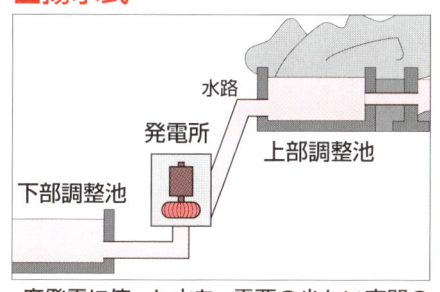

一度発電に使った水を、需要の少ない夜間の電力でくみ上げ、再度発電に使う。

のは調整池式と同じで、おもに**電力需要**が大きな昼間に発電が行われる。夜間など電力需要が小さく、火力発電所や原子力発電所で発電された電力が余ると、その電力で下部調整池の水を上部調整池に戻し、再び昼間の発電に備える。水をくみ上げる際にはタービン発電機がモーターとポンプとして使われる。

　水力発電は発電の**エネルギー効率**がよく、水の**位置エネルギー**の約80％を**電気エネルギー**にでき、起動や停止、出力の調整も簡単なため電力需要の変動にも対応しやすい。二酸化炭素や大気汚染物質なども発生しない。

　さまざまなメリットがある水力発電だ

が、大きな出力が得られる貯水池式水力発電所を作るのには巨額の費用と時間がかかる。需要の大きな都市部から離れた場所になるため、**送電**施設にも費用がかかり、**送電ロス**も発生する。また、大きなダムは生態系など自然環境にも影響を与える可能性があり、なによりダムを作りやすい場所があまり残っていない。

　しかし、水力発電はクリーンな発電方式である。そのため新たな事業者により小規模な水力発電所を設置する動きがある。特に小規模なものは**マイクロ水力発電**などと呼ばれる。農業用水や砂防ダムを利用したもののほか、下水処理場や工場排水を利用したものもある。

発電

Point　水力発電は水が流れ落ちる勢いで発電する

Part7 発電

火力発電……………………………

　一般的な**火力発電所**では、石油や天然ガス、石炭などの**化石燃料**を燃やして高温高圧の水蒸気を作り、その蒸気で**タービン発電機**を回して発電する。こうした**火力発電**のように高温高圧の水蒸気で発電する方式を**汽力発電**という。汽力発電には他にも、**原子力発電**や**太陽熱発電**、**地熱発電**などが含まれる。

　火力発電には汽力発電のほかに**内燃力発電**もある。これは**ディーゼルエンジン**や**ガスタービンエンジン**のような**内燃機関**を動力源として発電を行うものだ。

火力発電所

　火力発電所ではボイラー内で燃料と空気（に含まれる酸素）を混ぜて燃焼させる。内部の温度は1000～1500℃になる。ボイラー内には水を通す細いチューブが多数配されていて、ここを通過する際に水が高温高圧の水蒸気になる。水蒸気はタービンに送られ、発電機を回す。通常は1つのボイラーに2～4台の**タービン発電機**が備えられる。

　タービンを回した水蒸気は、**復水器**で冷やして水に戻され、再びボイラーに送られる。水蒸気になる水は、一定の経路を循環するだけだが、復水器で冷却に使用される水は大量に必要だ。大量の海水が冷却に利用できるため、火力発電所は海岸近くに作られることが多い。海岸近くであれば、大量に必要な燃料の海上輸送も容易になる。

　火力発電は水力発電に比べてタービンを高速で回すことができるため、大きな出力で発電することができる。完全に停止させることはできないが**電力需要**に応じた出力調整もある程度は可能だ。

　また、火力発電所は他の発電方法に比べて建設コストが安い。技術もすでに確立されていて比較的安全性が高いため、都市部の近くに設置することができる。これにより**送電**施設のコストや、**送電ロス**を抑えることができる。

　しかし、火力発電にはさまざまなデメリットもある。発生した**熱エネルギー**から目的とするエネルギーを取り出せる割合を**熱効率**というが、火力発電は40％に満たない。多くの熱が浪費される。

　また、燃料の燃焼によって窒素酸化物や硫黄酸化物などの**大気汚染物質**や、地球温暖化に影響がある**二酸化炭素**を排出する。排気ガス浄化装置によって大気汚染物質の削減は進んでいるが、二酸化炭素の排出は避けられない。

　さらに、**化石燃料**のほとんどは輸入に頼っていて、政情によって価格が大きく変動することもある。なにより、化石燃料の埋蔵量には限界がある。

内燃力発電

　内燃機関には**ディーゼルエンジン**のようにピストンの往復運動から回転運動を作り出す**レシプロエンジン**と、航空機の**ジェットエンジン**のように直接回転運動

☞ 内燃機関とは装置内部で燃料を燃やし、その熱で膨張する燃焼ガスを利用して動力を生み出す装置のこと。蒸気機関のように外部で燃やすものは外燃機関という。

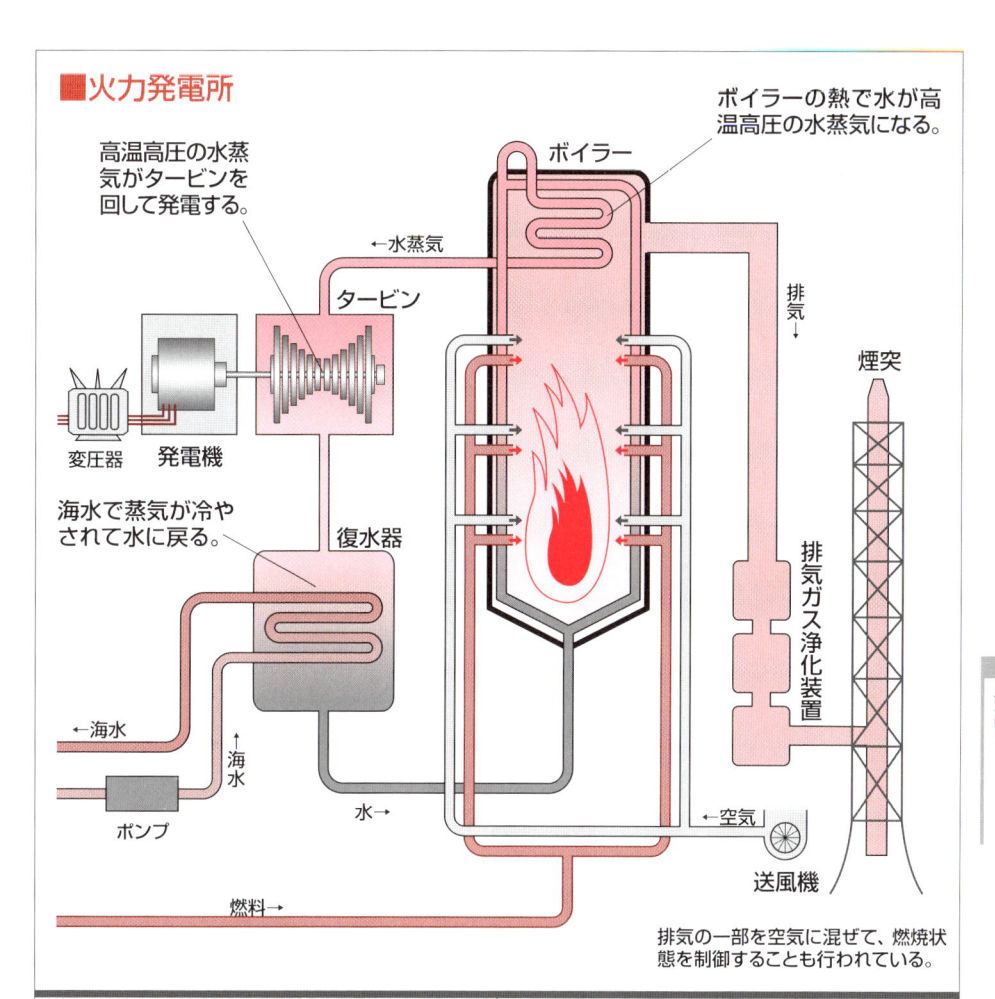

■火力発電所

ボイラーの熱で水が高温高圧の水蒸気になる。

高温高圧の水蒸気がタービンを回して発電する。

- ボイラー
- ←水蒸気
- タービン
- 変圧器
- 発電機
- 海水で蒸気が冷やされて水に戻る。
- 復水器
- ←海水
- ↑海水
- ポンプ
- 燃料→
- 水→
- 排気
- 排気ガス浄化装置
- 煙突
- ←空気
- 送風機

排気の一部を空気に混ぜて、燃焼状態を制御することも行われている。

発電

を作り出すことができる**ガスタービンエンジン**などがある。

　ディーゼルエンジンによる**内燃力発電**は、工場や病院などの非常用電源や電源車、携帯用電源のほか、離島などでの小規模発電にも使われる。

　ガスタービンエンジンによる内燃力発電は、工場やビルなど、もう少し規模の大きい発電に使われる。この**ガスタービン発電**は**コンバインドサイクル発電**にされることもある。

　コンバインドサイクル発電は内燃力発電と汽力発電の**コジェネレーションシステム**（P214参照）だ。ガスタービンエンジンで発電機を回すだけでなく、排気の熱で高温高圧の蒸気を作ってタービンを回している。ガスタービン発電だけで考えると熱効率は40％程度だが、コンバインドサイクルにすることで50％以上に高めることができる。今後は大規模な火力発電所でもコンバインドサイクル発電が行われる可能性が高い。

Point　火力発電は高温高圧の水蒸気の力で発電する

Part7 発電

原子力発電

原子とは、その物質としての性質を保つことができる最小単位のことで、いくつかの**陽子**と**中性子**で構成される**原子核**が中心にあり、その周囲をいくつかの**電子**が回っている。陽子の数で原子の種類（**元素**）が決まる。原子核は非常に安定したもので、通常は陽子の数が減って、別の元素にかわることはない。

しかし、特殊な条件下では原子核が分裂して、他の物質になることがある。この反応を**核分裂**という。核分裂が起こると、非常に大きな**原子核エネルギー**が原子核から放出され、**熱エネルギー**になる。この熱エネルギーを利用した発電が**原子力発電**だ。

原子力発電では、おもに陽子92個、中性子143個の**ウラン235**という**放射性物質**が使用される。ウラン235に中性子をぶつけると、原子核が分裂してエネルギーを放出すると同時に、2〜3個の中性子が放出される。放出された中性子が次々に別のウラン235にぶつかって連鎖的に核分裂を起こすようにすれば、膨大な熱エネルギーを発生させられる。1gのウラン235から得られるエネルギーは石油2000ℓに相当する。

連鎖反応が一気に起こるようにしたものが原子爆弾だが、原子力発電では、一定の状態で核分裂が連鎖するようコントロールする必要がある。核分裂が一定になった状態を**臨界**という。

原子力発電所で核分裂を起こさせる装

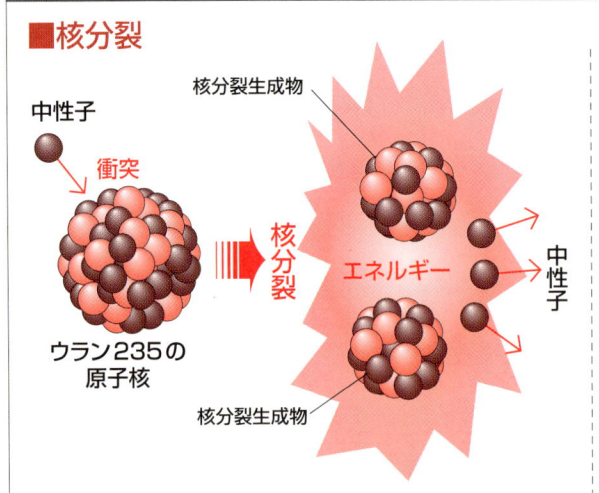

■核分裂

ウラン235の原子核に中性子をぶつけると、原子核が分裂して核分裂生成物になる。その際、膨大なエネルギーを放出し、同時に2〜3個の中性子が高速で飛び出す。

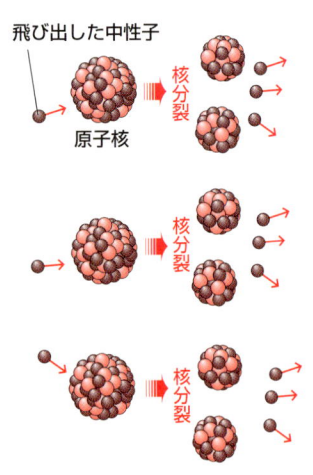

核分裂で飛び出した中性子が、他の原子核に衝突することで、核分裂が連鎖的に起こる。

☞ ウランは原子番号92の元素で、元素記号はU。天然にはウラン234、ウラン235、ウラン238の3種類の同位体（P8参照）が存在する。

■核分裂の制御（軽水炉の場合）

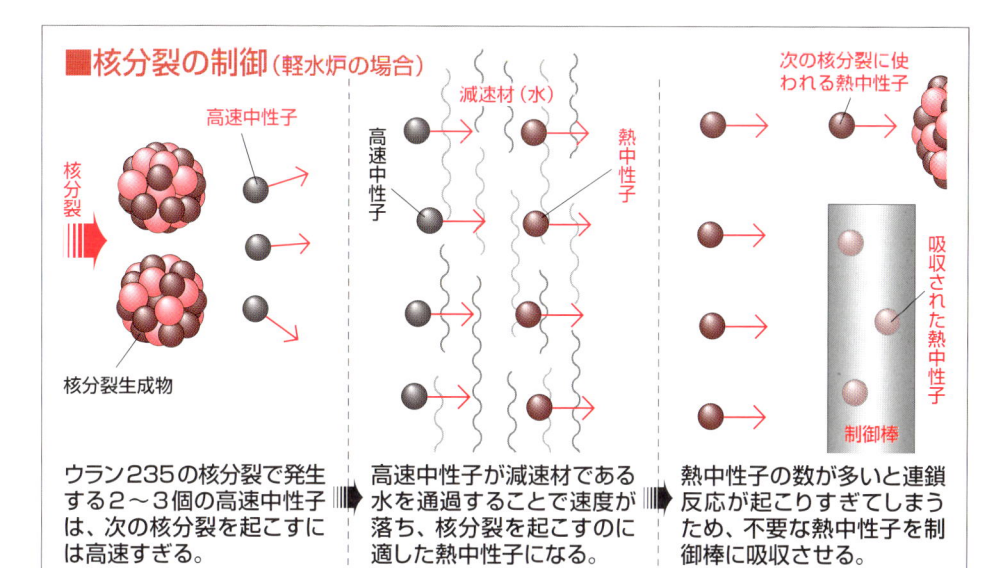

ウラン235の核分裂で発生する2～3個の高速中性子は、次の核分裂を起こすには高速すぎる。	高速中性子が減速材である水を通過することで速度が落ち、核分裂を起こすのに適した熱中性子になる。	熱中性子の数が多いと連鎖反応が起こりすぎてしまうため、不要な熱中性子を制御棒に吸収させる。

置を**原子炉**という。この原子炉内で核分裂を起こさせるが、放出された中性子は高速すぎて、次の核分裂を起こさせるのには適さない。この中性子を**高速中性子**という。高速中性子は**減速材**で速度を落として**熱中性子**という状態にする。この熱中性子の数が多すぎると、連鎖反応が過剰になるため、中性子を吸収する**制御棒**によって熱中性子の数を減らして連鎖反応が一定になるようにしている。

こうした臨界状態を維持しなければならないため、原子力発電は出力調整が難しい。そのため**電力需要**の変動に対応することが難しい。

資源小国である日本にとって原子力発電は有効な発電方法だ。しかし、核分裂では人体に有害な**放射線**を放出する**放射性物質**が生成される。使用するウラン自体も放射線を放出する放射性物質だ。放射線は生物の細胞を遺伝子レベルで破壊し、致命的なダメージを与える。事故が起きた場合の被害は計り知れない。旧ソ連のチェルノブイリ原子力発電所の事故はもちろん、福島第一原子力発電所の事故も記憶に新しい。

また、原子力発電で発生するさまざまな**放射性廃棄物**は長い年月にわたって放射線を放出し続ける。この廃棄物の処理方法は確立されていない。現状では、放射線が漏れない容器に密閉し、地中深くに埋めて保管するしか方法がない。

化石燃料同様にウランも輸入に頼っていることにも不安が残る。ただ、化石燃料は政情が不安定な地域からの輸入が多いのに対して、ウランの輸入先は比較的政情が安定している地域が多い。

さまざまな問題点があるが、現状では原子力発電に頼らざるを得ないという考えが大勢となっている。大規模な発電が可能で、しかもクリーンで安全な他の方式が開発されるまでは、原子力発電と上手につきあっていくことが求められる。

Point 核分裂反応は大量の熱エネルギーを放出する

原子炉

現在の**原子力発電**に使用されている**原子炉**は、**高速中性子**を減速して**熱中性子**としているため、**熱中性子炉**という。

熱中性子炉で使われる**減速材**にはさまざまなものがあり、普通の水を用いる原子炉を**軽水炉**、**重水**を用いるものを**重水炉**、黒鉛を用いるものを**黒鉛炉**という。重水とは水素の**同位体**（P8参照）である**重水素（二重水素）**2つと酸素が結合した水のことで、これに対して普通の水を**軽水**という。日本で稼動している原子炉はすべて軽水炉だ。

原子炉で発生した熱を発電のために取り出す流体を**冷却材**という。軽水炉では冷却材にも水が使われるのが一般的だ。減速材と冷却材を同じ水で共用するタイプを**沸騰水型軽水炉**、別系統の水を使用するタイプを**加圧水型軽水炉**という。

冷却材である水は原子炉内で高温高圧の水蒸気にされ、**タービン発電機**に導かれる。タービンを回した水蒸気は、**復水器**で冷やして水に戻され、再び原子炉に送られる。こうした水の循環は**火力発電**とまったく同じだ。そのため原子力発電も**汽力発電**に分類される。復水器が大量の水を必要とすることや、海上輸送で輸入されるウランの地上輸送の距離を最低限にできるため、原子力発電所は海岸近くに作られる。

核燃料

原子力発電に使用されるウランは実際に燃えるわけではないが、**核燃料**や単に燃料と呼ばれる。実質的な燃料になるのは**ウラン235**だが、天然のウランに含まれているウラン235はわずか0.7％しかない。残りのほとんどは**核分裂**を起こさない**ウラン238**であるため、軽水炉ではウラン235を3〜5％程度に高めたものを燃料として使用する。これを**低濃縮ウラン**という。

核燃料は**燃料ペレット**と呼ばれる長さ1cm、直径1cm程度の円筒に焼き固められる。このペレット350個程度が、**燃料**

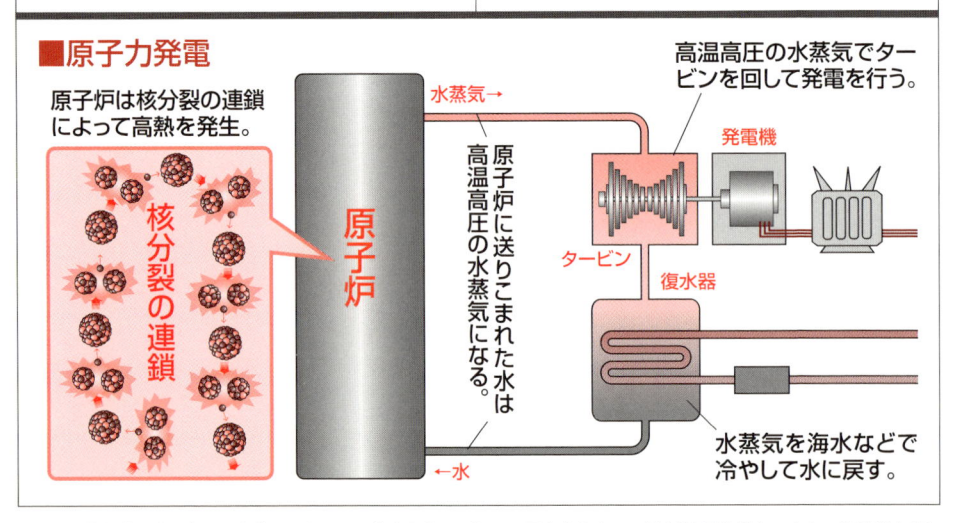

■原子力発電

原子炉は核分裂の連鎖によって高熱を発生。

核分裂の連鎖

原子炉

原子炉に送りこまれた水は高温高圧の水蒸気になる。

水蒸気→

高温高圧の水蒸気でタービンを回して発電を行う。

発電機

タービン

復水器

水蒸気を海水などで冷やして水に戻す。

←水

同位体（P8参照）には安定したものと不安定なものがある。不安定なものは放射性同位体といわれ、放射線を出しながら崩壊していく。

被覆管と呼ばれる棒状の容器に一直線に収められる。容器はジルコニウム合金製などで長さは4m程度ある。この状態を燃料棒という。金属製の枠で一定の本数の燃料棒をまとめたものを、燃料集合体という。

この燃料集合体の間に制御棒が挿入される。制御棒は中性子を吸収するホウ素やカドミウムで作られている。この制御棒を入れたり出したりすることで核分裂反応が制御できる。

なお、核分裂の結果として発生する物質を核分裂生成物という。核分裂の際に原子核は二等分になることはない。通常は、重い物質と軽い物質に分裂する。ウラン235の核分裂生成物は非常に種類が多いが、おもなものはヨウ素135、セシウム133、同137、ジルコニウム93、テクネチウム99などで、いずれも放射線を放つ放射性物質だ。すぐに放射線を放たなくなる物質もあるが、長期にわたって発し続けるものもある。

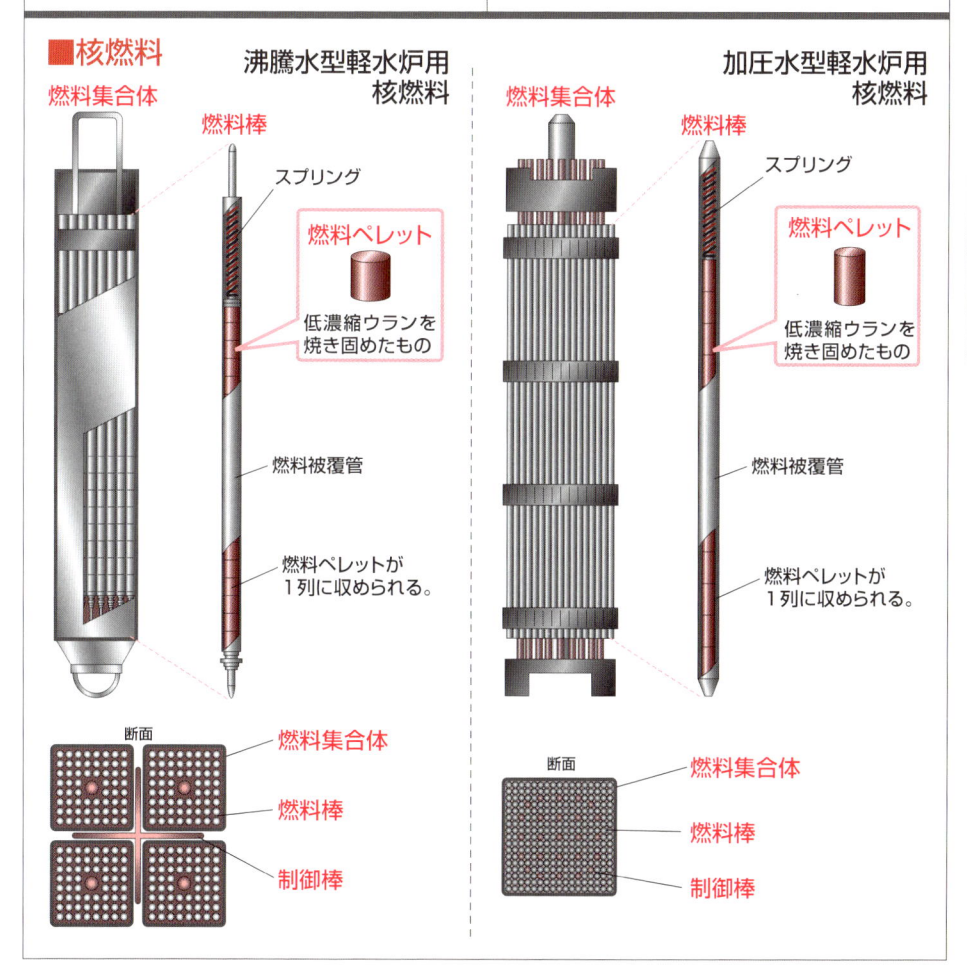

■ 核燃料

Point 原子力発電は高温高圧の水蒸気の力で発電する

■沸騰水型軽水炉

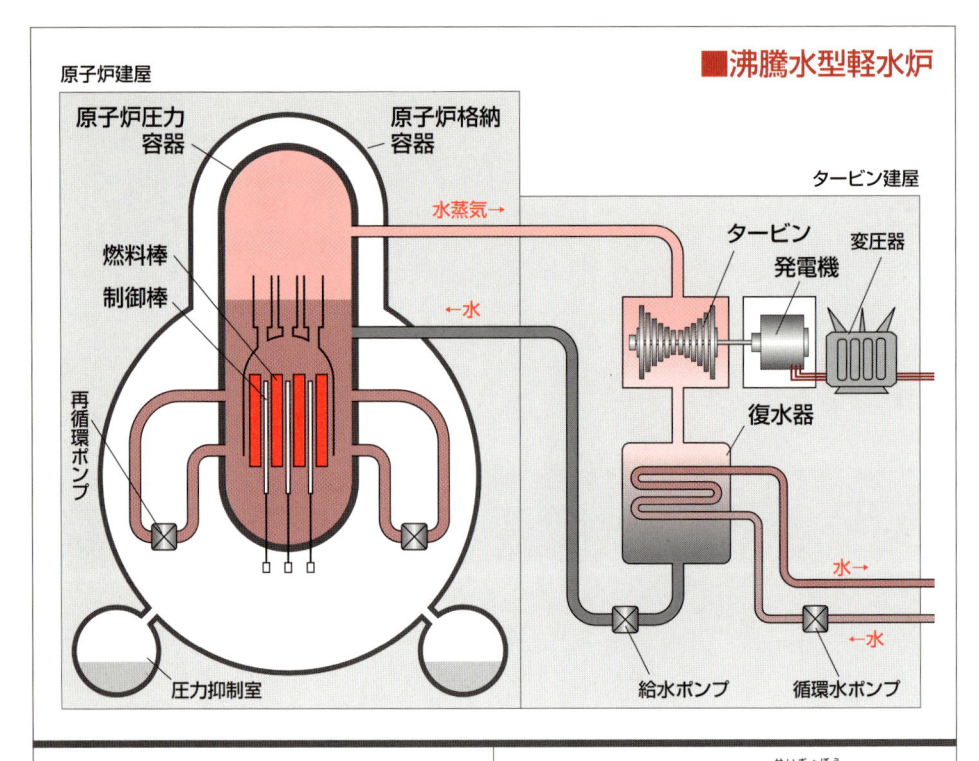

原子炉建屋 / **原子炉圧力容器** / **原子炉格納容器** / 燃料棒 / 制御棒 / 再循環ポンプ / 圧力抑制室 / 水蒸気→ / ←水

タービン建屋 / タービン発電機 / 変圧器 / 復水器 / 給水ポンプ / 循環水ポンプ / 水→ / ←水

軽水炉

　軽水炉の中心的な存在といえるのが**原子炉圧力容器**だ。この容器が**核分裂**反応が起こる**炉心**を収めた状態で内部の圧力を保持する。原子炉圧力容器は、主要な原子炉機器とともに**原子炉格納容器**に収められている。

　沸騰水型軽水炉の場合、**冷却材**（=**減速材**）の水が、原子炉圧力容器で高温高圧の**水蒸気**にされる。この水蒸気が原子炉格納容器から送り出され、発電を行った後に水にして戻される。この経路の冷却材の循環とは別に、炉心を流れる冷却材を循環させる経路もある。これを**再循環水**といい、いったん圧力容器から出るが、格納容器外には出ない。

　沸騰水型軽水炉では、**制御棒**の出し入れに加え、再循環水の流量を調整することで、一定の**臨界**状態が保てるように制御している。

　加圧水型軽水炉の場合は、減速材である水は**一次冷却水**として機能する。一次冷却水は加圧器によって圧力が高められているため、300℃程度の高温だが、液体の状態が保たれている。この高温の一次冷却水は格納容器内の**蒸気発生器**に送られる。この一次冷却水の熱によって別系統の水である**二次冷却水**が高温高圧の水蒸気にされる。この水蒸気が原子炉格納容器から送り出され、発電を行った後に水にして戻される。

　加圧水型軽水炉では、制御棒の出し入れに加え、一次冷却水に混入させている

☞ 液体が気化する温度を沸点という。一般に圧力が高くなるほど、沸点が高くなる。

■加圧水型軽水炉

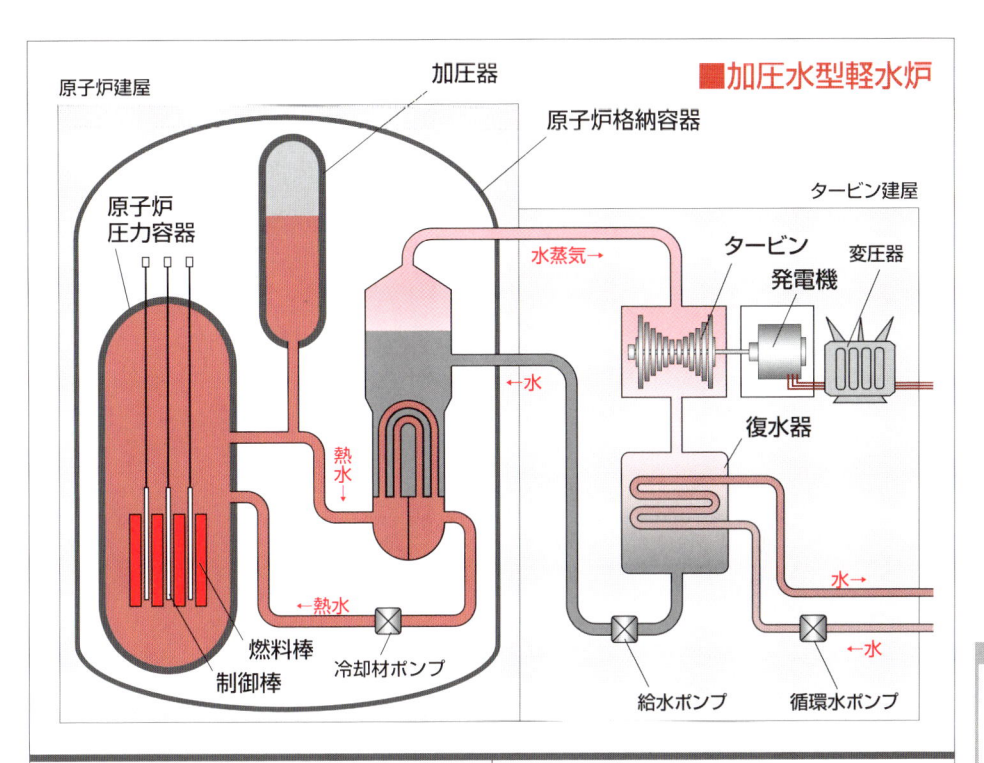

中性子吸収材の濃度を調整することで出力調整を行う。中性子吸収材には、ホウ酸が使われる。

5重の壁

原子力発電では異常事態の発生を防止するのはもちろん、もし発生してもその拡大を防ぐことが重要だ。そのため日本の**原子力発電所**では**5重の壁**を設けて、**放射性物質**を厳重に閉じこめている。

第1の壁が、**燃料ペレット**だ。核分裂で発生した放射性物質のほとんどは、このペレット内に閉じこめられる。

第2の壁が、**燃料棒**の**燃料被覆管**だ。この容器内にペレットから放出されるガス状の放射性物質が閉じこめられる。

第3の壁が、鋼鉄製の**原子炉圧力容器**だ。非常に厚く作られ、放射性物質を内部に閉じこめると同時に、内部の異常な圧力上昇にも耐える。

第4の壁が、鋼鉄製の**原子炉格納容器**だ。圧力容器が損傷した場合にも、格納容器が圧力を受け止め、さまざまな放射性物質を閉じこめる。外来の衝撃にも耐えて圧力容器を守る。

第5の壁が、**原子炉建屋**だ。分厚いコンクリート製で、原子炉格納容器を外側から補強し、外来の衝撃による格納容器の破損を防ぐ。

5重の壁の能力は非常に高いが、周辺の機器が損傷したり電源供給が断たれたりすると、十分には機能しないことが福島第一原子力発電所の災害で判明した。今後への大きな課題となっている。

Point 原子炉は5重の壁で守られている

核燃料サイクル

　軽水炉では**ウラン235**の濃度を3〜5％程度に高めた**低濃縮ウラン**（残りは**ウラン238**）が**核燃料**として使われるが、ウラン235の濃度が1％程度になると、核燃料として使用できなくなる。この状態を**使用済み核燃料**という。このなかには、3〜5％程度の**核分裂生成物**のほかに、**プルトニウム239**が1％程度含まれている。プルトニウム239は核燃料内のウラン238が、ウラン235の**核分裂**によって発生した**中性子**を吸収することで生まれる物質だ。

　プルトニウム自体は自然界にはほとんど存在しない（ウラン鉱石中にわずかに含まれることが発見される以前は、人工元素と考えられていた）。いくつかの**同位体**があるうちプルトニウム239は、ウラン235同様に核分裂を起こして大量の**原子核エネルギー**を発生する**放射性物質**だ。そのため使用済み核燃料から、使われなかったウラン235と新たに生まれたプルトニウム239を再処理して取り出せば、再び軽水炉の核燃料として使用することができる。

　使用済み核燃料の再処理によってプルトニウム239の濃度が4〜9％程度に高められる。こうして作られた核燃料を**MOX燃料**といい、その燃料を軽水炉で利用する方式を**プルサーマル**という。このように燃料を再利用することを**核燃料サイクル**といい、限りある資源を有効利用できる方法だ。プルサーマルによってウランの利用効率は約1.5倍になる。

　なお、通常の核燃料の場合も、使用中に生成されたプルトニウム239が核分裂を起こしている。出力の1/3はプルトニウムの核分裂によるといわれる。そのため、内部の実質的な反応はプルサーマルと大きな差はない。

高速増殖炉

　ウランの利用効率を100倍以上に高めることができる**核燃料サイクル**も計画されている。それがMOX燃料を使用する

■**プルトニウムの核分裂と増殖**

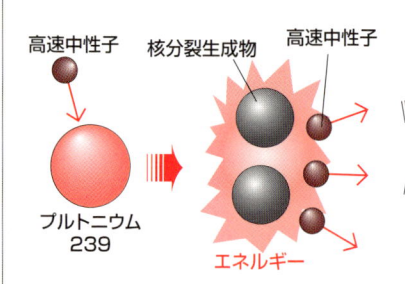

高速中性子がプルトニウム239に衝突すると、核分裂が起こってエネルギーが発生。同時に、高速中性子が飛び出していく。

飛び出した高速中性子がウラン238に吸収されるとプルトニウム239になり、燃料が増殖する。

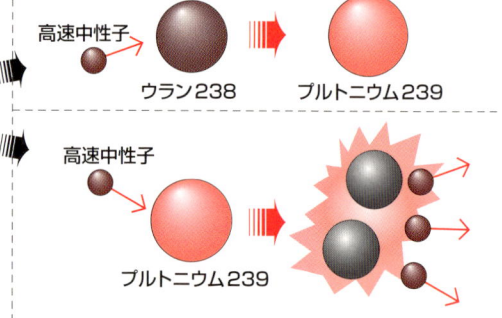

飛び出した高速中性子がプルトニウム239に衝突すれば、次の核分裂が起こり、連鎖していく。

　MOXとは混合酸化物（Mixed OXide）を略したもの。プルサーマルは和製英語で、プルトニウムの「プル」とサーマルニュートロンリアクター（Thermal-neutron reactor・熱中性子炉）の「サーマル」をつなげたもの。

■高速増殖炉

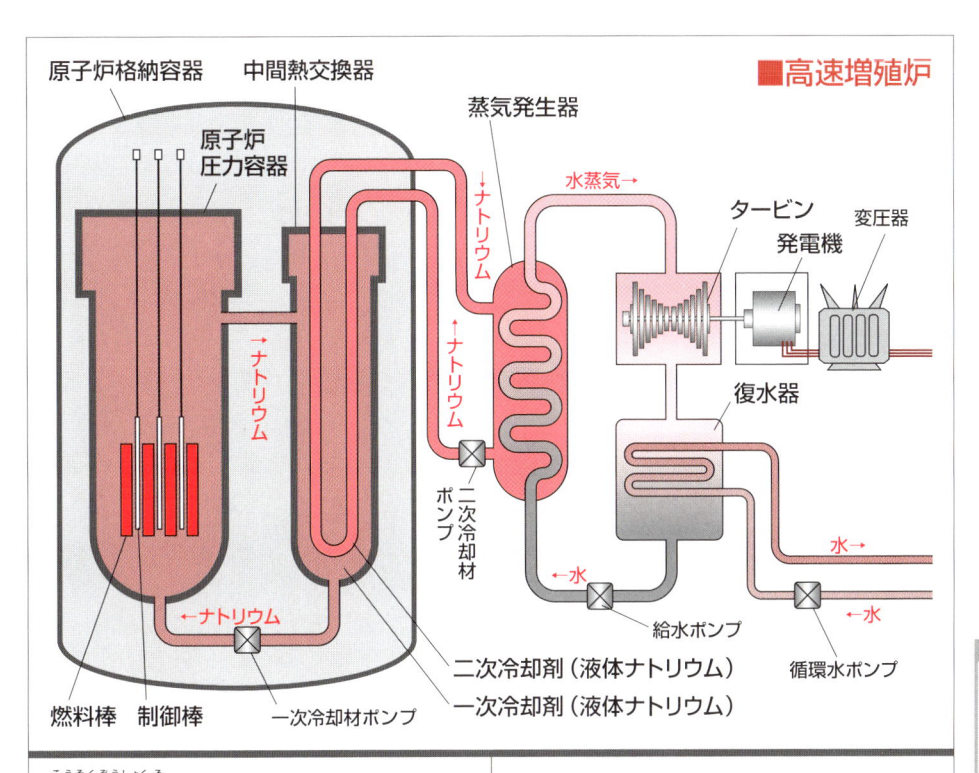

（図：高速増殖炉の構造）
- 原子炉格納容器
- 中間熱交換器
- 原子炉圧力容器
- 蒸気発生器
- 水蒸気→
- ナトリウム
- タービン
- 発電機
- 変圧器
- 復水器
- →ナトリウム
- ←ナトリウム
- 二次冷却材ポンプ
- ←水
- 水→
- 給水ポンプ
- 循環水ポンプ
- 燃料棒
- 制御棒
- 一次冷却材ポンプ
- 一次冷却剤（液体ナトリウム）
- 二次冷却剤（液体ナトリウム）

高速増殖炉だ。すでに研究は実証段階に入っている。

軽水炉でもウラン238からプルトニウム239が生成されているので核燃料を増殖させていることになるが、もしプルトニウム239を大量に生成させれば、増殖によって核燃料を有効活用できる。

軽水炉では核分裂の連鎖が起こりやすいように、減速材で高速中性子の速度を落として熱中性子にしているが、高速中性子のほうがウラン238に吸収されやすく、プルトニウム239を生成しやすい。そのため高速増殖炉では、より多くのプルトニウム239を生成させるために減速材を使用しない。

こうした高速中性子で核分裂を起こさせる原子炉を高速中性子炉という。この「高速」と、燃料を「増殖」させられることから高速増殖炉と呼ばれる。

高速増殖炉でも熱を取り出すために冷却材が必要になるが、減速材として機能してしまうため水を使えない。そこで高速増殖炉では高速中性子を減速しない液体ナトリウムを一次冷却材と二次冷却材に使用することが考えられている（蒸気発生と復水には水が使われる）。

しかし、液体ナトリウムは、水や酸素に触れると爆発的な反応を起こすため、取り扱いが難しい。また、高速増殖炉での核分裂反応は軽水炉よりスピードが速いため、コントロールが難しいといった問題点もある。高速増殖炉は効率が高い原子力発電といえるが、安全性が疑問視されていることも事実だ。

Point 核燃料はリサイクルで効率を高められる

Part7 発電

地熱発電 ……………………………

　火山地帯の地下数千mには、非常に高温の熱源であるマグマがある。そのため地中には高温高圧の地下水が存在する。井戸を掘って、この熱水や、その水蒸気を利用して行う**発電**が**地熱発電**だ。**汽力発電**に分類される。再生可能な熱エネルギーを利用でき、クリーンな発電が行える。また、**風力発電**や**太陽光発電**のように自然の変動を受けることが少なく、安定した出力で発電できる。

　地熱発電は、**火力発電**のボイラーが地下にあるといえる。火力発電ではボイラーと**タービン発電機**の間で水（水蒸気）を循環させているが、地熱発電でも再生可能とするために、利用した水蒸気は**復水器**で水にして地下に戻している。

　熱水や水蒸気を得る井戸は、**生産井**や**蒸気井**と呼ばれる。一般的には1000〜3000m程度の深さが必要だが、深さ数十mの井戸で発電が行える場合もある。蒸気とともに有毒な硫黄性のガスが噴出することがあるが、浄化装置によって取り

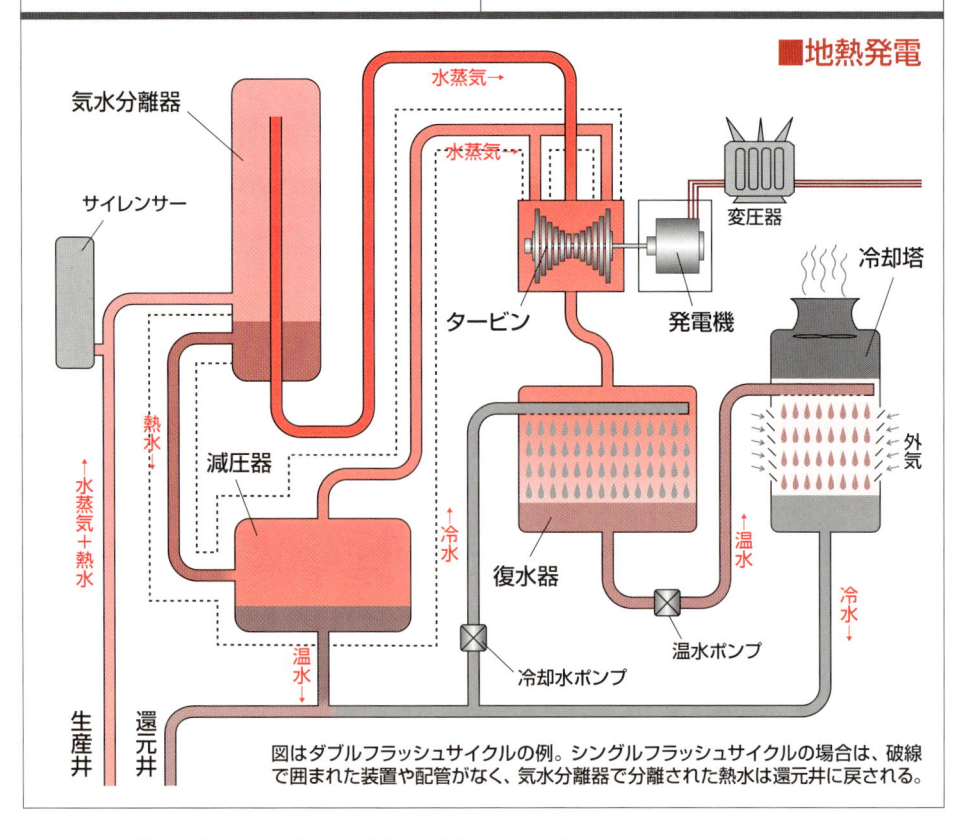

■地熱発電

図はダブルフラッシュサイクルの例。シングルフラッシュサイクルの場合は、破線で囲まれた装置や配管がなく、気水分離器で分離された熱水は還元井に戻される。

☞ 日本の地熱発電所は火山の多い東北地方と九州地方の一部に集中している。

■地熱発電（バイナリー発電）

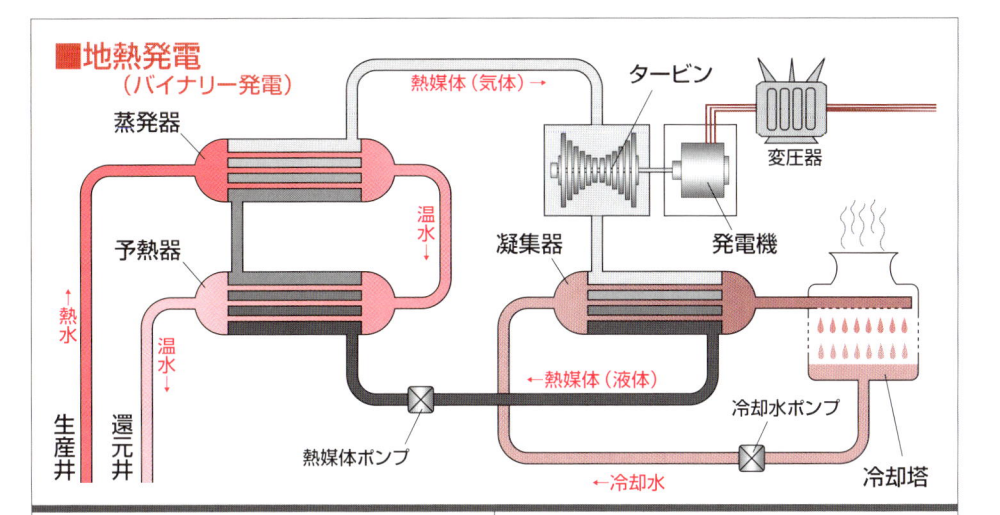

図中ラベル：熱媒体（気体）→、タービン、変圧器、蒸発器、予熱器、温水、凝集器、発電機、←熱媒体（液体）、冷却水ポンプ、熱水、温水、生産井、還元井、熱媒体ポンプ、←冷却水、冷却塔

除くことが可能だ。いっぽう、利用した水を戻す井戸は**還元井**という。

熱水をほとんど含まない高温高圧の水蒸気だけが生産井から得られる場合、簡単な施設で湿気を取り除いただけでタービン発電機に送ることができる。これを**ドライスチーム式地熱発電**という。

得られた水蒸気に多くの熱水が含まれている場合は、水蒸気と熱水を**気水分離器（汽水分離器）**で分けたうえ、水蒸気をタービン発電機に送って発電を行う。これを**シングルフラッシュサイクル**という、日本の**地熱発電所**で主流の方式だ。

水蒸気を分離した熱水が利用されることもある。熱水は高温高圧であるため、これを減圧すれば沸騰して水蒸気が得られる。設備は複雑になるが、このようにして得られた水蒸気もタービン発電機に送れば、出力が向上する。これを**ダブルフラッシュサイクル**という。

また、地下の温度や圧力が低く、熱水しか得られない場合には、**バイナリー発電**という方法が採用される。水よりも沸点の低いアンモニアやペンタンなどを**熱媒体**として使用する。熱媒体とは熱を移動させる液体や気体の流体のことで、熱媒体を熱水で温めて高圧の気体を作れば、タービン発電機で発電が行える。

高温の水蒸気や熱水が乏しくても、地下に高温の地帯があるのなら、そこに水を送りこんで、水蒸気や熱水を得る**高温岩体発電**という技術も開発されている。

地熱発電はアメリカ西海岸やフィリピンなど火山活動が盛んな地域で広く行われている。火山国である日本も、地熱発電に適しているが、現状の発電量は非常にわずかなものだ。

発電のための有望な**再生可能エネルギー**資源として見直しが進んでいるが、地熱発電は最適地の探査や開発に時間がかかり、井戸を掘っても必ず地熱が得られるとは限らない。発電所が火山性災害に遭遇する可能性もある。適した地域が国立公園などになっていて開発が難しいことや、観光資源である温泉への影響を心配する声もある。

発電

Point　地熱発電はマグマを熱源にして発電を行う

Part7 発電

風力発電

　風力発電は、風で回る風車の力を**発電機**に伝えて**発電**を行う。**再生可能エネルギー**を利用した発電で、同種の発電のなかではもっとも建設コストがかからず、維持管理の費用も小さい。環境負荷も非常に小さい。たかが風と思われるが、世界で必要とされている電力の5倍以上の電力が、世界全体の風力で発電できるという試算もある。

　風力発電は、風さえ吹いていれば昼夜を問わず発電できる。風が常に吹いている場所を選んで設置されるが、それでも風力は常に一定とは限らない。発電の出力が変動するが、規模を大きくし、風車の位置を分散させればある程度は、変動を吸収できる。各地に大規模な風力発電所を設置すれば、安定性がさらに高まる。それでも、**電力需要**の変動には対応できないため、風力発電を電力供給の基幹とすることは難しく、他の発電方法との組み合わせが望ましいとされる。

　風力発電所は、発電所といっても、他の発電方法のように大きな施設や建物があるわけではない。管理事務所などが存在することもあるが、基本的には多数の風車が林立しているだけで、**ウインドファーム**と呼ばれることが多い。

　さまざまな形状の風車が開発されていて、小規模発電用には回転軸が垂直のものも各種あるが、電力供給用では回転軸が水平な**プロペラ型風車**が主流で、日本では3枚羽根のものが多い。

　風車はタワーと**ナセル**、**プロペラ**で構成される。プロペラは直径を大きくするほど、大きな風力を得ることができる。電力用では直径30〜70mのプロペラが使用される。プロペラの半径より少し高いタワーにすれば、プロペラを回転させることが可能だが、地表付近の風は地面との摩擦で力を失いやすい。タワーを高

■風力発電用風車

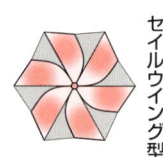

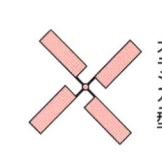

水平式	(アメリカ農場型)多翼型	セイルウイング型	オランダ型	プロペラ型	
垂直式	クロスフロー型	サボニウス型	ダリウス型	ジャイロミル型	

☞ ファーム（Farm）には農園や農場という意味のほかに、広い施設という意味もある。そのため風力発電所がウインドファームと呼ばれる。

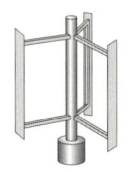

■風力発電

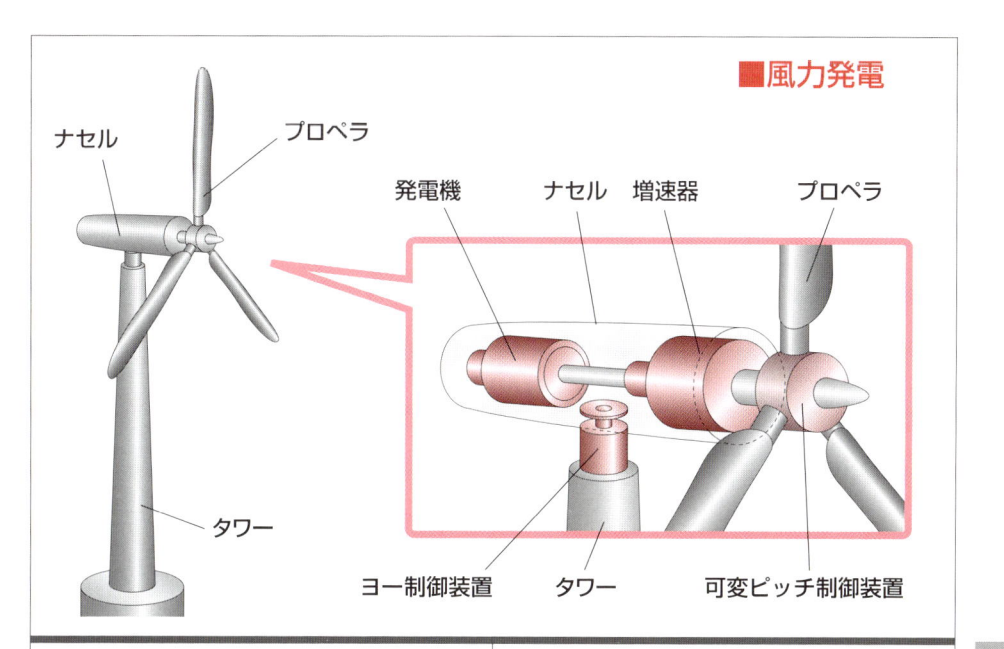

図の説明:
- ナセル
- プロペラ
- タワー
- 発電機
- ナセル
- 増速器
- プロペラ
- ヨー制御装置
- タワー
- 可変ピッチ制御装置

くするほど発電の効率が高まる。そのため、プロペラの直径と同程度の高さのタワーにされることが多い。

ナセル内には発電機と**増速器**が備えられる。プロペラは汽力発電のタービンのように高速で回転しない。そのため歯車による増速器で回転数を高めている。

常にプロペラの回転軸が風上を向いていなければ、効率よく発電することができないため、風向を感知し、ナセルを回転させる必要がある。そのための**ヨー制御装置**などはタワーの頭部もしくはナセル内に備えられる。

また、プロペラの回転数は一定であることが望ましい。強風で高速回転することも危険である。そのため、プロペラの各羽根は根元の部分で回転できるようにされていて、風速に応じて**可変ピッチ制御装置**で羽根の角度を調整している。

海外では、風力発電への依存度が高まっている国も多い。地形や建物による影響がなく、より安定した発電が可能になるため、海上に風車を設置する例も増えている。これを**洋上風力発電**や**海上風力発電**、**オフショア風力発電**という。

日本は海外に比べると風力発電の普及が遅い。多数の風車を設置できる平地が少ないことに加え、台風の強風や地震に耐えられるようにする必要があるため、こうした心配のない地域に比べると製造や建設のコストが高くなりやすいといったことが要因とされる。

風力発電は環境負荷が小さな発電といえるが、自然への影響が皆無ではない。回転の際に発生する人間の耳に聞こえないほどの低周波による健康被害が懸念されるほか、野鳥が羽根に衝突死することもある。景観の悪化が考えられることもあるが、そのいっぽうでウインドファームが観光資源になるという声もある。

Point 風力発電は風の力で発電機を回す

Part7 発電

太陽光発電　‥‥‥‥‥‥‥‥‥‥‥‥

太陽光発電は、太陽電池(P84参照)による発電のことだ。ソーラー発電ともいわれる。再生可能エネルギーによる発電で、環境負荷は非常に小さい。しかし、太陽電池は光を受けている間しか電気を発生させられない。そのため夜間は発電できず、天候にも影響を受けるので、太陽光発電を電力供給の基幹とすることは難しい。

また、エネルギー効率もさほど高くないため、他の方式の発電所に相当する発電量の太陽光発電所を作るには、広大な面積が必要になる。それでも、1日単位では、電力需要が高まる昼間に太陽電池が発電を行える。1年単位では夏に電力需要が増えるが、この季節は日照時間が長く太陽光も強いので発電量が増える。たとえ1カ所の発電量は小さくても、膨大な数にすれば大きな電力になり、電力需要に対応できるようになる。

屋根や敷地で広い面積が確保できる工場やビルなどでは、かなり大きな規模の太陽光発電も登場してきている。さらに小口の売電の認可や補助金制度により、

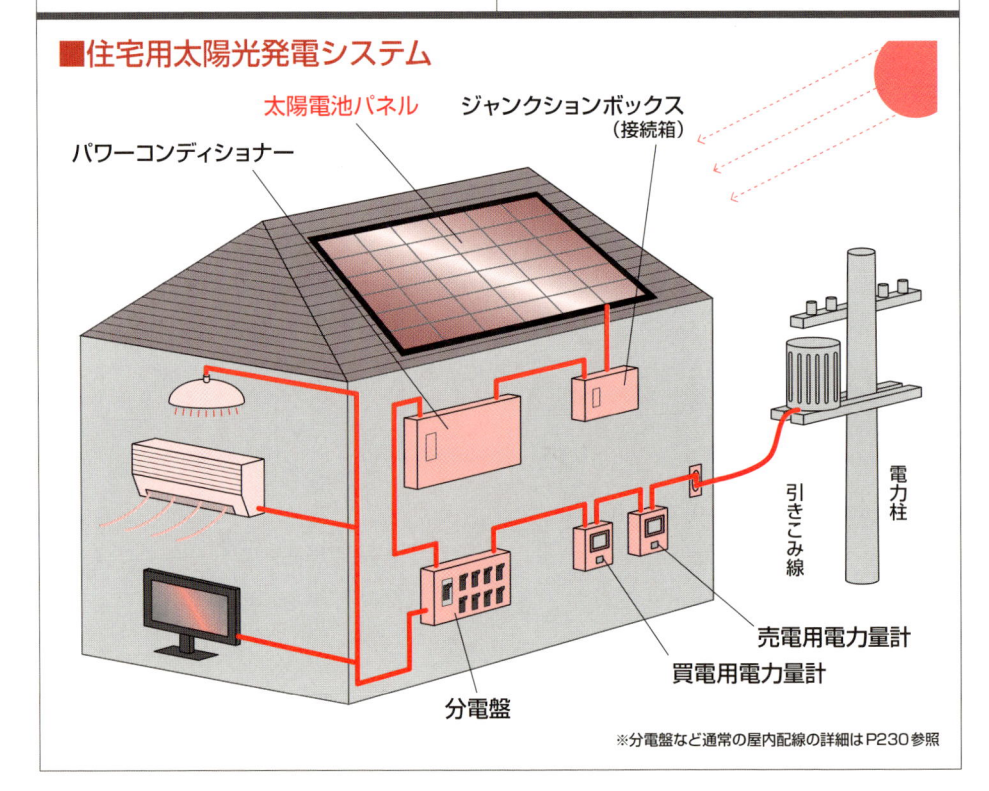

■住宅用太陽光発電システム

- 太陽電池パネル
- ジャンクションボックス（接続箱）
- パワーコンディショナー
- 引きこみ線
- 電力柱
- 売電用電力量計
- 買電用電力量計
- 分電盤

※分電盤など通常の屋内配線の詳細はP230参照

☞ ソーラー(Solar)の意味は太陽。太陽電池はSolar CellまたはSolar Batteryという。

■宇宙太陽光発電

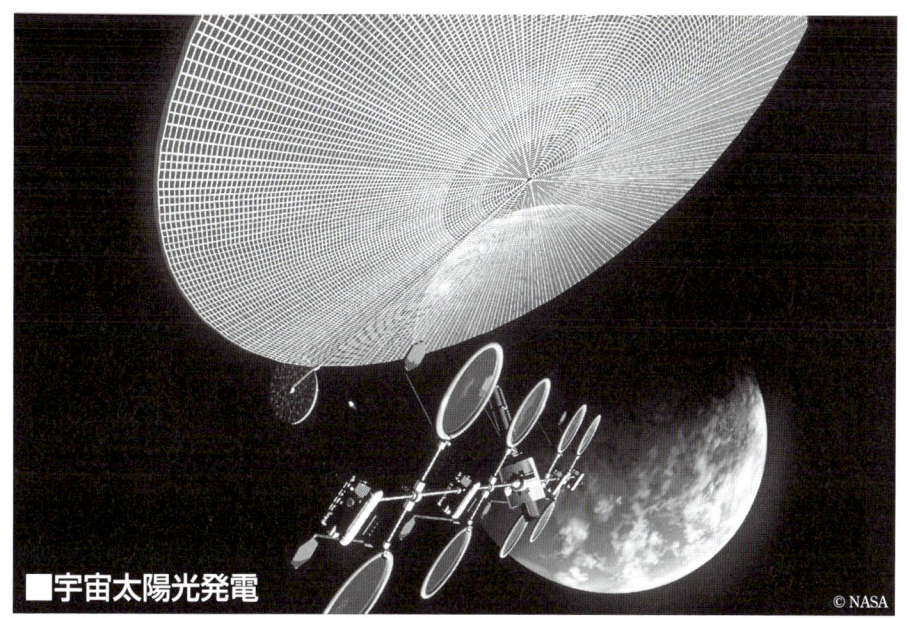

1990年代後半から研究されている宇宙太陽光発電衛星（サンタワー）の想像図。

住宅への太陽光発電の普及が図られている。住宅では10～30m²で、1～3kW程度のものが設置されることが多い。

住宅用太陽光発電システムは、**太陽電池パネル**、**パワーコンディショナー**、**売電用電力量計**などで構成される。太陽電池で発電される電流は直流であるため、交流に変換する必要がある。この変換を行うのがパワーコンディショナーに備えられた**インバーター**（P146参照）だ。また、どれだけの電力を**電力会社**に売ったかを知る必要があるため、通常の**電力量計**（P236参照）と別に売電用電力量計が備えられる。

宇宙太陽光発電

宇宙で**太陽光発電**を行うという壮大な計画がある。**宇宙太陽光発電**では、大きな**太陽電池パネル**を備えた**太陽光発電衛星**で発電を行う。大気を通過していないため、宇宙空間のほうがより強い太陽光を受けることができ、発電の効率が非常に高まる。衛星軌道の設定によっては24時間発電することができる。

太陽光発電衛星で発電された電力は、**マイクロ波**（P157参照）または**レーザー**（P264参照）に変換し、地上の受信局に送信し、受信局で再び電力に変換する。地上局は洋上や砂漠など、安全な場所への設置が考えられている。

電力を伝送する技術や宇宙空間でも劣化しにくい太陽電池の開発など、残されている課題も多い。維持管理や修理の問題もある。しかし、軌道上に多数の太陽光発電衛星を配せば、地球全体の電力需要をまかなえると試算されている。

Point 太陽電池で発電した電力を買い取ってもらえる

Part7 発電

海洋発電……………………………

　海には波、潮汐（潮の干満）、海流など膨大な**運動エネルギー**が存在する。太陽光で温められた海水は**熱エネルギー**を蓄えているといえる。こうした海に存在する**再生可能エネルギー**を利用した発電を**海洋発電**という。実用化が始まったものもあれば、まだまだ研究段階というものもあるが、可能性は非常に大きい。

　基本的にクリーンな発電といえるが、海の生態系や漁業への影響を考える必要がある。高波高潮や津波に対する十分な対策も必要だ。

潮汐発電

　潮汐発電は、海の干満による潮位差を利用して発電を行う**潮力発電**だ。湾や河口に**ダム**のような堤防を作り、海水が出入りできる部分に**タービン発電機**（**水車発電機**）を備えれば、満ち潮の時は海から堤防内に流れこむ海水の流れでタービンが回され、引き潮の時は逆方向の海水の流れでタービンが回される。

　風力発電などのように自然現象による**再生可能エネルギー**を利用した発電は出力変動の予測が難しいものが多いが、潮汐発電は出力の予測が可能となる。満潮時の海水を堤防内にためておき、必要に応じてタービンに送るようにすれば、さらに**電力需要**に対処しやすくなる。これは低落差の**水力発電**といえる。

　潮汐発電は、水力発電同様に建設にかかる費用は大きいが、運用にかかるコストは小さい。ヨーロッパでは大規模な**潮汐発電所**が稼働している。日本にも潮位差が大きな地域はあるが、潮汐発電に適した地形は少ないとされる。

■潮汐発電

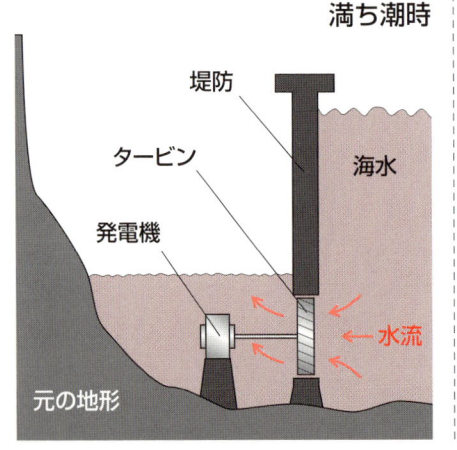

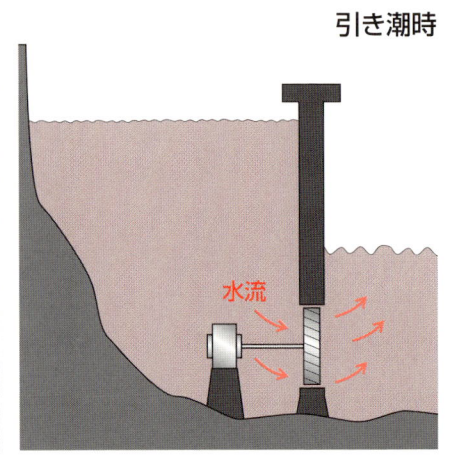

満ち潮時　　　　　　　　　引き潮時

堤防
タービン
発電機
海水
水流
元の地形

☞ ヨーロッパで稼働中の潮力発電所には、フランスのランス潮汐発電所とノルウエーの潮流発電所がある。

■波力発電

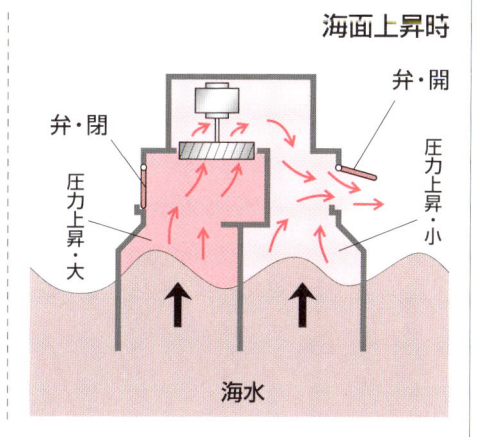

海面下降時

発電機
タービン
弁・開
空気
弁・閉
圧力低下・小
圧力低下・大
海水

海面上昇時

弁・閉
弁・開
圧力上昇・大
圧力上昇・小
海水

潮流発電

　潮流発電は潮汐で発生する潮流で発電を行う潮力発電だ。潮流が強い海中にタービン発電機を備えれば、その流れでタービンが回される。ヨーロッパではすでに大規模な潮流発電所が稼働している。日本でも鳴門海峡や津軽海峡で研究が進められている。

　同じく海水の流れだが潮流ではなく、親潮や黒潮のような海流による発電も研究されている。これを海流発電という。

波力発電

　波による海面の上下動を利用して行う発電が波力発電だ。図のように、下面が開口した箱内で波によって水面が上下すると、内部の空気圧が上昇したり下降したりする。この圧力差で空気の流れを作ってタービンを回せば、発電が行える。これを振動水中型空気タービン式波力発電といい、施設を海上に浮かべる方法と堤防などに固定する方法がある。

　ヨーロッパで運用が近い波力発電所があるが、多くは実験段階だ。ただし、小型のものは実用化が進んでいる。標識用ブイの電源として使用され、全世界で数千台が使用されている。

　また、波の上下運動を回転運動に変換して発電するジャイロ式波力発電などさまざまな方式も研究が進められている。

海洋温度差発電

　深海の海水温度は比較的低温で安定しているのに対して、海面近くは太陽光で温められている。熱帯の海であれば、表層と深層で20℃程度の温度差がある。この温度差を利用して行う発電が、海洋温度差発電だ。

　表層と深層の温度差は大きくないが、地熱発電のバイナリー発電(P203参照)のように低沸点の流体を熱媒体として利用すれば、高圧の気体を得ることが可能となり、タービン発電機で発電が行える。大規模な発電は難しいともいわれるが、まだ研究は始まったばかりだ。

Point 海には発電に適したエネルギーが満ちあふれている

Part7 発電

その他の発電 ･････････････････････

　再生可能エネルギーを利用した発電には他にも**太陽熱発電**や**バイオマス発電**もある。バイオマス発電とは、動物の糞や木屑など生物由来の**バイオ燃料**を使用した火力発電だ。燃やせば二酸化炭素が発生するが、植物が生長過程で二酸化炭素を吸収しているため、地球上の二酸化炭素は増えないことになる。そのまま燃やして**汽力発電**を行う方法や、発酵などで可燃性のガスを作り**ガスタービンエンジン**などで**内燃力発電**を行う方法がある。

　また、再生可能エネルギーではないが従来は捨てていたエネルギーを活用する発電に**冷熱発電**がある。

太陽熱発電

　太陽熱発電にはさまざまな方法が考えられているが、**集光型太陽熱発電**が一般的な方式だ。太陽光を反射鏡などで集めた高熱で水を沸騰させ、その高温高圧の水蒸気で発電を行う**汽力発電**だ。

　実際の構造にはタワー式、トラフ式などがある。**タワー式太陽熱発電**では、中央部の高いタワーに**集熱器**が備えられ、それを取り囲むように多数の平面鏡が配置される。太陽の動きに合わせてすべての平面鏡を正確に動かすことで、常に集熱器に光を集中させる。これにより集熱器は1000℃以上の高温になり、内部のオイルなどの**熱媒体**が加熱される。この高温になった液体をタワー下部に導いて水を加熱沸騰させ、汽力発電を行う。

　トラフ式太陽熱発電は、**雨樋型太陽熱発電**ともいわれ、雨樋のような形状の曲面鏡を多数設置し、その前に置いたパイプに太陽光を集中させる。加熱されて高

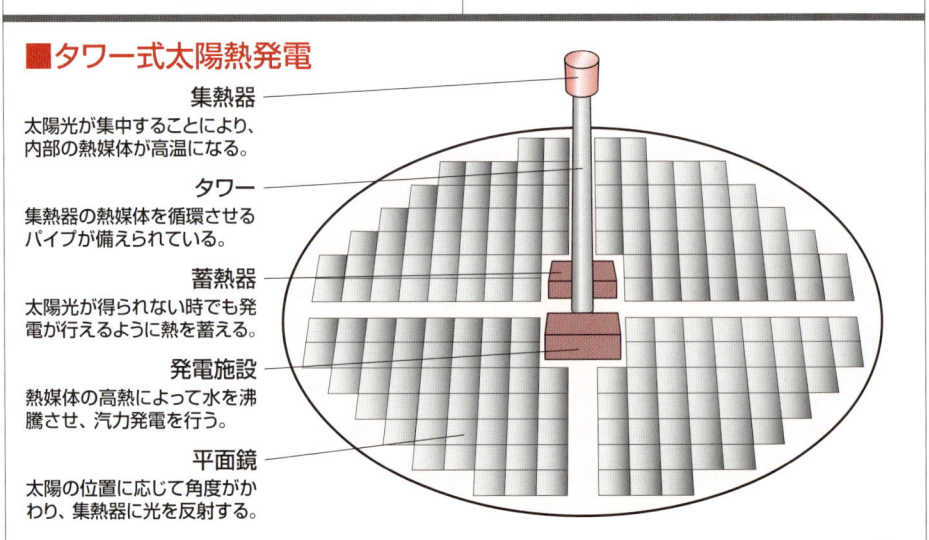

■タワー式太陽熱発電

集熱器
太陽光が集中することにより、内部の熱媒体が高温になる。

タワー
集熱器の熱媒体を循環させるパイプが備えられている。

蓄熱器
太陽光が得られない時でも発電が行えるように熱を蓄える。

発電施設
熱媒体の高熱によって水を沸騰させ、汽力発電を行う。

平面鏡
太陽の位置に応じて角度がかわり、集熱器に光を反射する。

210　☞　トラフ（Trough）とは飼い葉桶（馬や牛などに干し草を与えるための桶）のことで、転じて船底や雨樋のような形状をさす。

■トラフ式太陽熱発電

蓄熱施設　発電施設

集熱パイプ　　トラフ（曲面鏡）

温になったパイプ内の熱媒体は、ポンプによって循環され、汽力発電の熱源として利用される。タワー式に比べると太陽光の集中が少なく、熱を移動させる距離が長くなるので損失が大きくなるが、構造が簡単で容易に建設できる。

太陽光発電は夜間は発電できないが、太陽熱発電は蓄熱（高温になったオイルなどの熱媒体を保管）することで、夜間の発電も可能になる。**火力発電**と組み合わせておき、蓄熱した熱源の状態に応じて併用するという方法もある。

太陽熱発電は、天候の影響を受けるため、砂漠気候のように晴天の多い場所が適している。さらに日照時間が長いことが望ましい。広大な敷地も必要になる。現在は多くが実験施設で、実際に運用されている発電所はわずかだ。残念ながら日本での実用化は難しいとされる。

冷熱発電

現在の都市ガスの主流は**天然ガス**で、火力発電所の燃料も天然ガスが主流だ。ガスの状態では体積が大きいため、長距離輸送では－162℃以下に冷やして**液化天然ガス**（LNG）にしている。実際に使用する際には、これを再びガスの状態に戻す必要がある。その工程を利用して発電を行うのが**冷熱発電**だ。

一般的にLNGは海水などを熱源として気化される。これにより発生した高圧の天然ガスで**タービン発電機**を直接回す方式と、LNGでブタンやプロパンなどの二次媒体を冷やして液化し、それを海水などの熱源で気化させて得られた高圧のガスでタービン発電機を回す方式があり、双方が組み合わされることもある。

冷熱発電は大規模な発電が行えるものではないが、従来は捨てられていたエネルギーを有効利用することができる。日本でも、ガス会社や**電力会社**によって冷熱発電が行われている。

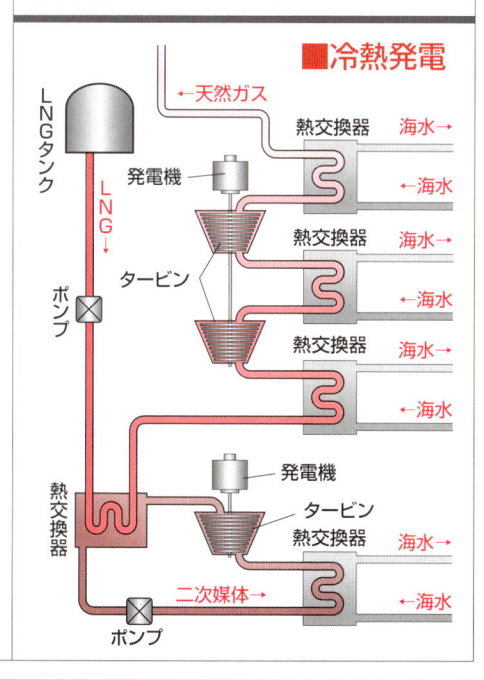

■冷熱発電

LNGタンク　LNG　ポンプ　熱交換器　発電機　タービン　二次媒体　天然ガス　海水

Point 太陽を熱源として発電することができる

Part7 発電

核融合発電 ･････････････････････

核融合発電は未来の発電として期待されている。太陽などの恒星は膨大な熱エネルギーを発生し続けているが、そのエネルギーの源が核融合だ。

原子力発電の核分裂では原子核が分裂して他の物質になるが、核融合では原子核同士が融合して他の物質になる。核融合の際には核分裂以上に大きな原子核エネルギーが放出される。このエネルギーを利用した発電が核融合発電だ。

核分裂はウランやプルトニウムのように重い原子で起こりやすいが、核融合は水素やヘリウムのような軽い原子で起こりやすい。太陽では水素が核融合してヘ

■水素の同位体

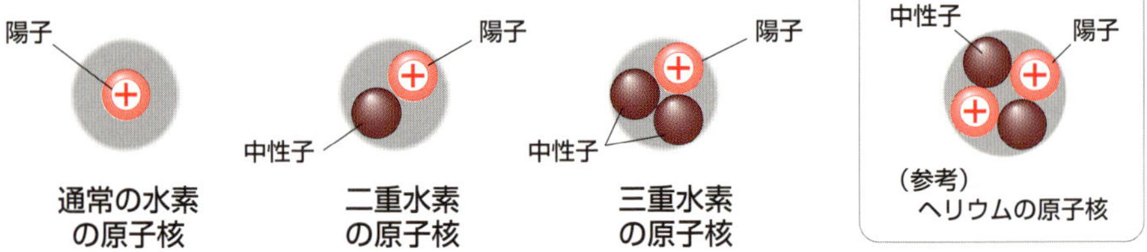

- 通常の水素の原子核（陽子）
- 二重水素の原子核（陽子・中性子）
- 三重水素の原子核（陽子・中性子×2）
- （参考）ヘリウムの原子核（中性子・陽子）

■核融合

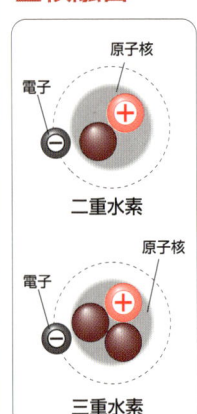

| 二重水素も三重水素も通常の状態では原子核のまわりを1個の電子が周回している。 | 超高温の状態にすると、電子が原子核から離れ、プラズマ状態になり、原子核も電子も激しく動き回る。 | 激しく動き回るなかで、二重水素の原子核と三重水素の原子核が衝突すると、核融合反応が起こる。 | 核融合でヘリウムの原子核ができ、1個の中性子が放出される。同時に膨大なエネルギーが発生する。 |

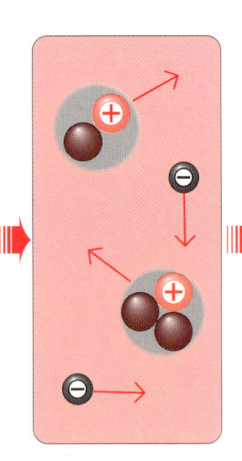

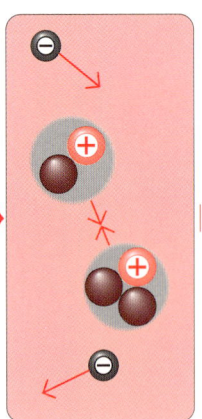

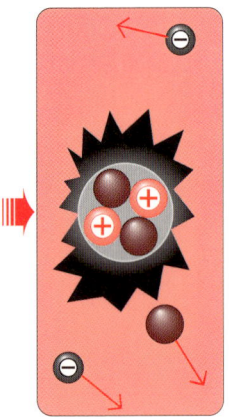

トカマク（Tokamak）の語源はロシア語で、円環（toroidal）または電流（tok）、容器（kamepa）、磁場（magniyunne）、コイル（katushki）の短縮語とされる。

リウムになっているが、地球上で同様の環境を作り出すのは難しいため、水素の**同位体**である**重水素（二重水素）**や**三重水素**の使用が考えられている。

重水素は普通の水素より**中性子**が1個多く、三重水素は2個多い。この重水素と三重水素が激しく衝突すると、ヘリウムができる。重水素は海水中に含まれていて、海水30ℓから1gの重水素を取り出せる。1gの重水素から得られるエネルギーは石油8000ℓに相当する。

核融合を起こさせるには、少なくとも原子を1億℃近い超高温状態にする必要がある。超高温になると、プラスの**電荷**である原子核とマイナスの電荷である電子が分離した**プラズマ**（P26参照）になる。プラスの電荷である原子核同士は本来なら反発し合うはずだが、超高温状態では原子核が激しく動き回るので、衝突することがある。この衝突によって核融合が起こる。

しかし、1億℃近い超高温のプラズマを密閉できる容器は存在しない。そこで電荷が**磁力線**に巻きつくという性質を利用して、ドーナツ状の容器の周囲に強力な**コイル**を巻き、そこに電流を流すことで、内部にプラズマを閉じこめるという方法が考えられている。いくつかの方式があるが、現在世界各国が共同で開発を進めている方式は**トカマク型核融合装置**という。内部で発生した熱はブランケットと呼ばれる部分で熱として取り出し、**汽力発電**を行う。

まだまだ、核融合発電は研究段階のものだが、燃料となる重水素は海中などに豊富にあり、膨大なエネルギーを得ることができるので期待が大きい。なお、核融合発電は**放射線**とは**無縁**と説明されることもあるが、高レベルの**放射性廃棄物**がわずかにだが発生する。

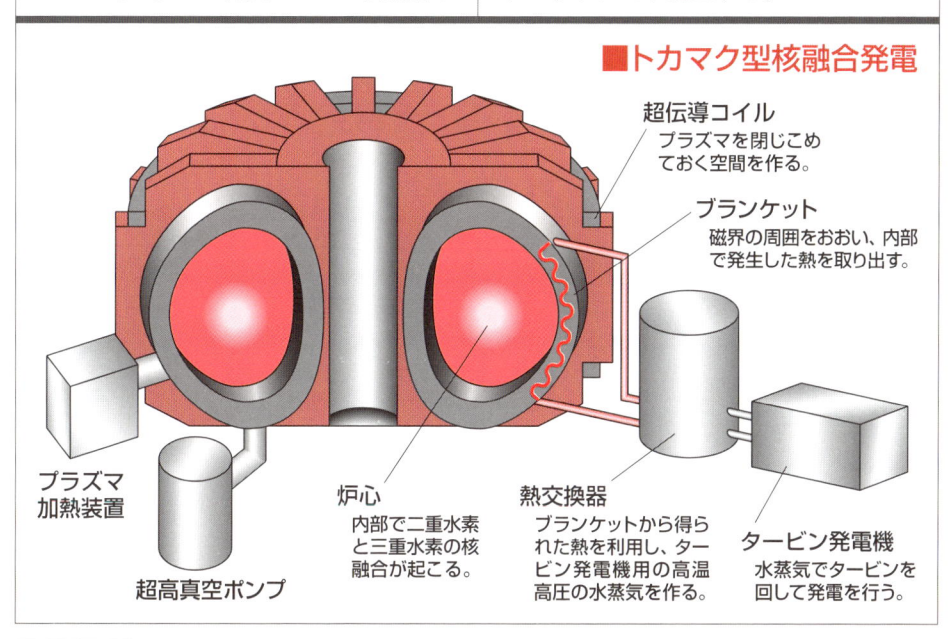

発電

■**トカマク型核融合発電**

超伝導コイル
プラズマを閉じこめておく空間を作る。

ブランケット
磁界の周囲をおおい、内部で発生した熱を取り出す。

プラズマ加熱装置

超高真空ポンプ

炉心
内部で二重水素と三重水素の核融合が起こる。

熱交換器
ブランケットから得られた熱を利用し、タービン発電機用の高温高圧の水蒸気を作る。

タービン発電機
水蒸気でタービンを回して発電を行う。

Point　核融合反応は大量の熱エネルギーを放出する

Part7 発電

コジェネレーションシステム

　コジェネレーションシステムとは、発電の際に発生する**熱エネルギー**を利用して、総合的に**エネルギー効率**を高めるシステムのことだ。コジェネと略されることもある。以前は**熱電併給**といわれた。従来は排熱として捨てられていた熱エネルギーを有効活用できる仕組みだ。

　ガスタービンエンジンによる**コンバインドサイクル発電**（P193参照）のように、供給される熱エネルギーを利用してさらに発電を行うシステムもあるが、多くの場合は温水を作り出して給湯や暖房に利用する。**蒸気吸収冷凍機**という装置を使えば、温水を冷房に利用することも可能となる。従来は**内燃機関**による**内燃力発電**の排熱の利用が中心だったが、**燃料電池**が反応の際に発生する熱を利用するシステムも登場している。

　以前は工場や大規模な店舗ビルやオフィスビルがコジェネレーションシステムを備えることが多かったが、現在では家庭用コジェネレーションシステムも登場してきている。これらは**エコウィル**や**エネファーム**の愛称で販売されている。

　エコウィルは都市ガスやLPガスなどのガスを燃料とする**レシプロエンジン**で発電を行い、その排熱を給湯に利用する。エネファームは都市ガスやLPガス、灯油などから燃料電池の燃料となる水素を取り出して発電を行う。発電時の排熱を給湯に利用する。どちらも70％を超えるエネルギー効率を実現している。

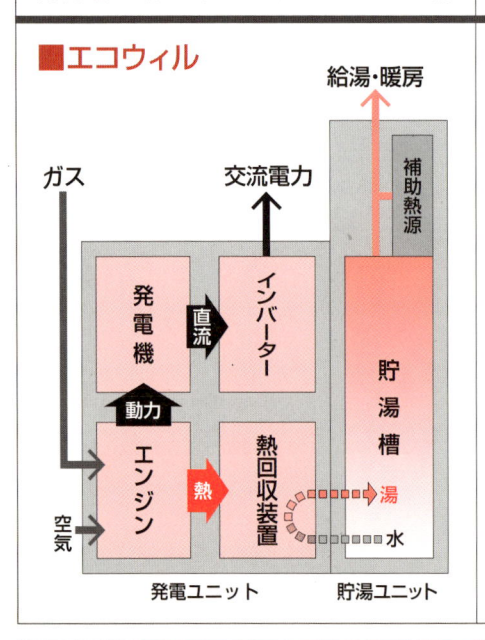

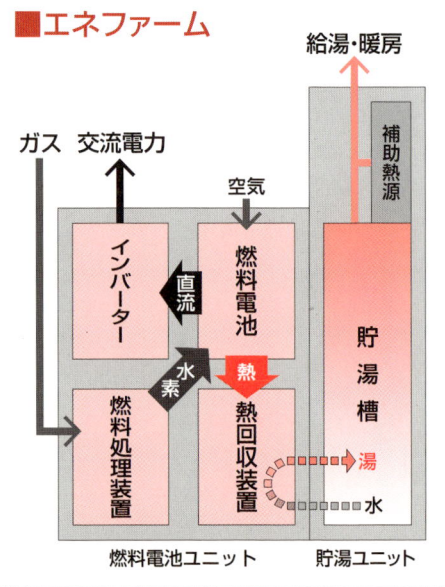

■エコウィル

ガス → エンジン ← 空気
動力 → 発電機 → 直流 → インバーター → 交流電力
熱 → 熱回収装置 → 湯／水 → 貯湯槽 → 給湯・暖房
補助熱源

発電ユニット／貯湯ユニット

■エネファーム

ガス → 燃料処理装置 ← 空気
水素 → 燃料電池 → 直流 → インバーター → 交流電力
熱 → 熱回収装置 → 湯／水 → 貯湯槽 → 給湯・暖房
補助熱源

燃料電池ユニット／貯湯ユニット

Point コジェネレーションは電気と熱を同時に作る

Part8
送配電と屋内配線
電力を利用できるようにするために

Part8 送配電と屋内配線

電力系統・・・・・・・・・・・・・・・・・・・・・・・・・・・・

　発電所から**送電線**、**変電所**、**配電線**を通じて、家庭や工場など電気を使用する需要家に電気を届けるシステムを**電力系統**または**電力システム**という。送電も配電も電気を送ることだが、発電所から変電所へまたは変電所から変電所へ送ることを送電といい、変電所から需要家へ送ることを配電という。それぞれに使用する電線を送電線と配電線という。

　送電や配電は電圧を高くするほど**ジュール熱**による損失を抑えて、**送電ロス**を小さくできる（P37参照）。**直流**と**交流**を比較すると、**直流送電**のほうが損失が少ないが、直流は電圧をかえることが難しく、交流は**変圧器**で簡単に**変圧**できるため、**交流送電**が主流になり、それが現在も続いている（P49参照）。

　交流のなかでは**単相交流**より**三相交流**のほうが、同じ電力を送るのであれば送電線の数が少なくてすみ、コストを抑えることができる（P49参照）。さらに、**三相交流発電機**のほうが**単相交流発電機**より効率が高いため、三相交流による送電や配電が行われている。

　電圧を高くするほど損失が抑えられるが、交流送電では**コロナ放電**などの**気体放電**（P24参照）が起こりやすくなる。これにより、**電磁波**が発生してラジオやテレビなどの**無線通信**に障害を与えるので、**送電鉄塔**を高くする必要がある。また、電圧を高めると電線を太くする必要もあり、送電施設のコストが大きくなっ

てしまう。そこで、発電所からは高い電圧で送り出し、変電所で段階的に電圧を下げながら需要家に配電するという方法がとられている。

　発電所の発電機が作り出す電気は、1〜2万Vの電圧だが、そのまま送電することはほとんどなく、通常は発電所の変圧器で27万5000Vや50万Vという高い電圧にして**超高圧変電所**へ送り出す。100万V送電の計画もある。

　超高圧変電所では15万4000Vに下げられて**一次変電所**に送られる。小規模な発電所では15万4000Vで直接一次変電所に送電することもある。

　一次変電所では6万6000Vに下げられる。ここから**中間変電所**に送電される。大規模工場や鉄道会社など大口需要家へは6万6000〜15万4000Vで配電され、**自家用変電所**や**鉄道変電所**で使用する電圧に変圧される。

　中間変電所では2万2000Vに下げられる。ここから**配電用変電所**に送電されるほか、中規模の工場や大規模なビルに配電される。こうした2万Vを超える配電は、一次変電所からのものも含めて**超高圧配電**という。

　配電用変電所では6600Vに下げられる。小規模の工場やビルには、そのまま配電される。これを**高圧配電**という。一般家庭や商店の場合は、電柱などに備えられた変圧器で100Vまたは200Vに変圧されたうえで配電される。これを**低圧配**

法令上、交流で600V以下を低圧、600超7000V以下を高圧、7000V超を特別高圧という。電力業界ではさらに17万V以上を超高圧、100万Vを超超高圧という。

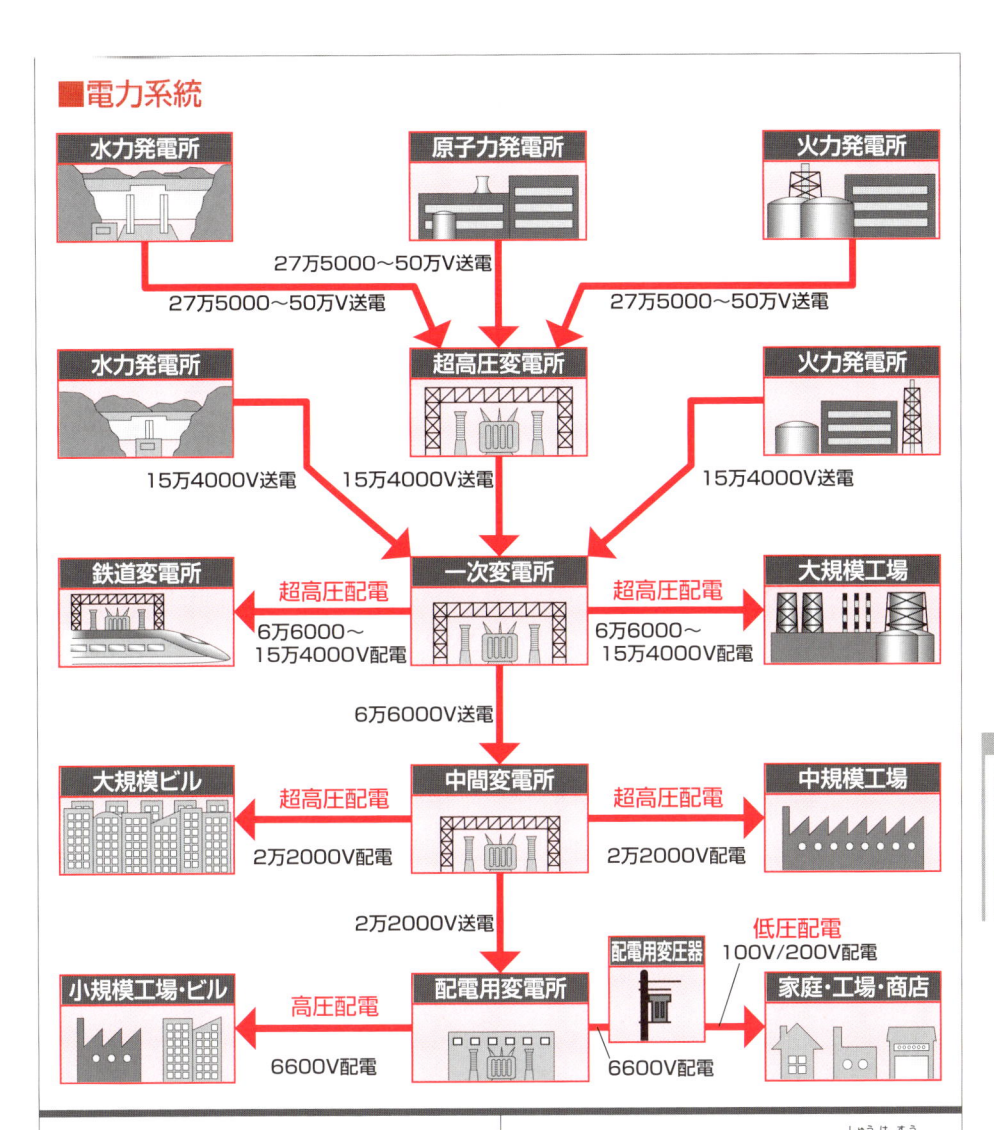

■電力系統

水力発電所 → 27万5000〜50万V送電 →
原子力発電所 → 27万5000〜50万V送電 →
火力発電所 → 27万5000〜50万V送電 →
超高圧変電所

水力発電所 → 15万4000V送電 →
超高圧変電所 → 15万4000V送電 →
火力発電所 → 15万4000V送電 →
一次変電所

鉄道変電所 ← 超高圧配電 6万6000〜15万4000V配電 ← **一次変電所** → 超高圧配電 6万6000〜15万4000V配電 → **大規模工場**

一次変電所 → 6万6000V送電 → **中間変電所**

大規模ビル ← 超高圧配電 2万2000V配電 ← **中間変電所** → 超高圧配電 2万2000V配電 → **中規模工場**

中間変電所 → 2万2000V送電 → **配電用変電所**

小規模工場・ビル ← 高圧配電 6600V配電 ← **配電用変電所** → 6600V配電 → **配電用変圧器** → 低圧配電 100V/200V配電 → **家庭・工場・商店**

送配電と屋内配線

電といい、三相交流200Vと単相交流100/200Vがある。

現在、沖縄を除く日本全国の**電力会社**の電力系統は送電線で接続され、広域ネットワークが形成されている。発電所などの故障や想定外に**電力需要**が急増した場合には、電力会社の枠を越えて電力の供給が行える。これを**電力融通**という。

ただし、東日本と西日本では**周波数**が異なるため、融通できない。そこで静岡県の佐久間と東清水、長野県の新信濃に**周波数変換所**が設けられている。東西で電力融通を行う場合には、直流に変換して周波数変換所に送る必要がある。この変換所の能力には限りがあるため、東西での電力融通には限界がある。

Point 超高電圧で送電を始め段階的に電圧を下げて配電する

Part8　送配電と屋内配線

送電 ……………………………………

送電には**架空送電**と**地中送電**の2種類がある。**発電所**から都市部近郊までは架空送電が採用されることが多く、都市部では地中送電が増えている。

架空送電

架空送電は高い**送電鉄塔**にはられた**架空送電線**で行われる。

鉄塔はもっとも一般的な**四角鉄塔**のほか、設置場所や送電内容によって**方形鉄塔**、**えぼし鉄塔**、**門形鉄塔**などさまざまな形状のものがある。周囲の景観に配慮してデザインされた**環境調和型鉄塔**もある。**気体放電**による障害を防止するため送電電圧が高いほど鉄塔が高くなる。50万V送電で80m程度、27万5000V送電で60m程度の高さが必要だ。

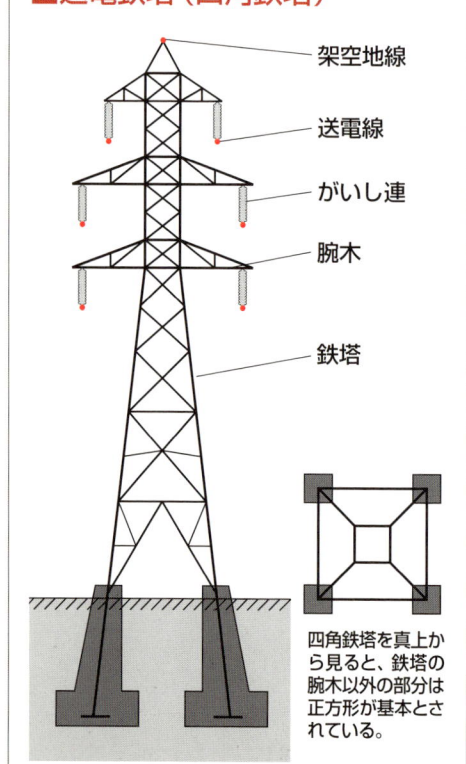

架空送電線は中心に**鋼鉄線**を束ね、その周囲をアルミニウム線で巻いた**鋼心アルミニウムより線**（**鋼心アルミより線**）が一般的だ。アルミニウムは銅や金についで電気抵抗が小さいうえ、軽量で耐食性も優れている。鉄塔と鉄塔の間の送電線は自重でたわんで引っぱられるので、中心の鋼鉄線で強度を高めている。

三相交流を送るため、鉄塔には3本の送電線が必要になる。一般的な四角鉄塔の場合、上段、中段、下段それぞれに**腕木**が備えられ、三相の各相の送電線が備えられる。事故に備えて、腕木の反対側でもう1系統の三相交流を送ることが多

■送電鉄塔（四角鉄塔）

- 架空地線
- 送電線
- がいし連
- 腕木
- 鉄塔

四角鉄塔を真上から見ると、鉄塔の腕木以外の部分は正方形が基本とされている。

■送電鉄塔の高さ

- 45m　15万4000V送電
- 60m　27万5000V送電
- 80m　50万V送電

☞　送電鉄塔が地上60m以上の場合、航空機の事故を防止するために、赤白に塗装するか、航空障害灯を備える必要がある。

■送電線（鋼心アルミニウムより線）

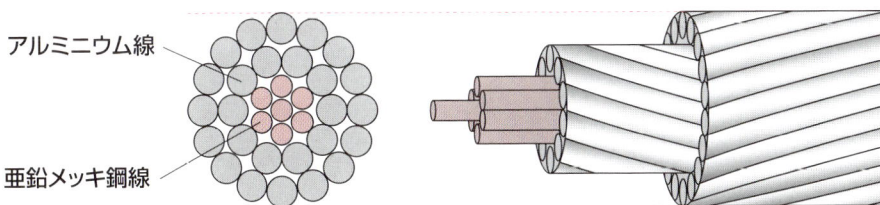

アルミニウム線
亜鉛メッキ鋼線

各層ごとに、より方向が逆にしてある。

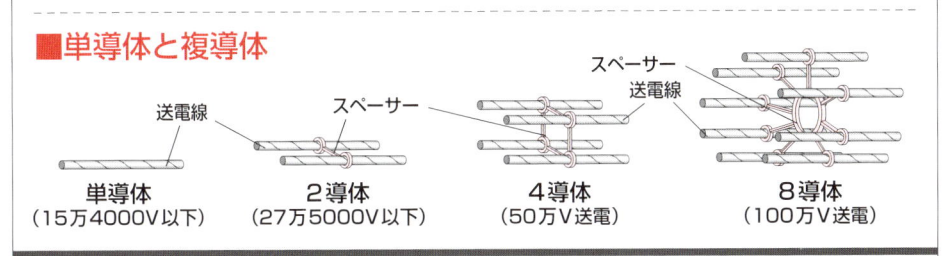

■単導体と複導体

送電線
スペーサー
スペーサー
送電線

単導体
（15万4000V以下）

2導体
（27万5000V以下）

4導体
（50万V送電）

8導体
（100万V送電）

い。方形鉄塔などでは三相の各相の送電線が横に並ぶことになる。

送電は、三相交流1相分の電流を2本以上の導体に分けて流すと、損失が抑えられ放電が起こりにくくなる。そのため27万5000V以上の送電では、2～8本の複数の送電線をスペーサーによって一定の間隔で配置したものが1本の**導線**として扱われる。これを**多導体**や**複導体**といい、2本であれば**2導体**、4本であれば**4導体**という。これに対して送電線1本で三相交流1相分を送る場合を**単導体**という。

鉄塔の最上部には、送電線への落雷を防止するために**架空地線**がはられる。架空地線は地面に接続されていて、もし落雷を受けても、その電流を地中に流すことができる。現在では中心部分に通信用の**光ファイバー**を通した**光ファイバー複合架空地線**がよく使われている。この光ファイバーによって発電所や変電所との迅速な情報の交換が可能となる。

送配電と屋内配線

■送電鉄塔の形状

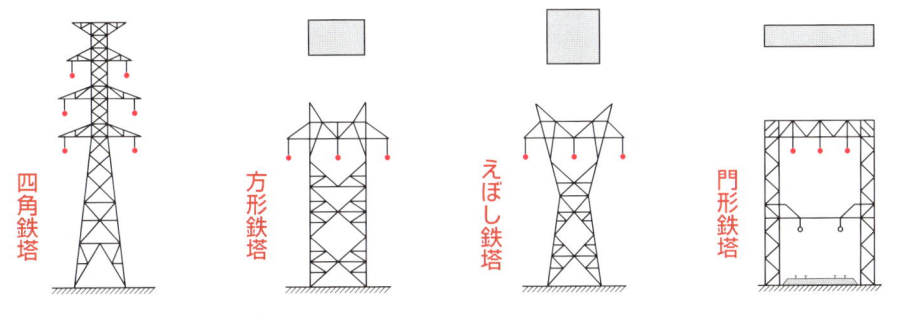

四角鉄塔

方形鉄塔

えぼし鉄塔

門形鉄塔

Point 送電電圧が高くなるほど送電鉄塔が高くなる

■がいし連と送電線

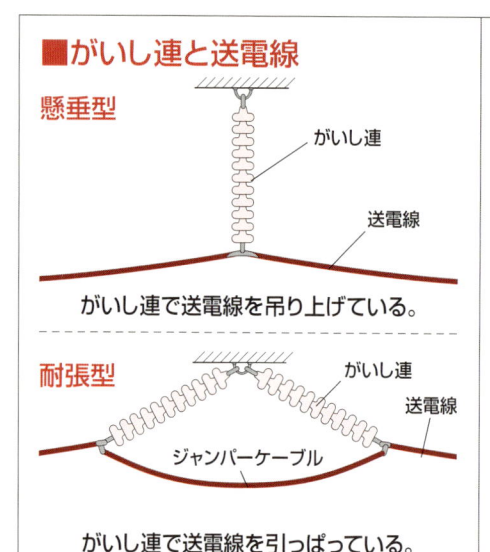

懸垂型

がいし連で送電線を吊り上げている。

耐張型

がいし連で送電線を引っぱっている。

■アークホーン

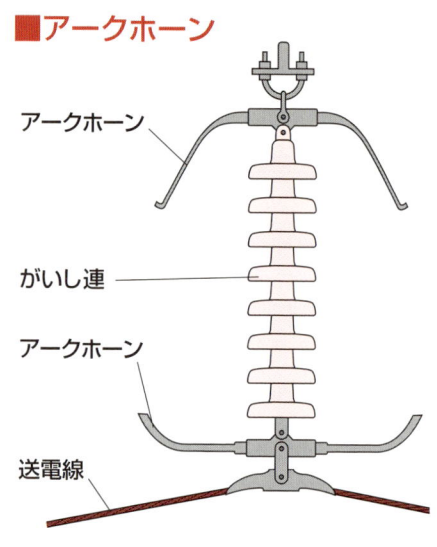

　架空送電線はがいし連を介して送電鉄塔に固定される。がいしは磁器やガラス製で高い絶縁性と送電線を支える強度がある。これを連ねたものががいし連だ。
　送電線を支持する方法には懸垂型と耐張型がある。送電線が直線で続く部分ではどちらの方法でも大丈夫だが、送電線の方向をかえる必要がある部分では耐張型が採用される。
　懸垂型は鉄塔からぶら下げられたがいし連で送電線を支持する方法で、1本のがいし連で吊るI字吊りと、2本のがいし連をV字形にし、その頂点で送電線を吊るV字吊りがある。耐張型の場合は、送電線が鉄塔部分で切断され、その端ががいし連を介して鉄塔に接続される。がい

■地中送電

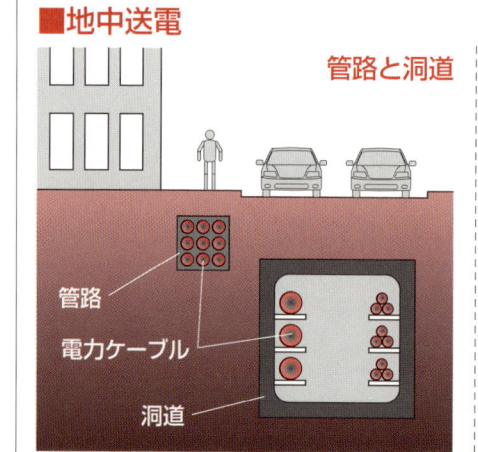

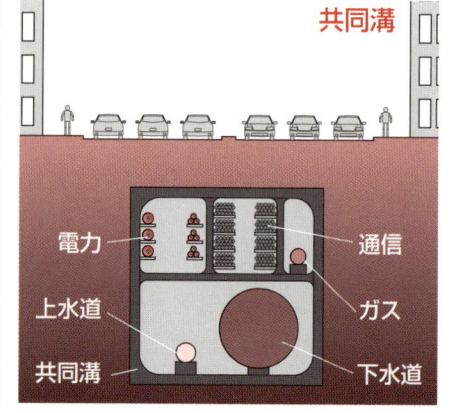

管路と洞道

共同溝

架橋とは高分子化学の分野で高分子化合物同士を連結させ物理的、化学的性質を変化させる反応のこと。この方法を用いて作られたポリエチレンを架橋ポリエチレンという。

■電力ケーブル（CVケーブル）

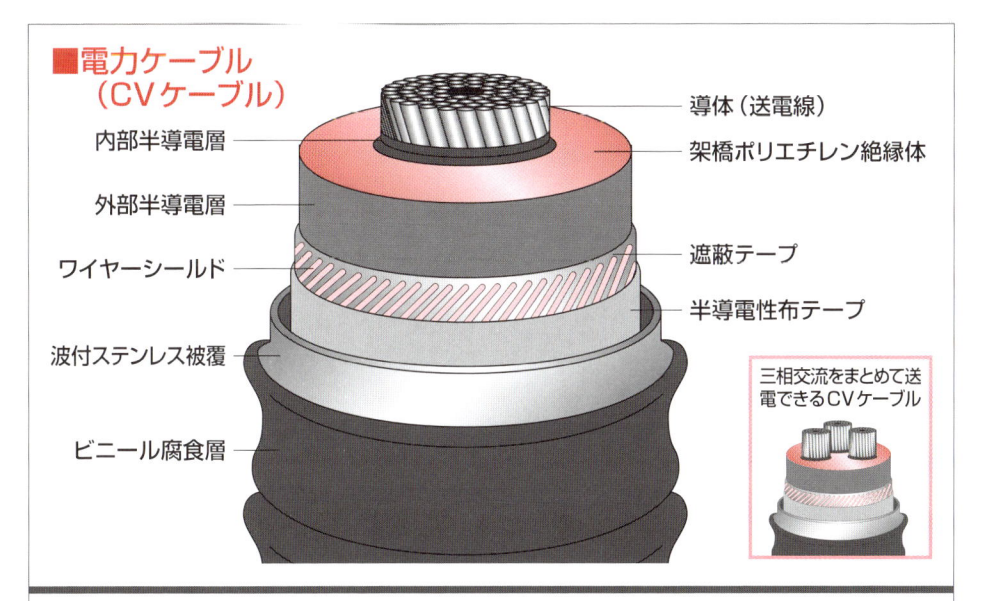

- 導体（送電線）
- 架橋ポリエチレン絶縁体
- 内部半導電層
- 外部半導電層
- 遮蔽テープ
- ワイヤーシールド
- 半導電性布テープ
- 波付ステンレス被覆
- ビニール腐食層

三相交流をまとめて送電できるCVケーブル

し連が送電線を引っぱるようになる。鉄塔両側の送電線は**ジャンパー線**と呼ばれる短い送電線でつながれる。

架空地線などで防止されているが、送電線への**落雷**を完全には避けられない。落雷で送電線に大きな電流が流れると、放電によってがいしが損傷し送電線を支持できなくなったり、放電による高熱で送電線が溶けて切れたりする。そのためがいし連の両端には**アークホーン**が備えられる。これにより放電を無害な方向に導いている。ホーンの名の通り角のような形状のものが多いが、丸みを帯びたものやリング状のものもある。

地中送電

地中送電は架空送電ほど多くの電気が送れない、費用がかかる、事故の際に復旧に時間がかかるなどの欠点があるが、安全性や美観、また用地買収の問題から都市部での採用が増えている。

送電線には電力ケーブルが使われ、地中の管路や洞道に収められる。管路は電力ケーブルだけが収められるもので、洞道は人間が入って作業ができるもので3〜5mの内径がある。こうした電力専用ではなく、ガス、上下水道、電話線などの公共施設をまとめて収容する**共同溝**に収められることも多い。

電力ケーブルは狭い場所に配置されるため、高い絶縁性が求められる。従来は**油入ケーブル**（**OFケーブル**）が多かったが、現在では**架橋ポリエチレン絶縁ケーブル**（**CVケーブル**）が主流になっている。OFケーブルはケーブル内に大気圧以上の圧力のオイルを流すことで絶縁性能の向上と冷却を行うもので、性能は高いが給油施設が必要となるため費用がかかる。CVケーブルは導体の周囲がプラスチックの厚い層でおおわれたもので、絶縁性能が高く容量も大きい。三相分の導体を1本にまとめたものもある。

Point 都市部では地中で送電が行われる

Part8 送配電と屋内配線

変電所

　変電所は変圧を行う(通常は電圧を下げる)施設だが、送電線などに事故が発生した際には、特定の区間の送電線を電力系統から切り離し、事故の波及を防ぐことも重要な役割だ。送電線の分岐点としても利用される。設備が屋外に配置されるのが一般的だが、都市部では安全性や美観、用地買収の問題から屋内変電所や地下変電所が増えている。

　電力系統の変電所には超高圧変電所、一次変電所、中間変電所、配電用変電所があるが、いずれも基本的な構成は同じだ。変圧器、遮断器、断路器、避雷器、計器用変成器などで構成される。これらは母線と呼ばれる電線で順に接続され、この母線が送電線に接続される。

　変圧器はコイルの相互誘導作用を利用して交流の電圧をかえる装置で、1次コイルと2次コイルの巻き数の比に応じて変圧できる(P119参照)。単相用変圧器3台を備える場合と、三相用変圧器1台を備える場合がある。

　高電圧を扱う変圧器では、コイルの絶縁が重要だ。熱が発生するため冷却も必要になる。油入変圧器は容器内にシリコンオイルを入れて冷却と絶縁を行う方式で、オイルを自然対流させるものと強制循環させるものがある。ガス変圧器は容器内を絶縁性の高い六フッ化硫黄ガスで満たしたもので、このガスを循環させることで冷却も行う。

　遮断器は電力系統の断続を行うスイッチで、落雷などの事故発生時の切り離しを行う。事故時には通常よりも大きな電流が流れるため、そのような状態でも確実に回路を切り離せるように設計されている。一般的な電気器具のスイッチと同じように接点を触れさせたり離したりすることで断続を行うが、扱っているのが高圧電流であるため、機械的に接点を切

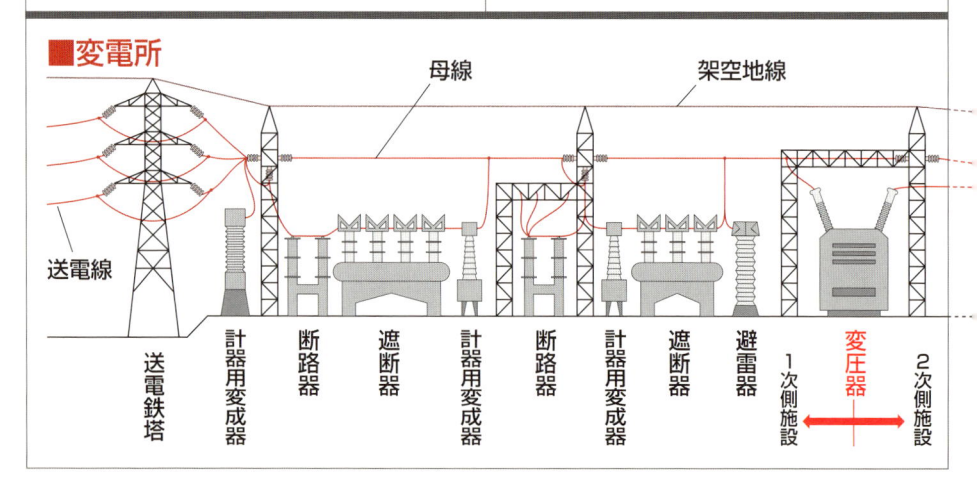

■変電所

(図：送電鉄塔―送電線―計器用変成器―断路器―遮断器―計器用変成器―断路器―計器用変成器―遮断器―避雷器―変圧器 1次側施設／2次側施設、母線、架空地線)

　瞬低でもコンピュータは誤作動したり停止したりすることがある。防止するためには無停電電源装置が必要になる。

■屋内変電所

■地下変電所

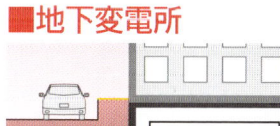

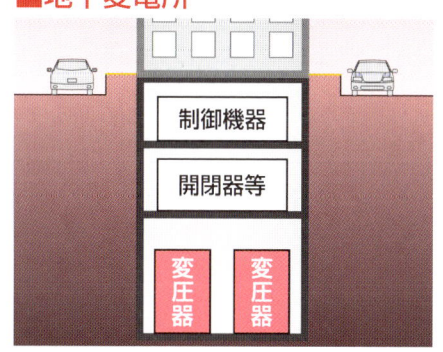

り離しても、接点間の**気体放電**で電流が流れ続けることがある。放電を防ぐ絶縁方法によって**空気遮断器**、**油遮断器**、**真空遮断器**、**ガス遮断器**などがある。

送電線に落雷があった場合、発生箇所両端のもっとも近い遮断器が作動して、その区間が電力系統から切り離される。切り離された送電線から落雷による電荷が排除された後、再び回路が元に戻される。これを**高速再閉路**という。瞬間的に電圧が低下する**瞬低**が起こるが、1秒以下で再閉路されるため、電気を使っていても気づかないことが多い。

断路器も遮断器同様に電力回路の断続を行うスイッチだが、電流が流れている状態ではスイッチを切る能力がない。遮断器の場合、高速な動作が求められるためスイッチの接点間の距離が短く、意図せずにスイッチが入る危険性がある。そのため、確実に電力回路を切り離すことができる断路器が備えられ、保守点検の際などに使用される。

避雷器は送電線を通じて変電所に流れこむ落雷などの異常電圧に対処する。通常流れている電圧に対しては絶縁体として働くが、異常電圧のような高い電圧に対しては電気抵抗が著しく低くなり、大地に電流を逃がすことができる。

送電や変電の状態を監視する必要があるが、高電圧大電流では測定が難しい。そのため、計器用変成器で扱いやすい低電圧に変換したうえで測定している。

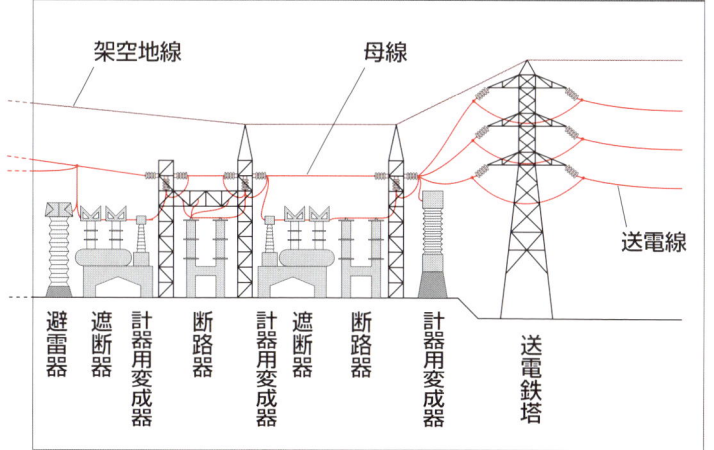

架空地線　母線　送電線
避雷器　遮断器　計器用変成器　断路器　計器用変成器　遮断器　断路器　計器用変成器　送電鉄塔

Point　変電所は落雷による事故も防止している

Part8 送配電と屋内配線

配電

　配電は電圧によって超高圧配電、高圧配電、低圧配電に分類される。2万Vを超える超高圧配電は配電に分類されているが、実質的には送電と同じ送電鉄塔や電線などで電気が送られる。

　高圧配電は6600Vの三相交流が3本の配電線で配電される。これを三相3線式といい、低圧と区別する場合には高圧三相3線式という。

　低圧配電には動力配線（動力線）と電灯配線（電灯線）がある。動力線は三相交流200Vが3本の電線で供給される三相3線式で、3線のうち2線だけを使えば単相交流100Vを取り出せる。動力線は小規模な工場など交流モーターを使用する場所に配電される。

　電灯線はおもに一般家庭に供給されるもので、単相交流100Vの単相2線式と、単相交流100Vと200Vの双方を取り出せる単相3線式がある。従来、一般家庭で使われる電気器具の定格電圧は100Vだったため、単相2線式が一般的だった。しかし、電磁調理器やエアコンなど容量が大きいほうが有利な器具が登場し、定格電圧200Vの機器も増えたため、現在では100/200Vの単相3線式による配電が主流だ。

　動力線と電灯線はともに必要な配電だが、それぞれ別々に配電すると必要な電線の数が多くなる。そのため4本の電線で単相100/200Vと三相200Vが配電できる電灯動力共用三相4線式（灯動共用三相4線式）も増えている。

　1990年代からは配電の地中化などとともに都市部を中心に三相4線式の配電も行われている。灯動共用三相4線式とは異なり、三相交流415Vと単相交流240Vが使用でき、三相交流モーターなどを使用する場所で採用されている。三相200Vや単相100/200Vを使う場合には別途変圧器が必要だ。

接地（アース）

　単相交流の低圧配電では変圧器の2次コイルの配線のうち1本が地面につながれている。これを接地（アース）という。これにより、地面につながれている電線の電位は地球の電位と同じになる。配電用変圧器の1次コイルと2次コイルの接触事故が起きた場合、需要家が使用する2次側に1次側の高い電圧が流れて非常に危険だが、接地してあるため2次側の電圧上昇を抑えることができる。

　単相3線式では2次側の真ん中の線が接地される。この線を中性線といい、対地電圧（地球に対する電位差）は0Vになる。中性線以外の2本の線間電圧（2本の電線間の電位差）は200Vだが、どちらも対地電圧は100Vだ。

　単相2線式の場合は2本の電線のうち一方がアースされ、三相3線式の場合はいずれか1本の電線が接地される。灯動力共用三相4線式の場合は、単相2次側の中性線だけが接地される。

☞ 低圧配電では接地が行われているが、高圧配電は接地されていない。

■動力線（三相3線式）

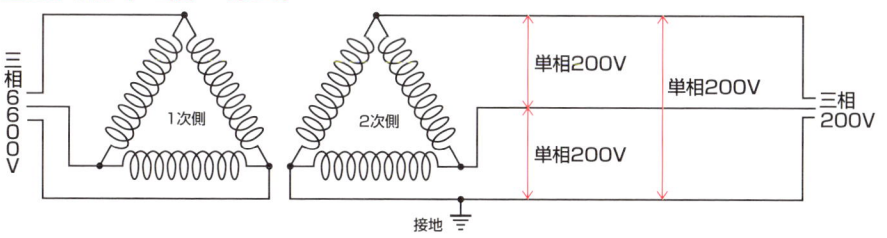

三相交流の結線には上図の△結線（デルタ結線）のほかY字結線（スター結線）やV字結線もある。V字結線なら、単相用変圧器2台で三相交流の変圧が行える（下図は変圧器1次側を省略）。

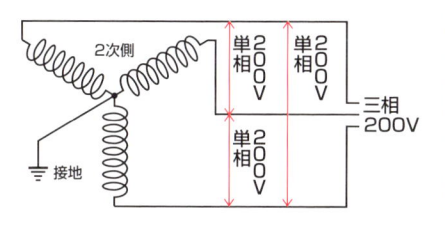

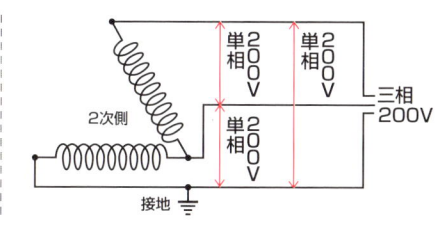

■電灯線（単相2線式）

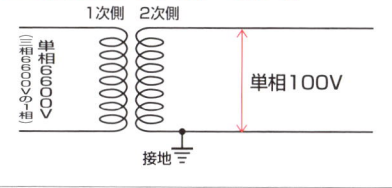

■電灯線（単相3線式）

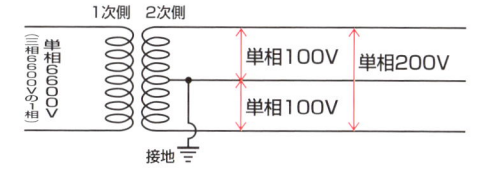

■灯動共用三相4線式

単相用変圧器2台でV字結線も可能。

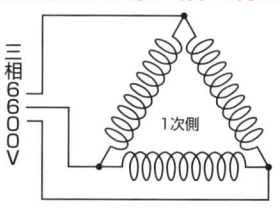

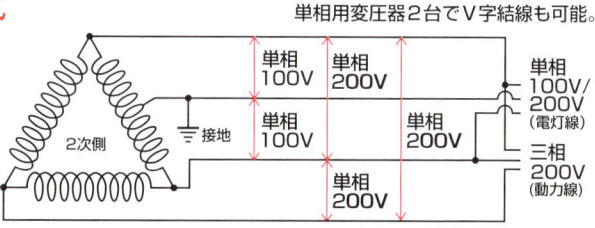

■三相4線式（240V/415V）

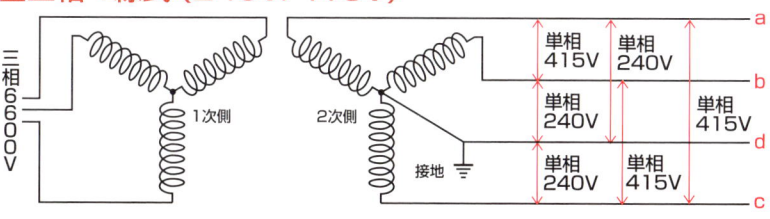

a-b-cは三相415V

a-d、b-d、c-dは単相240V

送配電と屋内配線

Point 単相3線式の配電なら100Vと200Vの両方が使える

Part8 送配電と屋内配線

架空配電と地中配電

電圧が高いほど送電ロスを抑えることができるため、配電用変電所からの配電は三相交流6600Vの高圧配電でスタートする。高圧配電が必要な需要家については、この配電線から電力が供給される。また、一般需要家の近くには配電用変圧器が備えられ、各種の低圧配電に変圧される。その低圧配電線から引込線で需要家に配電される。

配電用変圧器は1軒1軒の需要家ごとに備えられるわけではない。1台の変圧器である程度の需要家をカバーできるので、需要に応じて変圧器が配置され、そこから低圧配電が行われる。

配電には送電と同じように架空配電と地中配電がある。従来は電柱を使用した架空配電が主流だったが、都市部では地中配電が増えてきている。

架空配電

架空配電は電柱にはられた架空配電線で行われる。使用する配電用変圧器は柱上変圧器という。

一般的に電柱といわれているが、配電用のものは電力柱といい、電話用のものは電信柱という。電力と電信の双方で使用するものは共用柱といい、電力が高い位置を、電信が低い位置を使用する。

過去には木製の電力柱が一般的だったが、現在では鉄筋コンクリート柱が主流だ。全長が15m以下の電力柱の場合は全長の6分の1以上、全長が15mを超える場合は2.5m以上を地中に入れる規定がある。また、電線が引っぱる力に偏りのある場合や、地盤が軟弱な場合などは電柱支持ワイヤーで支えられる。

架空配電線は鋼心アルミより線を絶縁体で被覆した絶縁電線が一般的で、高圧配電には屋外用鋼心アルミ導体架橋ポリエチレン絶縁電線か屋外用鋼心アルミ導体ポリエチレン絶縁電線が使われ、低圧配電には屋外用鋼心アルミ導体ビニール絶縁電線が使われる。引込線には引込用ビニール絶縁電線が使われる。

配電線は電力柱の高い位置から順に、高圧配電線、動力線、電灯線が備えられるのが一般的だ。配電線の取りつけは、絶縁のためのがいしを介して行われる。

■配電線

屋外用鋼心アルミ導体絶縁電線
- アルミ導体
- 鋼線
- 絶縁被覆

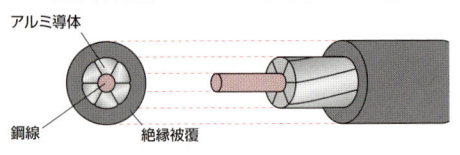

絶縁体にはポリエチレンやビニールが使われる。

引込用ビニール絶縁電線
- 銅線(単線とより線がある)
- 平型(2本)
- より合わせ型(3本)

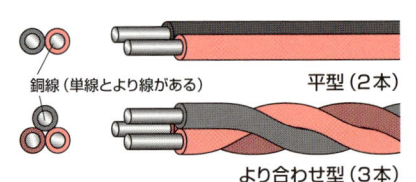

☞ 電柱はケーブルテレビなど各種通信の架空配線に使われるほか、街灯や信号機、携帯電話基地局の支柱に利用されることもある。

■架空配電

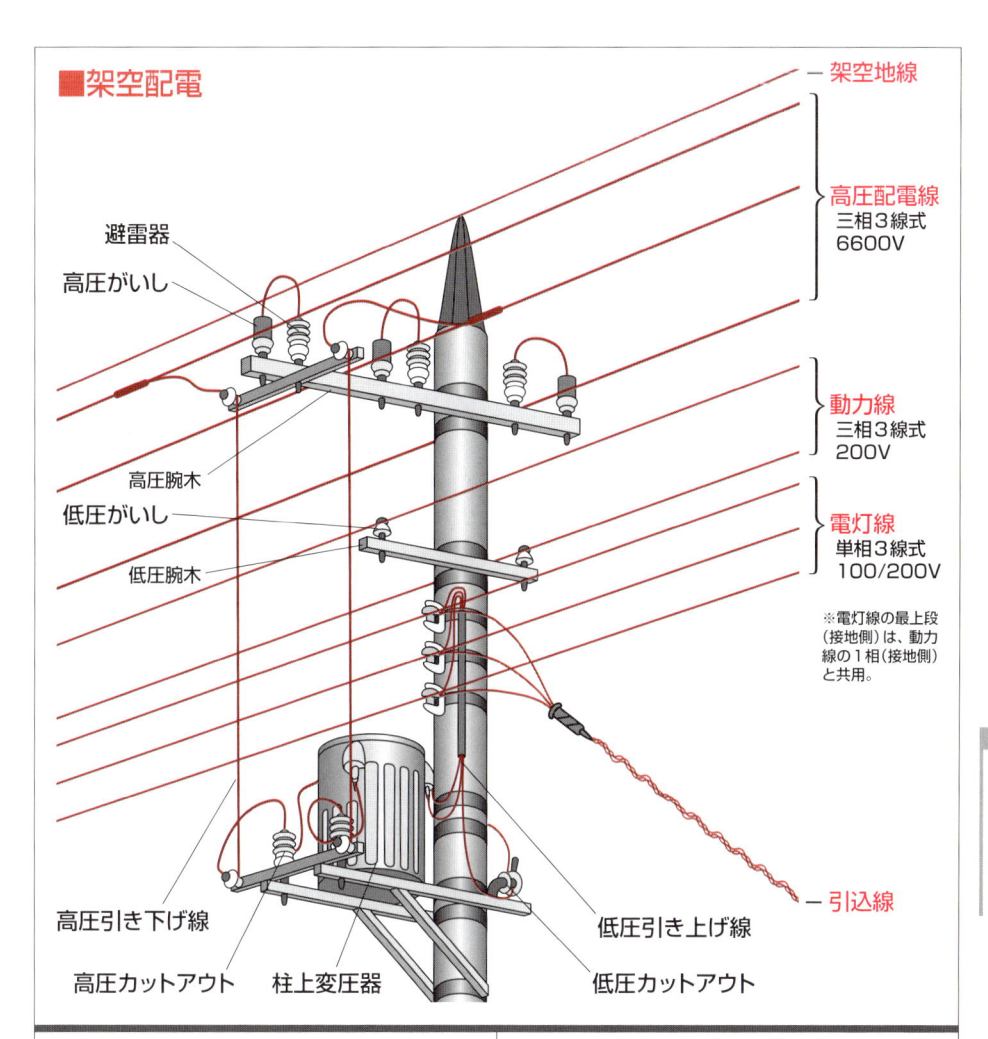

図中ラベル（左側）:
- 避雷器
- 高圧がいし
- 高圧腕木
- 低圧がいし
- 低圧腕木
- 高圧引き下げ線
- 高圧カットアウト
- 柱上変圧器
- 低圧引き上げ線
- 低圧カットアウト

図中ラベル（右側）:
- 架空地線
- 高圧配電線　三相3線式　6600V
- 動力線　三相3線式　200V
- 電灯線　単相3線式　100/200V
- ※電灯線の最上段（接地側）は、動力線の1相（接地側）と共用。
- 引込線

装柱金物と呼ばれる金具でがいしが直接電力柱に固定される場合と、電力柱から水平方向に腕木を伸ばし、そこにがいしが固定される場合がある。がいしが下から配電線を支持する場合には**ピンがいし**が使用され、電力柱の位置で切断された配電線を引きとめて支持する場合には**耐張がいし**が使用される。耐張がいしは**引留がいし**ともいわれ、両側の配電線は**ジャンパー線**でつながれる。

高圧配電線は**高圧腕木**に3本が水平に並ぶ。その下にある**低圧腕木**には動力線のうち2本が水平に並ぶ。三相3線式である動力線は3本の電線が必要だが、**接地側**の1本は**電灯線**の接地側と共用される。電灯線には腕木が使われず、垂直方向に並ぶことが多い。**単相2線式**なら2本、**単相3線式**なら3本が配置される。需要家への電力供給を行う**引込線**は、電灯線または動力線につながれる。

送配電と屋内配線

Point　電柱にはさまざまな電圧の配電線が備っている

柱上変圧器はポールトランスともいわれ、基本的な形状は円筒形だ。大型のものは冷却のためのフィンが備えられている。シリコンオイルなどで絶縁と冷却を行う**油入変圧器**が一般的だ。都市部の環境と調和したスリムでコンパクトな**都市型柱上変圧器**の採用も始まっている。

　柱上変圧器には通常5～75kVA用の**単相用変圧器**が使用される。**三相用変圧器**もあるが、単相用変圧器2台でも**動力線**用の**三相交流**の**変圧**が行える。**高圧配電**は配電用変電所から遠くなるほど電圧が低下する。そのため、柱上変圧器の1次コイルには異なる**巻き数**の部分に接続できるようにタップが備えられ、**2次コイル**の電圧を適正に調整できる。

　柱上変圧器は腕木もしくは装柱金物で**電力柱**に固定される。1次側には**高圧配電線**から**高圧引き下げ線**が導かれる。途中には変圧器を保護する**高圧カットアウト**が備えられる。スイッチとヒューズが組み合わされたもので、**落雷**などで高圧配電線に異常な電流が流れると、自動的に切れる。保守点検で配電を切り離す際にも使用される。変圧器の2次側は、**低圧引き上げ線**で**電灯線**もしくは動力線につながれる。低圧側にも異常に備えて**低圧カットアウト**が備えられる。

　また、電力柱の最上部には、**配電線**などへの落雷を防止する**架空地線**がはられる。架空地線に落雷があると、その電流は地面に逃がされる。それでも配電線への落雷は避けられないため、高圧配電線には**避雷器**（P223参照）が備えられ、落雷による異常電圧に対応している。

　このほか、**柱上開閉器**が備えられる電力柱もある。開閉器とはスイッチのことで、保守点検の際に作業区間を切り離す際に使用される。遠隔地から操作できる**自動開閉器**が使われることもある。

■**柱上変圧器**

低圧ブッシング（接続端子）
高圧ブッシング（接続端子）
タップ
鉄心
冷却フィン
コイル（紙巻き）
オイル（絶縁・冷却）

タップ（異なった巻き数の位置に接続することで2次側の電圧をかえられる）
高圧配電（三相3線6600V）
低圧配電（単相3線200/100V）
1次側　2次側　接地

景観保護の無電柱化の手法には、道路沿いの建物の軒下や軒先に配線し、建物から建物へと電線を伝わせていく軒下配線もある。

■地中配電

図中ラベル:
- 低圧分岐装置
- 地上用変圧器
- 集合住宅用変圧器
- 多回路開閉器
- 地中引込線
- 低圧配電線（他の分岐装置へ）
- 低圧配電線（変圧器から分岐装置へ）
- 高圧配電線（開閉器から変圧器へ）
- 高圧配電線（他の変圧器へ）
- 高圧配電線（配電用変電所から）

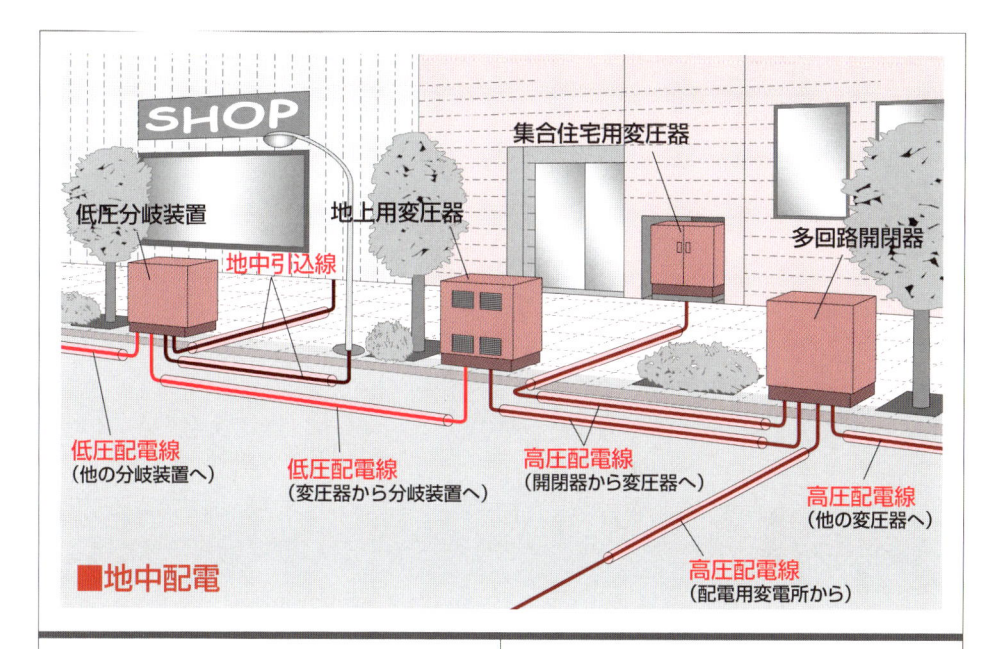

地中配電

　地中配電は架空配電の10倍以上の費用がかかり、事故の際に復旧に時間がかかるが、安全で快適な通行空間の確保、都市災害の防止、景観の向上が可能なため都市部での採用が増えている。従来の架空配電を地中配電に変更することを**電線類地中化**や**電柱地中化**といい**無電柱化**の1つの手法だ。**高圧配電**から**配電用変圧器**を経て**低圧配電**を行うという配電の方法自体は架空配電と同じだ。

　配電線は絶縁された**CVケーブル**などの**配電ケーブル**が主流で、CVケーブル3本を合わせた**トリプレックス型CVケーブル**がよく使われる。こうしたケーブルは**管路**や**洞道**、**共同溝**に収められる。低圧配電では**直接埋設式**が採用されることもある。直接埋設といってもケーブルがそのまま埋められることはなく、**トラフ**といわれるU字溝などに収められる。

　地中配電というが、配電線以外のほとんどは地上に設置される。配電用変圧器は**地上用変圧器**や**変圧器塔**といわれ、歩道に設置されることが多い。ビルやマンションなどの場合は需要者側が用意したスペースに地上用変圧器や**集合住宅用変圧器**が設置されることもある。

　配電用変電所からの高圧配電は、**多回路開閉器**を経由して地上用変圧器や集合住宅用変圧器の1次側に送られる。多回路開閉器は高圧配電の**分岐点**として使われるもので、保守点検の際に作業区間を切り離す際にも使用される。

　地上用変圧器の2次側からは**低圧分岐装置**に低圧配電が送られる。低圧分岐装置は低圧配電の分岐点として使われるもので、ここから**地中引込線**で低圧配電される。集合住宅用変圧器の場合は、その2次側から各戸に低圧配電される。

送配電と屋内配線

Point 地上に置かれる配電用変圧器もある

Part8 送配電と屋内配線

屋内配線 ・・・・・・・・・・・・・・・・・・・・・・・・・・・

　戸建ての一般住宅の場合、屋外に備えられた**引込線取付点**に、**電灯線**などの**低圧配電線**から**引込線**が取りつけられる。引込線取付点からは**電力量計**を経由して**分電盤**に配線される。分電盤には**アンペアブレーカー**や**漏電遮断器**、**配線用遮断器**といった安全装置が備えられる。**単相3線式**が引きこまれている場合、分電盤の配線の接続をかえれば回路ごとに100Vと200Vを選択できる。

　分電盤からは照明など備えつけの電気器具や、**コンセント**に配線される。引込線取付点と電力量計は屋外にあり、屋内への配線の入口として設けられた**引込口**を通して分電盤へ配線されるのが一般的だ。この引込口からコンセントまたは電気器具に至る配線を**屋内配線**という。

　屋内配線には流してよい**電流の大きさ**（**許容電流**）が決められている。その電流を超えると、配線の過熱などによる事故が発生する。そのため多くの回路に分け、特定の配線に電流が集中しないようにする必要がある。この分岐を行っているのが分電盤で、それぞれの回路を**分岐回路**という。回路を分けておくと、何かの事故が起きた際にも、その影響を最小限にすることができる。

　それぞれの分岐回路で使用が想定される電流が20Aを超えないように回路を設定するのが基本で、部屋ごとに分けられることもあれば、照明器具とコンセントで別にされることもある。システムキッチンにすえつけの**電磁調理器**への配線や**エアコン**用コンセントへの配線のように、消費電力の大きな器具に対しては、1つの回路がまるまる割り当てられることもある。こうした分岐回路を**専用回路**ともいう。定格電圧が200Vの電気器具

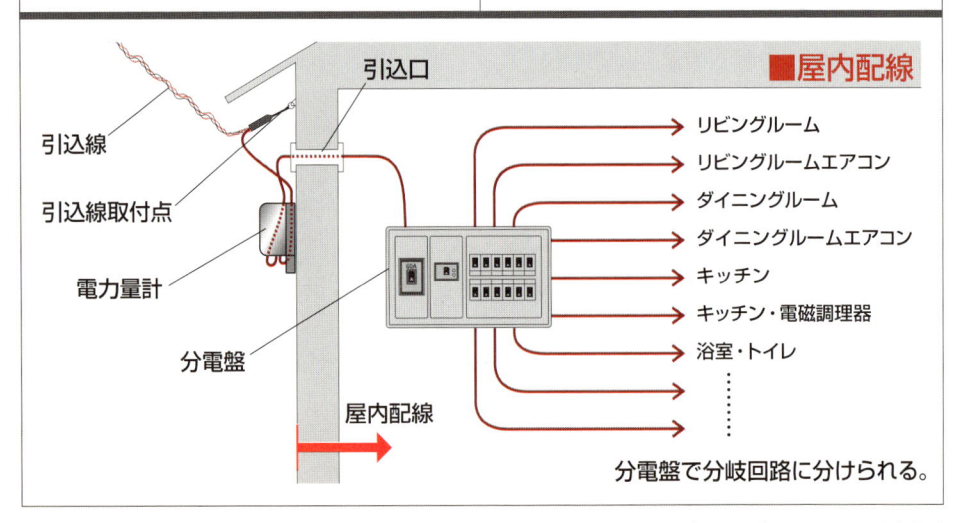

■屋内配線

→ リビングルーム
→ リビングルームエアコン
→ ダイニングルーム
→ ダイニングルームエアコン
→ キッチン
→ キッチン・電磁調理器
→ 浴室・トイレ

引込口／引込線／引込線取付点／電力量計／分電盤／屋内配線

分電盤で分岐回路に分けられる。

☞ 引込線取付点が財産の分岐点となる。引込線取付点までは電力会社のもの、以降は需要家のものだが、電力量計とアンペアブレーカーは電力会社のものだ。

■分電盤

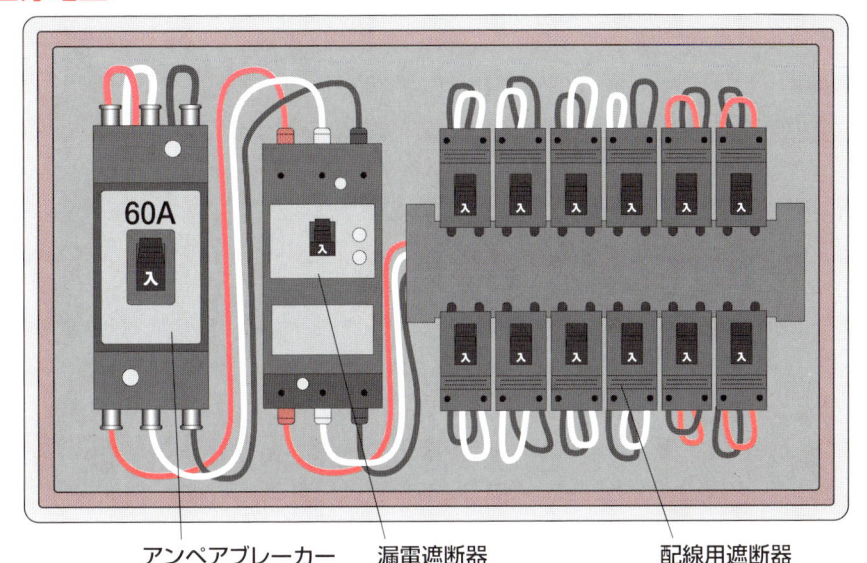

アンペアブレーカー　　漏電遮断器　　　　　　配線用遮断器

では専用回路が使われることが多い。

分電盤の配線用遮断器では、各分岐回路が20Aを超えないように監視が行われているが、20A以下ならどのように使っても安全というわけではない。二股・三股コンセントや延長コードを使った**たこ**足配線は危険だ。こうしたコンセントやコードにはそれぞれ許容電流が定められている。一般的に使われているものは大きくても15A程度だ。この許容電流を超えた電流を流すと、過熱するようになり、火災などの原因になる。

■分岐回路（単相3線式）

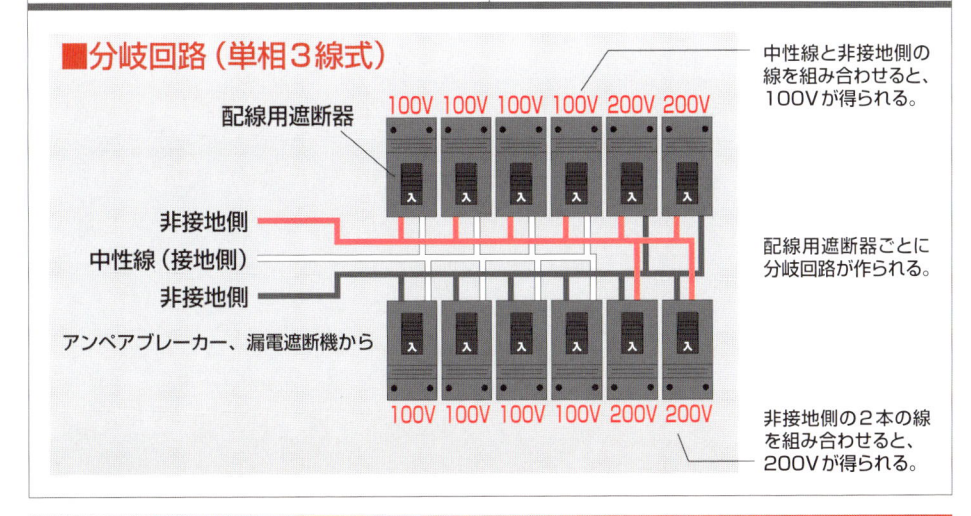

配線用遮断器

100V 100V 100V 100V 200V 200V

非接地側
中性線（接地側）
非接地側
アンペアブレーカー、漏電遮断機から

100V 100V 100V 100V 200V 200V

中性線と非接地側の線を組み合わせると、100Vが得られる。

配線用遮断器ごとに分岐回路が作られる。

非接地側の2本の線を組み合わせると、200Vが得られる。

送配電と屋内配線

Point 屋内配線は回路を分割して安全性が高められている

■屋内配線用電線

ビニール絶縁電線

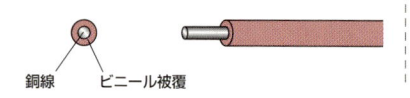

銅線　ビニール被覆

ビニール絶縁ビニールシースケーブル平型

ビニールシース　銅線　ビニール被覆

（3心）

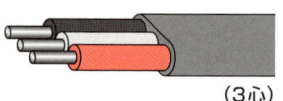

屋内配線では、おもに**ビニール絶縁電線**（**IV電線**）や**ビニール絶縁ビニールシースケーブル平型**（**VVFケーブル**）が使われる。VVFケーブルは複数のビニール絶縁電線を、ビニール製のシース（カバー）に収めたもので2心・3心・4心がある。丸型の**VVRケーブル**もあるが、丸型が必要となる状況では**CVケーブル**が使われることが多い。

なお、電気製品の電源コードは**平型2心並行コード**（**VFF**）が一般的だ。アイロンなどの高熱になるものは**ゴム絶縁コード**、電気こたつのように人に触れるものは**ゴム絶縁袋打ちコード**（**FF**）が使用される。洗濯機や掃除機には**ビニールキャブタイヤコード**（**VCTF**）が用いられる。キャブタイヤとは、被覆が馬車（キャブ）のタイヤのように丈夫なゴムで作られていることに由来する。

アース（接地）

人間の**対地電圧**は地面と同じ0Vだ。通常は電気器具内の回路が露出していることはないが、絶縁が劣化すると器具の対地電圧が100Vになる。このような器具に触れると身体を電流が流れる。これが**感電**だ。一時的な痛みやしびれで済むこともあるが、死亡することもある。

こうした場合でも、電気器具を**アース線**で地面につないで**接地**（**アース**）してあれば、感電せずに済む。人間の身体よりアース線のほうが電気抵抗が小さいため、ほとんどの電気がアース線を流れるためだ。アース線を通じて地面に流れこんだ電気は、**配電用変圧器**の2次側の接地を通じて戻っていく。

身体が水に濡れていると電流が流れやすく感電の危険性が高い。そのため、洗

■コンセント

| コンセント
2口 | アース端子付
コンセント
2口 | アース端子付
接地コンセント
（3P）2口 | アース端子付
エアコン用
（100V） | IHクッキング
ヒーター用
（200V） |

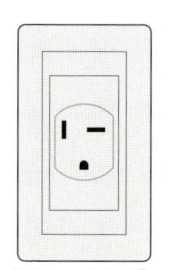

☞　昔は水道の蛇口がアースとして使われることがあったが、現在は電気を通さない塩化ビニール製の水道管が主流になっているため、アースの代用にならない。

■アースと感電

器具がアースされていないと

配電用変圧器（高圧側（1次側）／低圧側（2次側））　接地　絶縁状態が保たれていない電気器具　感電

人間の身体が地面までの電気の通り道となり、変圧器の2次側まで電気が流れる。

器具がアースされていると

配電用変圧器（高圧側（1次側）／低圧側（2次側））　接地　絶縁状態が保たれていない電気器具　アース

器具のアースから地面を通じて変圧器の2次側まで電気が流れる（漏電している）。

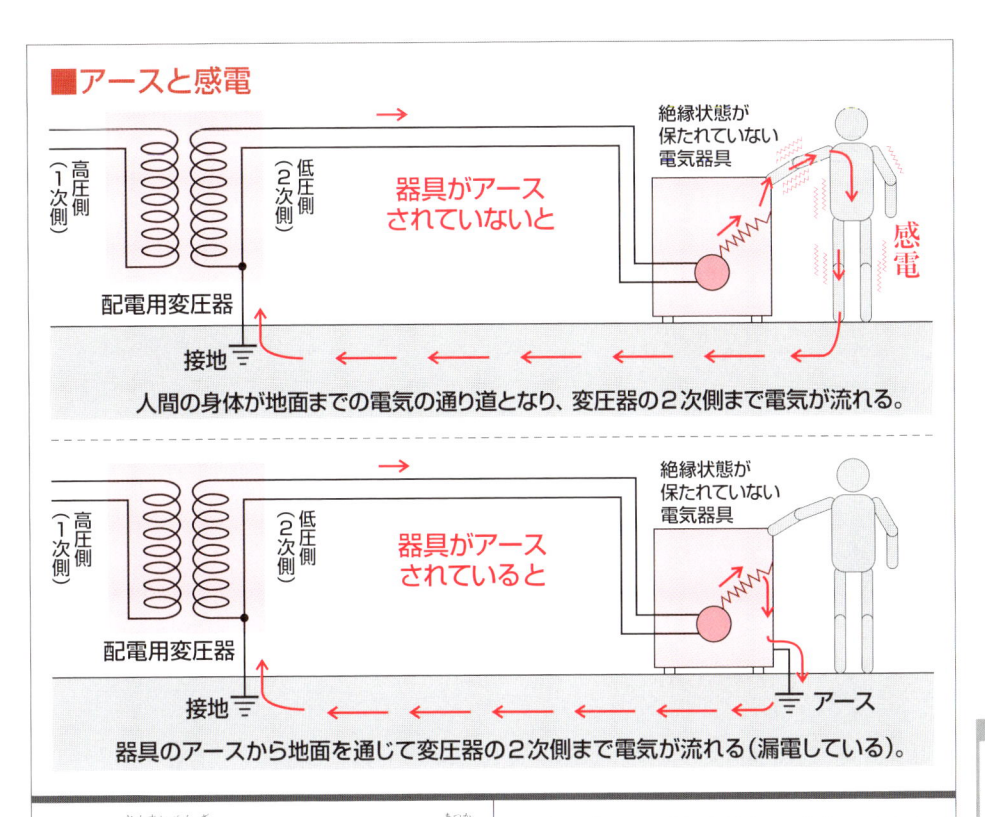

濯機や温水便座、食器洗い機など水を扱う電気器具ではアースが必要になる。こうした器具以外でも接地してあると安全性が高まる。もし、**漏電**が発生しても、電気がアース線を通るため、屋内配線の過熱などの事故が起こりにくくなる。

昔は独自にアース線を用意したが、現在では**アース付コンセント**が備えられることが多い。接地棒や金属板が地面に埋められ、そこからの配線がコンセントのアース端子に導かれている。洗濯機置き場や台所、手洗いなど水を扱う場所にはアース付コンセントが用意されている。

なお、**単相2線式**と**単相3線式**は配電用変圧器で接地されている（P224参照）が、これは配電用変圧器で事故が起こっても、高圧の電気が流れこまないようにするためのものであり、同時に電気器具のアース線を流れた電気が戻る回路になる。そのため接地側の配線であっも電気器具のアースの代用にはならない。

ただ、コンセントでは接地側を確認できるようにされている。コンセントの穴はよく見ると2本で長さが異なる。わずかに長いほうが接地側にされている。

通常、どちら向きにプラグを差しこんでも、電気器具は正常に動作する。しかし、オーディオ機器などでは機器に適した方向に差したほうが音質がよくなるという。どちらを接地側にすべきかは、プラグやコードに表示されていることが多いが、表示方法に決まりはない。

Point　アースは感電と漏電事故を防いでくれる

Part8 送配電と屋内配線

分電盤 ●●●●●●●●●●●●●●●●●●●●●●●●●●●●●●

分電盤には**アンペアブレーカー**、**漏電遮断器**、**配線用遮断器**が備えられる。

アンペアブレーカー

各種の契約方法があるが、一般家庭では使用が想定される電気器具などに応じて必要な電流の大きさを決めて電力供給の契約を結ぶ。これを**契約アンペア**や**契約電流**という。**アンペアブレーカー**は、この契約アンペアを超えた電流が流れた時に、自動的に切れて電流を遮断する。**契約用電流制限器**であり、**リミッター**や**サービスブレーカー**ともいわれる。

配線のショートや電気器具の異常で大電流が流れた場合にも、電流が止まるため、安全装置として機能するが、基本的な位置づけは契約アンペアの見はり番である。通常、分電盤内の左側に配置され契約アンペアごとに色分けされている。

アンペアブレーカーは**電磁石**を利用して電流の遮断を行う。電磁石は電流が大きくなるほど磁界が強くなる。図のようにスイッチの操作部の反対側には突起があり、L字形の**可動鉄片**を介して**過電流引き外し装置**が配されている。

契約アンペア以下の場合は**コイル**の磁力が弱いため、スプリングの力でプランジャーは押さえられている。契約アンペアを超えると磁力が強くなり、プランジャーがコイルに引き寄せられて行く。電流がさらに大きくなると、プランジャーがコイルに**鉄心**として作用し、電磁極が強い磁石になり可動鉄片を引き寄せる。すると、操作部が動いてスイッチが切れる。また、大電流が流れた場合には、コイルの磁力が一気に強くなるので、その磁力だけで可動鉄片が引き寄せられてスイッチが切れる。

■アンペアブレーカー

過電流が流れると引き外し装置が磁化して可動鉄片を引きつけ、操作部を跳ね上げて回路を遮断する。

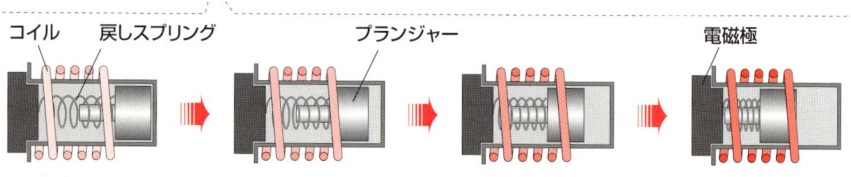

操作部　可動鉄片
入
過電流引き外し装置

非磁化　➡　磁化

コイル　戻しスプリング　　プランジャー　　電磁極

電流が大きくなるほどコイルの磁力が強くなりプランジャーを引き寄せ、最終的に電磁極が磁化される。

☞ アンペアブレーカーを設置しない電力会社もある。アンペアブレーカーの色分けに使用する色は電力会社によって異なる。

漏電の検出

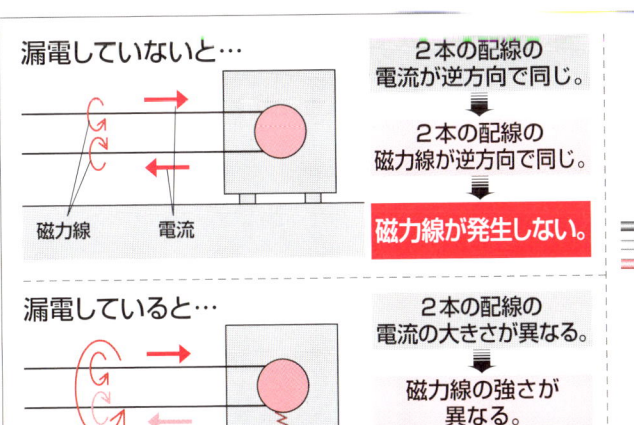

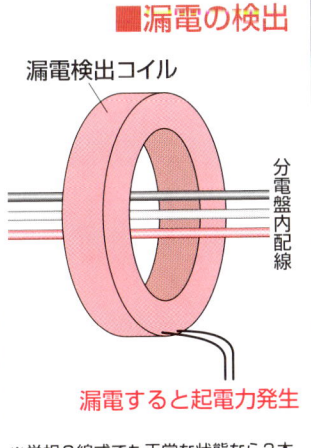

漏電していないと…
- 2本の配線の電流が逆方向で同じ。
- 2本の配線の磁力線が逆方向で同じ。
- **磁力線が発生しない。**

漏電していると…
- 2本の配線の電流の大きさが異なる。
- 磁力線の強さが異なる。
- **磁力線が発生する。**

漏電検出コイル / 分電盤内配線

漏電すると起電力発生

※単相3線式でも正常な状態なら3本の配線の磁力線は相互に打ち消し合う。

　手動でスイッチを操作することもできる。これにより修理の際などに屋内配線を配電から切り離すことが可能だ。

漏電遮断器

　電気器具や屋内配線の絶縁の劣化や、水などの導体の浸入によって、本来の電気回路以外に電気が流れることを**漏電**という。漏電が起こると電気が浪費されるばかりか、配線などの過熱による火災や、**感電**事故が起こることもある。漏電遮断器は、漏電が発生すると自動的に切れて電力の供給を遮断する装置で、**漏電ブレーカー**ともいう。

　電線に電気が流れると電線の周囲に**磁力線**が発生する。屋内配線で行き帰り2本の電線が平行なら、同じ強さで逆方向の磁力線が打ち消し合うので、磁力線が発生しない。しかし、漏電が発生していると行きと帰りで電流の大きさに差があるため、磁力線が発生する。

　漏電遮断器では配線の周囲に**コイル**が配されている。正常な状態では磁力線が存在しないが、漏電で磁力線が発生すると、コイルに**誘導起電力**が起こる。この電流で遮断器のスイッチが作動する。

　漏電遮断器は、分電盤内でアンペアブレーカーと配線用遮断器の間に配置される。分電盤の回路数が少ない場合は配線用遮断器の下に配置されることもある。

配線用遮断器

　それぞれの**分岐回路**の電流を監視し、事故を未然に防ぐのが**配線用遮断器**だ。**安全ブレーカー**とも呼ばれ、**分電盤**内の右側に配置される。配線用遮断器は分岐回路の数に応じて備えられる。

　動作の原理はアンペアブレーカーと同様で、20A以上の電流が流れると、電流が遮断される。配線用遮断器には**分岐開閉器**としての役割もある。開閉器とはスイッチのことで、修理の際などに特定の分岐回路だけを配線用遮断器で切り離すことが可能となる。

送配電と屋内配線

Point　分電盤には各種の安全装置が備えられる

Part8 送配電と屋内配線

電力量計

　電力量計は電気料金算定のために電力量を測定する装置で、電力メーターともいう。各種構造のものがあるが、アラゴの円板（P103参照）の原理を応用する誘導型電力量計が一般的だ。

　誘導型電力量計はアルミニウム製の円板の上下に、位置をずらして電圧コイルと電流コイルが配されている。上下で磁界が発生するタイミングがずれるため、磁界が移動することになり、渦電流が発生して円板が回転する。コイルとは別の位置には制動磁石と呼ばれる永久磁石が配されている。ここでも渦電流が発生し、円板の回転が抑えられる。

　円板はコイルの部分で発生する回転させる力と、制動磁石による回転を抑える力のバランスで回転数が決まる。抑える力は一定で、回転させる力は電力で決まるため、回転数は電力に比例する。回転数は歯車を介して表示部に伝えられる。

　誘導型はある程度の大きさの円板が必要であるため、小型化には限界がある。振動や衝撃に弱く、本体が少しでも傾斜すると正確に計測できない。また、オール電化向けの時間帯別電灯契約では時間帯別に電力量を計測する必要があるが、誘導型ではこうした計測ができない。

　そのため、内部の電子回路により電力を積算する電子式電力量計も登場している。コスト高だが、小型化が可能で設置場所や方向の自由度が高まる。さらに、電子式であれば、通信によって遠隔地から電力量を計測することが可能で、検針の手間を省くことができる。

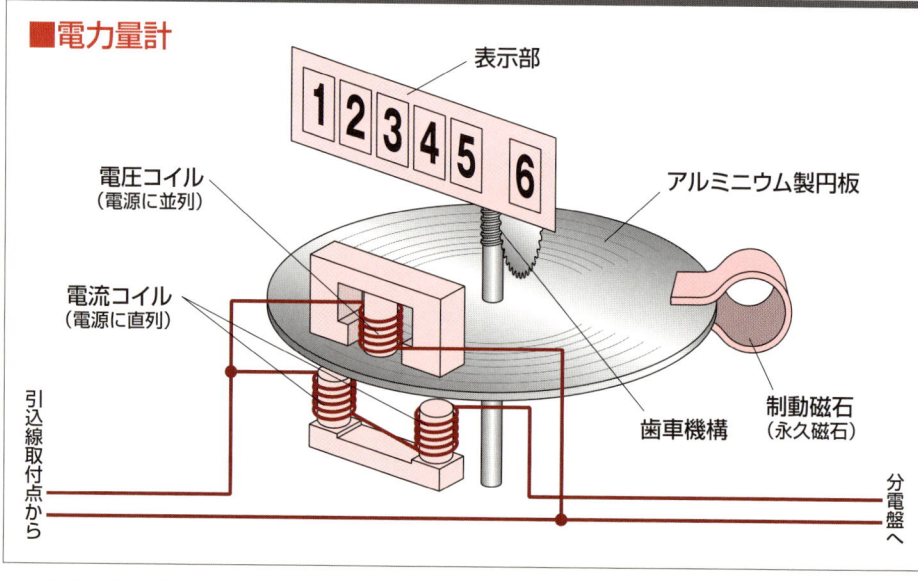

■電力量計

- 表示部
- アルミニウム製円板
- 電圧コイル（電源に並列）
- 電流コイル（電源に直列）
- 歯車機構
- 制動磁石（永久磁石）
- 引込線取付点から
- 分電盤へ

☞　誘導型電力量計の一部には、円板の一定の回転数ごと（電力量ごと）にパルス信号を発することで、遠隔地からの電力量計測が可能なものがある。

Part9
電気の熱と光

電気利用の基本中の基本用途

Part9 電気の熱と光

電気と熱

　原子の**熱振動**（**格子運動**）が**熱エネルギー**の正体だ。原子の熱振動が激しくなるほど温度が高くなる。熱の伝わり方には**熱伝導**、**熱伝達**、**熱放射**（**熱輻射**）がある。

　熱伝導は物体が触れ合うことで高温部から低温部に熱が伝わる現象で、物体の移動はともなわない。熱伝達は流体の流れによって間接的に熱が伝わる現象で、**対流**のように物体が移動する。熱伝導や熱伝達は熱が原子の振動のまま伝わる。

　熱放射は物体から放射された**赤外線**で熱が伝わる現象のことで、物体が介在しないので真空状態でも伝わる。赤外線は**電磁波**（P154参照）の一種で、赤外線が当たった物質は、原子の熱振動が激しくなり温度が上がる。このように赤外線は熱を伝えるため**熱線**とも呼ばれる。赤外線のなかでも**波長**の短い**遠赤外線**がもっともよく熱を伝える。

　電子にはエネルギーが高い状態と低い状態の2種類があり、高い状態にあるものは低い状態に戻って安定しようとする性質がある。逆にエネルギーが高い状態になることを**励起**という。原子の熱振動が激しくなると、電子が励起される。これを**熱励起**といい、励起された電子は元の状態に戻る際に赤外線を発してエネルギーを放出する。これが熱放射だ。

　電気と熱の関係では、導体に電気が流れると発生する**ジュール熱**（P18参照）が代表的だ。他にも、異なる金属を接合し電圧をかけると両接合点で熱の吸収と放出が起こる**ペルティエ効果**や、温度差が電圧に直接変換される**ゼーベック効果**（P86参照）などの**熱電効果**（**熱電現象**）がある。

■電熱と電冷

家電での利用

電熱
- 抵抗加熱 …… 電気ストーブ、電気カーペット、オーブントースターなど多数（P242〜）
- 誘導加熱 …… 電磁調理器（P246〜）
- 誘電加熱 …… 電子レンジ（P248〜）
- アーク加熱 …… ※家電にはない
- ヒートポンプ加熱 …… エアコン、温水器など（P252〜）

電冷
- ヒートポンプ冷却 …… 冷蔵庫、エアコン（P250〜）
- ペルティエ効果 …… 電子冷蔵庫（P253）

☞ 熱放射は、かつては熱輻射や単に輻射といわれたが、「輻」が常用漢字にないため、熱放射が一般的になっていった。

電気によって加熱を行うことを**電熱**という。**電気ストーブ**などで利用される**抵抗加熱**は、ジュール熱によるものだが、ジュール熱によらない方法もある。家電製品では、**電磁調理器**などで利用される**誘導加熱**や、**電子レンジ**で利用される**誘電加熱**、**エアコン**などで利用される**ヒートポンプ加熱**などがある。

このほか、**アーク放電**による熱を利用する**アーク加熱**もあり、**アーク炉**による金属の溶解など工業用途が中心だ。こうした電気で加熱する炉を**電気炉**といい、工業用の炉には、抵抗加熱による**黒鉛化炉**や**クリプトール炉**、誘導加熱による**るつぼ型誘導炉**や**溝型誘導炉**などがある。また、産業界では食品、木工品などの加熱、乾燥で誘電加熱が多用されている。

逆に電気を使って温度を下げることを**電冷**という。電熱と同じようにヒートポンプを利用する方法や、**ペルチエ効果**を利用する方法などがあり、家電ではエアコンや**冷蔵庫**で活用されている。

■工業用炉の加熱方法の例

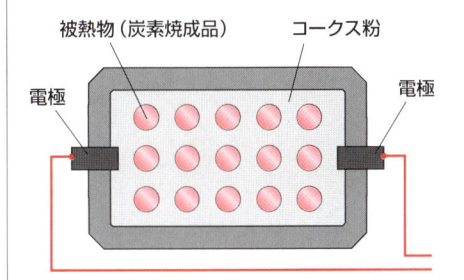

黒鉛化炉

直接抵抗加熱を行う炉の一例。炉内のコークス粉より、被熱物である炭素焼成品の電気抵抗のほうが大きいため、被熱物がジュール熱で加熱される。

クリプトール炉

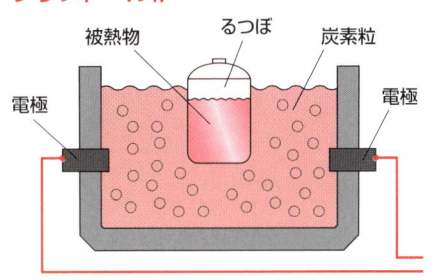

間接抵抗加熱を行う炉の一例。電極間に置かれた炭素粒がジュール熱で加熱される。被熱物は炭素粒中に埋めたり、るつぼに入れて溶融したりする。

エルー炉

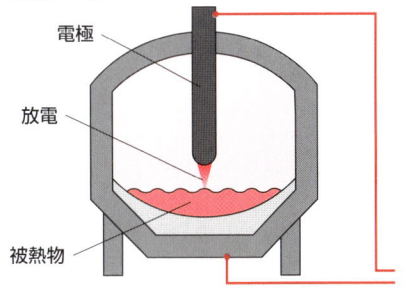

直接アーク加熱を行う炉の一例。電極から被熱物に対してアーク放電が起こることで、被熱物が加熱される。エルー炉は製鋼に使われる。

るつぼ形誘導炉

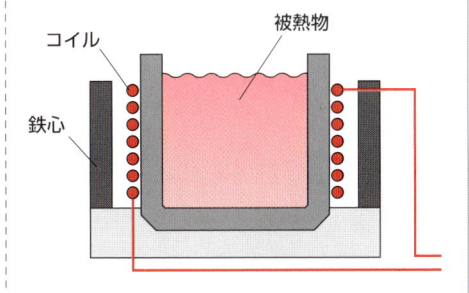

誘導加熱を行う炉の一例。電磁調理器(P246参照)と同じように渦電流で被熱物が加熱される。るつぼ形誘導炉は銑鉄の溶融などに使われる。

Point 電気はいろいろな方法で熱を作り出せる

Part9 電気の熱と光

電気と光

一般的には光といわれる可視光線は、電磁波（P154参照）の一種で、波長によって色が異なる。光が発生する現象を発光といい、熱放射とルミネセンスに大別される。

熱放射は物体の温度が高くなるとエネルギーが放射される現象で、白熱発光ともいう。低温のうちは赤外線が放射されるが、温度が高くなると可視光線が放射されるようになる。最初は赤い光だが、温度が高くなると白色になっていき、さらに高温になると青っぽい色になる。ロウソクの炎が光を発するのは熱放射による。白熱電球は熱放射を利用している。

熱放射以外の発光を総称してルミネセンスといい、その光を蛍光という。狭義ではエネルギーがなくなるとすぐに発光が止まるものを蛍光、光り続けるものを燐光という。

電気を利用したルミネセンスはエレクトロルミネセンス（EL）といい、放電発光を利用した放電灯が多いが、半導体による発光ダイオードも利用されるようになっている。放電灯には蛍光灯のほかナトリウム灯やメタルハライドランプ、水銀灯などがある。これら電気による発光で照明する装置を電灯という。

また、光が電気現象を起こすこともある。これを光電効果といい、光起電力効果や光伝導効果がある。太陽電池（P84参照）は光起電力を利用している。光伝導効果は光導電効果ともいい、光で電気の流れやすさが変化する現象だ。デジタルカメラのイメージセンサーや光通信に利用されるフォトダイオード、CdSセルなど各種光センサーに応用されている。

光の単位

光には量や強さについて各種の単位が定められている。白熱電球や蛍光灯など

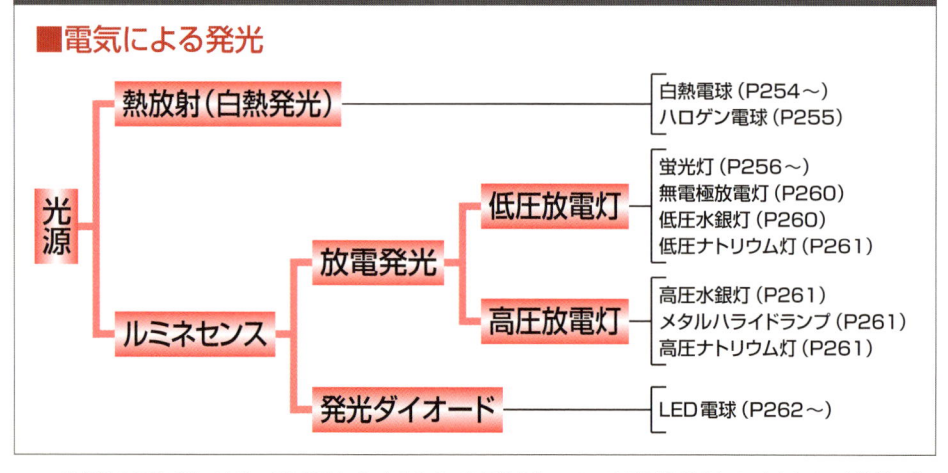

■電気による発光

- 光源
  - 熱放射（白熱発光）
    - 白熱電球（P254～）
    - ハロゲン電球（P255）
  - ルミネセンス
    - 放電発光
      - 低圧放電灯
        - 蛍光灯（P256～）
        - 無電極放電灯（P260）
        - 低圧水銀灯（P260）
        - 低圧ナトリウム灯（P261）
      - 高圧放電灯
        - 高圧水銀灯（P261）
        - メタルハライドランプ（P261）
        - 高圧ナトリウム灯（P261）
    - 発光ダイオード
      - LED電球（P262～）

☞ 光起電力は「こうきでんりょく」と読まれることもある。光伝導は「ひかりでんどう」と読まれることもある。光導電は「ひかりどうでん」と読まれることもある。

さまざまな明るさ

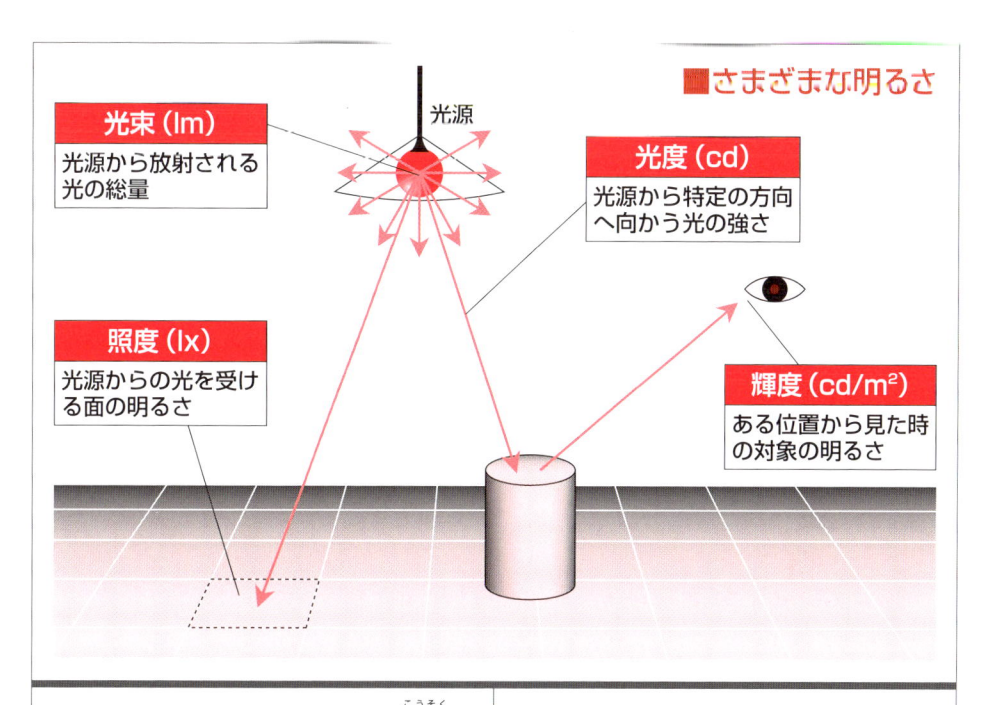

光束 (lm): 光源から放射される光の総量

光度 (cd): 光源から特定の方向へ向かう光の強さ

照度 (lx): 光源からの光を受ける面の明るさ

輝度 (cd/m²): ある位置から見た時の対象の明るさ

の光源から放射される光の総量を**光束**といい、単位に**lm（ルーメン）**を使う。電球の全光束を**消費電力**で割ったものを**発光効率**や**ランプ効率**といい、単位に**lm/W**を使う。光源の**エネルギー効率**だ。

光束の値が大きいほど明るい照明といえるが、光は広がることもあれば、集中することもあるため、光源から特定の方向に向かっている光の強さには違いがある。こうしたある方向への光の強さを**光度**といい、単位に**cd（カンデラ）**を使う。その光源に照らされた面の明るさの程度を**照度**といい、単位に**lx（ルクス）**を使う。同じ光源でも照らす範囲や距離がかわれば、照度はかわってくる。ちなみに、太陽光の照度は晴天で約10万lx、曇天でも3万lx程度ある。

また、人間が目にするのは、対象から反射してきた光だけなので、照度を感じることはできない。照度が同じでも、光を反射しやすいものは明るく見え、反射しにくいものは暗く見える。こうしたある位置から見た時の対象の明るさを**輝度**といい、単位に**cd/m²**を使う。

蛍光灯には**電球色**や**昼光色**といった発光色の違いがある。この光の色を数値で表したものが**色温度**だ。**熱放射**による発光では、発光色と温度に密接な関係があるため、温度で数値化が行われ、**絶対温度**と同じ**K（ケルビン）**が単位に使われる。白熱電球の色温度は約3000K、昼光色の蛍光灯は約6700Kだ。

また、照明器具では**演色性**も問題になる。太陽光と白熱電球では、物の色の見え方が異なる。演色性がよいとは、自然光のなかで見た時との色の違いが少ないことを意味する。演色性を数値化したものは**演色評価数**という。

電気の熱と光

Point 発光には熱によるものと、熱をともなわないものがある

Part9 電気の熱と光

電熱器具

　もっとも古くから利用されてきた**電熱**が**ジュール熱**を利用した**抵抗加熱**だ。工業用途では対象物そのものに電流を流して発熱させる**直接抵抗加熱**もあるが、家電製品では**ヒーター（発熱体）**を発熱させ、**熱放射**や**熱伝達**、**熱伝導**で対象を加熱する**間接抵抗加熱**が行われる。

　電熱とは電気による加熱の総称だが、家電で**電熱器具**といった場合、抵抗加熱のものだけをさすことが多い。**暖房器具**や**調理器具**はもちろん**アイロン**や**ヘアドライヤー**、**布団乾燥機**、**温水便座**など電熱器具は多岐にわたる。

　電熱器具のヒーターには、**ニクロム線**や**鉄クロム線**などの**電熱線**が使われることが多い。電熱線は電気抵抗の値を大きくすると同時に発熱部の表面積を大きくするために、**コイル**状に巻かれていることが多く、その状態のものを**ニクロム線ヒーター**や**電熱線ヒーター**という。最近ではあまり使われないが、ニクロム線ヒーターが露出した**電気コンロ**もある。

　電熱線が露出していると空気に触れて酸化しやすく、高温状態で水や異物が付着すると破損することもあるため、**石英管ヒーター**や**シーズヒーター**などの**密閉型ヒーター**が多用されている。

　石英管ヒーターは白色の石英管にコイル状の電熱線を収めたもので、**赤外線**を発しやすい。高温になると発熱部が赤くなるもので、**電気ストーブやオーブントースター**で使われる。なお、石英管は正式には**石英ガラス管**といい、石英の純度が高いガラスで作られている。

　石英管のかわりにセラミック管を使う**セラミック管ヒーター**もある。セラミック自体も高温になると赤外線を放射するため、加熱の効率が高まる。

　シーズヒーターは金属製の筒にコイル状の電熱線を収め、隙間に絶縁体であるマグネシアなどの粉末を詰めて密閉したもので、液体であれば直接加熱できる。

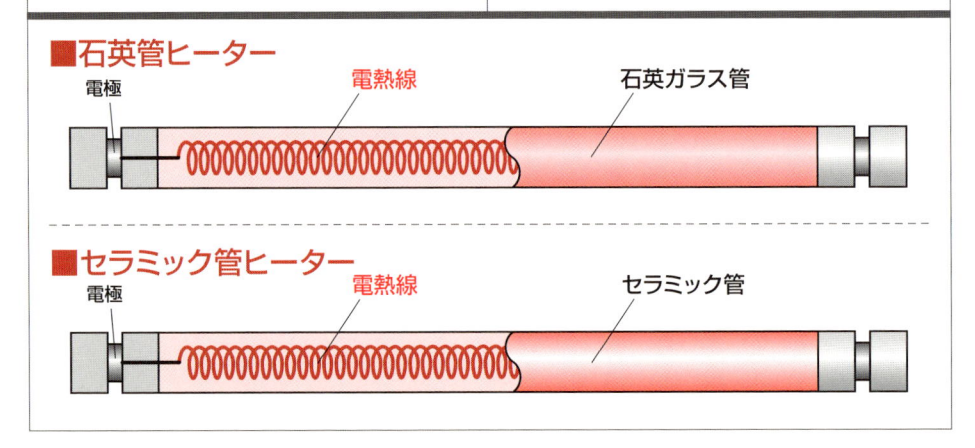

■石英管ヒーター
電極／電熱線／石英ガラス管

■セラミック管ヒーター
電極／電熱線／セラミック管

☞ ニクロムはニッケルとクロムを中心とした合金、鉄クロムは鉄とクロムを中心とした合金。

■シーズヒーター

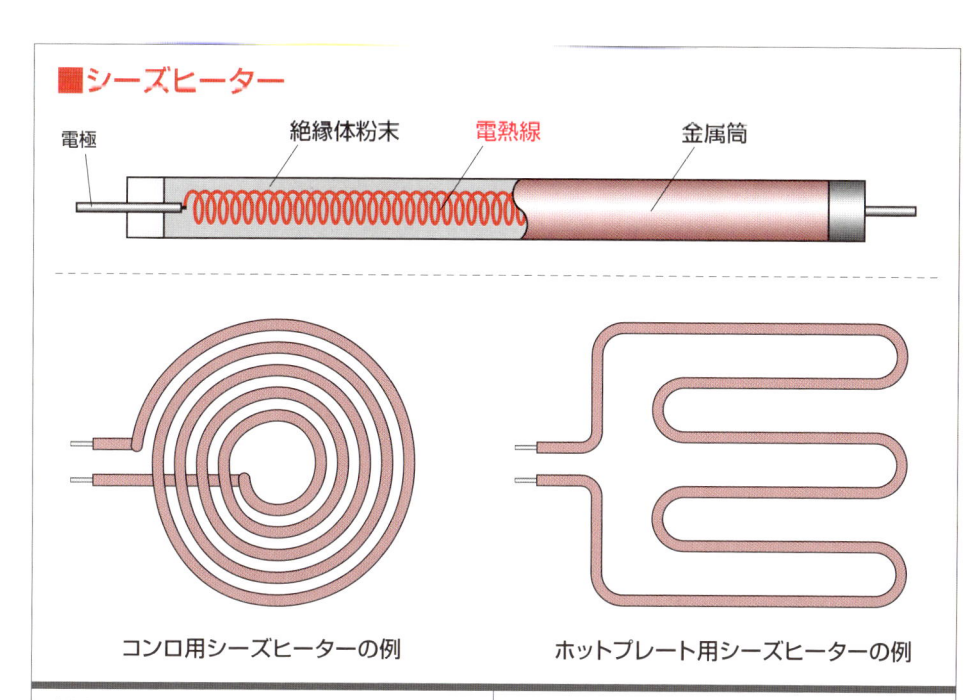

電極　　絶縁体粉末　　電熱線　　金属筒

コンロ用シーズヒーターの例　　ホットプレート用シーズヒーターの例

渦巻き状のシーズヒーターが露出した電気コンロもあるが、ヒーターを目にすることができる器具は少ない。しかし、**ホットプレート**や**電気ポット**、**食器洗い機**などさまざまな家電で使われている。筒状ではなく器具に合わせ専用の形状にしたシーズヒーターもある。

ほかにも耐熱性と絶縁性も高いマイカ（雲母）で電熱線をカバーした**マイカヒーター**や、これをアルミニウムの板などで密閉した**スペースヒーター**もある。

電気カーペットなどでは曲げることができる**可とう性ヒーター**が使われる。芯となる合成樹脂の線にニクロム線などの**温度検知線**が巻いてある。さらにナイロンなどの絶縁物を介して銅合金の電熱線が巻かれ、耐熱ビニールでカバーされている。温度検知線は温度が上昇すると電気抵抗が大きくなる性質があるため、温度の監視に利用できる。また、もし異常が発生して高熱になると、電熱線と温度検知線の間にあるナイロンが溶けて両線が接触する。これによりショートして回路が遮断されるので安全だ。

■可とう性ヒーター

※電熱線が内側、温度検知線が外側のものもある。

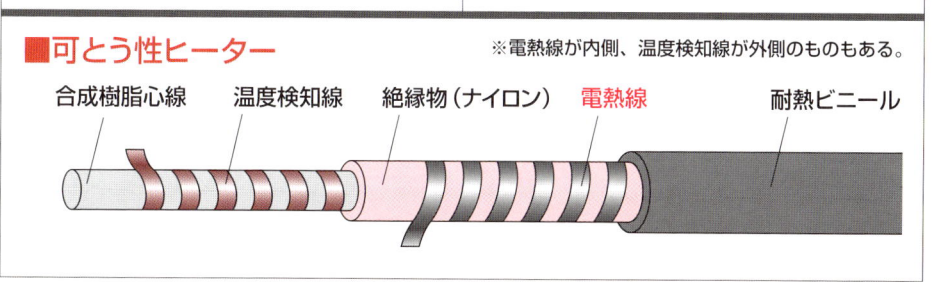

合成樹脂心線　　温度検知線　　絶縁物（ナイロン）　　電熱線　　耐熱ビニール

電気の熱と光

Point　電熱器具はジュール熱で加熱を行う

■カーボンヒーター

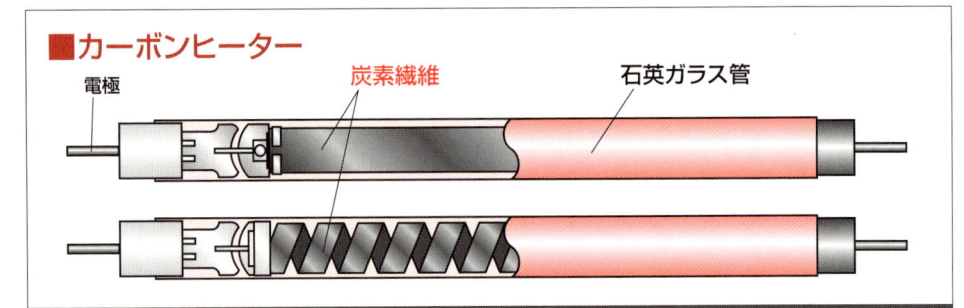

電極 ／ 炭素繊維 ／ 石英ガラス管

　電熱線を使用しないヒーターも登場してきている。カーボンヒーターは、石英ガラス管にひも状の炭素繊維（カーボンファイバー）を収め、不活性ガスを封入したもので、炭素繊維の電気抵抗によって発熱する。外観上は石英管ヒーターと区別がつかないが、ニクロム線より加熱に有効な遠赤外線の放射が多いため、暖房器具としての効率が高くなる。

　セラミック管ではなく、タングステンなどの発熱体をセラミック内に一体焼結したセラミックヒーターもある。発熱体が外気から遮断されることで保護、絶縁されているので、安全に使用することができる。産業界では多用されているが、身近でも温水便座や携帯用湯沸かし器、ハンダごてなどに採用されている。

　新しいものではセラミックから作った半導体ヒーターがある。PTCヒーターといわれるもので、電気を流すとセラミックが発熱する。温度が上昇すると電気抵抗が大きくなる性質があり、成分を調整することで特定の温度になると急激に抵抗が大きくなるように設定できる。これによりヒーター自身が電流を抑制するので、温度制御が必要なくなる。床暖房など家電製品への採用が始まっている。

　電気ストーブの一種にハロゲンヒータ

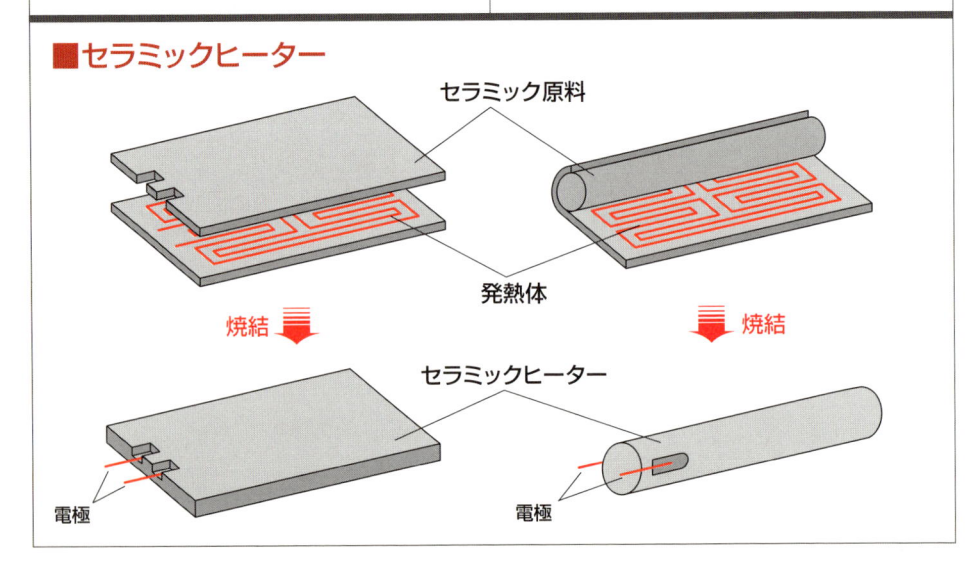

■セラミックヒーター

セラミック原料 ／ 発熱体 ／ 焼結 ／ セラミックヒーター ／ 電極

☞ 不活性ガスとは化学反応を起こしにくい気体のこと。窒素やアルゴンが使われることが多い。

ーがある。**ハロゲン電球**（P255参照）を発熱体にしたものだ。電気エネルギーの7割以上が**熱放射**に使われるため、効率のよい加熱が行える。電球の近くに配置したセラミックを温めることで、より多くの赤外線が放射されるようにしたタイプもある。同じくハロゲン電球を発熱体に使用する**ハロゲンコンロ**もある。

サーモスタット

電熱器具では温度制御が必要だ。そのための温度調節装置を**サーモスタット**といい、機械的に感知する**バイメタル**や電気的に感知する**サーミスタ**がある。

バイメタルとは**熱膨張率**が異なる2種類の金属板をはり合わせたもので、スイッチの接点に使われる。温度が上昇すると熱膨張率の小さな金属板の側に曲がるため、接点が離れてスイッチが切れる。これにより一定の温度以上に加熱しないようにできる。金属板は鉄とニッケルの合金に、マンガン、クロム、銅などを添加したもので、成分の調整によって動作温度を設定することができる。

サーミスタとは温度変化に対して**電気抵抗**の変化の大きい抵抗体の総称で、**半導体**のものが多い。温度変化を抵抗変化に置き換えられるため、**温度センサー**に使われる。温度が上昇すると電気抵抗が大きくなる**PTCサーミスタ**と、逆に抵抗が小さくなる**NTCサーミスタ**がある。ヒーターの制御回路にサーミスタを使用すれば、任意の温度にヒーターを制御することができる。**電子体温計**もサーミスタを使用したもので、**半導体ヒーター**もサーミスタの応用例だ。

さらに高温を感知できるものには**熱電対**（P86参照）の**熱起電力**を利用するものがある。家庭ではガス器具の立ち消えを感知する安全装置に使われる程度だが、工業用途では多用されている。

■バイメタル

接点・閉　熱膨張率小　熱膨張率大　適温

接点・開　膨張率の差で曲がる　過熱

■サーミスタの抵抗温度特性

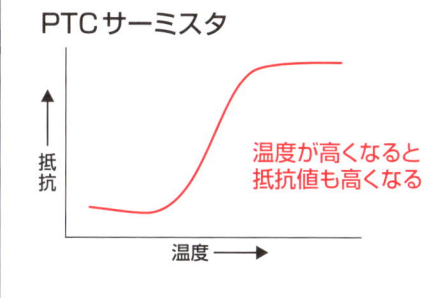

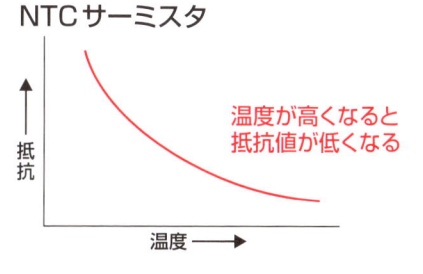

PTCサーミスタ

抵抗／温度

温度が高くなると抵抗値も高くなる

NTCサーミスタ

抵抗／温度

温度が高くなると抵抗値が低くなる

Point　サーモスタットで電熱器具の温度を制御する

Part9 電気の熱と光

電磁調理器 ・・・・・・・・・・・・・・・・・・・・・・・・

　単に誘導加熱といわれることが多い電磁誘導加熱は電磁誘導作用（P102参照）によって加熱を行う。コイルに交流を流し、その上に鉄板を置くと、磁力線の変化によって渦電流（P103参照）が流れる。渦電流が流れると、鉄の電気抵抗でジュール熱が発生して鉄板が加熱される。これを誘導加熱といい、家電製品では電磁調理器に利用されていて、鍋そのものを発熱させることができる。

　電磁調理器はIH調理器ともいわれ、誘導加熱を行う調理器具を総称することもあれば、コンロ式の調理器だけをさすこともある。コンロ式のものはIHクッキングヒーターともいわれる。

　磁力線の方向の切り替わりが素早いほど、渦電流の発生回数が増え効率よく加熱できるため、電磁調理器では20kHz以上の高周波（P172参照）を使用する。交流は周波数が高くなると、導体の表面近くを流れる性質がある。これを表皮効果といい、鍋底を流れる電流のほとんどは表面付近を流れている。

　IHクッキングヒーターはトッププレート、加熱コイル、フェライト、電気回路、ファンなどで構成される。加熱コイルは数10本の細い線をより合わせたリッツ線で作られる。加熱コイルには大きな電流を流す必要があるが、表皮効果があるため、1本の太い導線より、多数の細い導線のほうが大きな電流を流せる。

　加熱コイルの上には鍋を置く部分としてトッププレートが備えられる。耐熱性が高く強度もあり、磁力線をよく通すためセラミックが使われる。加熱コイルの下には強磁性体であるフェライトコアが

■電磁料理器

- 渦電流
- 鍋（渦電流で発熱）
- トッププレート
- 磁力線
- 加熱コイル
- フェライトコア
- 冷却ファン
- 電気回路

☞　IHは誘導加熱を意味するInduction Heatingを略したもの。

■炊飯器

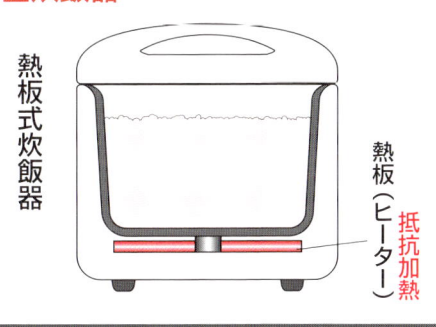

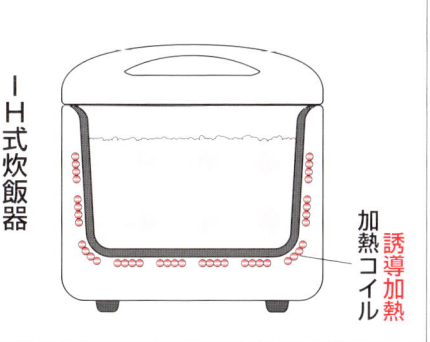

熱板式炊飯器／熱板（抵抗加熱ヒーター）

IH式炊飯器／加熱コイル／誘導加熱

配置される。このフェライトコアによって磁力線の漏れを防いでいる。

電気回路は、高周波を**インバーター**回路（P146参照）で作る。回路に使われる半導体は大電流によって発熱するため、冷却用のファンが備えられている。

ガスコンロは周囲に熱が逃げるため、利用できる熱エネルギーは40〜50％だが、電磁調理器で電気抵抗の大きな鉄やステンレスの鍋を使った場合、約80％という高効率になる。炎がない、二酸化炭素が出ないなどのメリットもある。

そのいっぽう、中華鍋のように底が平らでない鍋では発熱が悪くなる。鍋振りのために浮かせると発熱しなくなる。絶縁体であるガラス鍋や土鍋は使えない。

抵抗が小さい銅やアルミの鍋では発熱が悪くなるといったデメリットもある。

ただし、アルミや銅の鍋でも使える**オールメタル対応**の電磁調理器も登場している。オールメタル対応の場合、通常の3倍程度の周波数にすることで、渦電流の発生回数を増やして発熱させている。それでも、鉄鍋に比べると効率が悪い。

なお、3口の電磁調理器では、1口が**ラジエントヒーター**にされていることがある。これは渦巻き状にした**電熱線**を平らなセラミック製のプレートでおおったもので、**抵抗加熱**を行う。

炊飯器とホットプレート

誘導加熱を行う家電製品にはIH式炊飯器やIHホットプレートもある。炊飯器は内釜の周囲に、ホットプレートはプレートの下に**加熱コイル**が配されている。

従来の**炊飯器**は**熱板式炊飯器**や**赤外線式炊飯器**ともいわれ、内釜の下に備えられた熱板と呼ばれるヒーターで**抵抗加熱**を行う。熱板からの**熱伝導**や**熱放射**によって内釜が加熱される。従来のホットプレートはプレートの下に**シーズヒーター**があり、抵抗加熱を行っている。

■加熱コイル

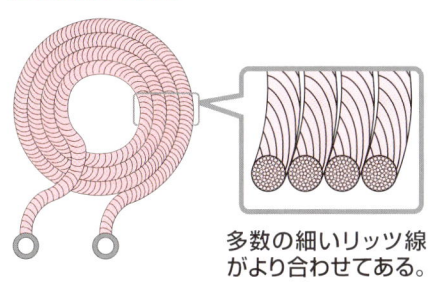

多数の細いリッツ線がより合わせてある。

電気の熱と光

Point 電磁調理器はコイルで渦電流を発生させて加熱する

Part9 電気の熱と光

電子レンジ……………………

　誘電加熱は電磁波で加熱を行う。電磁波は交流であるため、電磁波を発している側がプラスになったりマイナスになったりする。いっぽう、水の分子はマイナスイオンである水素とプラスイオンである酸素が結合したものなので、分子1個で見ると水素側がプラス、酸素側がマイナスになっている。

　水分子に電磁波が当たると、電磁波を発している側がプラスの時は、酸素側が吸引され水素側が反発する。電磁波を発している側がマイナスの時は、水素側が吸引され酸素側が反発する。この状態が交互に起こるたびに、水分子は方向をかえるため、電磁波の周波数が高ければ、水分子は振動するようになり、周囲の水分子との摩擦が起こり、摩擦熱によって発熱する。これが誘電加熱だ。

　誘電加熱は電磁波加熱ともいい、4〜80MHz程度の高周波による高周波誘電加熱とマイクロ波によるマイクロ波誘電加熱がある。家電製品ではマイクロ波誘電加熱が電子レンジに利用されている。

　誘電加熱は水分のほか油分なども加熱することができるので、食品の加熱に適している。陶磁器やガラス、プラスチック（耐熱性が必要）などの絶縁体の容器は、マイクロ波を透過させるため、加熱されない（温まった食品からの熱伝導で熱くなることはある）。ただし、金属など導体の容器の場合、マイクロ波が反射されてしまうため、内容物を加熱することができないばかりか、反射したマイクロ波が一部に集中すると気体放電による火花が飛ぶことがあり危険だ。

　電子レンジが使用するマイクロ波は、2.45GHzで、マグネトロンという電波発振機で発生させている。マグネトロンは二極真空管（P149参照）の一種で、円筒形のプラス極と中心軸のマイナス極が、

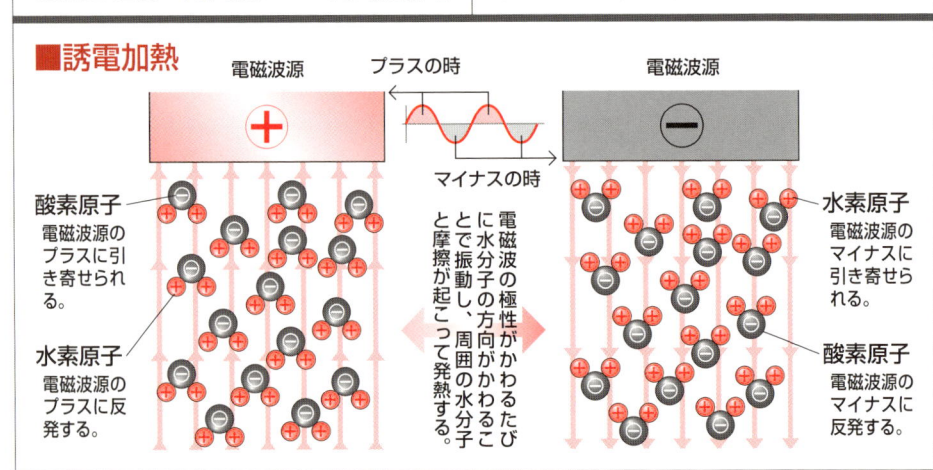

■誘電加熱

電磁波源 — **プラスの時**

酸素原子
電磁波源のプラスに引き寄せられる。

水素原子
電磁波源のプラスに反発する。

マイナスの時
電磁波の極性がかわるたびに水分子の方向がかわることで振動し、周囲の水分子と摩擦が起こって発熱する。

電磁波源

水素原子
電磁波源のマイナスに引き寄せられる。

酸素原子
電磁波源のマイナスに反発する。

☞ 日本では電子レンジで使用するマイクロ波の周波数は法律（電波法）で2450±50MHzに定められている。

■電子レンジ

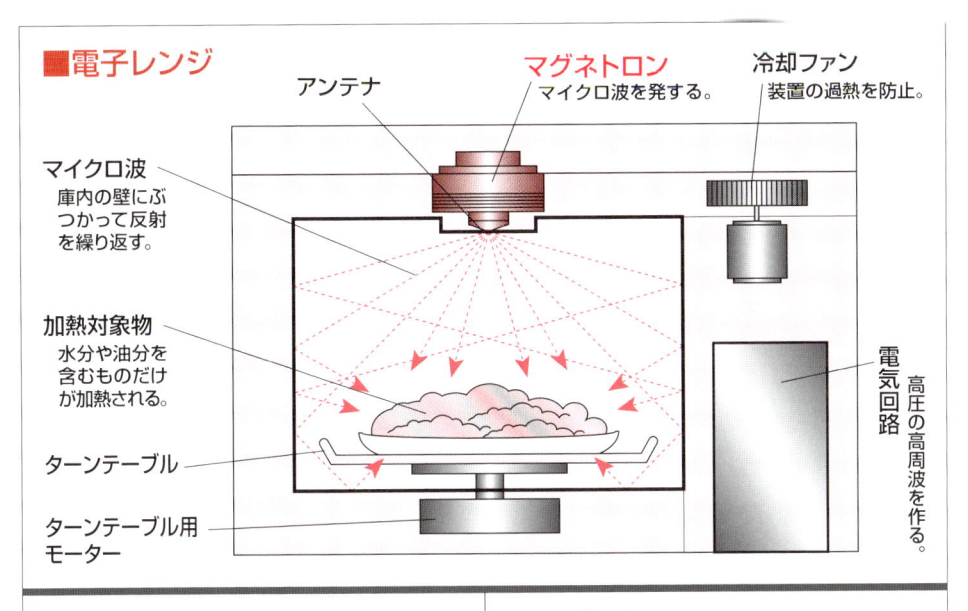

図中ラベル:
- アンテナ
- マグネトロン：マイクロ波を発する。
- 冷却ファン：装置の過熱を防止。
- マイクロ波：庫内の壁にぶつかって反射を繰り返す。
- 加熱対象物：水分や油分を含むものだけが加熱される。
- ターンテーブル
- ターンテーブル用モーター
- 電気回路：高圧の高周波を作る。

永久磁石ではさみこまれている。マイナス極から放出された**熱電子**は、永久磁石の磁界の影響で、マイナス極の周囲を回転するように動く。プラス極には小さな空洞がいくつかあり、この**共振空洞**を電子が通過する際に、マイクロ波が発生する。このマイクロ波を**導波管**から**アンテナ**に導いている。

アンテナから照射されたマイクロ波は庫内で反射を繰り返しながら、全体に広がっていく。加熱ムラを減らすために、食品などを載せる台が回転するターンテーブルを備えるものが多いが、最近では加熱状態をセンサーで感知し、特定の方向にマイクロ波を集中させて、ムラなく加熱するものもある。

マイクロ波が庫外に漏れると危険なため、動作中に扉を開けると、自動的に電源が切れるようにされている。また、扉は加熱状態が確認できるようにガラス製にされている。マイクロ波はガラスを透過するが、小さな穴が多数作られた薄い金属板でマイクロ波の漏れが防がれている。穴のサイズが波長（約12cm）より十分に小さいため、マイクロ波はほとんど通過することができない。

オーブンと電子レンジ双方の機能を備えた**オーブンレンジ**の場合、**シーズヒーター**が配されていて、オーブンとして使用する際には**抵抗加熱**を行っている。

■マグネトロン

図中ラベル:
- 永久磁石
- マイナス極
- プラス極
- 共振空洞
- 熱電子

マイナス極から出た熱電子が磁界の影響で振動しながら周回し、空洞に入るとマイクロ波を発振させる。

Point 電子レンジは水分子をマイクロ波で振動させて加熱する

電気の熱と光

Part9 電気の熱と光

冷蔵庫とエアコン……………

　エアコンの暖房を行う方式として**ヒートポンプ**は広く知られるようになった。しかし、エアコンの冷房はもちろん**冷蔵庫**や**冷凍庫**の冷却もヒートポンプを利用している。そもそもヒートポンプとは、外部のエネルギーを利用して、低温部分から高温部分へ熱を送る装置だ。この熱の移動によって暖房を行う。この時、低温部分は熱を奪われている。つまり、冷却されているわけだ。

　ヒートポンプにはさまざまな方式のものがあるが、家電製品では**蒸気圧縮式ヒートポンプ**が使われる。蒸気圧縮式は**気体液化式ヒートポンプ**ともいい、気体や液体という流体の状態を変化させながら移動させることで、熱を移動している。

　液体が気体になる際には周囲から熱を奪う。これを**気化熱**や**蒸発熱**といい、冷却に利用できる。逆に気体が液体になる際には周囲に熱を放出する。これを**凝縮熱**といい、加熱に利用できる。

　熱を移動させる流体を**熱媒体**という。冷却に使用する場合は**冷媒**、加熱に使用する場合は**熱媒**ということもある。家電では、気体の圧縮や膨張の効率が高いフロンが冷媒に採用されていたが、フロンはオゾン層を破壊することが判明したため、代替フロンへの切り替えが進んだ。

冷蔵庫

　冷蔵庫の冷却を行う**ヒートポンプ**は**圧縮機（コンプレッサー）**、**放熱器**、**毛細管（キャプラリーチューブ）**、**冷却器**で構成され、これらを冷媒が循環しながら熱を運んで冷却を行う。放熱器は**液化器（コンデンサ）**、冷却器は**蒸発器（エバポレーター）**ともいわれ、どちらも熱のやり取りを行う**熱交換器**だ。

　まず、気体の状態の**冷媒**が圧縮機で圧縮されて、高温高圧の気体になる。圧縮機はモーターで動かされるポンプの一種で、ここで電気が使われる。

　高温高圧の冷媒は放熱器に送られる。放熱器は冷媒が通過する管の表面積を大きくしたもので、外気で冷媒が冷やされる。このように外気に熱を放出することを**放熱**といい、放熱で温度が下がった冷媒は常温高圧の液体になる。以前は多数のパイプが格子状にされた放熱器が冷蔵庫の背面に露出していたが、現在では背

■冷蔵庫（直冷式）

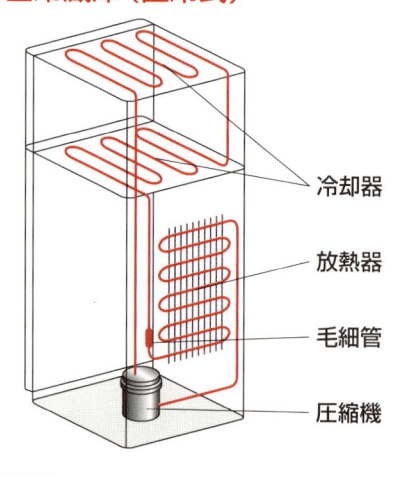

冷却器
放熱器
毛細管
圧縮機

☞ 代替フロンには、ハイドロクロロフルオロカーボン（HCFC）やハイドロフルオロカーボン（HFC）などが使われている。

■冷蔵庫の冷凍サイクル

常温高圧の液体 　　　　　　　　　　　低温低圧の液体

放熱　　放熱器　　　毛細管　　　冷却器　　　吸熱

冷媒が状態と温度をかえながら循環

圧縮機

高温高圧の気体　　　　　　　　　　　低温低圧の気体

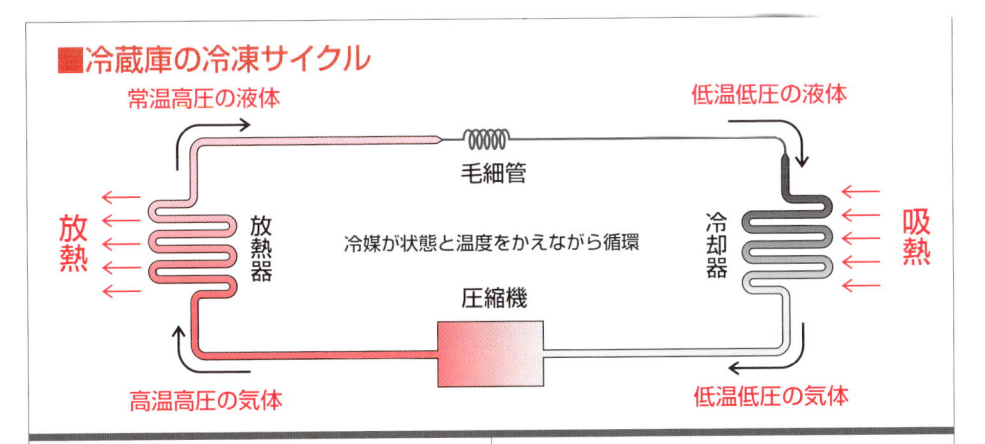

面や底部に隠されている。

　冷媒は次に毛細管を通過する。毛細管は非常に細いもので、通過後に空間が大きくなるため冷媒の圧力が下がり、冷媒は低温低圧の液体になる。続いて冷却器に入ると、さらに空間が大きくなって圧力が下がるので、冷媒が気化する。その際に周囲から**気化熱**を奪う(**吸熱**する)ことで、冷却器の温度が下がる。低温低圧の気体になった冷媒は圧縮機に戻される。この循環をを**冷凍サイクル**という。

　小型の冷蔵庫では冷却器が庫内に露出していたり、壁に埋めこまれたりしている。これを**直冷式**(**冷気自然対流式**)という。冷却器は庫内の高い位置に備えられ、そこから庫内全体に冷気が広がる。

　大型でいくつかの部屋に分けられた冷凍冷蔵庫では、冷却器で作られた冷気をファンで各室に送っている。これを**間冷式**(**冷気強制循環式**)という。冷気の量で各部屋の温度が調整される。冷凍室には太いパイプで大量の冷気を送り、さほど冷やす必要がない野菜室には細いパイプで冷気を送っている。さらに、各室の冷気の出口にはダンパーと呼ばれる弁があ

り、温度センサーの情報に応じて開閉して、冷気の量を調整している。

　インバーター回路(P146参照)できめ細かい温度調節を行っている冷蔵庫も多い。圧縮機のモーターをオンとオフの2種類だけで制御すると、一定の範囲で庫内の温度が上下するが、インバーターでモーターを制御すれば、冷却能力を高めたい時には回転数を高め、さほど冷却の必要がない時には回転数を低くして、一定の温度を保つことができる。また、消費電力を抑えることも可能となる。

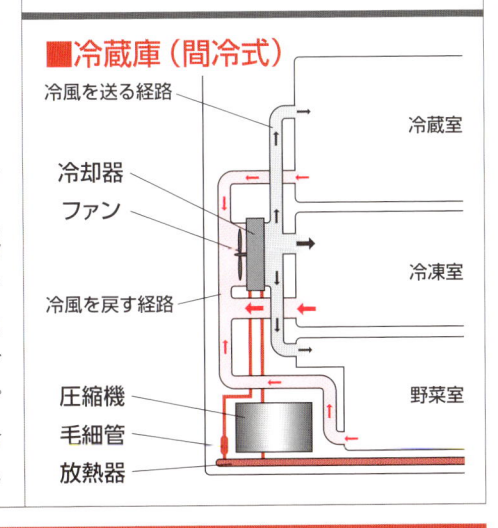

■冷蔵庫（間冷式）

冷風を送る経路 — 冷蔵室
冷却器
ファン — 冷凍室
冷風を戻す経路
圧縮機 — 野菜室
毛細管
放熱器

電気の熱と光

Point　冷蔵庫やエアコンは気化熱を利用して冷却を行う

エアコン

　エアコンは、ヒートポンプで冷却（冷房）と加熱（暖房）を行うもので、一体型もあるが、**室外機**と**室内機**に分割されたものが多い。室外機は**圧縮機**（コンプレッサー）、**熱交換器**、**毛細管**（キャブラリーチューブ）、送風ファン、切替機構で構成され、室内機は熱交換器、送風ファンなどで構成され、両者が**冷媒管**と呼ばれる2本のパイプでつながれている。送風ファンは熱交換器の効果を高めるもので、室内機の場合は、このファンにより冷風または温風が送り出される。

　冷房の場合は、室外機の熱交換器が**放熱器**（**液化器**）として機能し、室内機の熱交換器が**冷却器**（**蒸発器**）として機能する。室外機の圧縮機で圧縮されて高温高圧になった気体の**冷媒**が、放熱器で**放熱**して液体になる。この冷媒が毛細管を通過し、冷媒管で室内機の冷却器に入ると、圧力低下で気化し、周囲から**気化熱**を奪う。気化した冷媒は、もう1本の冷媒管で室外機の圧縮機に戻される。

　暖房の場合は、切替機構によって冷媒の流れる方向が逆にされる。室外機の熱交換器は**吸熱器**（**蒸発器**）として機能し、室内機の熱交換器が**放熱器**（**液化器**）として機能する。室外機の圧縮機で圧縮されて高温高圧になった気体の冷媒は、冷媒管を通じて室内機の放熱器に送られる。この放熱によって室内に温風が吹き出される。温度が下がって液体になった冷媒は室外機に戻され、毛細管を経由して吸熱器に入ることで、気化熱を奪って気体になる。寒い時期に、屋外から熱を奪うということはイメージしにくいかもしれないが、冷媒の温度は外気温より低くな

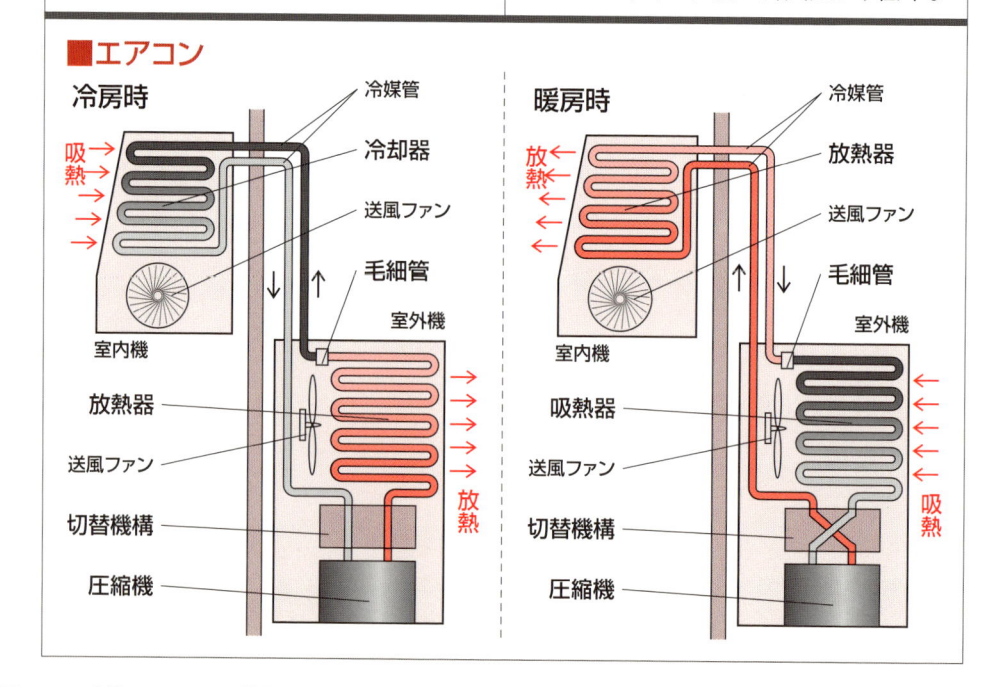

■エアコン

冷房時

- 冷媒管
- 冷却器
- 送風ファン
- 毛細管
- 室外機
- 室内機
- 放熱器
- 送風ファン
- 切替機構
- 圧縮機
- 吸熱
- 放熱

暖房時

- 冷媒管
- 放熱器
- 送風ファン
- 毛細管
- 室外機
- 室内機
- 吸熱器
- 送風ファン
- 切替機構
- 圧縮機
- 放熱
- 吸熱

広義ではペルティエ効果による冷却もヒートポンプに分類されることがある。

■ペルティエ効果

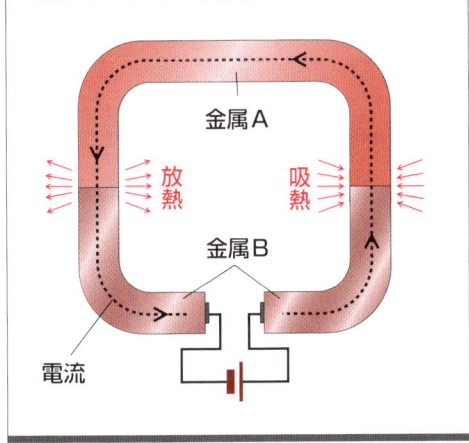

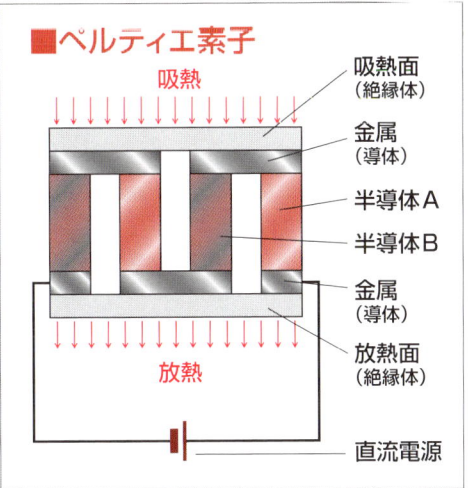

金属A
放熱
吸熱
金属B
電流

■ペルティエ素子

吸熱
吸熱面（絶縁体）
金属（導体）
半導体A
半導体B
金属（導体）
放熱面（絶縁体）
放熱
直流電源

るため、冷媒が温められることになる。

エアコンの場合も、冷蔵庫と同じように**インバーター**回路を備えたものが一般的で、きめ細かい温度制御と消費電力の抑制に貢献している。また、人間の有無や室内の温度分布などに応じて、風量や風向などが調整される。

その他のヒートポンプ機器

ヒートポンプによって加熱を行う家電製品には、**ヒートポンプ式洗濯乾燥機**や**ヒートポンプ式浴室換気乾燥機**、**ヒートポンプ式給湯器**などがある。給湯器では、さらに環境に優しい家電として、**冷媒に二酸化炭素**を採用するものもある。

除湿機もヒートポンプの**冷凍サイクル**を利用したものが大半だ。**エアコン**とは異なり、同じ部屋に**放熱**されるので、除湿を行うと室温が上昇することが多い。

電子冷蔵庫

小型の**冷蔵庫**には**ペルティエ効果**で冷却を行うものがある。こうしたタイプを**電子冷蔵庫**ということが多い。

2種類の金属や**半導体**を接合して電流を流すと、一方の接合点で熱の吸収（**吸熱**）、もう一方の接合点で熱の放出（**放熱**）が起こる現象をペルティエ効果という。熱エネルギーと電気エネルギーが相互に及ぼし合う**熱電効果**（P86参照）の一種だ。この効果によって冷却を行う部品を**ペルティエ素子**という。ペルティエ効果を発揮する金属や半導体の組み合わせの両面に、冷却板と放熱板が備えられている。冷蔵庫では冷却板が庫内にされ、放熱板が背面などの庫外にされる。

ペルティエ素子による冷却は**ヒートポンプ**より効率が悪い。冷却板が吸収した熱と消費電力分の熱が放熱板で放出されるため、排熱が大きく、送風などを行わないと、能力が低下する。しかし、小型化が可能で騒音や振動が発生しない（送風にファンを併用する場合は多少の騒音や振動が発生する）。そのため、ペルティエ素子は医療用の冷却装置やコンピュータの冷却などにも使用されている。

Point ヒートポンプは寒い屋外から熱を奪うことができる

Part9 電気の熱と光

白熱電球 ・・・・・・・・・・・・・・・・・・・・・・・・・・・・

　白熱電球は**抵抗加熱**による**ジュール熱**の**熱放射**で発光する。白熱電球は交流でも直流でも点灯する。懐中電灯などで使用される豆電球や、自動車のブレーキランプなどで使われる電球も白熱電球だ。電球内には**フィラメント**という**発光体**が備えられている。

　フィラメントには**タングステン**が使われるのが一般的だ。真空中でタングステンの細い線に電流を流すと、その電気抵抗によって2000℃を超える高温になり発光するが、そのままでは蒸発して焼き切れる。そこで、電球内に**不活性ガス**を封入して、蒸発を防いでいる。**アルゴン**が使われるのが一般的だ。

　不活性ガスがあると、ガス自体の熱伝導や対流によってフィラメントの熱を奪うため、温度が下がり、明るさが低下してしまう。そのため、フィラメントを**二重コイル**にしている。二重コイルとは、細く巻いた**コイル**を、太いコイルに巻いたものだ。点灯中のフィラメントの温度は2000〜3000℃になる。

　白熱電球は、一般の人工光源のなかでは**演色性**に特に優れているが、**発光効率**が悪い。一般的な100W電球の場合、**可視光線**になるのは10％程度で、70％以上が**赤外線**の放射に使われる。残りはガスの**対流**や**熱伝導**で失われる。

　不活性ガスで抑えているが、多少はタングステンが蒸発する。このタングステンが付着して、ガラス内部が少しずつ黒くなっていく。これを**黒化現象**といい、光が透過しにくくなるため、電球が少しずつ暗くなっていく。

　寿命を伸ばすために、アルゴンより熱を伝えにくく比重が大きい**クリプトン**を不活性ガスに使用する**クリプトン電球**もある。熱伝導や対流が起こりにくくなるので効率が高く、黒化現象が少なくなる。

■ 白熱電球

- ガラス球
- 不活性ガス
- フィラメント
- アンカー（支え）
- リード線
- ステムガラス
- 口金
- 中心電極

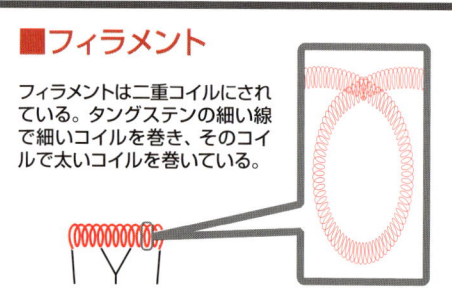

■ フィラメント

フィラメントは二重コイルにされている。タングステンの細い線で細いコイルを巻き、そのコイルで太いコイルを巻いている。

☞　ハロゲン元素は第17族元素ともいい、周期表において第17族に属する元素の総称。フッ素、塩素、臭素、ヨウ素、アスタチン、ウンウンセプチウムが含まれる。

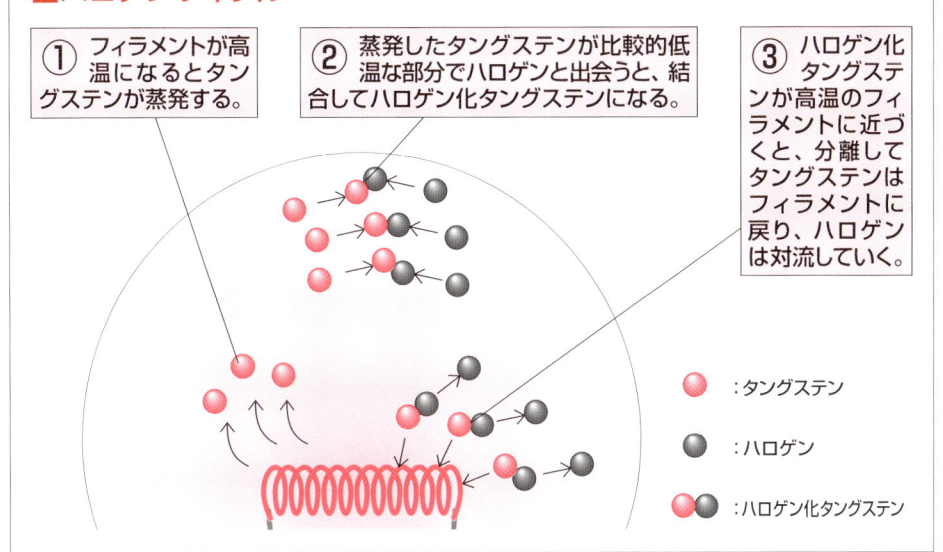

■ハロゲンサイクル

① フィラメントが高温になるとタングステンが蒸発する。

② 蒸発したタングステンが比較的低温な部分でハロゲンと出会うと、結合してハロゲン化タングステンになる。

③ ハロゲン化タングステンが高温のフィラメントに近づくと、分離してタングステンはフィラメントに戻り、ハロゲンは対流していく。

●：タングステン
●：ハロゲン
●●：ハロゲン化タングステン

ので寿命が長くなる。温度上昇を抑えられるので、電球の小型化も可能になる。さらに熱が伝わりにくい**キセノン**を不活性ガスに採用して長寿命にした**キセノン電球**もある（放電発光のキセノンランプとは異なる、P261参照）。

ハロゲン電球

黒化現象や**フィラメント**の消耗を防ぐために、**不活性ガス**とともに**ヨウ素**や**フッ素**などの**ハロゲン元素**を封入した**白熱電球**を**ハロゲン電球**（ハロゲンランプ）という。

点灯してフィラメントから蒸発したタングステンは、ハロゲン元素と結合して**ハロゲン化タングステン**になる。ハロゲン化タングステンは対流によって電球内を移動し、高温のフィラメントに近づくと、ハロゲンとタングステンに分離し、タングステンはフィラメントに戻り、ハロゲンも元の状態になる。これを**ハロゲンサイクル**という。

ハロゲンサイクルで黒化現象やフィラメントの消耗が抑えられるため、通常の白熱電球よりフィラメントを高温にすることができる。これにより電球が明るくなり、**発光効率**も高まる。理論上はタングステンが消耗しないが、実際にはフィラメントの温度にムラがあるため、タングステンが戻りにくい部分ができ、次第に細くなっていく。それでも通常の電球の2倍程度の寿命が実現されている。

ハロゲン電球は白色感のある光になるため、店舗照明などで多用されている。家庭では卓上スタンドやスポット照明などに使われる。自動車のヘッドライトも主流はハロゲン電球だ。また、赤外線の放射効率は電熱線の約2.5倍もあるため、**ハロゲンヒーター**（P244参照）などの熱源として利用されることもある。

電気の熱と光

Point　白熱電球は効率が悪く、約70%が熱になる

Part9 電気の熱と光

蛍光灯 ………………………………………

　蛍光灯(蛍光ランプ)は、アーク放電によるる放電発光を利用する放電灯の一種だ。棒状の直管蛍光灯、ドーナツ状の丸管蛍光灯、電球型蛍光灯などがある。

　直管の場合、内側に蛍光体を塗ったガラス管の両端に、端子を備えたフィラメントが配されている。ガラス管内は気体放電が起こりやすくするために、薄いアルゴンのガスと微量の水銀が収められ、フィラメントにはエミッタという電子放出物質が塗られている。

　フィラメントに電流が流れて高温になると、エミッタから反対側のフィラメントに向けて熱電子の放出が始まる。管内を進んでいく熱電子が水銀原子にぶつかると、電子のエネルギーを受けて励起さ

れ、紫外線を発する。紫外線は可視光線ではないが、紫外線がガラス管内側の蛍光体に当たると、可視光線を発する。

　ただし、白熱電球のようにフィラメントに通常の電流を流しただけでは、点灯しない。点灯時には高圧電流を流して放電を始めさせる必要がある。いったん放電が始まれば高圧電流は必要なくなる。点灯方式にはスターター式、ラピッドスタート式、インバーター式などがある。

　直管や丸管の場合、点灯回路は照明器具の側に備えられるが、電球型蛍光灯の場合は内部にインバーター式の点灯回路が備えられている。そのため白熱電球を使用する照明器具で使用できる。

　蛍光灯は、白熱電球より発光効率が高

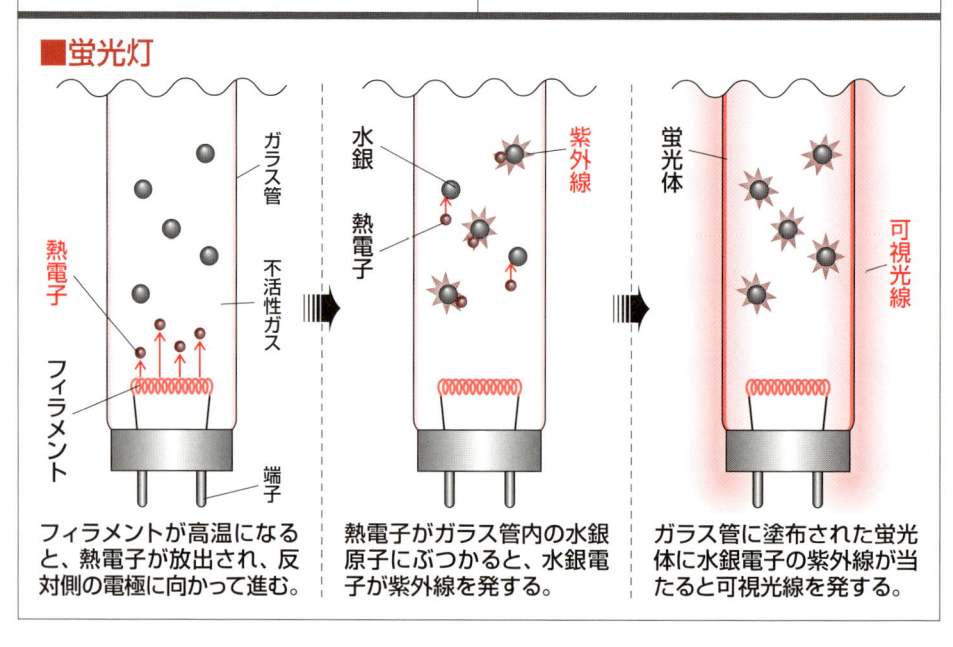

■蛍光灯

フィラメントが高温になると、熱電子が放出され、反対側の電極に向かって進む。

熱電子がガラス管内の水銀原子にぶつかると、水銀電子が紫外線を発する。

ガラス管に塗布された蛍光体に水銀電子の紫外線が当たると可視光線を発する。

☞ アルゴンは原子番号18の元素で不活性ガスの一種。地球の大気中に3番目に多く含まれている気体。

く、**電気エネルギー**の約25％が可視光線になる。そのほか**赤外線**の放射が約30％、**紫外線**の放射が約0.5％で、残りは熱になる。寿命も長い。白熱電球の寿命は1000～2000時間が一般的だが、蛍光灯は6000時間以上ある。

白熱電球ではフィラメントが切れることで使えなくなることが多いが、蛍光灯のフィラメントは高温になって切れることはほとんどない。蛍光灯は放電を開始する瞬間にフィラメントのエミッタを消耗する。エミッタが減少すると、放電ができなくなって、寿命を迎える。そのため蛍光灯の寿命には点灯回数が大きな影響を与える。なお、寿命を迎えた蛍光灯のフィラメント付近のガラス管が黒くなっているのは、飛散したエミッタが付着したものだ。

蛍光灯の弱点にはチラつきがある。交流で点灯させているため、電流が0になる瞬間には放電が止まって発光しない。そのため50Hzなら毎秒100回、60Hzなら毎秒120回点滅している。この点滅がチラつきとなるが、インバーター式では解消されている。なお、人体に有害な水銀が使われていることも、蛍光灯にとっ

■電球型蛍光灯

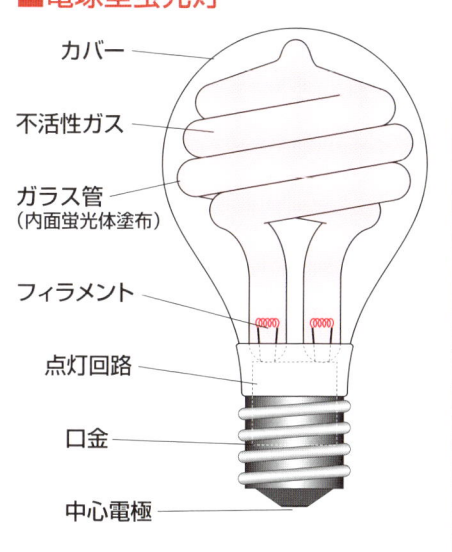

- カバー
- 不活性ガス
- ガラス管（内面蛍光体塗布）
- フィラメント
- 点灯回路
- 口金
- 中心電極

て大きな問題といえる。

蛍光灯の色は蛍光体の種類によって決まる。**色温度**によって**昼光色**、**昼白色**、**白色**、**温白色**、**電球色**の5種類がJISに定められているが、メーカーが独自の名称にしていることもある。また、上記5種以外の色温度の製品もあり、ウォーム色やクール色、フレッシュ色などメーカー独自の名称を使用している。いずれの場合も色温度も表示されているのが一般的なので、色の傾向が確認できる。

現在の蛍光灯は**演色性**が非常に高い。3種類の波長の光を調整して自然光に近づけているため**3波長型蛍光灯**という。分類上は3波長型だが、実際には5色発光で演色性を高めた5波長型もある。こうした高演色性のものに対して、**1波長型蛍光灯**や一般型といわれるものは、顔色や木質製品の色が悪く見えるが、現在では格安商品にしか存在しない。

■蛍光灯の色温度

名称	一般的な製品の色温度	JISの色温度
昼光色	6500K	5700～7100K
昼白色	5000K	4600～5400K
白色	4200K	3900～4500K
温白色	3500K	3200～3700K
電球色	2800K・3000K	2600～3150K

電気の熱と光

Point 蛍光灯は放電で発生した紫外線を可視光線にしている

蛍光灯点灯方式

●スターター式

スターター式は、**点灯管**と**安定器**といわれる**コイル**で構成される。一般的に使われる点灯管は**グロー点灯管**なので**グロー点灯管式**といわれることも多い。グロー点灯管は**グローランプ**や**グロー管**、単に点灯管といわれることも多い。

グロー点灯管内には**バイメタル**電極が備えられ、気体放電が起きやすいように**アルゴン**のガスが入れられている。電極の1本は固定電極で、もう1本にはバイメタル（P245参照）が使われている。

スイッチを入れるとグロー点灯管のバイメタル電極で**気体放電**の一種である**グロー放電**が始まる。**放電**によって電極が高温になるとバイメタルが曲がって、両電極が接触する。接触すると**フィラメント**に電流が流れて予熱が行われ、**熱電子**を放出しやすい状態になる。

接触して放電が止まるとバイメタル電極が冷えて元の状態に戻り、電極が離れる。この瞬間、電流が途切れるため**自己誘導作用**（P116参照）で高電圧が発生する。この高電圧がフィラメントに流れると放電が始まり**蛍光灯**が点灯する。

蛍光灯の放電は実際には不安定なもので、常に電流が増減しようとする。点灯後の安定器は、コイルの性質によって変化しようとする電流を抑えて、放電を安定させる役割を果たしている。

グロー点灯管式は安価に構成することができるが、点灯までに数秒かかってしまう。また、チラつきも解消できない。

現在では、バイメタル電極ではなく、半導体素子を利用した**電子式点灯管**もある。フィラメントを予熱する回路と、断続させる回路を内蔵したもので、確実にフィラメントが予熱されるので、1回だけの点滅で素早く点灯する。

●ラピッドスタート式

ラピッドスタート式は、ラピッドスターター式ともいわれ、その名の通り約1秒で素早く点灯するが、専用の蛍光灯が必要だ。ラピッド用蛍光灯には、管の内側

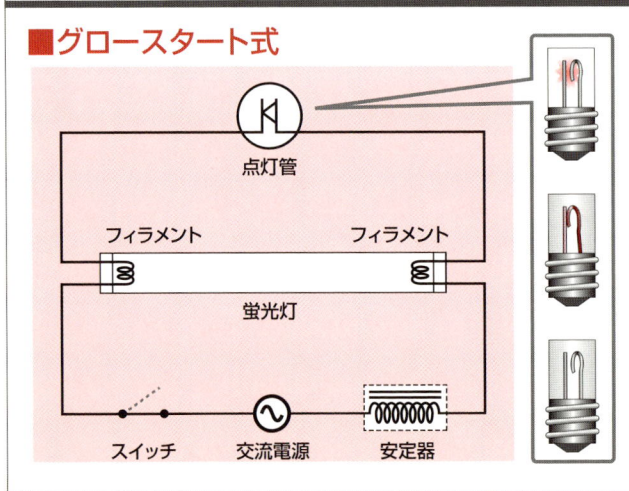

■グロースタート式

①スイッチが入ると、グロー点灯管の接点管で放電が始まる。フィラメントの予熱も同時に始まる。

②放電による熱でバイメタル電極が曲がり、両電極が接触し、放電が止まる。フィラメントの予熱が続く。

③バイメタルが冷えて元の状態に戻ると、電流が途絶え、その瞬間、安定器に発生した高圧電流がフィラメントに流れ、蛍光灯の放電が始まる。

☞ 丸管蛍光灯はサークラインと呼ばれることが多いが、これは東芝系列会社の登録商標。

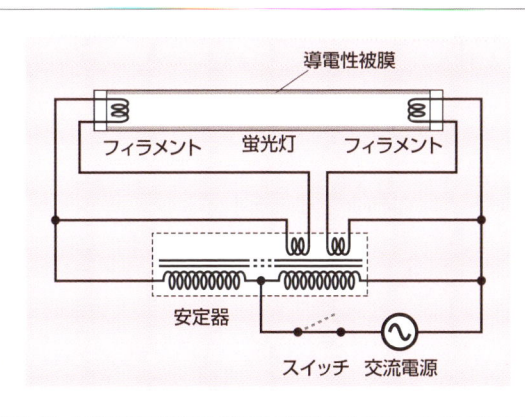

■ラピッドスタート式

①スイッチが入ると、安定器の２次側コイルから高圧電流がフィラメントに流れて、予熱が始まる。

②フィラメントから導電性被膜に放電が始まり、微少な電流が導電性被膜を流れる。

③導電性被膜の電流が反対側のフィラメントに達したのをきっかけにして、フィラメント間の放電が発生し、蛍光灯が点灯する。

に導電性皮膜を塗布したものと、管の外側に細い帯状の導電性皮膜を塗布したものがある。安定器は単独のコイルでなく、変圧器が使われる。

　スイッチを入れると、変圧器の２次コイルの側につながれたフィラメントに高圧電流が流れて予熱が始まる。同時にフィラメントと導電性皮膜の間で、わずかな放電が始まり、微少な電流が流れていく。この電流が反対側の電極に達すると、フィラメント間で放電が始まる。

　ラピッドスタート式は点灯が素早いため事務所や学校などで使われていたが、インバーター式への移行が進んでいる。

●インバーター式

　インバーター式の場合、電源の交流を整流回路(P142参照)で直流にしたうえでインバーター(P146参照)で周波数の高い交流(高周波)を作る。スイッチを入れると、エミッタの消耗を防ぐために、約１秒間フィラメントを温め、熱電子を放出しやすいようにする。そのうえで、フィラメントに高電圧をかけて蛍光灯の放電を開始させる。点灯中は約50kHzの交流を流し続けている。

　インバーター式でも蛍光灯は点滅していることになるが、1秒間に約10万回にもなるため、チラつきとして認識されることがない。また、熱電子が水銀原子と衝突する回数が増加するため、明るくなる。他の点灯方式と同じ明るさにすれば、消費電力を抑えられる。いったん直流にするため、50Hzでも60Hzでも同じ器具が使える。安定器が必要ないため、小型軽量化が可能だ。回路は複雑になるが、調光(明るさの調整)も行える。

■インバーター式

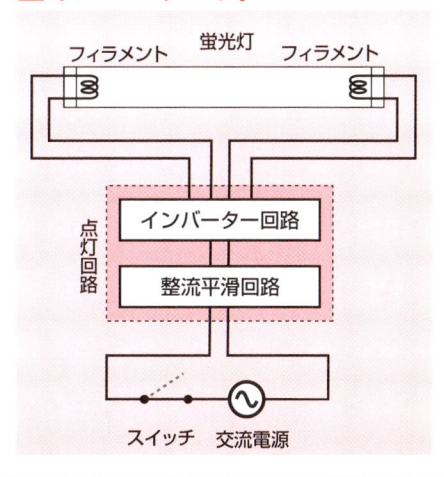

Point 蛍光灯の点灯時には高電圧が必要になる

電気の熱と光

259

Part9 電気の熱と光

放電灯

　蛍光灯以外に放電発光を利用した光源が家庭で使われることは少ないが、各種の**放電灯**(**放電ランプ**)が身近でも使われている。一般的な放電灯は管内の**プラズマ**(P26参照)に**気体放電**することで発光させている。これらの気体の圧力で**低圧放電灯**と**高圧放電灯**に分類される。高圧放電灯は**HIDランプ**や**高輝度放電灯**といわれることも多い。

無電極放電灯

　蛍光灯は**熱電子**で**水銀**を**励起**させているが、**無電極放電灯**(**無電極放電ランプ**)は**電磁誘導作用**(P102参照)で水銀を励起させている**低圧放電灯**だ。内側に**蛍光体**が塗られたガラス球には、水銀と**アルゴン**のガスが封入されている。中央には**コイル**があり、**インバーター**で**高周波**を作り出す点灯回路につながれている。

　コイルに高周波を流すと、高速で交互に変化する磁界が発生する。この磁界によって**電界**が発生し、電子が高速で移動するようになり、水銀原子に衝突する。これにより発せられた**紫外線**が**蛍光体**に当たることで**可視光線**が発せられる。

　蛍光灯は**フィラメント**の消耗で寿命を迎えるが、無電極放電灯で寿命に影響を与えるのは、水銀の消耗と点灯回路の部品の劣化だけなので3万～6万時間という長寿命になる。

水銀灯

　一般的には**水銀灯**や**水銀ランプ**といわれるが、正式には**高圧水銀灯**(**高圧水銀**

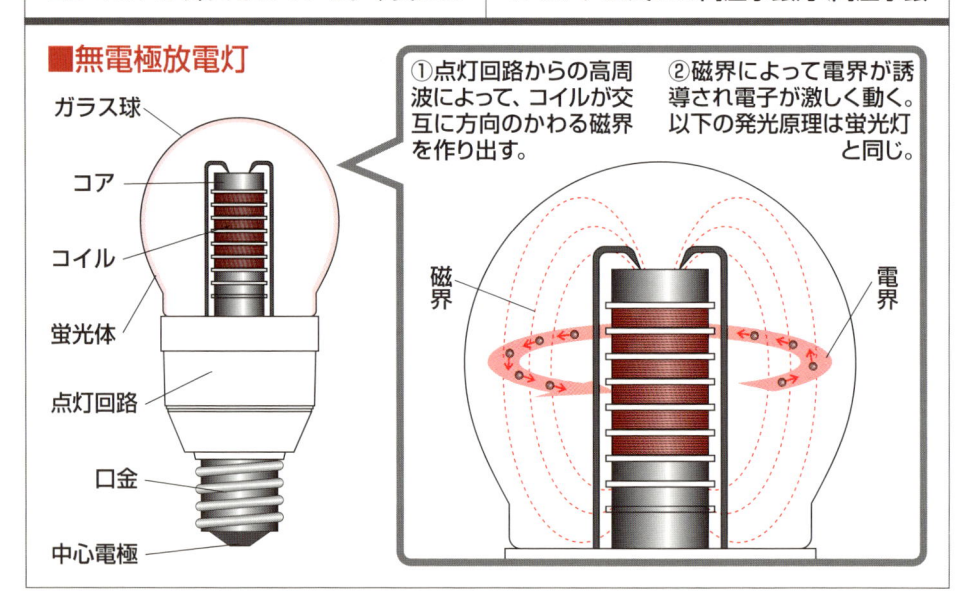

■**無電極放電灯**

- ガラス球
- コア
- コイル
- 蛍光体
- 点灯回路
- 口金
- 中心電極

①点灯回路からの高周波によって、コイルが交互に方向のかわる磁界を作り出す。

②磁界によって電界が誘導され電子が激しく動く。以下の発光原理は蛍光灯と同じ。

磁界　電界

ハロゲン化金属とはハロゲン元素(P254参照)と金属が化合したもの。

■ HIDランプ

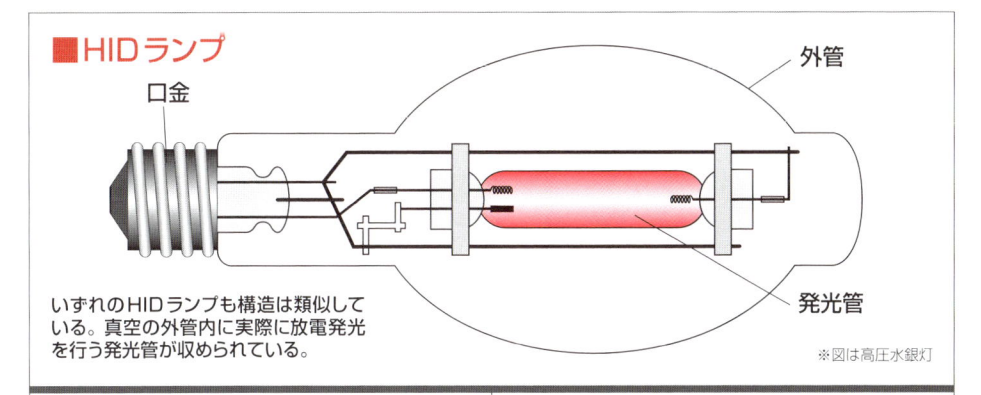

口金 / 外管 / 発光管

いずれのHIDランプも構造は類似している。真空の外管内に実際に放電発光を行う発光管が収められている。

※図は高圧水銀灯

ランプ)という。なお、**蛍光灯**は**低圧水銀灯**の一種で、ほかにも蛍光体を使用しない低圧水銀灯があり、殺菌などの**紫外線**光源に利用されている。

高圧水銀灯も**水銀**を**励起**させて発光させているが、発光管内の圧力が高いため紫外線と同時に**可視光線**が発せられる。そのままでも光源になるが、緑みのかかった青白い光で**演色性**が悪い。そこで、蛍光灯と同じように**蛍光体**を併用することで演色性を高めたものもある。

メタルハライドランプ

メタルハライドランプは、**水銀**と**ハロゲン化金属**(メタルハライド)の混合蒸気中の**放電発光**を利用した**HIDランプ**だ。高圧水銀灯の**演色性**を**改善**するために開発されたもので、**水銀灯**の一種として扱われることもある。

封入するハロゲン化合物の種類や比率で**色温度**を調整できるため、さまざまな光源色を作ることができる。**発光効率**も高いため、従来は水銀灯が使われていた屋外照明や、体育館、工場など天井の高い場所の照明に活用されている。

自動車のヘッドランプにも採用されている。自動車の分野では**ディスチャージヘッドランプ**や**HIDヘッドランプ**、**キセノンランプ**(キセノンガスが封入されるため)といわれることが多い。

ナトリウム灯

ナトリウム灯(ナトリウムランプ)はナトリウム蒸気中で**放電発光**させる**放電灯**だ。発光管内が真空に近いものを低圧、0.1気圧程度のものを高圧という。

低圧ナトリウム灯(低圧ナトリウムランプ)は**発光効率**が高いが、黄色の単色光で、**演色性**が非常に悪い。しかし、黄色い光は物体が認識しやすいうえ、排気ガス中でも透視性にも優れているので、トンネル照明で多用されている。

高圧ナトリウム灯(高圧ナトリウムランプ)は低圧ナトリウム灯の演色性を改善するために作られた**HIDランプ**だ。オレンジ色がかった黄白色の発光で、色の判別が可能になるが、低圧のものより**発光効率**が悪くなる。それでも水銀灯より優れているため、体育館や工場などの高天井で利用されている。また、温かな色の発光なので、街灯など屋外の照明に好んで採用されることも多い。

Point 放電灯には高圧放電灯と低圧放電灯がある

Part9 電気の熱と光

LED照明 ……………………………

　LEDといわれることが多い発光ダイオードは、電流を流すと発光する半導体素子で、エレクトロルミネセンスによる発光だ。整流に使われるPN接合ダイオード（P126参照）と基本的には同じ構造で、順方向電圧をかけると、N型半導体内の自由電子とP型半導体内のホールがそれぞれ接合面に向けて移動して結合することで電流が流れる。この結合の際に放出されるエネルギーが光となる。

　半導体の物質や不純物の種類や量、またかける電圧によって発光する色の波長が異なる。発光の波長の幅が狭いので、基本的に単一色になる。開発当初は赤色発光ダイオードしかなかったが、黄色、黄緑色、緑色などが順次開発され、青色発光ダイオードの実用化によって、光の三原色が揃った。現在では赤外線や紫外線を発することができるものもある。

　白色の光は幅広い範囲の波長の可視光線が連続しているので発光ダイオードの白色発光は不可能だ。だが、人間の目に白色と感じさせることは可能で、各種の白色発光ダイオードが開発されている。

　3色LED方式では、赤、緑、青の3色の発光ダイオードを組み合わせている。一見したところ白色の光になるが、実際に可視光線のすべての波長をカバーしてはいないので、不自然な光に見えることもある。しかし、この方式であれば、各色の光量を調整することで、任意の色の光を作ることが可能となる。

　蛍光体方式では、青色より波長の短い紫色発光ダイオードを光源にして、赤、緑、青の3色の蛍光体を発光させている。蛍光による光と蛍光体を透過した光が混合されてきれいな白色が得られるが、発光効率は悪くなる。

　擬似白色発光ダイオードは、光源である青色発光ダイオードに、補色である黄色に発光する蛍光体を組み合わせて、白色を得ている。発光効率が高く、現在の主流になっている。

　開発当初の発光ダイオードは輝度が低かったため、電子機器の表示灯などにしか採用されなかったが、輝度が高まるにつれ、各種の表示板や交通信号機にも使われるようになった。発光ダイオードによる超大型ディスプレイもある。

　照明としては、懐中電灯など小型のものから採用が始まり、現在では白熱電球のかわりに使用できるLED電球も登場

■発光ダイオード

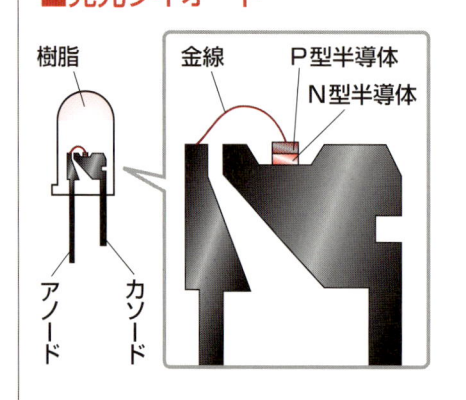

樹脂　金線　P型半導体
　　　　　　N型半導体
アノード　カソード

☞　LEDはLight Emitting Diode（光を放つダイオード）を略したもの。

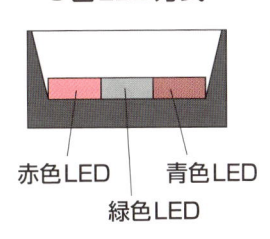

■白色発光ダイオード

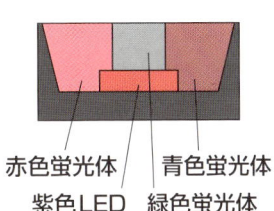

3色LED方式
赤色LED　青色LED
緑色LED

蛍光体方式
赤色蛍光体　青色蛍光体
紫色LED　緑色蛍光体

擬似白色発光ダイオード
青色LED　黄色蛍光体

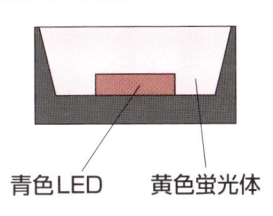

している。自動車でもテールランプなどの補助ランプから採用が始まり、**LEDヘッドランプ**も登場している。

発光ダイオードは発光時に熱を発しないことが大きな特徴で、寿命も非常に長い。**発光効率**も15〜20％ある。低電圧、低電流で発光するうえ、反応が速いこともメリットだ。

しかし、直流でしか発光しないため、電源が交流の場合には整流する必要がある。過大な電流に弱く、電圧が変化する

と点灯しなかったり色が変化したりすることがあるため、駆動回路が不可欠だ。白熱電球と同じように使えるLED電球の場合は、整流回路を含んだ駆動回路が内蔵されている。

また、発光ダイオードは白熱電球などと違って、一定の方向に光を発する。表示灯などではメリットといえるが、照明器具ではデメリットになることもある。LED電球の場合は乳白色のカバーなどで光を拡散させていることも多い。

■LED電球

※さまざまな構造のものがあり、配光特性などが異なる。

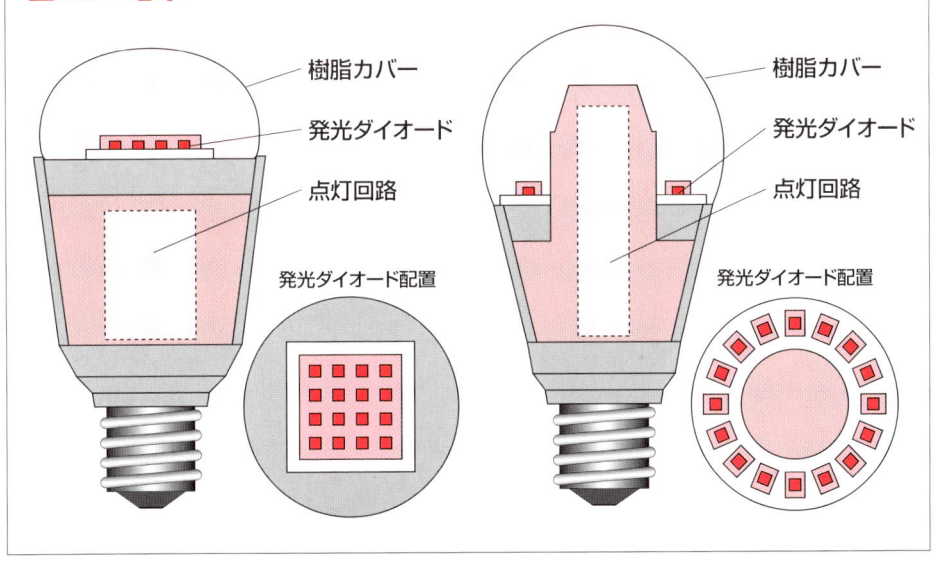

樹脂カバー
発光ダイオード
点灯回路
発光ダイオード配置

樹脂カバー
発光ダイオード
点灯回路
発光ダイオード配置

電気の熱と光

Point　LEDは光を組み合わせて白色光を作っている

Part9 電気の熱と光

レーザー ……………………………

　暗い場所を明るくするという目的の照明には使われていないが、**レーザー**も光の一種だ。**レーザーポインター**や**バーコードリーダー**、舞台演出などでは、その光を見ることができるが、目に見えないところでもさまざまに活用されている。**DVD**など**光ディスク**の読み取りや**光通信**（P184参照）、**レーザープリンター**など身近にも存在しているほか、精密工作や医療でも活用されている。クルマの安全装置で車間距離測定に**レーザーレーダー**が使われていることもある。

　レーザーとは特殊な性質のある光で、**レーザー光**ということも多い。この光を発する装置もレーザーという。

　白熱電球や蛍光灯、太陽などの光は、さまざまな波長の光が不規則に混ざって発生しているが、レーザー光は波長、波形、位相のすべてが揃っている。そのため、単色で広がりにくく、**指向性**が非常に強い。一般的な光の場合は、進むにつれて範囲が広がっていき、エネルギーが弱くなっていく。しかし、レーザー光は進んでも減衰が少なく、エネルギーの強い状態を保つことができる。このような光を**コヒーレント光**という。

　このレーザー光は**光の誘導放出増幅**という方法で作られる。光の誘導放出増幅という英語の頭文字がLASERだ。

　励起されてエネルギーが高い状態になった原子や分子などは、光を放出して元の状態に戻る。これを**自然放出**という。逆に放出される光と同じ波長の光を与えると、この光が励起状態のものを強制的

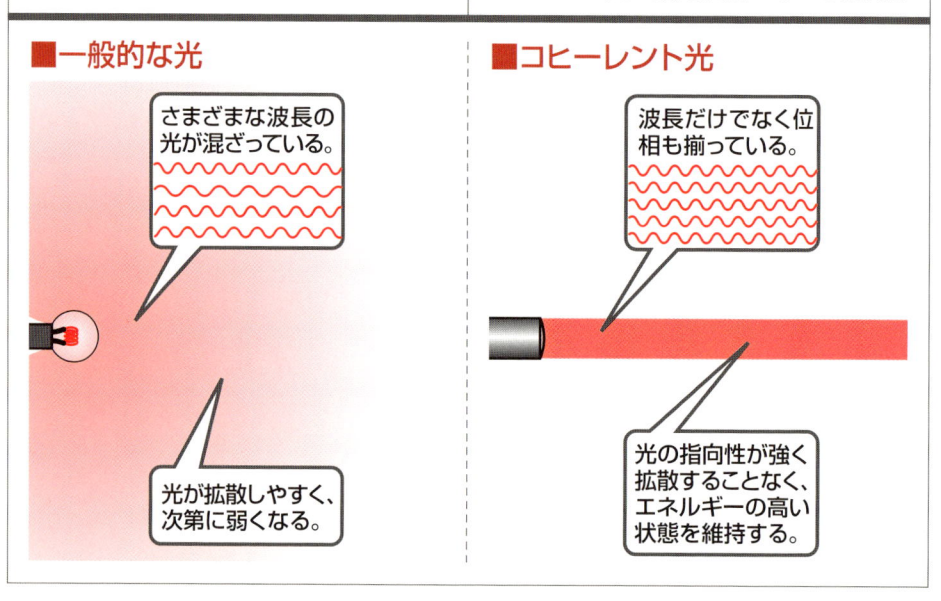

■ 一般的な光

さまざまな波長の光が混ざっている。

光が拡散しやすく、次第に弱くなる。

■ コヒーレント光

波長だけでなく位相も揃っている。

光の指向性が強く拡散することなく、エネルギーの高い状態を維持する。

264　☞　LASERは、Light Amplification by Stimulated Emission of Radiationの略。

■励起状態からの自然放出

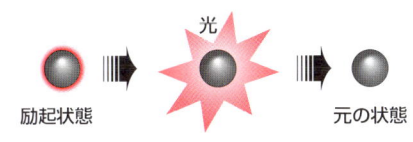

励起されてエネルギーが高い状態になった原子や分子は、光を放出して（エネルギーを放出して）、元の状態に戻る。

■励起状態からの誘導放出

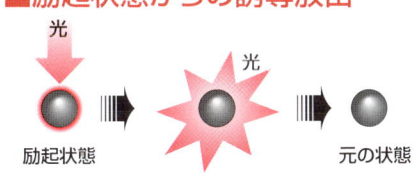

励起されてエネルギーが高い状態にある原子や分子に、光を当てると、光を放出して（エネルギーを放出して）、元の状態に戻る。

に元の状態に戻して光を放射させる。これを**誘導放出**という。

2枚の鏡の間で誘導放出を起こさせると、反射と誘導放出の繰り返しで光が増幅され、自ら光を出し続ける発振状態になる。これをレーザー発振といい、レーザー光を取り出すために、ハーフミラー（反射と透過が1：1の鏡）を使っている。

レーザーには誘導放出を起こす物質によってさまざまな種類がある。ルビーなど結晶構造をもつものを使用する**固体レーザー**や、二酸化炭素などを使用する**ガ**スレーザーなどがあるが、身近なレーザーでは安価で小型なうえ、効率が高く寿命が長いため**半導体レーザー**が多い。

半導体レーザーは**レーザーダイオード**ともいわれ、**発光ダイオード**と同じように**PN接合ダイオード**の**自由電子**と**ホール**の結合による自然放出光を、両端の鏡で閉じこめることで誘導放出を起こさせて、発振増幅している。発光ダイオードの場合と同じように、使用する半導体の物質などによってレーザー光の波長をかえることができる。

■半導体レーザー

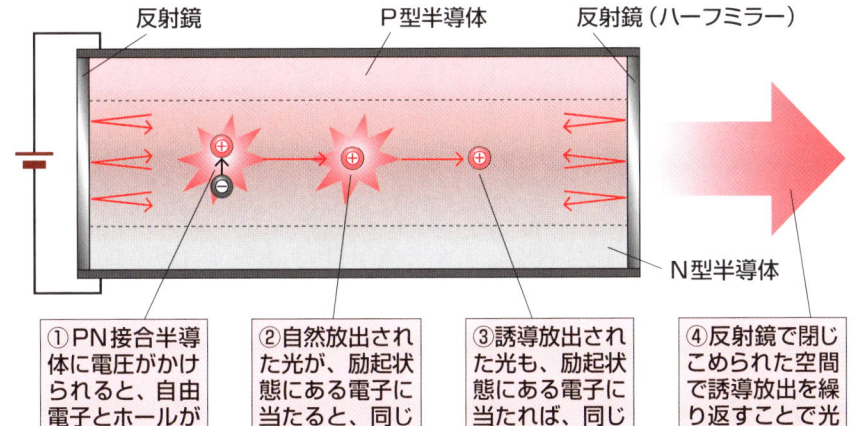

①PN接合半導体に電圧がかけられると、自由電子とホールが結合して光を自然放出する。

②自然放出された光が、励起状態にある電子に当たると、同じ波長の光を誘導放出する。

③誘導放出された光も、励起状態にある電子に当たれば、同じ波長の光を誘導放出する。

④反射鏡で閉じこめられた空間で誘導放出を繰り返すことで光が増幅されてレーザー光になる。

電気の熱と光

Point レーザー光は指向性が強く減衰しにくい

Part9 電気の熱と光

光センサーとイメージセンサー

　光が当たった物質内の電子が**光エネルギー**の影響を受けて起こす電気的な現象を**光電効果**という。光電効果には、光が当たると電流が流れる**光起電力効果**や、光が当たると**電気抵抗**が変化する**光伝導効果**、光が当たると電子が放出される**光電子放出効果**などがある。

　光起電力効果を利用した代表的なものが**太陽電池**（P84参照）だが、ほかにも**フォトダイオード**や**フォトトランジスタ**などが、さまざまな**光センサー**や**イメージセンサー**に活用されている。光センサーは**受光素子**ともいう。

　光伝導効果を利用するものには**CdSセル**などの**フォトレジスタ**があり、これも光センサーに活用されている。昔のテレビの撮影に使われた**撮像管**も光伝導効果を利用するものだった。

　光電子放出効果を利用する**光電管**や**光電子増倍管**も光センサーだ。これらは**真空管**（P148参照）の一種で、光電管は陸上競技の時間計測やスピード違反の取締に、光電子増倍管は特に高感度なものとして産業界や学術研究に使われている。

フォトレジスタ

　フォトレジスタは光が強くなるほど**電気抵抗**が低下する**光センサー**で、**光導電体**や**光伝導体**、**フォトセル**、**光依存性抵抗**ともいう。各種のものがあるが、安価な**CdSセル**が一般的だ。CdSセルは、**赤外線**や**紫外線**にも対応できる。かつてはカメラの**露出計**や明るさを測定する**照度計**に使われていたが、現在では街灯などの**自動点滅器**に使われている。

　自動点滅器は、CdSセルと**ヒーター**、**バイメタル**による接点で構成される。周囲が明るいとCdSセルの抵抗が小さく、ヒーターで温められたバイメタルは照明器具の回路を閉じている。周囲が暗くな

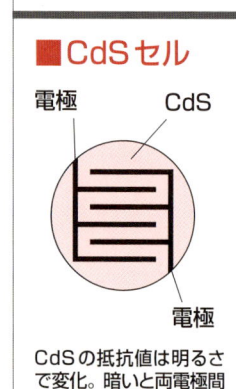

■CdSセル

電極　　CdS
電極

CdSの抵抗値は明るさで変化。暗いと両電極間の抵抗が大きく、明るいと抵抗が小さくなる。

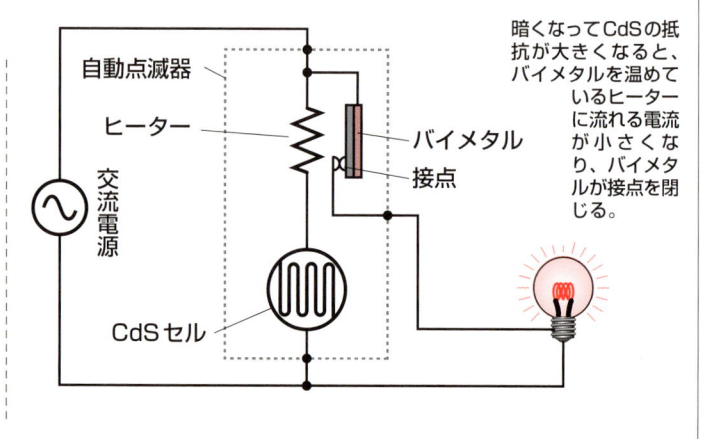

自動点滅器
ヒーター
交流電源
バイメタル
接点
CdSセル

暗くなってCdSの抵抗が大きくなると、バイメタルを温めているヒーターに流れる電流が小さくなり、バイメタルが接点を閉じる。

☞　CdS（Cadmium sulfide）は硫化カドミウムのこと。人体に有害なカドミウムが含まれているため、使用禁止への動きが広まっている。光伝導体は「ひかりでんどうたい」とも読む。光導電体は「ひかりどうでんたい」とも読む。

■フォトダイオード

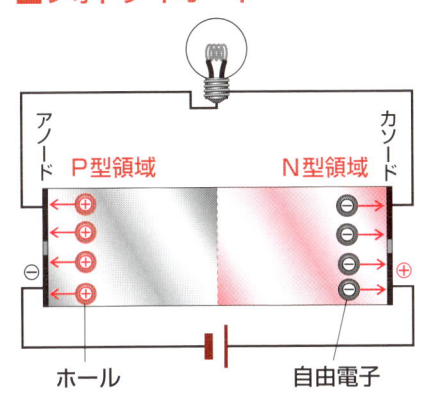

逆方向電圧がかかっていると、ホールがアノード側、自由電子がカソード側に集まるため、電流が流れない。

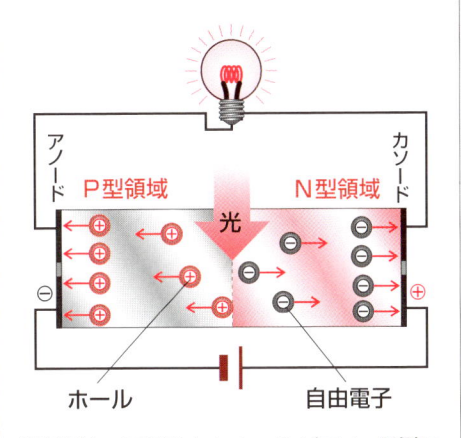

光が当たって発生したホールがアノード側に向かい、自由電子がカソード側に向かうことで、フォトダイオード内を電流が流れる。

ってCdSセルの抵抗が大きくなるとヒーターが冷え、バイメタルが接点を閉じて、照明器具が点灯する。なお、現在ではフォトダイオードを使用する電子回路を採用した自動点滅器もある。

フォトダイオード

　フォトダイオードにはさまざまな構造があるが、PN接合ダイオードのものが基本だ。フォトダイオードに逆方向電圧（P127参照）をかけておき、ここに光や赤外線を当てると太陽電池と同じ原理で起電し、自由電子がカソードへ、ホールがアノードへ向かい、カソードからアノードへ電流が流れる。電流は光の量に比例していて、光が強いと電流が増加、光が弱いと電流が減少するので、光センサーとして機能する。しかし、フォトダイオードが出力する電流は非常に小さいため、増幅を行う必要がある。
　DVDなど光ディスクの読み取りや光通信で、光を電気信号に変換する部分にはフォトダイオードが使われている。赤外線式リモコンの受光部には、赤外線を感知するフォトダイオードが赤外線センサーとして使われている。イメージセンサーもフォトダイオードを使用する。
　フォトトランジスタはフォトダイオードとトランジスタを組み合わせた光センサーだ（図は次ページ）。NPN型トランジスタ（P128参照）を元にする場合、ベースからコレクタへのPN接合の部分がフォトダイオードとして機能するように作られ、ベース電極が省かれる。
　通常のトランジスタならば、ベース電流を流すと増幅されたコレクタ電流が流れるが、フォトトランジスタの場合は、光が当たるとその強さでベース電流が変化し、コレクタ電流の大きさがかわる。
　このほかフォトダイオードと電気信号の処理を行う集積回路を組み合わせたものもあり、フォトICといわれる。

Point 光センサーは光で電流が流れたり抵抗が変化したりする

■フォトダイオードとフォトトランジスタ

（明るさでモーターの回転速度がかわる回路）

フォトダイオードに発生する電流はわずかなので、トランジスタによる増幅が必要。

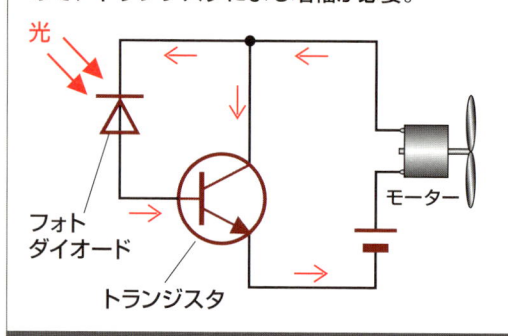

フォトトランジスタにはフォトダイオードとトランジスタの機能がある。

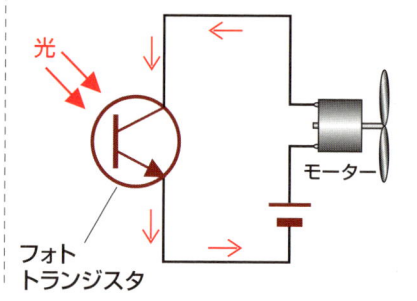

イメージセンサー

　イメージセンサーは撮像素子ともいわれ、画像を電気信号に変換する。現在では、半導体を使用する半導体イメージセンサー（半導体撮像素子）が一般的で、固体撮像素子ともいわれる。デジタルカメラやデジタルビデオカメラをはじめ胃カメラなどの光学機器のほか、コピー機やファクシミリ、スキャナーなどにも使用されている。

　おもに使われているイメージセンサーはCCDイメージセンサーとCMOSイメージセンサーだ。CCDは電荷結合素子を略したもので、CMOSはMOS型FET（P132参照）の一種を意味している。どちらも、マイクロレンズ、カラーフィルター、フォトダイオード、電気回路などを集積したもので、CCDイメージセンサーとCMOSイメージセンサーでは電気回路が異なる。

　マイクロレンズは集光レンズともいわれ、フォトダイオードに効率よく光が集まるように備えられている。

　フォトダイオードは光の強弱を電気信号に変換することができるが、色を表現することはできない。そのため、カラー用イメージセンサーでは光の三原色などを利用して色を分解することで、色の表現を可能としている。この色分解を行うのがカラーフィルターだ。

　カラーフィルターとフォトダイオードの構成にはいくつかの種類がある。1枚のフィルターで光の三原色であるRGB（レッド－赤、グリーン－緑、ブルー－青）を処理する単板式が一般的に使われるが、RGBそれぞれに1枚ずつのフィルターを備える3CCD式もある。

■イメージセンサー

フォトダイオード＋電子回路
カラーフィルター
マイクロレンズ

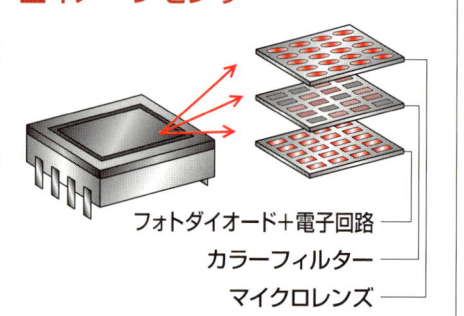

☞ CCDはCharge Coupled Device、CMOSはComplementary Metal Oxide Semiconductorを略したもの。

フォトダイオード＋電子回路

■CCDイメージセンサー

撮影は全画素で一括して行われ、撮影結果である電荷はそれぞれのフォトダイオードに蓄えられる。その電荷は垂直伝送路を通じて隣のフォトダイオードへ順に転送されていく。水平伝送路でも同じように順に送られ、最終的にアンプで増幅され電気信号に変換された状態で出力される。

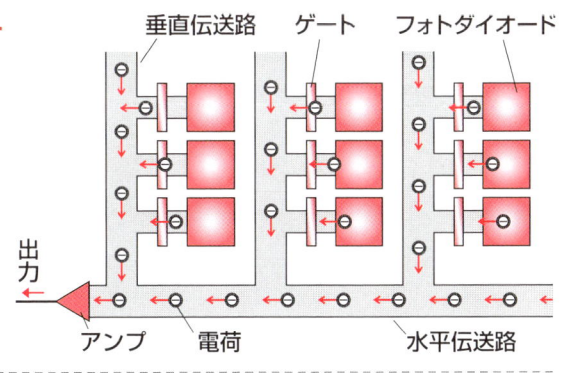

（図：垂直伝送路、ゲート、フォトダイオード、出力、アンプ、電荷、水平伝送路）

■CMOSイメージセンサー

個々のフォトダイオードごとにアンプが備えられる。列選択スイッチがONになった列で、画素選択スイッチがONになったフォトダイオードが順番に光を受け、電荷を電気信号に変換して垂直信号線→水平信号線へと送り出す。各画素が順次撮影して電気信号を送り出すことになる。

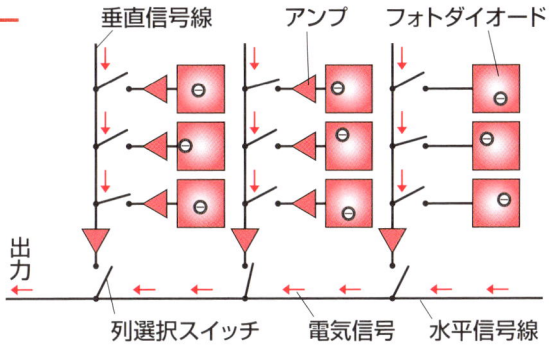

（図：垂直信号線、アンプ、フォトダイオード、出力、列選択スイッチ、電気信号、水平信号線）

RGBのフィルターは**原色フィルター方式**というが、人間の目は緑を強く感じる性質があるため、Gフィルターは2倍にされ、4枚のフィルターが使われることもある。**補色フィルター方式**もあり、この場合は**CMYG**（シアン－水色、マゼンタ－赤紫、イエロー－黄、グリーン－緑）の4色のフィルターが使われる。

電気回路は、CCDイメージセンサーとCMOSイメージセンサーで異なる。CCDの場合、光が当たるとフォトダイオードは当たった光の強さに応じた**電荷**を発生し、蓄積する。この電荷は図のように垂直伝送路を通じて、隣のフォトダイオードに順に転送され水平伝送路に到達する。水平伝送路でも同じように電荷が転送される。最終的にアンプ（増幅回路）で電気信号に変換されて出力される。

CMOSの場合は、フォトダイオードごとにアンプが備えられている。フォトダイオードに発生した電荷は、このアンプで電気信号に変換される。電気信号は画素選択スイッチのON/OFFによって列ごとに垂直信号線に送られる。さらに水平信号線に備えられた列選択スイッチによって、順次信号が出力される。

従来、CCDに比べてCMOSは安価に製造できるが、ノイズが発生しやすく低画質とされてきた。そのため、CCDが主流になっていたが、さまざまな技術の開発によって高画質なCMOSも登場してきている。

Point ・イメージセンサーはフォトダイオードの集合体

Part9 電気の熱と光
ディスプレイ ……………………

テレビやコンピュータの**ディスプレイ**には**ブラウン管**が長く使われてきた。ブラウン管は**陰極線管**や**CRT**ともいわれ、広義では**真空管**の一種だ。内側に**蛍光体**が塗布された表示面に向けて、**電子銃**から**放電**による電子の流れである**電子ビーム**が発せられる。電子ビームは電磁石の磁界などで曲げられることで目的の位置に導かれ、ビームが当たった蛍光体が発光する。表示面のさまざまな位置に順にビームを当てることで全体を表示する。

しかし、電子ビームを曲げられる角度には限度がある。1個の電子銃で表示面全体にビームを送るためには、ある程度の奥行きが必要になり、全体としてサイズが大きくなる。表示に高電圧が必要なことや、全体として重いことなどもブラウン管のデメリットだった。

こうしたデメリットを解消するためにさまざまな**薄型ディスプレイ**が開発されている。テレビやコンピュータに使われるばかりでなく、各種電気機器の表示部にも採用され、マンマシンインターフェイスを向上させている。

液晶ディスプレイ

LCDともいわれる**液晶ディスプレイ**は、**液晶**という物質の性質を利用して光源の光を制御することで表示を行う。液晶とは**液化結晶**を略したもので、固体と液体の両方の性質がある。一般的な液晶ディスプレイに使われる液晶は棒状の分子で、ゆるやかな規則性に沿って並んでいる。この液晶は、一定の溝を備えたものに触れさせると溝の方向に並び、電圧をかけると**電気力線**の方向に垂直に並ぶ性質がある。

液晶ディスプレイの表示方法には各種あるが、代表的なものは**配向膜**と**偏光フィルター**を組み合わせたものだ。通常の光には、さまざまな振幅方向の光で構成されているが、一定方向のみに振動する光を**偏光**という。通常の光が偏光フィルターを透過すると偏光になる。

液晶ディスプレイは図のように光源、偏光フィルター、透明電極を備えたガラス基板、配向膜、カラーフィルターなどで構成される。2枚の配向膜の溝の方向

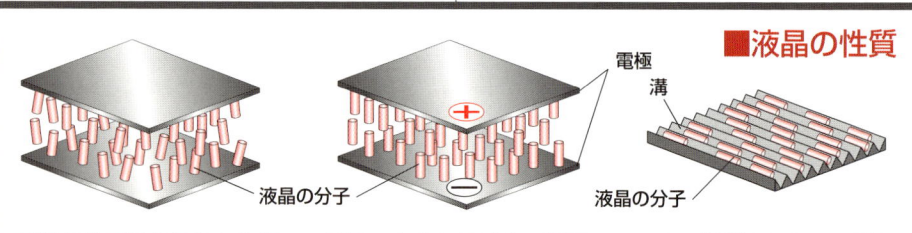

■液晶の性質

液晶の分子はゆるやかな規則性に沿って並ぶ。

電界のなかに置くと、電気力線の方向に垂直に並ぶ。

一定の溝があるものに触れさせると、溝の方向に並ぶ。

☞ CRTはCathode Ray Tube、LCDはLiquid Crystal Displayの略。Liquid Crystalは液晶の意。

■液晶ディスプレイ

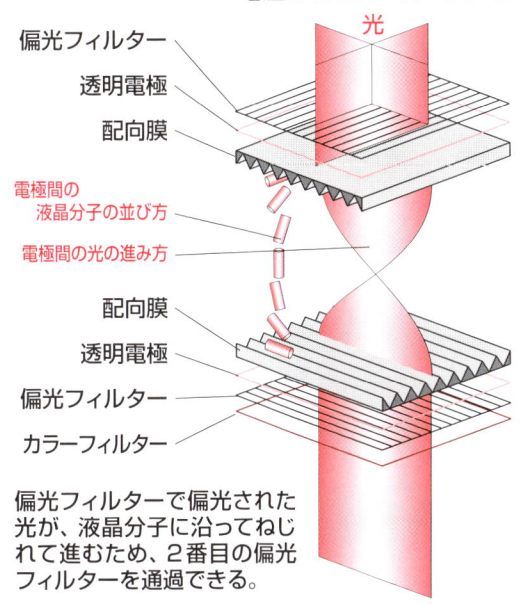

電圧がかかっていないと

光

- 偏光フィルター
- 透明電極
- 配向膜
- 電極間の液晶分子の並び方
- 電極間の光の進み方
- 配向膜
- 透明電極
- 偏光フィルター
- カラーフィルター

偏光フィルターで偏光された光が、液晶分子に沿ってねじれて進むため、2番目の偏光フィルターを通過できる。

電圧がかかると

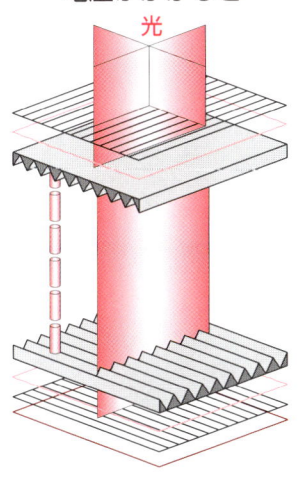

光

偏光フィルターで偏光された光が、液晶分子に沿って真っ直ぐ進むため、2番目の偏光フィルターを通過できない。

は直角に交わっていて、その間に液晶が収められている。上下の配向膜の溝によって液晶の分子は90度ねじれて並んでいる。光源から発せられた光は、偏光フィルターで偏光され、ねじれた液晶分子の間をねじれながら進み、もう一方の偏光フィルターを通過する。その先にあるカラーフィルターを通ることで、設定された色が表示される。

透明電極で液晶に電圧をかけると、液晶の分子が垂直に並ぶため、偏光フィルターを通った光はねじれずに真っ直ぐに進むが、次の偏光フィルターでは振動の方向が合わないため通過できず、色が表示されない。これだけでは明暗の2段階の表現だが、液晶にかける電圧を制御することで、透過する光の量を調整でき、色の濃淡の表示が可能になる。

カラーフィルターは光の三原色であるRGB（P268参照）の3色が使われる。この3色で1つの色を表現する画素が構成される。光源は蛍光灯が一般的だが、LEDを採用しているものもある。

なお、このように光源を利用して発光させるものを**透過型液晶ディスプレイ**というが、光源を利用しない**反射型液晶ディスプレイ**もある。電極が文字や絵の形に配置してあり、電圧がかかっていないと液晶は光を反射しないが、電圧がかかって分子の方向が揃うと光を反射して、文字などが見えるようになる。複雑な表示は難しく外光がないと見えないが、消費電力が少なく安価なため、電卓やリモコンの表示部などに使用されている。

電気の熱と光

Point 液晶ディスプレイは液晶分子が光の進み方を制御する

プラズマディスプレイ

PDPともいわれる**プラズマディスプレイ**は、**放電発光**で表示を行う。発光の原理は**蛍光灯**に類似している。

プラズマディスプレイは、それぞれに電極を備えた2枚のガラス板を重ね合わせた構造になっている。0.1mmほどのガラスの隙間にはセルと呼ばれる小部屋がある。セル内部には**ネオン**などの**不活性ガス**(P244参照)が収められ、表示面となる面以外には**RGB**(P268参照)のいずれかの**蛍光体**が塗られている。

電極に電圧をかけると、セル内のプラズマ化した気体が**気体放電**によって発光して**紫外線**を発する。この紫外線が蛍光体に当たって目的の色の**可視光線**を発する。RGB3個のセルで1つの色を表現する画素が構成される。

液晶ディスプレイとプラズマディスプレイを比較してみると、液晶は斜めから見ると色が見にくく、動きが速いと残像が残りやすいが、プラズマは自ら発光しているため、斜めからでも見やすく残像が残りにくい。また、プラズマは小型化が難しいが大型化が容易なのに対して、液晶は小型のものでも解像度を高くできるが、大型化が難しい。さらに、液晶は消費電力が小さいが、プラズマは発熱が大きく消費電力も大きいなどそれぞれにメリット、デメリットがいわれてきた。だが、さまざまな技術開発によって、いずれのデメリットも解消されつつある。

有機ELディスプレイ

有機ELとは有機化合物による**エレクトロルミネセンス**(EL)のことで、この現象を利用した素子などもさす。発光の原理は**発光ダイオード**と同じで、広義では発光ダイオードに含まれ、**有機発光ダイオード**(**有機LED**)や**OLED**ともいう。

有機ELディスプレイは、発光層である有機化合物が2枚の電極にはさまれた構造で、プラス側の電極は透明にされて

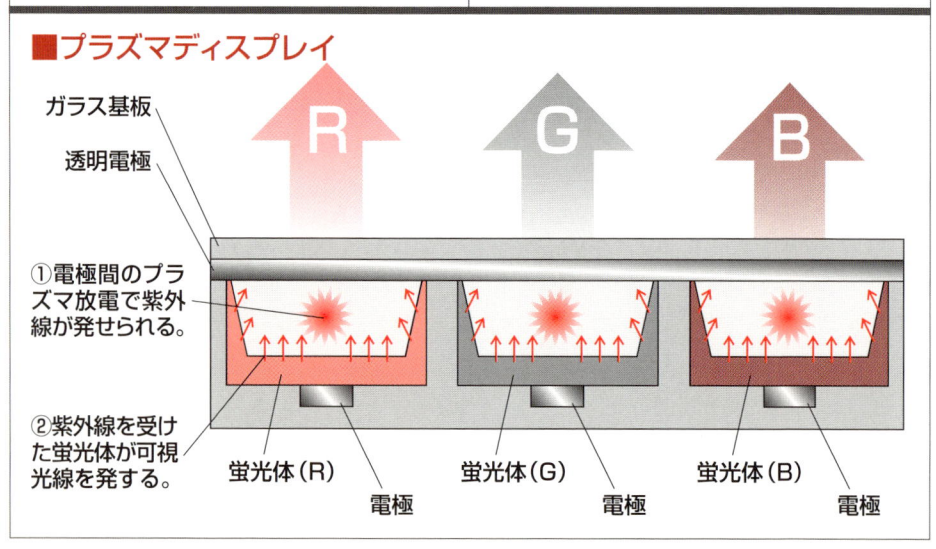

■プラズマディスプレイ

- ガラス基板
- 透明電極
- ①電極間のプラズマ放電で紫外線が発せられる。
- ②紫外線を受けた蛍光体が可視光線を発する。
- 蛍光体(R)
- 蛍光体(G)
- 蛍光体(B)
- 電極

1nm(ナノメートル)は10億分の1m(メートル)。OLEDはOrganic Light Emitting Diode、SOLEDはStacked OLEDの略。Stackedは積み重ねの意。

■有機ELディスプレイ

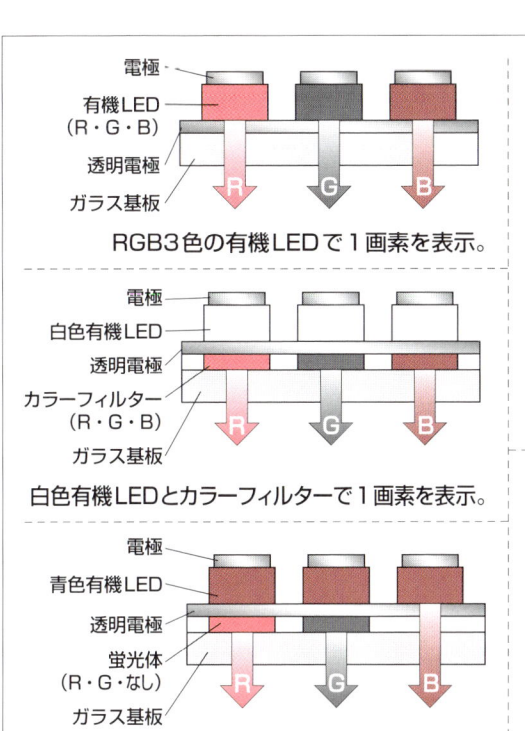

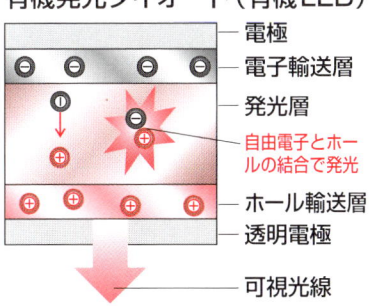

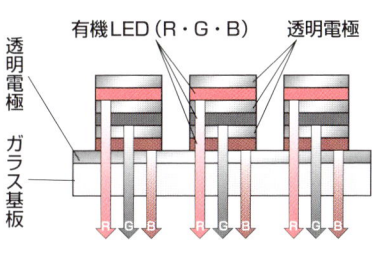

図（上段）: 電極／有機LED（R・G・B）／透明電極／ガラス基板
RGB3色の有機LEDで1画素を表示。

図（中段）: 電極／白色有機LED／透明電極／カラーフィルター（R・G・B）／ガラス基板
白色有機LEDとカラーフィルターで1画素を表示。

図（下段）: 電極／青色有機LED／透明電極／蛍光体（R・G・なし）／ガラス基板
青色有機LEDと蛍光体で1画素を表示。

有機発光ダイオード（有機LED）
電極／電子輸送層／発光層／ホール輸送層／透明電極／可視光線
自由電子とホールの結合で発光

図（SOLED方式）: 有機LED（R・G・B）／透明電極／ガラス基板
垂直に重ねたRGB3色の有機LEDで1画素を表示（SOLED方式）。

いる。両電極から**自由電子**と**ホール**を注入すると、発光層で結合して発光する。この光が透明な電極から発せられる。電子とホールが結合するまでのエネルギーの損失を抑えるために、発光層は数百nm（ナノメートル）という薄さにされる。

色の表現については、**RGB**それぞれの色に発光する有機ELを使用する方法や、白色に発光する有機ELを使用し**カラーフィルター**でRGBの**三原色**を表示する方法、**蛍光体**を併用する方法などがある。有機ELは非常に薄くできるため、3色の有機ELを使用する場合にも横に並べるのではなく、縦に重ねることも可能となる。この方式を**SOLED**という。個々の画素を小さくできるので、高解像度の表示が可能だ。

有機ELディスプレイは非常に小さな電力で、高い輝度を得ることができ、反応速度も速い。そのため、次世代の**薄型ディスプレイ**として期待されている。すでに、携帯電話などの小型機器には採用が始まっている。現状では大型化や低価格化が困難であるため、テレビへの本格的な採用はまだだが、近い将来に実用化される可能性が高い。

また、プラスチックシートなどを基板にすれば、曲げられるディスプレイ（**フレキシブルディスプレイ**）も製造可能であり（液晶ディスプレイでも研究されている）、将来的な**電子ペーパー**実現には欠かせない技術とされている。

Point プラズマディスプレイは放電による紫外線で蛍光体を発光させる

索引

INDEX

■あ
アーク加熱・・・・・・・・・・・239
アーク放電・・・・・・25, 239, 256
アークホーン・・・・・・・・・・221
アーク炉・・・・・・・・・・・・239
アース・・・・・・・・・・224, 232
アース線・・・・・・・・・・・・232
アース付コンセント・・・・・・・233
アイソトープ・・・・・・・・・・・8
アイロン・・・・・・・・・・・・242
亜鉛塩素電池・・・・・・・・・・75
亜鉛臭素電池・・・・・・・・・・75
亜鉛ハロゲン電池・・・・・・・・75
圧縮機・・・・・・・・・・250, 252
圧電型スピーカー・・・・・・・・115
圧電型マイクロフォン・・・・・・115
アナログ回線・・・・・・・・177, 186
アナログ信号・・・160, 162, 174, 186
アナログ変調・・・・・164, 166, 172
アノード・・・・・・・・126, 134, 267
アノード電流・・・・・・・・・・135
油入ケーブル・・・・・・・・・・221
油入変圧器・・・・・・・・222, 228
油遮断器・・・・・・・・・・・・223
雨888型太陽熱発電・・・・・・・・210
アラゴの円板・・・・・・103, 108, 236
アルカリ蓄電池・・・・・・・・・74
アルカリ電池・・・・・・62, 64, 66, 68
アルカリ二次電池・・・・・・・・74
アルカリマンガン電池・・・・・・68
アルゴン・・・・・・254, 256, 258, 260
安全ブレーカー・・・・・・・・・235
安定器・・・・・・・・・・258, 259
アンテナ・・・・・・168, 170, 172, 174, 249
アンペア・・・・・・・・・・・・・30
アンペアブレーカー・・・230, 234, 235
アンペールの法則・・・・・・・・98

■い
イオン・・・・20, 21, 24, 26, 61, 124
イオン化傾向・・・21, 54, 56, 58, 60, 61
イオン交換膜・・・・・・・・・・83
胃カメラ・・・・・・・・・・・・・・
位相・・・・・・・・・・・90, 117, 166
位相偏移変調方式・・・・・・・・166
位置エネルギー・・・・・・・・・191
1次コイル・・・・・・・119, 222, 224, 228
一次電池・・・・・・・・62, 64, 71, 72
一次変電所・・・・・・・・216, 222
一次冷却材・・・・・・・・・・・201
一次冷却水・・・・・・・・・・・198
移動体電話・・・・・・・・・・・176
移動通信交換局・・・・・・・・・176
イメージセンサー・・・240, 266, 267, 268
色温度・・・・・・・・・241, 257, 261
陰イオン・・・・・・・・・・・・・20
陰極線管・・・・・・・・・・・・270
インターネット・・・・158, 182, 184, 186
インターネットサービスプロバイダー・・
・・・・・・・・・・・・・182, 186

インダクタンス・・・・・・・・・120
インバーター・・・45, 46, 106, 146, 207, 247, 251, 253, 259, 260
インバーター式・・・・・・256, 259
インピーダンス・・・・・・・・・120

■う
ウインドファーム・・・・・・・・204
動き補償・・・・・・・・・・・・175
薄型ディスプレイ・・・・・・270, 273
渦電流・・・・103, 108, 111, 236, 246
宇宙太陽光発電・・・・・・・・・207
ウラン235・・・・・・194, 196, 200
ウラン238・・・・・・・196, 200, 201
ウルトラキャパシタ・・・・・・・92
運動エネルギー・・・・・10, 103, 104, 112, 188, 208

■え
エアコン・・224, 230, 239, 250, 252, 253
永久磁石・・・・・95, 104, 106, 114, 115
衛星放送・・・・・・157, 169, 171, 174
液化器・・・・・・・・・・250, 252
液化結晶・・・・・・・・・・・・270
液化天然ガス・・・・・・・・・・211
液晶・・・・・・・・・・・・・・270
液晶ディスプレイ・・・・・・270, 272
液体ナトリウム・・・・・・・・・201
エコウィル・・・・・・・・・・・214
エジソン効果・・・・・・・・・・149
エネファーム・・・・・・・・・・214
エネルギー効率・・・・・82, 84, 191, 206, 214, 241
エネルギー保存の法則・・・・・・34
エバポレーター・・・・・・・・・250
えぼし鉄塔・・・・・・・・・・・218
エミッタ・・・・・・・・128, 256, 259
MPEG-2（エムペグツー）・・・・・175
エレクトロルミネセンス・・240, 262, 272
エレメント・・・・・・・・168, 170
塩化チオニルリチウム電池・・・・71
演色性・・・・・・・・241, 254, 257, 261
演色評価数・・・・・・・・・・・241
遠赤外線・・・・・・・・・・238, 244

■お
オーブン・・・・・・・・・・・・249
オーブントースター・・・・・・・242
オーブンレンジ・・・・・・・・・249
オーム・・・・・・・・・・33, 91, 120
オームの法則・・・・・・・33, 36, 42
オールメタル対応・・・・・・・・247
屋外変電所・・・・・・・・・・・222
屋外用鋼心アルミ導体架橋ポリエチレン絶縁電線・・・・・・・・・221
屋外用鋼心アルミ導体ビニール絶縁電線・・・・・・・・・・・・・226
屋外用鋼心アルミ導体ポリエチレン絶縁電線・・・・・・・・・・・226
屋内配線・・・・・・・・・・230, 232
屋内変電所・・・・・・・・・・・222
遅れ電流・・・・・・・・・・・・117
オフショア風力発電・・・・・・・205
折り返しダイポールアンテナ・・・168
温水便座・・・・・・・・・・242, 244
温度検知線・・・・・・・・・・・244
温度センサー・・・・・・・87, 122, 245
温白色・・・・・・・・・・・・・257

■か
加圧水型軽水炉・・・・・・196, 198
カーボンヒーター・・・・・・・・244
カーボンファイバー・・・・・・・244
カーボンマイクロフォン・・・・・115
がい子・・・・・・・・・・・220, 226
界磁コイル・・・・・・・・105, 109

改質器・・・・・・・・・・・・・・82
海上風力発電・・・・・・・・・・205
がいし連・・・・・・・・・・・・220
回折波・・・・・・・・・・・155, 156
回路交換方式・・・・・・・・・・183
回転子・・・・・・・104, 106, 108, 110
回転磁界・・・・・・・・・106, 108
回転コイル・・・・・・・・104, 109
海洋温度差発電・・・・・・・・・209
海洋発電・・・・・・・・・・・・208
海流発電・・・・・・・・・・・・209
化学エネルギー・・・・・62, 74, 82, 88
化学電池・・・・・・・・・21, 62, 74
架橋ポリエチレン絶縁ケーブル・・221
架空送電・・・・・・・・・・218, 221
架空送電線・・・・・・・・・218, 220
架空地線・・・・・・・・219, 221, 228
架空配電・・・・・・・・・・226, 229
架空配電線・・・・・・・・・226, 229
拡散コード・・・・・・・・・・・181
核燃料・・・・・・・・189, 196, 200, 201
核燃料サイクル・・・・・・・・・200
核分裂・・・・・・・194, 196, 198, 200, 212
核分裂生成物・・・・・・・・197, 200
核融合・・・・・・・・・・・・・212
核融合発電・・・・・・・・・・・212
化合物半導体・・・・・・・・・・122
化合物半導体系太陽電池・・・・・84
かご型回転子・・・・・・・・・・108
可視光線・・・・・154, 240, 254, 256, 260, 261, 262, 272
過充電・・・・・・・・75, 77, 78, 81
ガス遮断器・・・・・・・・・・・223
ガスタービンエンジン・・・192, 193, 210, 214
ガスタービン発電・・・・・・・・193
ガス変圧器・・・・・・・・・・・228
ガスレーザー・・・・・・・・・・265
化石燃料・・・・・・・189, 192, 195
仮想キャリア・・・・・・・・・・124
カソード・・・・・126, 134, 149, 150, 267
家庭発電・・・・・・・・・・・83, 84
価電子・・・・・・・・15, 20, 122, 124
過電流引き外し装置・・・・・・・234
可動コイル型マイクロフォン・・・114
可とう性ヒーター・・・・・・・・243
可動鉄片・・・・・・・・・・・・234
可動子・・・・・・・・・・・・・110
カドニカ電池・・・・・・・・・・・78
加入者交換局・・・・・・・・・・177
加入者線・・・・・・・・177, 183, 184, 186
加入者線交換機・・・・・・176, 177, 179
加入者伝送設備・・・・・・・・・176
加入電話・・・・・・・・・176, 179
過熱防止・・・・・・・・・246, 247
下部調整池・・・・・・・・・・・190
可変抵抗・・・・・・・・・・・・・50
可変抵抗器・・・・・・・・・・・・50
可変ピッチ制御装置・・・・・・・205
過放電・・・・・・・・・・・・75, 81
カラーフィルター・・・・・268, 273
火力発電・・・・188, 192, 196, 202, 211
火力発電所・・・・・・・・・・・192
カロリー・・・・・・・・・・・・・29
環境調和型鉄塔・・・・・・・・・218
還元・・・・・・・・・・・・・・203
間接抵抗加熱・・・・・・・・・・242
完全放電・・・・・・・・・・・75, 76
カンデラ・・・・・・・・・・・・180
感電・・・・・・・・・・20, 232, 235
乾電池・・・・・・・62, 66, 69, 73, 74, 79
間合式・・・・・・・・・・・・・251
管路・・・・・・・・・・・・221, 229

■き
気化熱・・・・・・・・・250, 251, 252

擬似白色発光ダイオード・・・・・262
気水分離器・・・・・・・・・・・203
キセノン・・・・・・・・・・・・255
キセノン電球・・・・・・・・・・255
キセノンランプ・・・・・・・・・261
気体液化式ヒートポンプ・・・・・250
気体放電・・・・・24, 26, 216, 218, 223, 248, 255, 258, 260, 272
起電力・・・・・・・・17, 86, 102, 112
輝度・・・・・・・・・・・・241, 262
揮発性メモリー・・・・・・・・・138
逆起電力・・・・・・・・60, 117, 120
逆阻止3端子サイリスタ・・・・・134
逆変換回路・・・・・・・・・・・146
逆変換装置・・・・・・・・・・・146
逆方向電圧・・・127, 128, 130, 136, 267
キャパシタ・・・・・・・・・・・88
キャパシタンス・・・・・・・・・88
キャプラリーチューブ・・・・250, 252
キャリア・・・・・・13, 20, 123, 124, 126, 130, 132, 152
給電線・・・・・・・・・・170, 171
吸熱・・・・・・・・・・・・251, 253
吸熱器・・・・・・・・・・・・・252
強磁性体・・・・・94, 96, 103, 108, 111, 246
凝縮熱・・・・・・・・・・・・・250
共振回路・・・・・・・・・・・・173
共振空胴・・・・・・・・・・・・249
共振現象・・・・・・・・・・・・173
共通信号網・・・・・・・・177, 179
共同溝・・・・・・・・・・・221, 229
共有結合・・・・・・・・・・・・122
共用柱・・・・・・・・・・・・・226
極性・・・・・・・・・・9, 44, 46, 94
許容電流・・・・・・・・・・・・230
汽力発電・・・・・・192, 196, 202, 210, 213
キロワット・・・・・・・・・・・・28
キロワット時・・・・・・・・・・・29
金属酸化物半導体・・・・・・・・122

■く
空気亜鉛電池・・・・・・・・・・71
空気極・・・・・・・・・・・・・83
空気遮断器・・・・・・・・・・・223
空気電池・・・・・・・・・・64, 71
空乏層・・・・・・85, 126, 130, 132, 134
クーロン・・・・・・・・・・・・30
クーロン力・・・・・・9, 10, 13, 22, 23, 24, 88, 94, 96, 152
屈折・・・・・・・・・・・・・・185
屈折率・・・・・・・・・・・・・185
クラッド・・・・・・・・・・・・185
グリッド・・・・・・・・・・・・150
クリプトール炉・・・・・・・・・239
クリプトン・・・・・・・・・・・254
クリプトン電球・・・・・・・・・254
グロー管・・・・・・・・・・・・258
グロー点灯管・・・・・・・・・・258
グロー点灯管式・・・・・・・・・258
グロー放電・・・・・・・・・25, 258
グローランプ・・・・・・・・・・258

■け
計器用変成器・・・・・・・・・・222
蛍光・・・・・・・・・・・・・・240
蛍光体・・・・・256, 260, 261, 262, 270, 272, 273
蛍光体方式・・・・・・・・・・・262
蛍光灯・・・・・25, 240, 254, 256, 257, 258, 260, 261, 271, 272
蛍光ランプ・・・・・・・・・・・256
軽水・・・・・・・・・・・・・・197
軽水炉・・・・・・・・196, 198, 200, 201
携帯電話・・・・・・・・157, 180, 181
携帯電話機・・・・・・・・・・・180
携帯用湯沸し器・・・・・・・・・244

契約アンペア・・・・・・・・・234	光度・・・・・・・・・・・・・241	三相同期リニアモーター・・・・110
契約電流・・・・・・・・・・・234	光滑電効果・・・・・・・・・240	三相同期モーター・・・・107, 112
契約電流制限器・・・・・・・・234	光滑電体・・・・・・・・・・266	三相誘導モーター・・・・・・108
ゲート・・・・・・・・130, 132, 134	降伏電圧・・・・・・・・・・127	三相誘導リニアモーター・・・・110
ゲート ターンオフサイリスタ・・・135	降伏電流・・・・・・・・・・127	三相変圧器・・・・・・・222, 228
ゲート電圧・・・・・・130, 132, 134	高分子膜・・・・・・・・・・83	三相4線式・・・・・・・・・224
ケルビン・・・・・・・・・・・241	交流・・・・・・・44, 46, 48, 112, 117,	酸素極・・・・・・・・・・・83
減極剤・・・・・・・・・・61, 67	119, 120, 142, 144, 146,	サンプリング・・・・・・・・162
原子・・・・・・8, 9, 10, 18, 96, 194, 238	152, 216, 246, 248, 259	サンプリング周波数・・・・・・163
原子核・・・・・・8, 14, 96, 194, 212	交流送電・・・・・・・・49, 216	残留磁気・・・・・・・・・・95
原子核エネルギー・・・194, 200, 212	交流誘導モーター・・・103, 106, 108, 110	■し・・・・・・・・・・・・
原子番号・・・・・・・・・・・8	交流整流子モーター・・・106, 109	シーズヒーター・・・・・242, 247, 249
原色フィルター方式・・・・・・269	交流同期モーター・・・105, 106, 107,	CMOS(シーモス)イメージセンサー・・268
原子力エネルギー・・・・・・・87	108, 110, 112	CMOS(シーモス)回路・・・・・132
原子力発電・・・・・・87, 188, 192,	交流モーター・・・・106, 117, 147	ジェットエンジン・・・・・・192
194, 196, 199	コーン・・・・・・・・・・・115	蒸気・・・・・・・・・・250, 252
原子力発電所・・・・・・194, 199	枯渇性エネルギー・・・・・・149	磁化・・・・・・・・・・95, 98
原子炉・・・・・・・195, 196, 201	五極真空管・・・・・・・・・149	磁界・・・・・96, 98, 100, 101, 102,
原子炉圧力容器・・・・・198, 199	黒鉛化炉・・・・・・・・・・239	104, 106, 108, 112, 116,
原子炉格納容器・・・・・・198, 199	黒鉛炉・・・・・・・・・・196	118, 120, 152, 154, 168, 236
原子炉建屋・・・・・・・・・199	極超短波・・・・・・・・157, 174	紫外線・・・・・137, 154, 256, 257,
検針・・・・・・・・・・・・236	極超長波・・・・・・・・・・156	260, 261, 262, 266, 272
懸垂型・・・・・・・・・・・220	コジェネレーションシステム・・193, 214	四角鉄塔・・・・・・・・・・218
元素・・・・・・・・・8, 122, 194	固体撮像素子・・・・・・・268	自家用変電所・・・・・・・216
減速材・・・・・・195, 196, 198, 201	固体酸化物型燃料電池・・・・・83	時間帯別電灯契約・・・・・・236
元素半導体・・・・・・・・・122	固体高分子型燃料電池・・・・・83	磁気・・・・・・・・94, 96, 98
■こ・・・・・・・・・・・・	固体レーザー・・・・・・・265	色素増感型太陽電池・・・・・84
コア・・・・・・・・・・・・185	黒化現象・・・・・・・・234, 255	磁気誘導・・・・・・・・95, 98
コイル・・・・・50, 91, 98, 102, 104, 106,	固定子・・・・・104, 106, 108, 110	磁極・・・・・・・・・・94, 106
111, 112, 116, 118, 120, 145, 213,	固定子コイル・・・・106, 108, 110	磁気力・・・・・・・・・・94
234, 235, 242, 246, 254, 258, 260	固定電話・・・・・・・・176, 181	磁区・・・・・・・・・・95, 98
コイン型電池・・・・・・・・64	コピー機・・・・・・・・・・268	指向性・・・・・・・・170, 264
高圧腕木・・・・・・・・・・227	コヒーレント光・・・・・・・264	仕事率・・・・・・・・・28, 34
高圧カットアウト・・・・・・228	ゴム絶縁コード・・・・・・232	仕事量・・・・・・・・28, 29, 34
高圧三相3線式・・・・・・・224	ゴム絶縁袋打ちコード・・・・232	自己放電・・・・・・・・・75
高圧水銀灯・・・・・・・260, 261	コレクタ・・・・・・・・・128	自己誘導作用・・・117, 118, 120, 258
高圧水銀ランプ・・・・・・・260	コレクタ電流・・・・・128, 267	磁石・・・・・・94, 96, 98, 100, 103
高圧ナトリウム灯・・・・・・261	コロナ放電・・・・・・・・216	磁性体・・・・・・・・・・95
高圧ナトリウムランプ・・・・・261	コンセント・・・・・・・・・147	次世代超高速鉄道・・・・110, 111
高圧配電・・・216, 224, 226, 228, 229	コンデンサ(素子)・・・50, 88, 90, 92,	自然放出・・・・・・・・・264
高圧配電線路・・・・・・226, 228	107, 115, 117, 120, 127, 136,	自然放電・・・・・65, 75, 79, 80, 92
高圧引き下げ線・・・・・・・228	139, 140, 144, 152, 168	磁束・・・・・・・・・・・96
高圧放電灯・・・・・・・・261	コンデンサ(冷蔵庫)・・・・・250	磁束密度・・・・・・・・・96
高温超伝導・・・・・・・・・203	コンデンサ型スピーカー・・・115	室外機・・・・・・・・・・252
高温超伝導物質・・・・・・・19	コンデンサ入力型平滑回路・・145	実効値・・・・・・・・・・47
光学機器・・・・・・・・・・268	コンデンサマイクロフォン・・・115	湿電池・・・・・・・・・・62
交換機・・・・・・・・・・176	コントロールゲート・・・・・140	室内機・・・・・・・・・・252
光起電力効果・・・・・・84, 266	コンバーター・・・・・・142, 171	自動開閉器・・・・・・・・228
高輝度放電灯・・・・・・・261	コンバインドサイクル発電・・193, 214	自動点滅器・・・・・・・・266
格子運動・・・・・・・・18, 238	コンプレッサー・・・・・250, 252	磁場・・・・・・・・・・・96
公衆回線網・・・・・・・・176	■さ・・・・・・・・・・・・	時分割多重接続・・・・・177, 181
公衆電話網・・・・・176, 180, 183, 186	サービスブレーカー・・・・・234	ジャイロ式波力発電・・・・・209
公衆電話機・・・・・・・・176	サーミスタ・・・・・・・122, 245	遮断器・・・・・・・・・・222
高周波・・・172, 246, 248, 259, 260	サーモスタット・・・・・・・245	ジャンパー線・・・・・・221, 227
高周波誘電加熱・・・・・・173	最外殻・・・・・・・・・15, 122	周期・・・・・・・・・45, 46, 48
高周波誘電加熱・・・・・・248	サイクル・・・・・45, 46, 112, 154	集光型太陽熱発電・・・・・・210
公称電圧・・・・・65, 67, 69, 70, 71,	再循環水・・・・・・・・・199	集合住宅用変圧器・・・・・・229
72, 74, 77, 79, 80	再生可能エネルギー・・189, 203, 204,	集光レンズ・・・・・・・・268
鋼心アルミニウムより線・・・・218	206, 208, 210	終止電圧・・・・・・・・・65
鋼心アルミより線・・・218, 226	サイリスタ・・・・・・・134, 147	重水・・・・・・・・・196, 213
合成抵抗・・・・・・・・40, 42	サインカーブ・・・・・・44, 49, 146	重水素・・・・・・・・196, 213
光束・・・・・・・・・・・241	サイン波・・・・・・・・・44	重水炉・・・・・・・・・・196
高速再閉路・・・・・・・・223	撮像発電・・・・・・・・・266	集積回路・・・・・132, 136, 267
高速増殖炉・・・・・・・・201	撮像素子・・・・・・・・・268	集積度・・・・・・・・・・136
高速中性子・・・・・195, 196, 201	サブミリ波・・・・・・・・157	住宅用太陽光発電システム・・・207
高速中性子炉・・・・・・・201	酸化銀電池・・・・・・・64, 70	充電・・・・・74, 88, 90, 92, 144, 152
交直両用モーター・・・・・・109	三極管・・・・・・・・・・150	自由電子・・・10, 12, 14, 15, 18, 20, 22,
光電管・・・・・・・・・・266	三極真空管・・・・・・・・150	30, 31, 32, 34, 40, 42, 44, 46,
光電効果・・・・・・84, 240, 266	三原色・・・159, 262, 268, 271, 273	52, 58, 60, 61, 85, 88, 90, 92,
光電子・・・・・・・・・・85	三重水素・・・・・・・・・213	122, 124, 126, 128, 130, 132,
光電子増倍管・・・・・・・266	三相交流・・48, 49, 107, 143, 216,	141, 262, 265, 267, 273
光電子放出効果・・・・・・266	218, 224, 226, 228	集電体・・・・・・・・・・67
光電池・・・・・・・・・・84	三相交流発電機・・48, 112, 188, 216	充電池・・・・・・・・・62, 74
光伝導効果・・・・・・240, 266	三相交流モーター・・・・49, 224	集電棒・・・・・・・・67, 68
光伝導体・・・・・・・・・266	三相3線式・・・・・・・224, 227	摺動部・・・・・・・・・・110

集熱器・・・・・・・・・・・210	
周波数・・・・・45, 46, 91, 106, 109, 112,	
120, 146, 154, 160, 164,	
165, 171, 172, 175, 217, 248	
周波数分割多重接続・・・・・・181	
周波数偏移変調方式・・・・・166	
周波数変調回路・・・・・172, 173	
周波数変調方式・・・・・・・217	
周波数変調方式・・・・164, 166, 172	
ジュール・・・・・・・・29, 34	
ジュール熱・・・・18, 34, 36, 46, 50,	
216, 238, 242, 246, 254	
ジュールの法則・・・・・・・34	
受光素子・・・・・・・・・266	
受信アンテナ・・・・・・・・168	
取水ダム・・・・・・・・・190	
受動素子・・・・・・・・・50	
受話器・・・・・・・・・・179	
瞬低・・・・・・・・・・・223	
順変換回路・・・・・・・・146	
順変換装置・・・・・・・・146	
順方向電圧・・・・・・127, 128, 262	
蒸気圧縮式ヒートポンプ・・・・250	
蒸気吸収冷凍機・・・・・・・214	
蒸気井・・・・・・・・・・202	
蒸気発生器・・・・・・・・198	
上空波・・・・・・・・・155, 156	
使用済み核燃料・・・・・・200	
照度・・・・・・・・・・・241	
照度計・・・・・・・・・・266	
蒸発熱・・・・・・・・・・250	
消費電力・・・・・・・・34, 241	
上部調整池・・・・・・・・190	
初期電圧・・・・・・・65, 67, 69	
除湿機・・・・・・・・・・253	
食器洗い機・・・・・・・・243	
シリコン・・・・・・・・・122	
シリコン系太陽電池・・・・・84	
自流式(水力発電)・・・・・190	
磁力・・・・・・・・・・94, 96	
磁力線・・・96, 98, 100, 102, 103, 105,	
116, 118, 213, 235, 264	
真空管・・・・・・・・148, 266, 270	
真空遮断器・・・・・・・・223	
シングルフラッシュサイクル・・・203	
信号波・・・・・・・・164, 165	
真性半導体・・・・・・・・122	
進相コンデンサ・・・・・107, 117	
振動水中型空気タービン式波力発電	
・・・・・・・・・・209	
振動板・・・・・・・・・・114	
振幅偏移変調方式・・・・・・166	
振幅変調方式・・・・164, 166, 172	
■す・・・・・・・・・・・・	
水銀・・・・・64, 70, 256, 259, 260, 261	
水銀電池・・・・・・・・・64	
水銀灯・・・・・・・240, 260, 261	
水銀ランプ・・・・・・・・260	
水車発電機・・・・・188, 190, 208	
スイッチング作用・・・128, 129, 131,	
134, 139, 147	
炊飯器・・・・・・・・・・247	
水力発電・・・・188, 189, 190, 208	
水力発電所・・・・・・・・190	
水路式(水力発電)・・・・・190	
スーパーキャパシタ・・・・・92	
スキャナー・・・・・・・・268	
スキャン・・・・・・・・・217	
進み電流・・・・・・・90, 107, 117	
スターター式・・・・・・256, 258	
スタックゲート型MOS・・・・・140	
スピーカー・・・114, 115, 159, 173, 179	
スピン・・・・・・・・・・96	
スプリッタ・・・・・・・・186	
スペースヒーター・・・・・・243	

索引

| すべり · · · · · · · · · · · · · · · 109
スライダー · · · · · · · · · · · · · · 110
3(スリー)スロットモーター · · · 105
スリップリング · · · · · · · · · · · 106

■せ· · · · · · · · · · ·
正極活物質 · · · · · · · · · · · · · · 61
制御ゲート · · · · · · · · · · · · · 140
制御棒 · · · · · · · · 195, 197, 198
正弦波 · · · · · · · · · · · · · · · · · · 44
正孔 · · · · · · · · · · · · · · · 123, 124
生産井 · · · · · · · · · · · · · · · · · 202
正電荷 · · · · · · · · · · · · · · · · · · · 9
静電型スピーカー · · · · · · · · 115
静電型マイクロフォン · · · · 115
静電気 · · · · · · · · · · · · · · · 22, 24
静電気力 · · · · · · · · · · · · · · · · · 9
静電誘導 · · · 23, 24, 88, 92, 94, 132
静電容量 · · · 88, 90, 92, 115, 140
制動磁石 · · · · · · · · · · · · · · · 236
整流 · · · · · · · · · · · · · · · · · · · 142
整流回路 · · · · · 44, 119, 126, 142,
                    144, 146, 259
整流器 · · · · · · · · · · · · · · 142, 146
整流作用 · · · · · · · · 50, 126, 142
整流子 · · · · · · 104, 106, 109, 112
整流平滑回路 · · · · · · · · · · · 142
精錬 · · · · · · · · · · · · · · · · · 52, 54
ゼーベック効果 · · · · · · · · 86, 238
石英ガラス · · · · · · · · · · · · · 185
石英ガラス管 · · · · · · · · 242, 244
石英管ヒーター · · · · · · · 242, 244
赤外線 · · · · · · 154, 158, 238, 240,
           242, 254, 257, 262, 266
赤外線式炊飯器 · · · · · · · · · 247
赤外線式リモコン · · · · · · · · 267
積層型電池 · · · · · · · · · · · · · · 64
積層電池 · · · · · · · · · · · · · 64, 67
セグメント · · · · · · · · · · · · · 175
絶縁ゲートバイポーラトランジスタ
 · 135
絶縁体 · · · · · 14, 22, 24, 88, 90, 122
絶縁電線 · · · · · · · · · · · · · · · 226
接合型FET · · · · · · · · · · · · · 130
接合型トランジスタ · · 128, 130, 136
絶対温度 · · · · · · · · · · · · · · · 241
接地 · · · · · · · · · · 224, 227, 232
接地アンテナ · · · · · · · · · · · 169
セラミック管ヒーター · · · · 242
セラミックヒーター · · · · · · 244
線間電圧 · · · · · · · · · · · · · · · 224
センタータップ · · · · · · · · · 142
センタータップ型全波整流 · · · 142
センチメートル波 · · · 157, 169, 174
全波整流 · · · · · · · · · · · · · · · 142
全反射 · · · · · · · · · · · · · · · · · 185
専用回路 · · · · · · · · · · · · · · · 230

■そ · · · · · · · · · · · ·
相互誘導作用 · · · · · · · · 118, 222
走査 · · · · · · · · · · · · · · · · · · · 174
走査線 · · · · · · · · · · · · · 159, 174
送信アンテナ · · · · · · · · · · · 168
増幅器 · · · · · · · · · · · · · · · · · 205
送電 · · · · · · · 36, 49, 119, 188, 191,
         192, 216, 218, 224
送電線 · · · 36, 49, 216, 220, 221, 222
送電鉄塔 · · · · · · 216, 218, 220, 224
送電ロス · · · 37, 49, 191, 192, 216, 226
増幅作用 · · · · 50, 128, 129, 130,
         131, 132, 149, 150
双方向サイリスタ · · · · · · · 142
ソース · · · · · · · · · · 130, 132, 140
ソーラー発電 · · · · · · · · · · · 206
束縛電子 · · · · · · · · · · · · · · · · 14
素子 · · · · · · · · · · · · · · · · · 50, 136

素粒子 · · · · · · · · · · · · · · · · 8, 9

■た · · · · · · · · · · · ·
タービン発電機 · · 188, 190, 192, 196,
         202, 208, 209, 211
ダイオード · · · 122, 126, 136, 142, 149
対地電圧 · · · · · · · · · · · · 224, 232
大地反射波 · · · · · · · · · · · · · 155
耐張がいし · · · · · · · · · · · · · 227
耐張型 · · · · · · · · · · · · · · · · · 220
帯電 · 10, 12, 16, 20, 22, 23, 24, 58, 88
帯電序列 · · · · · · · · · · · · · · · · 22
ダイナミック型スピーカー · · 115
ダイナミックマイクロフォン · · · 114
ダイポールアンテナ · · · 168, 170
ダイヤフラム · · · · · · · · · · · 114
ダイヤル回線 · · · · · · · · · · · 179
ダイヤル回路 · · · · · · · · · · · 179
太陽光発電 · · · · · 84, 188, 202,
             206, 207, 211
太陽光発電衛星 · · · · · · · · · 207
太陽電池 · · · · · 62, 84, 126, 206,
             240, 266, 267
太陽電池パネル · · · · · · · · · 207
太陽熱発電 · · · · · · · · · 192, 210
対流 · · · · · · · · · · · · · · · 238, 254
多回路開閉器 · · · · · · · · · · · 229
多周波記録 · · · · · · · · · · · · · 231
たこ足配線 · · · · · · · · · · · · · 231
多重化 · · · · · · · · · · · · · · 177, 181
多導体 · · · · · · · · · · · · · · · · · 219
多搬送波 · · · · · · · · · · · · · · · 166
ダブルフラッシュサイクル · · 203
ダム · · · · · · · · · · · · · · · 190, 208
タワー式太陽熱発電 · · · · · · 210
タングステン · · · · · · · · 244, 254
単相交流 · · · 48, 49, 106, 112, 216, 224
単相交流発電機 · · · · · · 112, 216
単相3線式 · · · · · 224, 227, 230, 233
単相同期モーター · · · · · · · · 108
単相2線式 · · · · · · 224, 227, 233
単相誘導モーター · · · · · · · 108
単相用変圧器 · · · · · · · · 227, 228
炭素繊維 · · · · · · · · · · · · · · · 244
単導体 · · · · · · · · · · · · · · · · · 219
短波 · · · · · · · · · · · · · · · 156, 172
単板式 · · · · · · · · · · · · · · · · · 268
暖房器具 · · · · · · · · · · · · · · · 242
端末 · · · · · · · · · · · · · · · · · · · 180
断路器 · · · · · · · · · · · · · · · · · 222

■ち · · · · · · · · · · · ·
地下変電所 · · · · · · · · · · · · · 222
蓄電器 · · · · · · · · · · · · · · · · · · 88
蓄電池 · · · · · · · · · · · · · · · 62, 74
地磁気 · · · · · · · · · · · · · · · · · · · 9
地上アナログテレビ放送 · · 157, 174
地上デジタルテレビ放送 · · 157, 174
地上波 · · · · · · · · · · · · · · · · · 155
地上用変圧器 · · · · · · · · · · · 229
地中送電 · · · · · · · · · · · · 218, 221
地中配電 · · · · · · · · · · · · 226, 229
地中引込線 · · · · · · · · · · · · · 229
チップ · · · · · · · · · · · · · · · · · 136
地デジ · · · · · · · · · · · · · · · · · 157
地熱発電 · · · · 188, 192, 202, 209
地熱発電所 · · · · · · · · · · · · · 203
直接波 · · · · · · · · · · · · · 155, 156
地表波 · · · · · · · · · · · · · 155, 156
チャネル · · · · · · · · · · · · 130, 140
中間周波数 · · · · · · · · · · · · · 173
中間周波数増幅回路 · · · · · · 173
中間変電所 · · · · · · · · · 216, 222
中継交換局 · · · · · · · · · · · · · 177
中継交換機 · · · · · · · · · · 176, 177
昼光色 · · · · · · · · · · · · · 241, 257
柱上開閉器 · · · · · · · · · · · · · 228

柱上変圧器 · · · · · · · · · · 226, 228
中性子 · · · · · · · · 8, 9, 194, 200, 213
中性子吸収材 · · · · · · · · · · · 199
中性線 · · · · · · · · · · · · · · · · · 224
中波 · · · · · · · · · · · · · · · 156, 164, 172
昼白色 · · · · · · · · · · · · · · · · · 257
超高圧配電 · · · · · · · · · · 216, 224
超高圧変電所 · · · · · · · · 216, 222
調整池 · · · · · · · · · · · · · · · · · 190
調整池式水力発電 · · · · · · · · 190
潮汐発電 · · · · · · · · · · · · · · · 208
潮汐発電所 · · · · · · · · · · · · · 208
超短波 · · · · · · · · · · 156, 164, 172
超電導 · · · · · · · · · · · · · · · · · 156
超伝導 · · · · · · · · · · · · · · · · · · 18
超電導 · · · · · · · · · · · · · · · · · · 18
電磁石 · · · · · · · · · · · · · · · 19, 111
超電導物質 · · · · · · · · · · · 18, 19
長波 · · · · · · · · · · · · · · · · · · · 156
調理器具 · · · · · · · · · · · · · · · 242
潮流発電 · · · · · · · · · · · · · · · 209
潮流発電所 · · · · · · · · · · · · · 209
潮力発電 · · · · · · · · · · · 208, 209
チョークコイル · · · · · · · · · 145
チョーク入力型平滑回路 · · 145
直角位相振幅変調方式 · · · · 166
直管蛍光灯 · · · · · · · · · · · · · 256
直交周波数分割多重方式 · · 166
直接抵抗加熱 · · · · · · · · · · · 242
直接埋設式 · · · · · · · · · · · · · 105
直流 · · · · · 44, 46, 112, 117, 119,
         120, 142, 144, 146, 216
直流整流子モーター · · · 104, 112
直流送電 · · · · · · · · · · · · 49, 216
直流直巻モーター · · · · 105, 109
直流並巻モーター · · · · · · · · 112
直流複巻モーター · · · · · · · · 105
直流分巻モーター · · · · · · · · 105
直流モーター · · · · · · · · · · · 104
直冷式 · · · · · · · · · · · · · · · · · 251
直列 · · · · · · · · · · · · · · · · · 38, 40
貯水池式水力発電 · · · · · · · · 190

■つ · · · · · · · · · · · ·
通信 · · · · · · · 152, 156, 158, 182
通信規約 · · · · · · · · · · · · · · · 182
2(ツー)スロットモーター · · 105
通話回線 · · · · · · · · · · · · · · · 179

■て · · · · · · · · · · · ·
低圧腕木 · · · · · · · · · · · · · · · 227
低圧カットアウト · · · · · · · 228
低圧水銀灯 · · · · · · · · · · · · · 261
低圧ナトリウム灯 · · · · · · · 261
低圧ナトリウムランプ · · · · 261
低圧配電 · · · · · 216, 224, 226, 229
低圧配電線 · · · · · · · · · · 226, 230
低圧引き上げ線 · · · · · · · · · 228
低圧分岐装置 · · · · · · · · · · · 229
低圧放電灯 · · · · · · · · · · · · · 260
ディーゼルエンジン · · · · · · 192
低温超伝導物質 · · · · · · · · · · 19
抵抗 · · · · · · · · · · · · · · · · · 18, 50
抵抗加熱 · · · 239, 242, 247, 249, 254
抵抗器 · · · · · · · · · · · · 50, 90, 136
抵抗体 · · · · · · · · · · · · · · · 33, 50
低周波 · · · · · · · · · · · · · · · · · 172
低周波増幅回路 · · · · · · · · · 173
ディスチャージヘッドランプ · · 261
ディスプレイ · · · · · · · · 262, 270
低濃縮ウラン · · · · · · · · 196, 200
データ圧縮 · · · · · · · · · · · · · 177
データ通信 · · · · · · · · · · 182, 186
データ通信網 · · · · · · · · · · · 182
デジタル回線 · · · · · · · · · · · 177
デジタルカメラ · · · · · · 240, 268

デジタル携帯電話 · · · · · · · 181
デジタル信号 · · · 138, 159, 160, 162,
         174, 180, 184, 186
デジタルビデオカメラ · · · · 268
デジタル変調 · · · 163, 164, 166, 174
デシメートル波 · · · · · · · · · 157
鉄筋コンクリート柱 · · · · · · 226
鉄クロム線 · · · · · · · · · · · · · 242
鉄心 · · · · · · · 98, 110, 119, 120, 234
鉄道変電所 · · · · · · · · · · · · · 216
テレックス · · · · · · · · · · · · · 159
テレビ放送 · · · · · · · 159, 169, 174
電圧 · · · · · · · · 16, 30, 31, 32, 36, 38,
         41, 42, 44, 46, 48, 50, 65
電圧コイル · · · · · · · · · · · · · 236
電圧制御型トランジスタ · · 130
電位 · · · · · · · · · · · · · · · · 16, 22, 24
電位差 · · · · · · · 16, 24, 32, 38, 60, 84,
         86, 88, 90, 126
電荷 · · · · · · · 9, 10, 12, 13, 20, 22, 23,
         24, 26, 30, 58, 59, 88, 92,
         96, 123, 124, 126, 130, 140,
         141, 145, 152, 213, 269
電解 · 52
電線 · · · · · · 96, 134, 152, 154, 168, 260
電解液 · · · · · · 20, 52, 54, 56, 57, 58, 61,
         62, 67, 68, 70, 71, 72,
         74, 76, 78, 79, 80, 82
電界効果型トランジスタ · · 128, 130
電解合成 · · · · · · · · · · · · · · · · 52
電解コンデンサ · · · · · · · · · 144
電解質 · · · · · · · · · · · 20, 81, 82, 83
電解鉄鋼 · · · · · · · · · · · · · · · · 52
電解精錬 · · · · · · · · · · · · · 54, 56
電荷結合素子 · · · · · · · · · · · 268
点火装置 · · · · · · · · · · · · 25, 119
電気エネルギー · · · 10, 12, 18, 28, 34,
         62, 74, 82, 84, 86, 103,
         104, 112, 152, 191, 257
電気カーペット · · · · · · · · · 243
電気化学 · · · · · · · · · · · · · · · · 52
電気コンロ · · · · · · · · · · · · · 242
電気自動車 · · · · · · · · · · · 74, 82
電気ストーブ · · · · · · 239, 242, 244
電気素量 · · · · · · · · · · · · · · · · 30
電気抵抗 · · 18, 20, 24, 32, 33, 34, 36,
         40, 42, 50, 91, 120, 245, 266
電気抵抗値 · · · · · · · · · · · · · · 33
電気二重層 · · · · · · · · · · · · · · 92
電気二重層キャパシタ · · · · · 92
電気二重層コンデンサ · · · · · 92
電気分解 · · · 52, 54, 56, 57, 74, 77, 82
電気ポット · · · · · · · · · · · · · 243
電気メッキ · · · · · · · · · · · · · · 57
電球型蛍光灯 · · · · · · · · 147, 256
電球色 · · · · · · · · · · · · · 241, 257
電気力線 · · · · · 96, 152, 168, 270
電気力 · · · · · · · · · · · · · · · · · · · 9
電気炉 · · · · · · · · · · · · · · · · · 239
電源回路 · · · · · · · · · · · · 128, 142
電源装置 · · · · · · · · · · · · · · · 241
電子 · · · · · · · · · 8, 9, 10, 12, 14, 26,
         30, 96, 152, 194, 238
電磁界 · · · · · · · · · · · · · · · · · 153
電子殻 · · · · · · · · · · · · · · · · · · 14
電子式点灯管 · · · · · · · · · · · 258
電子式電力量計 · · · · · · · · · 236
電磁石 · · · · · · · · · · 19, 98, 105, 111,
         116, 120, 234
電子銃 · · · · · · · · · · · · · · · · · 270
電子体温計 · · · · · · · · · · · · · 245
電磁調理器 · · · 224, 230, 239, 244
電磁波 · · · · · · · 152, 154, 168, 216,
         238, 240, 248
電磁場 · · · · · · · · · · · · · · · · · 153
電磁波加熱 · · · · · · · · · · · · · 248

電子ビーム・・・・・・・・・・・270
電子ペーパー・・・・・・・・・273
電子放出物質・・・・・・・・・256
電磁誘導加熱・・・・・・・・・246
電磁誘導作用・・101, 102, 108, 111,
　　　　　112, 116, 118, 152, 246, 260
電磁力・・・・100, 104, 106, 108, 111
電子冷蔵庫・・・・・・・・・・・253
電子レンジ・・・・・・・148, 239, 248
電信・・・・・・・・・・・・・158
電信柱・・・・・・・・・・・・226
電柱類地中化・・・・・・・・・229
電池・・17, 52, 58, 62, 64, 75, 88, 188
電柱・・・・・・・・・・・・・・226
電柱支持ワイヤー・・・・・・・226
電柱地中化・・・・・・・・・・229
電灯・・・・・・・・・・・・・240
点灯管・・・・・・・・・・・・258
電線・・・・224, 226, 227, 228, 230
電灯動力共用三相4線式・・・・224
電灯配線・・・・・・・・・・・224
電熱・・・・・・・・・・・239, 242
電熱器具・・・・・・・・・242, 245
電熱線・・・・・・・・242, 244, 247
電熱線ヒーター・・・・・・・・242
天然ガス・・・・・・・・・・・211
電場・・・・・・・・・・・・・・96
電波・・・152, 154, 156, 158, 164,
　　　　　168, 170, 171, 172, 174
電波発振機・・・・・・・・・・248
電離・・20, 26, 53, 54, 56, 58, 61, 76
電離層・・・・・・・・・・155, 156
電離層反射波・・・・・・・・・155
電流・・13, 14, 16, 30, 31, 32, 36, 38,
　　　　40, 42, 44, 50, 98, 100, 116, 230
電流コイル・・・・・・・・・・236
電流制御型トランジスタ・・・・130
電力・・・・・・・・28, 29, 30, 31, 34,
　　　　　　　38, 41, 43, 47, 117
電力会社・・・・・・・29, 44, 188, 189,
　　　　　　　　207, 211, 217
電力供給・・・・・・・・・・・189
電力系統・・・・・・・・・216, 222
電力ケーブル・・・・・・・・・221
電力システム・・・・・・・・・216
電力需給・・74, 188, 191, 192,
　　　　195, 204, 206, 208, 217
電力増幅回路・・・・・・・172, 174
電力柱・・・・・・・・・・226, 228
電力貯蔵用電池・・・75, 81, 84, 188
電力メーター・・・・・・・・・236
電力融通・・・・・・・・・・・217
電力量・・・・・28, 29, 34, 36, 38,
　　　　　　　41, 43, 47, 236
電力量計・・・・・・・207, 230, 236
電冷・・・・・・・・・・・・・239
電話・・・・・・・・・・176, 184, 186
電話回線・・・・・・・176, 177, 179
電話線・・・・・・・・・・176, 179

■と・・・・・・・・・・・・
同位体・・・・・・8, 196, 200, 213
透過型液晶ディスプレイ・・・・271
導体・・・・・・13, 14, 18, 22, 122
同調回路・・・・・・・・・173, 174
動電型スピーカー・・・・・・・115
動電型マイクロフォン・・・・・114
動電気・・・・・・・・・・・・・22
導電性皮膜・・・・・・・・・・259
洞道・・・・・・・・・・・221, 229
灯動共用三相4線式・・・・・・224
導波管・・・・・・・・・・・・249
導波線・・・・・・・・・・・・170
動力線・・・・・・・・224, 226, 228
動力配線・・・・・・・・・・・224
トーンリンガー回路・・・・・・179

トカマク型核融合装置・・・・・213
都市型柱上変圧器・・・・・・・228
トライアック・・・・・・・・・135
ドライスチーム式地熱発電・・・203
トラフ・・・・・・・・・・・・229
トラフ式太陽熱発電・・・・・・210
トランジスタ・・・122, 128, 134, 136,
　　　　　139, 140, 147, 148, 267
トランス・・・・・・・・・・・119
トリプレックス型CVケーブル・・229
ドレイン・・・・・・130, 132, 140, 141
ドレイン電流・・・・・・・130, 132

■な・・・・・・・・・・・・
内燃機関・・・・・・・・・192, 214
内燃力発電・・192, 193, 210, 214
流れこみ式水力発電・・・・・・190
ナセル・・・・・・・・・・・・203
雪崩降伏・・・・・・・・・・・134
ナトリウム硫黄電池・・・・・75, 81
ナトリウム灯・・・・・・・240, 261
ナトリウムランプ・・・・・・・261
鉛蓄電池・・・・・・・・62, 74, 76

■に・・・・・・・・・・・・
ニカド電池・・・・・・・・・・・78
二極管・・・・・・・・・・149, 150
二極真空管・・・・・・・・149, 150
ニクロム線・・・・・36, 242, 244
ニクロム線ヒーター・・・・・・242
二酸化マンガンリチウム電池・・・72
2次コイル・・・・・119, 142, 222,
　　　　　　224, 228, 259
二次電池・・・・62, 72, 74, 75, 92
二重コイル・・・・・・・・・・254
二重水素・・・・・・・・・196, 213
二次冷却材・・・・・・・・・・201
二次冷却水・・・・・・・・・・198
ニッカド電池・・・・・・・62, 74, 78
ニッケルカドミウム電池・・・・・78
ニッケル水素電池・・・・・・74, 79
ニュートン・・・・・・・・・・・29

■ね・・・・・・・・・・・・
ネオン・・・・・・・・・・・・272
熱エネルギー・・・10, 18, 29, 34, 86,
　　　192, 194, 202, 208, 212, 214, 259
熱起電力・・・・・・・・86, 87, 245
熱起電力電池・・・・・・・62, 86, 87
熱効率・・・・・・・・・・250, 252
熱振動・・・・・・・・・・・・192
熱振動・・・・・・・・・18, 86, 238
熱線・・・・・・・・・・・・・240
熱中性子・・・・・・195, 196, 201
熱中性子炉・・・・・・・・・・196
熱電現象・・・・・・・・・86, 238
熱電効果・・・・・・・86, 238, 253
熱電子・・・148, 149, 150, 254,
　　　　　256, 258, 259, 260
熱伝達・・・・・・・・・・238, 242
熱電対・・・・・・・・・・・・250
熱伝導・・・・・・・238, 242, 247, 254
熱伝導変換・・・・・・・・・・・86
熱電供給・・・・・・・・・・・214
熱電変換・・・・・・・・・・・・86
熱電変換素子・・・・・・・86, 87
熱媒・・・・・・・・・・・・・250
熱媒体・・・・・・203, 209, 210, 250
熱炊飯器・・・・・・・・・・・247
熱輻射・・・・・・・・・・・・238
熱放射・・・・・・・238, 240, 241, 242,
　　　　　　245, 247, 254
熱膨張率・・・・・・・・・・・245
熱量・・・・・・・・・・・・・・29
熱励起・・・・・・・・・・・・238
燃料極・・・・・・・・・・・・・83

燃料集合体・・・・・・・・・・197
燃料電池・・・・・62, 71, 82, 214
燃料電池自動車・・・・・・・・・82
燃料被覆管・・・・・・・・196, 199
燃料ペレット・・・・・・・196, 199
燃料棒・・・・・・・・・・197, 199

■の・・・・・・・・・・・・
能動素子・・・・・・・・・・・・50

■は・・・・・・・・・・・・
バーコードリーダー・・・・・・264
バイアス電圧・・・・・・・・・150
バイオ燃料・・・・・・・・・・210
バイオマス発電・・・・・・・・210
配向膜・・・・・・・・・・・・270
配線用遮断器・・・・・230, 234, 235
配電・・・・・・・・49, 224, 226
配電線・・・・・・・・・・189, 266
配電ケーブル・・・・・・・・・229
配線網・・・・・・・・216, 228, 229
売電電力量・・・・・・・・・・207
配電用変圧器・・・・224, 226, 229, 232
配電用変電所・・・・・・216, 222, 226
バイナリー発電・・・・・・203, 209
ハイビジョン画質・・・・・・・174
ハイブリッドカー・・・・・・・・74
バイポーラトランジスタ・・・・128
バイメタル・・・・・・245, 258, 266
白色・・・・・・・・・・・・・257
白色発光ダイオード・・・・・・262
白熱電球・・・46, 148, 254, 255, 262
白熱発光・・・・・・・・・・・240
バケット交換方式・・・・・・・183
バケット通信・・・・・・・・・183
波長・・・・・・154, 156, 168, 238,
　　　　　　　240, 262, 264
発光効率・・・・・・・241, 254, 255,
　　　　　　256, 261, 263
発光体・・・・・・・・・・・・254
発光ダイオード・・・・・126, 240,
　　　　　　　　262, 265, 272
発振回路・・・・・・・・・・・172
バッテリー・・・・・・・・・・・74
バッテリー液・・・・・・・・・・77
発電・・・・・・・・112, 188, 190,
　　　　　202, 204, 206, 212
発電機・・44, 103, 112, 114, 188, 204
発電所・・・・・・119, 188, 216, 218
発熱量・・・・・・・・・・・34, 36
パラボラアンテナ・・・・・169, 171
馬力・・・・・・・・・・・・・・28
波力発電・・・・・・・・・・・209
波力発電所・・・・・・・・・・209
パルス波・・・・・・・・160, 162, 184
パルス幅変調方式・・・・・・・146
パルス符号変換方式・・・・・・162
パルス変調・・・・・・・・162, 164
ハロゲン化金属・・・・・・・・261
ハロゲン化タングステン・・・・255
ハロゲン元素・・・・・・・・・255
ハロゲンコンロ・・・・・・・・245
ハロゲンサイクル・・・・・・・255
ハロゲン電球・・・・・・・245, 255
ハロゲンヒーター・・・・・244, 255
ハロゲンランプ・・・・・・・・255
パワーコンディショナー・・・・207
反射型液晶ディスプレイ・・・・・271
反射板・・・・・・・・・・170, 171
搬送波・・・・・・164, 165, 166, 172
ハンダごて・・・・・・・・・・207
半導体・・・14, 50, 85, 122, 124, 126,
　　　　　240, 245, 253, 262, 268
半導体イメージセンサー・・・・268
半導体撮像素子・・・・・・・・268

半導体素子・・124, 126, 128, 134, 136,
　　　　　142, 147, 148, 185, 262
半導体ヒーター・・・・・・244, 245
半導体メモリー・・・・・・138, 139
半導体レーザー・・・・・・184, 265
半波整流・・・・・・・・・・・142

■ひ・・・・・・・・・・・・
ヒーター・・・・・・・149, 242, 266
ヒートポンプ・・・・・・250, 252, 253
ヒートポンプ加熱・・・・・・・239
ヒートポンプ式給湯器・・・・・253
ヒートポンプ式洗濯乾燥機・・・253
ヒートポンプ式浴室換気乾燥機・・253
光依存性抵抗・・・・・・・・・266
光エネルギー・・・・・・28, 34, 84, 266
光起電力効果・・・・・・84, 240, 266
光ケーブル通信・・・・・・・・184
光センサー・・・・・・・・240, 266, 267
光通信・・・・・・177, 184, 240, 264, 267
光ディスク・・・・・・・・264, 267
光電池・・・・・・・・・・・・・84
光伝導効果・・・・・・・・240, 266
光伝導体・・・・・・・・・・・266
光導電効果・・・・・・・・・・240
光導電体・・・・・・・・・・・266
光の誘導放出増幅・・・・・・・264
光パルス信号・・・・・・・・・184
光ファイバー・・・・・177, 184, 219
光ファイバーケーブル・・・・・184
光ファイバー通信・・・・・・・184
光ファイバー複合架空地線・・・219
引込口・・・・・・・・・・・・230
引込線・・・・・・・・・226, 227, 230
引込線取付点・・・・・・・・・230
引込用ビニール絶縁電線・・・・226
引留がいし・・・・・・・・・・227
ピコファラド・・・・・・・・・・88
非対称デジタル加入者線・・・・186
ビット・・・・・・・・・・163, 166
ビット線・・・・・・・・・139, 140
ビニールキャブタイヤコード・・232
ビニール絶縁電線・・・・・・・232
ビニール絶縁ビニールシースケーブル
　平型・・・・・・・・・・・232
火花放電・・・・・・・・・・・・25
標準画質・・・・・・・・・・・174
表皮効果・・・・・・・・・・・246
標本化・・・・・・・・・・・・162
避雷器・・・・・・・・・222, 228
平型2心並行コード・・・・・・232
ピンがいし・・・・・・・・・・227

■ふ・・・・・・・・・・・・
ファクシミリ・・・・・・・159, 268
ファラド・・・・・・・・・・・・88
フィラメント・・・・149, 254, 255, 256,
　　　　　　　258, 259, 262
風力発電・・・・・・188, 202, 204, 208
風力発電所・・・・・・・・・・204
フォトIC・・・・・・・・・・・267
フォトセル・・・・・・・・・・266
フォトダイオード・・・・126, 185, 240,
　　　　　　　266, 267, 268
フォトトランジスタ・・・・266, 267
フォトマスク・・・・・・・・・137
フォトリソグラフィ・・・・・・137
フォトレジスト・・・・・・・・266
フォトレジスト・・・・・・・・137
不活性ガス・・149, 244, 254, 255, 272
不揮発性メモリー・・・・・・・138
負荷活物質・・・・・・・・・・・61
輻射器・・・・・・・・・・・・170
復水器・・・・・・・・192, 196, 202
復調・・・・・・・・・・・・・162
復調回路・・・・・・・・・173, 174

複導体 ・・・・・・・・・・・・・・・・219	方形鉄塔 ・・・・・・・・・・・・・・218	メモリー ・・・・・・・・・・・・・・138	硫化鉄リチウム電池 ・・・・・・・73
符号 ・・・・・・・・・・・・・・158, 181	放射器 ・・・・・・・・・・・・170, 171	メモリーIC ・・・・・・・・・・・・138	量子化 ・・・・・・・・・・・・・・・・162
符号分割多重接続 ・・・・・・・・181	放射性廃棄物 ・・・・・・・195, 213	メモリーカード ・・・・・・・・・・138	量子化ビット数 ・・・・・・・・・163
不純物半導体 ・・・・・・・・・・・122	放射性物質 ・・・・・・・87, 194, 195,	メモリー効果 ・・・・・75, 79, 80	臨界 ・・・・・・・・・・・・・194, 198
浮上式リニアモーターカー・・・111	197, 199, 200	メモリーセル ・・・・・・・138, 140	臨界温度 ・・・・・・・・・・・・・・・18
浮上用磁石 ・・・・・・・・・・・・・111	放射線 ・・・・・・・・87, 195, 197, 213	メンテナンスフリーバッテリー ・・・・77	燐光 ・・・・・・・・・・・・・・・・・・240
符丁 ・・・・・・・・・・・・・・・・・・158	放送 ・・・・・・・・・・・・・・・152, 158		リン酸型燃料電池 ・・・・・・・・・83
フッ化黒鉛リチウム電池・・・・・72	放電 ・・・・・・・13, 62, 65, 75, 88, 90,	■も ・・・・・・・・・・・・・・・・・	
プッシュホン回線 ・・・・・・・・179	92, 144, 152, 258, 259, 270	毛細管 ・・・・・・・・・・・・250, 252	■る ・・・・・・・・・・・・・・・・・
フッ素 ・・・・・・・・・・・・・・・・255	放電灯 ・・・・・・240, 256, 260, 261	モーター ・・・・・・100, 104, 110,	ルーメン ・・・・・・・・・・・・・・241
沸騰水型軽水炉 ・・・・・196, 198	放電発光 ・・・240, 256, 260, 261, 272	112, 114, 147	ルクス ・・・・・・・・・・・・・・・・241
物理電池 ・・・・・・・・62, 84, 86	放電ランプ ・・・・・・・・・・・・260	モールス符号 ・・・・・・・・・・・158	るつぼ型誘導炉 ・・・・・・・・・239
負電荷 ・・・・・・・・・・・・・・・・・・9	放熱 ・・・・・・・・・・・・250, 252, 253	MOS型FET ・・・130, 132, 139, 268	ルミネセンス ・・・・・・・・・・・240
不導体 ・・・・・・・・・・・・・・・・・14	放熱器 ・・・・・・・・・・・・・250, 252	モノポールアンテナ ・・・・・168, 170	
布製乾燥機 ・・・・・・・・・・・・242	ホール ・・・85, 123, 124, 126, 129,	門形鉄塔 ・・・・・・・・・・・・・・218	■れ ・・・・・・・・・・・・・・・・・
浮遊ゲート ・・・・・・・・・・・・140	130, 132, 262, 265, 267, 273		励起 ・・・・・・238, 256, 260, 261, 264
ブラウン管 ・・・・・・・・・・・・・270	ポールトランス ・・・・・・・・・228	■や ・・・・・・・・・・・・・・・・・	冷気強制循環方式 ・・・・・・・251
ブラシ ・・・・・・・・・104, 106, 112	補色 ・・・・・・・・・・・・・・・・・・262	八木アンテナ ・・・・・・・・169, 170	冷気自然対流式 ・・・・・・・・・251
ブラシレスモーター ・・・・・・・105	補色フィルター方式 ・・・・・・269	八木・宇田アンテナ ・・・・・・・169	冷却器 ・・・・・・・・・・・・250, 252
プラスイオン ・・・20, 53, 55, 58, 124	母線 ・・・・・・・・・・・・・・・・・・222		冷却材 ・・・・・・・・196, 198, 201
プラス極活物質 ・・・61, 67, 68, 70, 71,	ボタン型電池 ・・62, 64, 69, 70, 71	■ゆ ・・・・・・・・・・・・・・・・・	冷蔵庫 ・・・・・・・・239, 250, 253
72, 76, 78, 79, 80, 81	ボタン電池 ・・・・・・・・・・・・・64	有機EL ・・・・・・・・・・・・・・・272	冷凍庫 ・・・・・・・・・・・・・・・・186
プラズマ ・・・・・・・26, 155, 213, 260	ホットエレクトロン ・・・・・・・141	有機ELディスプレイ ・・・・・・272	冷凍サイクル ・・・・・・・251, 253
プラズマディスプレイ ・・・26, 272	ホットプレート ・・・・・・243, 247	有機LED ・・・・・・・・・・・・・・272	冷熱発電 ・・・・・・・・・・210, 211
フラッシュメモリー ・・・・・138, 140	ポリマー ・・・・・・・・・・・・・・・115	有機系太陽電池 ・・・・・・・・・・84	冷媒 ・・・・・・・・・・・・250, 252, 253
ブリッジ型全波整流 ・・・142, 146	ボリューム ・・・・・・・・・・・・・・50	有機電解液 ・・・・・・・・・72, 80	冷媒管 ・・・・・・・・・・・・・・・・252
ブリッジダイオード ・・・・・・142	ボルタ電池 ・・・・58, 60, 61, 62	有機発光ダイオード ・・・・・・272	レーザー ・・・・・・・184, 207, 264
プルサーマル ・・・・・・・・・・・200	ボルト ・・・・・・・・・・・・・・・・・30	有線通信 ・・・158, 164, 176, 180, 184	レーザー光 ・・・・・・・・・・・・264
フル充電 ・・・・・・・・・・・・・・・75		誘導加熱 ・・・・・・・・・・239, 248	レーザーダイオード ・・・・・・265
プルトニウム239 ・・・・・200, 201	■ま ・・・・・・・・・・・・・・・・・	誘導型電気力量計 ・・・・・・・236	レーザープリンター ・・・・・・264
ブレークダウン電圧 ・・・・・・127	マイカヒーター ・・・・・・・・・243	誘導加熱 ・・・・・・・239, 246, 247	レーザーポインター ・・・・・・264
ブレークダウン電流 ・・・・・・127	マイク ・・・・・・114, 159, 172, 179	誘導起電力 ・・102, 114, 117, 120, 235	レーザーレーダー ・・・・・・・264
プレート ・・・・・・・・・・・149, 150	マイクロ水力発電 ・・・・・・・・191	誘導抵抗 ・・・・・・・・・・・・・・120	レジスタ ・・・・・・・・・・・・・・・138
フレキシブルディスプレイ ・・・273	マイクロ波 ・・・157, 177, 207, 248	誘導電流 ・・・・102, 103, 112, 114,	レシプロエンジン ・・・・192, 214
フレミングの左手の法則 ・・・101	マイクロ波誘導加熱 ・・・・・・248	116, 118, 153, 168	レドックスフロー電池 ・・・・・75
フレミングの右手の法則 ・・・101	マイクロファラド ・・・・・・・・・88	誘導放出 ・・・・・・・・・・・・・・265	レンズの法則 ・・・・・・・・・・・102
フローティングゲート ・・・・・140	マイクロフォン ・・・・・・・・・114	誘導リアクタンス ・・・・・・・120	
プロトコル ・・・・・・・・・・・・・182	マイクロレンズ ・・・・・・・・・268	床暖房 ・・・・・・・・・・・・・・・・244	■ろ ・・・・・・・・・・・・・・・・・
プロペラ ・・・・・・・・・・・・・・・204	マイナスイオン ・・・・・・・・・・20	ユニポーラトランジスタ ・・・128	漏電 ・・・・・・・・・・・・・233, 235
プロペラ型風車 ・・・・・・・・・204	マイナス極活物質 ・・61, 67, 68, 70, 71,		漏電遮断器 ・・・・・・・・230, 234
分圧 ・・・・・・・・・・・・・・・40, 41	72, 76, 78, 79, 80, 81	■よ ・・・・・・・・・・・・・・・・・	漏電ブレーカー ・・・・・・・・・235
分岐開閉器 ・・・・・・・・・・・・235	巻き数 ・・・98, 119, 120, 142, 222, 228	陽イオン ・・・・・・・・・・・・・・・20	ローレンツ力 ・・・・・・・・・・・100
分岐回路 ・・・・・・・・・・230, 235	マグネトロン ・・・・・・・・148, 248	陽子 ・・・・・・・8, 9, 10, 30, 96, 194	露出計 ・・・・・・・・・・・・・・・・266
分極 ・・・・・・・・・・60, 61, 70, 88	摩擦電気 ・・・・・・・・・・・・・・・22	洋上風力発電 ・・・・・・・・・・・205	炉心 ・・・・・・・・・・・・・・・・・・198
分電盤 ・・・・・・・・230, 234, 235	摩擦電気序列 ・・・・・・・・・・・22	揚水式水力発電 ・・・・・189, 190	
分流 ・・・・・・・・・・・・・・・40, 42	マスクROM ・・・・・・・・・・・・138	ヨウ素 ・・・・・・・・・・・・・・・・255	■わ ・・・・・・・・・・・・・・・・・
	丸管蛍光灯 ・・・・・・・・・・・・256	溶融塩 ・・・・・・・・・・・・・・・・56	ワード線 ・・・・・・・・・・139, 140
■へ ・・・・・・・・・・・・・・・・・	マルチ編成 ・・・・・・・・・・・・175	溶融塩電解 ・・・・・・・・・・・・・56	ワット ・・・・・・・・・・・・・・・・・28
ヘアドライヤー ・・・・・・・・・242	マンガン電池 ・・・・62, 64, 65, 66	溶融炭酸塩型燃料電池 ・・・・・83	ワット時 ・・・・・・・・・・・・・・・29
平滑回路 ・・・・・・・112, 142, 144	満充電 ・・・・・・・・・・・・・・・・75	陽極 ・・・・・・・・・・・・・・・・・・88	ワット秒 ・・・・・・・・・・・・・・・29
平滑コイル ・・・・・・・・・・・・・145		容量リアクタンス ・・・・・91, 120	ワンセグ ・・・・・・・・・・・・・・175
平滑コンデンサ ・・・・・・・・・144	■み ・・・・・・・・・・・・・・・・・	ヨー制御装置 ・・・・・・・・・・・205	1セグメント部分受信サービス・・・175
並列 ・・・・・・・・・・・・38, 40, 42	右ネジの法則 ・・・・・・・・98, 152	四極真空管 ・・・・・・・・・・・・149	
ベース ・・・・・・・・・・・・128, 267	溝型誘導炉 ・・・・・・・・・・・・239		■アルファベット ・・・
ベース電流 ・・・・・・・・・128, 267	密閉型ヒーター ・・・・・・・・・242	■ら ・・・・・・・・・・・・・・・・・	AC ・・・・・・・・・・・・・・・・・・・44
ベストミックス ・・・・・・・・・189	脈流 ・・・・・・・44, 112, 142, 144	落雷 ・・・・・・・24, 219, 221, 222, 228	AC-DCアダプター ・・・・・・・142
ヘッダ ・・・・・・・・・・・・・・・・183	ミリ波 ・・・・・・・・・・・・・・・・157	ラジエントヒーター ・・・・・・247	AC-DCコンバーター ・・・・・・142
ヘルツ ・・・・・・・・・・・・・45, 154	ミリメートル波 ・・・・・・・・・157	ラジオ放送 ・・・・・・・・164, 172	ACアダプター ・・・・・119, 142
ペルチエ効果 ・・・86, 238, 239, 253	ミリワット ・・・・・・・・・・・・・28	ラピッドスターター式 ・・・・258	ADSL ・・・・・・・・・・・・184, 186
ペルチエ素子 ・・・・・・・・・・・253		ラピッドスタート式 ・・・256, 258	ADSL収容局 ・・・・・・・・・・・186
変圧 ・・・・・・・49, 119, 142, 216,	■む ・・・・・・・・・・・・・・・・・	ランプ効率 ・・・・・・・・・・・・241	ADSLモデム ・・・・・・・・・・・186
222, 226, 228	ムービングコイル型マイクロフォン ・・114		AM方式 ・・・・・・・・・・164, 172
変圧器 ・・・・・・49, 119, 120, 142,	無線回線制御局 ・・・・・・・・・180	■り ・・・・・・・・・・・・・・・・・	AMラジオ ・・・・・・・・・・・・・164
216, 222, 224, 226, 229	無線基地局 ・・・・・・・・・・・・180	リアクタンス ・・・・・・・・91, 120	AMラジオ放送 ・・・・・・156, 172
変圧器塔 ・・・・・・・・・・・・・・229	無線ゾーン ・・・・・・・・・・・・180	リチウムイオン電池 ・・62, 74, 79, 80	ARPA ・・・・・・・・・・・・・・・・182
変位電流 ・・・・・・・・・・・・・・152	無線通信 158, 164, 172, 177, 180, 216	リチウム乾電池 ・・・・・・・・・・73	ASK方式 ・・・・・・・・・・・・・・166
偏光 ・・・・・・・・・・・・・・・・・・270	無電極放電灯 ・・・・・・・・・・・260	リチウム電池 ・・・・・・・・64, 72	CCDイメージセンサー ・・・・268
偏光フィルター ・・・・・・・・・270	無電極放電ランプ ・・・・・・・260	リッツ線 ・・・・・・・・・・・・・・246	CDMA ・・・・・・・・・・・・・・・・181
変調 ・・・・・・・・・・・・・・162, 164	無柱化 ・・・・・・・・・・・・・・・・229	リップル ・・・・・・・・・・・・・・144	CdSセル ・・・・・・・・・・240, 266
変調回路 ・・・・・・・・・・172, 174		リップル電圧 ・・・・・・・・・・・144	CMOSイメージセンサー ・・・268
変調波 ・・・・・・・・・・・・・・・・164	■め ・・・・・・・・・・・・・・・・・	リニアモーター ・・・・・・・・・110	CMOS回路 ・・・・・・・・・・・・132
変電所 ・・・・・・・・・・・・216, 222	メタル ・・・・・・・・・・・・・・・・177	リニアモーターカー ・・・・・・110	CMYG ・・・・・・・・・・・・・・・・269
ヘンリー ・・・・・・・・・・・・・・120	メタルケーブル ・・・・・・・・・177	リフレッシュ動作 ・・・・・138, 140	CRT ・・・・・・・・・・・・・・・・・270
	メタルハライド ・・・・・・・・・261	リボン型スピーカー ・・・・・・115	CVケーブル ・・・221, 229, 232
■ほ ・・・・・・・・・・・・・・・・・	メタルハライドランプ ・・240, 261	リボン型マイクロフォン ・・・114	DC ・・・・・・・・・・・・・・・・・・・44
ボイスコイル ・・・・・・・・・・・114	メッキ ・・・・・・・・・・・・・・・・・57	リミッター ・・・・・・・・・・・・234	DRAM ・・・・・・・・・・・138, 139

DVD ････････････ 264, 267	LEDヘッドランプ ･････････ 263	QAM方式 ･････････････ 166	cal ･･････････････････ 29
D層 ････････････ 155, 156	LF ･･････････････････ 156	RGB ･････ 159, 268, 271, 272, 273	cd ･･････････････････ 241
EHF ･･････････････････ 157	LNG ･････････････････ 211	SCR ････････････････ 134	cd/m² ････････････････ 241
EL ････････････････ 240, 272	LSI ･････････････ 122, 132, 136	SD ･････････････････ 174	F ･･････････････････ 88
ELF ･････････････････ 156	L殻 ･･････････････････ 14	SHF ･････････････ 157, 169, 174	H ･･････････････････ 120
E層 ････････････ 155, 156	MF ･･････････････ 156, 164, 172	SOLED ･･･････････････ 273	Hz ･･････････････ 45, 154
FDMA ････････････････ 181	MFバッテリー ････････････ 77	SRAM ･･･････････････ 138	J ･････････････ 29, 34
FET ･･････････ 130, 139, 134	MOS型FET ･･････ 130, 132, 268	S殻 ･････････････････ 94	K ･･････････････････ 241
FF ･･････････････････ 232	MOX燃料 ･････････････ 200	TCP/IP ･･･････････････ 183	kW ･････････････････ 28
FM方式 ･････････････ 164, 172	MPEG-2 ･･･････････････ 175	TDMA ･･･････････････ 181	kWh ････････････････ 29
FMラジオ ･････････････ 164	M殻 ･･････････････････ 14	UHF ･･･････････ 157, 174	lm ･･････････････････ 241
FMラジオ放送 ･････････ 157, 172	NPN型トランジスタ ･････ 128, 134, 267	ULSI ････････････････ 136	lm/W ･･･････････････ 241
FSK方式 ･･･････････････ 166	NTCサーミスタ ･･････････ 245	USBメモリー ･････････････ 138	lx ･･････････････････ 241
FTTH ････････････････ 184	N殻 ･･････････････････ 14	VCTF ･･･････････････ 232	mW ････････････････ 28
F層 ･･･････････ 155, 156	N型半導体 ･･･ 85, 122, 124, 126, 128,	VFF ････････････････ 232	N ･･････････････････ 29
GTOサイリスタ ･･･････････ 135	130, 132, 134, 262	VHF ･････････････ 156, 165, 172	pF ･･････････････････ 88
HD ･････････････････ 174	N極 ･･････････････････ 94	VLF ･････････････････ 156	PS ･････････････････ 28
HF ････････････････ 156, 172	NチャネルFET ････････････ 131	VLSI ･･･････････････ 136	V ･･････････････････ 30
HIDヘッドランプ ･･･････････ 261	NチャネルMOS ･･････ 132, 140	VVFケーブル ･･････････ 232	W ･･････････････････ 28
HIDランプ ･･･････ 260, 261	OFケーブル ････････････ 221	VVRケーブル ･････････････ 232	Wh ･････････････････ 29
IC ･･････････････ 122, 136, 138	OLED ･･･････････････ 272	V字吊り ･･･････････････ 220	Ws ･････････････････ 29
ICチップ ･･･････････････ 136	PCM方式 ･････････････ 162	X線 ･････････････････ 154	μF ･････････････････ 88
ICメモリー ･･･････････････ 138	PDP ･････････････････ 272		Ω ･･････････････ 33, 91, 120
IGBT ･････････････････ 135	PNPN接合サイリスタ ･･････････ 134	■数字 ･･････	
IHクッキングヒーター ････････ 246	PNP型トランジスタ ･････ 128, 134	1セグメント部分受信サービス ････ 175	
IH式炊飯器 ････････････ 247	PN接合型ダイオード ･･････････ 126	1波長型蛍光灯 ････････ 257	
IH調理器 ･････････････ 246	PN接合ダイオード ･･･ 85, 126, 130,	2導体 ･･････････････ 219	
IHホットプレート ･･････････ 247	132, 262, 265, 267	3CCD式 ････････････ 268	
IPアドレス ･････････････ 183	PSK方式 ･････････････ 166	3色LED方式 ･･････････ 262	
IV電線 ････････････････ 232	PTCサーミスタ ･･････････ 245	3波長型蛍光灯 ･･･････ 257	
I字吊り ･････････････ 220	PTCヒーター ･････････････ 244	4導体 ･････････････ 219	
K殻 ･････････････････ 14	PWM方式 ･････････････ 146	5重の壁 ･････････････ 199	
LASER ･･････････････ 264	P型半導体 ･･･ 85, 122, 124, 126,		
LCD ････････････････ 270	128, 130, 132, 134, 262	■単位記号 ･････	
LED ････････････ 262, 271	PチャネルFET ････････････ 131	A ･･････････････････ 30	
LED電球 ････････････ 262	PチャネルMOS ･･････････ 132	C ･･････････････････ 30	

参考図書（順不同）

絵とき 電気・電子基礎知識早わかり ････････	新電気編集部編 ････････････････	オーム社
絵とき 電気・電子基礎百科早わかり ････････	新電気編集部編 ････････････････	オーム社
コンパクト版 図解 電気の大百科 ････････････	曽根悟、小谷誠、向殿政男監修････････	オーム社
しくみ図解シリーズ 発電・送電・配電が一番わかる ･･	福田務著 ･･････････････････	技術評論社
新しい高校物理の教科書 ･･･････････	山本明利、左巻健男著 ･･･････････	講談社
発展コラム式 中学理科の教科書 第1分野 (物理・化学) ･･	滝川洋二 ･･････････････	講談社
なっとくする電気の法則 ････････････	橋本尚、橋本岳著 ･････････････	講談社
図解入門 よくわかる 電気の基本としくみ ･･･････	藤瀧和弘著 ･････････････	秀和システム
イラストで 電気のことがわかる本 ････････	酒井雅芳著 ･････････････････	新星出版社
徹底図解 電気のしくみ ････････････	新星出版社編集部編 ･･･････････	新星出版社
電気が面白いほどわかる本 ･････････	小暮裕明著 ････････････････	新星出版社
読んで納得！図解で理解！電気のしくみ ･･････	新星出版社編集部編 ･･･････････	新星出版社
カラー版 電気のことがわかる事典 ････････	Electronics Data監修 ････････････	西東社
図解でわかる電気の事典 ･･･････････	新井宏之著 ････････････････	西東社
「電気」のキホン ･･････････････	菊地正典著 ･･････････････	ソフトバンク クリエイティブ
入門ビジュアルサイエンス 電気のしくみ ･････	菊地正典、高井洋一郎著 ･･･････	日本実業出版社
面白いほどよくわかる 電気のしくみ ･･･････	山内ススム著 ･･･････････････	日本文芸社
史上最強カラー図解 プロが教える 電気のすべてがわかる本 ･･	谷腰欣司監修 ･･･････････････	ナツメ社
電気・電子のしくみ ･･･････････	桑原守二、三木茂著 ･･････････････	ナツメ社
電気なるほど事典 ･･･････････	花形康正著 ･････････････････	ナツメ社
よくわかる電気のしくみ ････････	電気技術研究会著 ･･････････････	ナツメ社

監修者略歴

福田 務（ふくだ つとむ）

東京学芸大学職業技術科（電気専攻）卒業後、都立工業高校電気科で電気技術指導に携わり、以後、現在の東京電気技術高等専修学校勤務まで約50年間、指導を継続している。この間、NHK教育テレビで5年間電気番組講師、また、現在はインターネットによる（社）日本電気技術者協会「音声付き電気技術解説講座」講師を務める。著書は（社）電気学会、オーム社、桐原書店、技術評論社、ナツメ社など多数。

編集制作	………	青山元男、オフィス・ゴゥ、大森 隆
編集担当	………	伊藤雄三（ナツメ出版企画）
写真提供	………	NASA

最新図解 電気の基本としくみがよくわかる本
さいしん ず かい でん き き ほん ほん

2012年6月10日発行

監修者	福田　務 ふくだ　つとむ	Fukuda Tsutomu, 2011
発行者	田村正隆	
発行所	株式会社ナツメ社 東京都千代田区神田神保町1-52ナツメ社ビル1F（〒101-0051） 電話　03（3291）1257（代表）　　FAX　03（3291）5761 振替　00130-1-58661	
制　作	ナツメ出版企画株式会社 東京都千代田区神田神保町1-52ナツメ社ビル3F（〒101-0051） 電話　03（3295）3921	
印刷所	ラン印刷社	

ISBN978-4-8163-5101-3　　　　　　　　　　　　　　Printed in Japan

＜定価はカバーに表示しています＞
＜落丁・乱丁はお取り替えします＞

本書の一部または全部を著作権法で定められている範囲を超え、ナツメ出版企画株式会社に無断で複写、複製、転載、データファイル化することを禁じます。